超入門 第**3**種

冷凍機械責任者試験

精選問題集

柴 政則 ［著］

ガンバルジ！

Ohmsha

はじめに

　現在、身近な生活において使われている機器のほとんどは熱交換の理論が組み込まれています。私達の住む環境は熱移動、熱伝達、熱放射がなければ成り立たないでしょう。著者が永年関わってきた電気も、この世に熱交換が存在しなければ発生しないと思うようになりました。さらに、宇宙の起源でさえ熱交換が最初の最初ではないかと思いを馳せています。

　そんな熱交換の理論を集大成し、製造された冷凍暖房設備の冷凍サイクルはお見事です。人類の大発明の１つだと思っています。あなたの部屋のエアコン、冷蔵庫、そして食品等の流通機構に見られるあらゆる冷凍機器、昨今のAIハード技術も冷却理論や冷却設備を考慮しなければ、たちまち熱暴走してしまうでしょう。

　第三種冷凍機械責任者試験（以下、3冷）は、冷凍設備を学ぶことによって取得できる資格試験で、世紀の大発明である「蒸発」、「圧縮」、「凝縮」、「膨張」の冷凍サイクルを理解することができます。この資格取得によって必要とされる技術力や人材育成においては有利になり、そしてまた、ここで学んだ熱交換冷凍サイクルの知識は、業務だけではなく日常生活においても何かしらの気付きの恵みがあるでしょう。

　本書は、検定講習用に使用される『初級　冷凍受験テキスト（発行：日本冷凍空調学会）（以下、初級テキスト）』に沿って、約15年分の過去問題を分類し、精選してまとめてあります。問題の下には解説があり、項目内容を理解しやすいように考慮した問題の並び順になっています。3冷の試験は「法令20問、60分」、「保安管理技術（以下、保安）15問、90分」です。各々60点以上で合格です。例えば法令100点でも、保安59点なら不合格となってしまいます。

　法令では各問に関連性のあるイ.ロ.ハ.が3つ、保安も同様なイ.ロ.ハ.ニ.が4つあり、この中からの5つ組み合わせの正しいものを選ぶ択一式です。したがって、それぞれ60問の文章の正誤を考える必要があります。1分に1問とすると試験時間が短く感じてきます。

　一通り初級テキストを読み、過去の問題をこなすうちに苦手な箇所がわかります。それを本書では集中的に学習でき、さらに、5年ぶり、10年ぶりに出題される類似問題も把握できるでしょう。しかし、過去問にはない難解な問題がまれに出題されることがありますが、100点を目指すあなたなら60点以上は確実に取れると思います。必ず努力は報われ、合格できるでしょう！

　法令は聞き慣れない法律用語や言い回しがでてきますし、冷凍試験は独特の文章の組み合わせで正誤を問われますので、過去問を多くこなし、冷凍試験の問題文に慣れておきましょう。問題文を「よく読む！」がポイントです。ご健闘をお祈りします。

2021年2月

柴　政則

目　次

付　録　　　　313

参考文献　　　　355

索　引　　　　356

第1章

法　令

本書で定める法令の略名は下記の通りです。

・高圧ガス保安法 ……………………………………………… 法

・冷凍保安規則 ……………………………………………… 冷規

・容器保安規則 ……………………………………………… 容器

・一般高圧ガス保安規則 ……………………………… 一般

・高圧ガス保安法施行令 …………………………………… 政令

難易度：★★★

1 目的

法第1条（目的）は、毎回必ず出題されます。必ずゲットしましょう。嫌らしい言い回しに途中で凹むかも知れません。難易度は★3つです。

（目的）
第一条 この法律は、高圧ガスによる災害を防止するため、高圧ガスの製造、貯蔵、販売、移動その他の取扱及び消費並びに容器の製造及び取扱を規制するとともに、民間事業者及び高圧ガス保安協会による高圧ガスの保安に関する自主的な活動を促進し、もつて公共の安全を確保することを目的とする。

1-1 製造、貯蔵、販売、移動等の規制

法第1条前半の文章（製造、貯蔵、販売、移動等の規制等）に関連した問題はよく読まないと、同じような文面に思いがけない落とし穴がありますので、注意しましょう。

第一条 この法律は、高圧ガスによる災害を防止するため、高圧ガスの製造、貯蔵、販売、移動その他の取扱及び消費並びに容器の製造及び取扱を規制するとともに、 <略>

過去問題にチャレンジ！

・高圧ガス保安法は、高圧ガスによる災害を防止して公共の安全を確保するという目的のために高圧ガスの製造、貯蔵、販売及び移動のみを規制している。

（平15問1 [参考：2種 平15問1]）

思わず「○」にしたくなるが…、「のみ」ではありません。「その他の取扱及び消費並びに容器の製造及び取扱を規制するとともに、」が続きます。 【答：×】

・高圧ガス保安法は、高圧ガスによる災害を防止して公共の安全を確保するという目的のために、民間業者による高圧ガスの保安に関する自主的な活動を促進することのほか、高圧ガスの移動その他の取扱について規制することも定めている。（平16問1 [参考：2種 平16問1]）

これは、「○」です。「することのほか」とか、「することも」なんて言葉が出てきます。 【答：○】

- 高圧ガス保安法は、高圧ガスによる災害を防止して公共の安全を確保するため、高圧ガスの製造、貯蔵、販売及び移動のみを規制している。（平18問1）

　　はい、「のみ」ではありません。だいたいこの問題（法第1条）の引っ掛けレベルはこの程度！？　ですから、クヤしい思いをしないようにしてくださいね。　　　　　　　【答：×】

- 高圧ガス保安法は、高圧ガスによる災害を防止して公共の安全を確保する目的のために、高圧ガスの製造、貯蔵、販売、移動その他の取扱及び消費の規制をすることのみを定めている。（平22問1、平23問1、平28問1［参考：2種 平26問1］）

　　おっと、「することも、」ではなくて、「することのみ」ですから、間違いです。落ち着いて、問題をよく読みましょう。　　　　　　　　　　　　　　　　　　　　　　【答：×】

- 高圧ガス保安法は、高圧ガスによる災害を防止し、公共の安全を確保する目的のために、高圧ガスの容器の製造及び取扱についても規制している。（平25問1、平26問3）

　　むむ。意外にも「容器」が含まれた問題文は平成25年度が初めて（たぶんだけど…）。
　　　　　　　　　　　　　　　　　　　　　　　　　　　　　　　　　　　　　【答：○】

第1章 法令 ① 目的

1-2　自主的な活動等

　　法第1条後半の文章（自主的な活動など）に関連した問題です。

 法令　第一条　＜略＞　民間事業者及び高圧ガス保安協会による高圧ガスの保安に関する自主的な活動を促進し、もつて公共の安全を確保することを目的とする。

過去問題にチャレンジ！

- 高圧ガス保安法は、高圧ガスによる災害を防止して公共の安全を確保する目的のために、民間事業者及び高圧ガス保安協会による高圧ガスの保安に関する自主的な活動を促進することも定めている。（平29問1）

　　この先、「定めている」、「定めていない」とかあなたを惑わせますよ。最後まで落ち着いて問題をよく読みましょう。　　　　　　　　　　　　　　　　　　　　　　　【答：○】

- 高圧ガス保安法は、高圧ガスによる災害を防止して公共の安全を確保するという目的のために、高圧ガス保安協会による高圧ガスの保安に関する自主的な活動を促進することを定めているが、民間事業者による高圧ガスの保安に関する自主的な活動を促進することは定めていない。（平24問1）

　　誤りですよ。民間業者も保安に関する自主的な活動を促進することは定めています。引っ掛からないように問題をよく読みましょう。　　　　　　　　　　　　　　　　　【答：×】

- 高圧ガス保安法は、高圧ガスによる災害を防止して公共の安全を確保する目的のために、高圧ガスの製造、貯蔵、販売、移動その他の取扱及び消費並びに容器の製造及び取扱につ

> いて規制するとともに、民間事業者及び高圧ガス保安協会による高圧ガスの保安に関する自主的な活動を促進することを定めている。(平27問2、令1問1)

これ、微妙に嫌らしいなぁ。勉強している人を引っ掛ける問題か？　一瞬、法文の一番最後にある「もって公共の安全を確保することを目的とする。」という一文が、問題文では抜け落ちているような気がしてしまいます。しかし、問題文の前半に「公共の安全を確保する目的のために、」とちゃんと組み込まれていますので、気をつけましょう。　【答：○】

> ・高圧ガス保安法は、高圧ガスによる災害を防止して公共の安全を確保する目的のために、高圧ガスの製造、貯蔵等について規制するとともに、民間事業者及び高圧ガス保安協会による高圧ガスの保安に関する自主的な活動を促進することを定めている。(平17問1)

この問題文は、法文内の「販売、移動、取扱、消費、容器」という用語が抜け落ちていますが、問題文の「製造、貯蔵等について」を注目してもらいたいです。つまり、「等」があるので正解なのです。この試験では、このあたりを留意されたいですね。　【答：○】

難易度：★★★★

2　定義（圧縮ガスと液化ガス）

　法第2条（定義）は、必ず出題されます。どんなものが高圧ガスになるのでしょうか。「常用」、「現に」、「温度」、「圧力の関係」をイメージできるまでは難儀するかも知れないので、★4つです。まずは「圧縮ガス」と「液化ガス」の2つがあることを覚えてください。

2-1　圧縮ガスの定義

　法第2条（定義）第1項第1号は「圧縮ガス」の定義です。「又は」が、キーポイントです。ここで重要なのは「常用の温度」と「現に」の2つです。常用の温度は勘違いしやすいから注意してください。これを把握しておけば、とても楽チンになるはずです。「常用の温度」というのは、通常の運転状態のときの温度です。機器が正常な状態でガスが100度であれば常用の温度は100度ということです。「現に」というのは、う〜ん、まさに今、現在（今でしょ！）、ってこと。イメージできましたか？

　（定義）

　　第二条　この法律で「高圧ガス」とは、次の各号のいずれかに該当するものをいう。
　　　一　常用の温度において圧力（ゲージ圧力をいう。以下同じ。）が1メガパスカル以上となる圧縮ガスであつて現にその圧力が1メガパスカル以上であるもの　又は温度35度において圧力が1メガパスカル以上となる圧縮ガス（圧縮アセチレンガスを除く。）

過去問題にチャレンジ！

・常用の温度において圧力が 0.9 メガパスカルの圧縮ガス（圧縮アセチレンガスを除く。）で
あっても、温度 35 度において圧力が 1 メガパスカル以上となるものは高圧ガスである。

（平 15 問 1［参考：2 種 平 15 問 1、平 29 問 2］）

「温度 35 度以上で圧力が 1 メガパスカル以上」ですから高圧ガスです！　高圧ガスの定義は
面倒…、と思うのは、あなたが勉強しないでいるだけのことですよ。そういう方は、一度で
よいから心を落ち着けて参考書や法文をを読んでみて。簡単です！　　　　　　　　【答：○】

・温度 35 度において圧力が 1 メガパスカル以上となる圧縮ガス（圧縮アセチレンガスを除
く。）は、常用の温度における圧力が 1 メガパスカル未満であっても高圧ガスである。

（平 27 問 1）

これも「○」ですね。「温度 35 度において圧力が 1 メガパスカル以上となる＜略＞」ですの
でこれは、高圧ガスですね。そして後半、「常用の温度における圧力が 1 メガパスカル未満
であっても」ですので、機器が正常な状態で運転している温度で圧力が 1 メガパスカル未満
であっても高圧ガスですね。　　　　　　　　　　　　　　　　　　　　　　　　【答：○】

・温度 35 度において圧力が 1 メガパスカルとなる圧縮ガス（圧縮アセチレンガスを除く。）
であって、現にその圧力が 0.9 メガパスカルのものは高圧ガスではない。

（平 21 問 1、平 26 問 1、平 28 問 1）

現在 0.9 メガパスカルだけれども、35 度で 1 メガパスカルなんだから、この圧縮ガスは高
圧ガスですね。数値のほかに、「以上」「未満」さらに、「である」「ではない」等々、あなた
を惑わす言葉がありますので、問題をよく読みましょう。　　　　　　　　　　　【答：×】

・現在の圧力が 0.9 メガパスカルの圧縮ガス（圧縮アセチレンガスを除く。）であって、温
度 35 度において圧力が 1 メガパスカルとなるものは高圧ガスではない。（平 24 問 1）

「温度 35 度において圧力が 1 メガパスカルとなる」ものは高圧ガスです！　0.9 メガパスカ
ル＆ 1 メガパスカル＆ 35 度のトリプルコンボオンパレードですね。　　　　　　【答：×】

・常用の温度 35 度において圧力が 1 メガパスカルとなる圧縮ガス（圧縮アセチレンガスを
除く。）であって、現在の圧力が 0.9 メガパスカルのものは高圧ガスではない。

（平 30 問 1［参考：2 種 平 24 問 2］）

今度も「×」です！平 24 問 1 と言い回しが違うだけの問題ですね。常用の温度 35 度で圧
力が 1 メガパスカルで高圧ガスに決まり！ですよね。　　　　　　　　　　　　　【答：×】

2-2　液化ガスの定義

　液化ガスの定義は、法第 2 条第 3 号です。一度ジックリ読んでみましょう。「0.2 メガ
パスカル」と「温度 35 度」を頭に入れておきましょう。「常用の温度」というのは、通
常の運転状態のときの温度です。機器が正常な状態でガスが 100 度であれば常用の温度
は 100 度ということです。「現に」というのは、う～ん、まさに今、現在ってこと。イ
メージできましたか？

法令　第二条　この法律で「高圧ガス」とは、次の各号のいずれかに該当するものをいう。
　　　＜一、二は略＞
　　　三　常用の温度において圧力が 0.2 メガパスカル以上となる液化ガスであつて現にその
　　　　圧力が 0.2 メガパスカル以上であるもの又は圧力が 0.2 メガパスカルとなる場合の温
　　　　度が 35 度以下である液化ガス

（1）文頭が「液化ガスであって〜」という問題

過去問題にチャレンジ！

・液化ガスであって、その圧力が 0.2 メガパスカルとなる温度が 25 度であるものは、現在
　の圧力が 0.19 メガパスカルであっても高圧ガスである。（平 17 問 1［参考：2 種 平 17 問 1］）

　何とも、まぎらわしいというか、くどくどしいというか、ミエミエの問題。「液化ガス 35 度
以下、0.2 メガパスカル以上」さえ覚えていれば「私をナメないでくださいね」と軽く言え
る問題であります。　　　　　　　　　　　　　　　　　　　　　　　　　　【答：○】

・液化ガスであって、その圧力が 0.2 メガパスカルとなる場合の温度が 30 度であるものは、
　常用の温度において圧力が 0.2 メガパスカル未満であっても高圧ガスである。（平 18 問 1）

　さぁ、あなたの頭の柔らかさと、勉強しているかどうかを、試されます。35 度以下（30 度）
で圧力が 0.2 メガパスカルなのですから、これで高圧ガスに決定です。常用の温度が何度か
であって 0.2 メガパスカル未満でも関係ないですね。　　　　　　　　　　　　【答：○】

・液化ガスであって、その圧力が 0.2 メガパスカルとなる場合の温度が 30℃であるものは、
　現在の圧力が 0.15 メガパスカルであっても高圧ガスである。（平 22 問 1［参考：2 種 平 20 問 2］）

　▼法第 2 条第 3 号を思い出してみましょう。

　　　三　常用の温度において圧力が 0.2 メガパスカル以上となる液化ガスであつて現にその圧力
　　　　が 0.2 メガパスカル以上であるもの又は圧力が 0.2 メガパスカルとなる場合の温度が 35 度以下
　　　　である液化ガス

　今度は「常用」が「現在」に変わっています。35 度以下（30 度）で圧力が 0.2 メガパスカ
ルなのですから、これで高圧ガスに決定です。さて、現在（何度であっても）0.15 メガパ
スカルであっても、当〜然「高圧ガス」であります。2 冷も 3 冷も変わらず同じ問題が出ま
すよ。　　　　　　　　　　　　　　　　　　　　　　　　　　　　　　　　　【答：○】

（2）文頭が「圧力が 0.2 メガパスカルとなる〜」という問題

　とりあえず、「液化ガス 35 度以下、0.2 メガパスカル以上」と覚えましょう。

過去問題にチャレンジ！

・圧力が 0.2 メガパスカルとなる場合の温度が 35 度以下である液化ガスは、高圧ガスであ

る。（平27問1）

なんと、単刀直入な問題ですね。 ▼法第2条第3号後半　⬅ ＜略＞又は圧力が0.2メガパスカルとなる場合の温度が35度以下である液化ガス。　【答：○】

・圧力が0.2メガパスカルとなる場合の温度が35度以下である液化ガスは、現在の圧力が0.1メガパスカルであれば、高圧ガスではない。（平26問1）

・圧力が0.2メガパスカルとなる場合の温度が30度である液化ガスであって、常用の温度において圧力が0.1メガパスカルであるものは、高圧ガスではない。
（平25問1、平29問1、令1問1）

「現在」と「常用」が違うだけの類似問題です。液化ガスで現在（常用）の温度で圧力が0.1メガパスカル（0.2メガパスカル未満）なので高圧ガスではないと思いますが、30度で0.2メガパスカルになる液化ガスは高圧ガスですね！！　【答：どちらも×】

・圧力が0.2メガパスカルとなる場合の温度が35度以下である液化ガスは、現在の圧力が0.1メガパスカルであれば、高圧ガスではない。（平26問1）

「圧力が0.2メガパスカルとなる場合の温度が35度以下である液化ガス」という条件で高圧ガス決定です！　後半はもう関係ないですね。　【答：×】

（3）文頭が「常用の温度において～」や「温度～」という問題

過去問題にチャレンジ！

・常用の温度において圧力が0.2メガパスカル以上となる液化ガスであって、現にその圧力が0.2メガパスカル以上であるものは高圧ガスである。（平13問1）

「常用の温度」と「現に」の意味を理解して、「液化ガス35度以下、0.2メガパスカル以上」も覚えていますね。　【答：○】

・常用の温度において圧力が0.2メガパスカル以上となる液化ガスであって、現在の圧力が0.2メガパスカルであるものは、高圧ガスである。（平21問1、平28問1）

「常用の温度」というのは、通常の運転状態のときの温度です。機器が正常な運転状態でガスが20度でも30度でも50度でも常用の温度は20度、30度、50度ということなのです。「現在」は何度かわかりませんが「液化ガスは35度以下、0.2メガパスカル以上」なので高圧ガスになります。　【答：○】

・温度35度以下で圧力が0.2メガパスカルとなる液化ガスは、高圧ガスである。
（平14問1、平19問1、平23問3、平30問1 [参考：2種 平14問1、平22問2]）

出題数断トツの首位！　「液化ガス35度以下、0.2メガパスカル以上」と覚えていれば大丈夫でしょう。次の問題は、もうね、サクッとわかりますよ！？　【答：○】

・温度30度において圧力が0.2メガパスカルである液化ガスは、高圧ガスである。
（平20問1 [参考：2種 平23問1]）

前の問題と微妙に異なる文章…、ま、同じですけど。　　　　　　　　　【答：○】

2-3　高圧ガスの定義

過去問題にチャレンジ！

・あるガスが高圧ガスであるかどうかは、可燃性ガスとそれ以外のガスとに分けて定義されている。（平10問1）

　法第2条の全体を把握しておかないと正解を確信できないでしょう。**高圧ガスの定義は、「圧縮ガス」、「液化ガス」、「温度と圧力」で制定されています。**法第2条には「可燃性ガス」はひと言も書かれていません。昔？の問題は、嫌らしいよね、というか反則ですよね、こんな問題。ま、ここまで気を付けて勉強しなさいということなんだろうけれど…。現在は、令和ですけど、これからも出題されないと思います（たぶんだよ）。▼法第2条　【答：×】

難易度：★★★★

3　法の適用除外

　「高圧ガス保安法の適用を受けないものがある」という問題は毎年出題されるでしょう。コピペされる問題文も多いかと…。何トンから何トン、ガスの種類など、面倒で嫌らしい問題が多いですが、過去問をこなして覚えましょう。「アンモニア」と「フルオロカーボン」の違いはもちろん「不活性のものに限る」、「不活性のものを除く」、「不活性以外」、「ガスの種類にかかわらず」、「ガスの種類によっては」とかの違いを理解しておきましょう。また、問題をよく読むようにしましょう。

3-1　基本問題

　「3トン以上5トン未満」、「ガスの種類によって」、「ガスの種類にかかわらず」を、攻略してください。これらをしっかり把握すれば、後半が楽になります。

過去問題にチャレンジ！

・1日の冷凍能力が3トン以上5トン未満の冷凍設備内における高圧ガスであっても、そのガスの種類によっては、高圧ガス保安法の適用を受けないものがある。
（平17問2、平23問1 [参考：2種 平17問2、平19問2、平24問2]）

　図は製造者区分を高圧ガス種と1日の冷凍能力、また、法の適用除外をまとめたものです。設問の1日の冷凍能力が3トン以上5トン未満の方の適用を受けないガスは、「二酸化炭素及びフルオロカーボン（不活性ガス）」ですが、「その他ガス（ヘリウム、プロパン）」では

３トン以上になると法の規制を受けます。

冷媒ガス	3	5	20	50	トン／1日
二酸化炭素及び フルオロカーボン（不活性ガス）	法の適用除外	その他の 製造者※1	第二種製造者	第一種製造者	
アンモニア、フルオロカーボン （不活性ガス以外）	法の適 用除外	その他の 製造者	第二種製造者	第一種製造者	
その他ガス （ヘリウム、プロパン）	法の適 用除外	第二種製造者		第一種製造者	

※1「その他の製造者」は、許可や届け出は不要であるが技術上の基準を遵守する必要があります。

● 冷媒ガスの種類と1日の冷凍能力による製造者区分 ●

つまり、設問の条件内では不活性のフルオロカーボンは高圧ガス保安法の適用を受けない（または、受けないものがある）ということです。　　　　　　　　　　　　【答：○】

・1日の冷凍能力が3トン未満の冷凍設備内における高圧ガスは、そのガスの種類にかかわらず、高圧ガスの保安法の適用を受けない。
（平25問2、平26問1、平30問2［参考：2種 平21問1、平26問1］）

さ、今度は3トン未満です。「冷媒ガスの種類と1日の冷凍能力による製造者区分」の図を見ると、3トン未満も政令で定められています。つまり設問のとおり、3トン未満（家庭用のエアコンとか）は「そのガスの種類にかかわらず」高圧ガス保安法の適用を受けない（適用除外）になります。
　▼法第3条第1項第8号 ← 適用除外のものは政令で定められている。
　▼政令第2条3項第3号 ← 冷凍能力＜略＞が3トン未満の冷凍設備内における高圧ガス。
　▼政令第2条3項第4号 ← 冷凍能力が3トン以上5トン未満の冷凍設備内における高圧ガスであるフルオロカーボン（不活性のものに限る。）。　　　　　　　【答：○】

3-2　応用問題

過去問題にチャレンジ！

・1日の冷凍能力が4トンの冷凍設備内における高圧ガスである不活性のフルオロカーボンは、高圧ガス保安法の適用を受けない。（平16問1、平22問1、平28問2［参考：2種 平16問1］）

一瞬戸惑います。「不活性」がポイントです。冷凍能力が3トン以上5トン未満の不活性のフルオロは適用除外です。　▼政令第2条第3項第4号　　　　　　　　【答：○】

・1日の冷凍能力が5トンの冷凍設備内における高圧ガスであるフルオロカーボン（不活性のものに限る。）は、高圧ガス保安法の適用を受けない。（平24問2［参考：2種 平20問1］）

今度は4トンではなく5トンになりました。この5トンという数字は重要です（5トン未満と5トン以上）。区分などまとめたメモを手元に置いて覚えましょう。つまり、「5トン」だけでは誤りで、「5トン未満」もしくは「適用を受ける」ならば正解なのです。
　▼法第3条第1項第8号 ← 法で規制しないもの（適用除外）は政令で定められている。
　▼政令第2条3項第4号 ← 冷凍能力が3トン以上5トン未満の冷凍設備内における高圧ガスで

あるフルオロカーボン（不活性のものに限る。）。　　　　　　　　　　　　　【答：×】

> ・1日の冷凍能力が5トン未満の冷凍設備内における高圧ガスは、そのガスの種類にかかわ
> らず高圧ガス保安法の適用を受けない。
> 　　　　　　　　　（平15問1、平20問1、平27問1【参考：2種　平15問1、平22問1】）

　誤りですよ。引っ掛からなかったですか？　アンモニアとフルオロ（不活性ガス以外）は、3トン以上5トン未満は届け出はしなくてもよいけれど、法の適用除外にはなっていない（適用を受ける）んだね。つまり、「そのガスの種類にかかわらず」が誤っています。この問題は出題数が多いね。あなたの受験年度はどうかな、出そうかな？　ま、勉強していれば大丈夫だね。

　　▼法第3条第1項第8号　◀「適用除外のものは政令で定められている」ということが書かれている。

　　▼政令第2条第3項第4号　◀冷凍能力が3トン以上5トン未満の冷凍設備内における高圧ガスであるフルオロカーボン（不活性のものに限る。）。　　　　　　　　　　　【答：×】

難易度：★★★★★

④　許可・届け出

　法令攻略の難関の1つなので、★5つです。でも、法第5条第1項第2号（許可）、法第5条第2項第2号（届け出）、政令第4条（ガス種とトンの関係の表）を一度よく読みながら、過去問を気楽に⁉解いてみるとなんとなくわかってくると思います。

4-1　1日の冷凍能力による許可

　ここでは、3トン、5トン、20トン、50トンがキーになると思います。

過去問題にチャレンジ！

> ・不活性ガスのフルオロカーボンを冷媒ガスとする1日の冷凍能力が30トンの設備を使用
> して冷凍のための高圧ガスの製造をしようとする者は、都道府県知事の許可を受けなけれ
> ばならない。（平19問2、平25問2）

　法第5条第1項第2号を少しわけて考えてみましょう。法第5条第1項第2号の括弧内を略してみると、

> 　二　冷凍のためガスを圧縮し、又は液化して高圧ガスの製造をする設備でその一日の冷凍能力
> 　　が二十トン（＜略＞）を使用して高圧ガスの製造をしようとする者

となります。つまり、20トン以上は許可を得なさいということです。でも、ここで括弧の中味は、「（当該ガスが政令で定めるガスの種類に該当するものである場合にあつては、当該

政令で定めるガスの種類ごとに二十トンを超える政令で定める値）以上のもの（第五十六条の七第二項の認定を受けた設備を除く。）」つまり、政令ではガスの種類で、まだいろいろ決めてあるから見てくださいね…、みたいな感じ。で、この**政令で定めるガスの種類**というのが、政令第4条の表に書いてあります。この表のガスの種類「一　フルオロカーボン（不活性のものに限る。）」で「法第5条第1項第2号の政令で定める値」（許可を要す）は50トン（以上）なので、この問題の30トン設備は、許可はいらないということになります。

　よくわからない方は、付録3「高圧ガスの製造に係る規制のまとめ」をみて過去問に挑戦してみてください。　　　　　　　　　　　　　　　　　　　　　　　　　　　【答：×】

・1日の冷凍能力が30トンの製造設備を使用して高圧ガスの製造を使用とする者であっても、その冷媒ガスの種類によっては都道府県知事の許可を受けなくてもよいものがある。

（平18問1）

フルオロとアンモニアは、50トン以上でないものは許可の必要はないです。

　▼法第5条第1項第2号　⬅1日冷凍能力20トン以上は許可が必要（20トンを超えるものでガスの種類は政令（第4条）で定めてあります）です。

　▼政令第4条の表　⬅「フルオロ（不活性のものに限る。）」と、フルオロ（不活性のものを除く。）及びアンモニア」は、50トン以上で許可が必要となる。　　　　　　　　【答：○】

・1日の冷凍能力が50トンである冷凍のための設備（1つの設備であって、認定指定設備でないもの。）を使用して高圧ガスの製造をしようとする者は、その製造をする高圧ガスの種類にかかわらず、事業所ごとに都道府県知事の許可を受けなければならない。

（平17問2（イ）、平24問2 [参考：2種 平17問2（イ）、平20問2]）

「認定指定設備でないもの（認定指定設備を除く）」ってことだから、50トン以上のものは許可が必要なんだね。じゃあ、認定指定設備はどうなるのという問題も出題されます。これは、後述「4-4　認定指定設備の許可」を参照してくださいね。冷凍トンで出題される過去問題は他にも多数ありますが、このくらいの理解で大丈夫でしょう。▼法第5条第1項第2号、政令第4条　　　　　　　　　　　　　　　　　　　　　　　　　　　　【答：○】

4-2　アンモニア冷媒設備の許可

　アンモニア冷凍設備の「許可」に関する問題です。まずは、法第5条第1項と、法第5条第1項第2号をみてみましょう。第2号（　）内の「政令で定める条文」は、政令第4条になります。アンモニア冷凍設備は、次図を見て考えると理解しやすいでしょう。

● アンモニアガスの1日の冷凍能力による届け出と許可の区分 ●

法令　（製造の許可等）

　第五条　次の各号の一に該当する者は、事業所ごとに、都道府県知事の許可を受けなければならない。

　一　＜略＞

　二　冷凍のためガスを圧縮し、又は液化して高圧ガスの製造をする設備でその一日の冷凍能力が二十トン（当該ガスが政令で定めるガスの種類に該当するものである場合にあつては、当該政令で定めるガスの種類ごとに二十トンを超える政令で定める値）以上のもの（第五十六条の七第二項の認定を受けた設備を除く。）を使用して高圧ガスの製造をしようとする者

過去問題にチャレンジ！

・アンモニアを冷媒とする1日の冷凍能力が40トンの冷凍設備（一つの製造設備であるもの）を使用して冷凍のための高圧ガスを製造しようとする者は、その旨を都道府県知事に届け出なくてよい。(平12問2)

　「届け出なくてよい」が間違いです。「届け出をする」が正しいのです。とにかく、アンモニアは、5トン以上50トン未満は「届け出」、50トン以上は「許可」と覚えましょう。

　　▼法第5条第1項第2号　⬅ 20トン以上はどうのこうの、でも、政令で定めるガスは（この場合アンモニア）政令でどうのこうの、ということが書かれています。

　　▼政令第4条　⬅ 表のガスの種類アンモニアの欄を見ること。　　　　　　　　【答：×】

・冷凍のためのアンモニアを冷媒ガスとして、1日の冷凍能力が50トン以上である設備を使用して高圧ガスの製造をしようとする者は、事業所ごとに、都道府県知事の許可を受けなければならない。(平14問2［参考：2種 平14問2］)

　そうだね、アンモニアの場合は、とにかく50トン以上は「許可」だよね。▼法第5条第1項第2号、政令第4条　　　　　　　　　　　　　　　　　　　　　　　　　　　　　　【答：○】

・アンモニアを冷媒ガスとする1日の冷凍能力が50トンの一つの設備を使用して冷凍のため高圧ガスの製造をしようとする者は、都道府県知事等の許可を受けなければならない。

　　　　　　　　　　　　　　　　　　　　　　　　　　　　　　　　　　　　(令1問2)

　2冷および3冷の平14問2と同等の問題です。　　　　　　　　　　　　　　【答：○】

Memo
　都道府県知事等の「等」について
　　法改正があって、平成30年4月1日より都道府県知事より政令都市の長に権限を移譲することになりました（大きい処理の事業所は除く）。つまり、政令都市の市長さんに許可申請ができるようになったのです。よって、「等」が付いたというわけなのですが、本書では、平成30年度からの問題文と解説文を都道府県知事等と表記しています。

4-3　ガスの種類による許可

　「フルオロカーボン（不活性のもの）とアンモニアとでは」とか、「ガスの種類に関係なく」とか、違ったガスで混乱させる問題です。ま、法令がそういうことになっているんだろうけど…。図を見ながら攻略してください。3トン、5トン、20トン、50トンがキーになると思います。ポツリ、ポツリと、忘れた頃に出題される感じです。

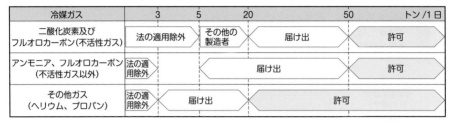

● 冷媒ガスの種類と1日の冷凍能力による許可区分 ●

過去問にチャレンジ！

・冷凍設備（認定指定設備を除く。）を使用して高圧ガスの製造をしようとする者が、都道府県知事の許可を受けなければならない場合の1日の冷凍能力の最小の値は、その冷媒ガスの種類がフルオロカーボンとアンモニアとでは異なる。（平26問2［参考：2種 平22問2］）

　う～ん、嫌らしい問題だ。「許可」を受けなければならない一日の冷凍能力は、フルオロとアンモニアは50トン以上と定められているので**最小値（50トン）は同じ**なのね。だから、この問いは誤りです。▼法第5条第1項第2号、政令第4条

● フルオロカーボンとアンモニアの1日の冷凍能力による許可区分 ●

【答：×】

・冷凍のための設備を使用して高圧ガスの製造をしようとする者が、その製造について都道府県知事の許可を受けなければならない場合の1日の冷凍能力の最小の値は、冷媒ガスである高圧ガスの種類に関係なく同じである。（平29問2）

　「○」じゃなくて「×」なんだよね。嫌らしい問題だよね。フルオロやアンモニアは、許可は50トン以上と覚えていればよいけれど、「二酸化炭素、フルオロ、アンモニア以外」は20トン以上で許可になるんだね。ほんと、嫌らしい問題ですね。▼法第5条第1項第2号、政令第4条

【答：×】

第1章　法令

④　許可・届け出

4-4　認定指定設備の許可

　認定指定設備をからめてくる嫌らしい問題です。関連する条文は以下となります。また、図も参考にしてくださいね。

> ▼法第5条第1項第2号　◀️許可について：<略>（法第56条の7第2項の認定を受けた設備を除く。）<略>。
> ▼法第56条の7　◀️指定認定指定設備の認定について。
> ▼政令15条第2号　◀️指定認定指定設備はどんなものか。
> ▼政令関係告示第6条第2項　◀️認定指定設備の4つの条件が書いてある。

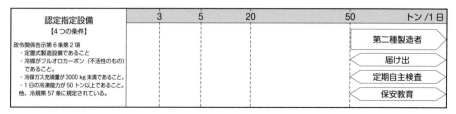

● 認定指定設備の1日の冷凍能力による区分と規制 ●

過去問題にチャレンジ！

> ・認定指定設備のみを使用して冷凍のため高圧ガスの製造をしようとする者は、その設備の1日の冷凍能力が50トン以上である場合であっても、都道府県知事の許可を受けることを要しない。（平28問2）

　　認定指定設備（50トン以下の認定指定設備は存在しないよ）は、許可はいらないです！
　　　▼法第5条第1項第2号　◀️許可について：<略>（第56条の7第2項の認定を受けた設備を除く。）<略>。
　　　▼法第56条の7　◀️指定認定指定設備の認定について書いてある。
　　　▼政令15条第2号　◀️指定認定指定設備はどんなものか書いてある。
　　　▼政令関係告示第6条第2項　◀️認定指定設備の4つの条件が書いてある。　　【答：○】

> ・1日の冷凍能力が50トン以上である認定指定設備のみを使用して冷凍のため高圧ガスの製造をしようとする者は、都道府県知事等の許可を受けなくてよい。（平30問1）

　　平28問2の「許可を受けることを要しない」と、この問題の「許可を受けなくてよい」は、意味が同じですね。　　【答：○】

4-5 許可に関する基本問題

過去問題にチャレンジ！

・次のイ、ロ、ハのうち、一つの事業所において冷凍のため高圧ガスの製造をしようとする者が都道府県知事の許可を受けなければならないものはどれか。
　　イ．フルオロカーボンを冷媒ガスとする１日の冷凍能力が 40 トンである製造設備のみを使用して高圧ガスの製造を行う場合
　　ロ．アンモニアを冷媒ガスとする１日の冷凍能力が 100 トンである製造設備のみを使用して高圧ガスの製造を行う場合
　　ハ．１日の冷凍能力が 100 トンである認定指定設備のみを使用して高圧ガスの製造を行う場合
(1) イ　　(2) ロ　　(3) イ、ハ　　(4) ロ、ハ　　(5) イ、ロ、ハ　　（平 27 問 3）

この問題は、全部把握してないと疲れます。
イ．「×」です。フルオロの許可は、50 トン以上ですね。
ロ．「○」です。アンモニアの許可は、50 トン以上ですね。
ハ．「×」です。「認定指定設備のみ」ですから、届け出ですね。　　　　　【答：(2)】

4-6 届け出

　届け出は、法第 5 条第 2 項になります。第二種製造者に関しての問題になります。出題は多いです。届け出る期日を主に問われますが、うっかりミスに注意してください。

過去問題にチャレンジ！

・第二種製造者は、事業所ごとに、高圧ガスの製造開始の日の 20 日前までに、その旨を都道府県知事に届け出なければならない。（平 18 問 3、平 21 問 8、平 23 問 9、平 25 問 8 ［参考：2 種 平 18 問 3、平 23 問 4、平 24 問 4］）

　素直な文章です。「製造の日から 30 日以内に、」という「×」問題が平成 26 年度に出題されていますので注意してください。　▼法第 5 条第 2 項、政令第 4 条　　　　　【答：○】

・第二種製造者は、事業所ごとに、製造を開始後遅滞なく、製造をする高圧ガスの種類、製造のための施設の位置、構造及び設備並びに製造の方法を記載した書面を添えて、その旨を都道府県知事に届け出なければならない。（平 29 問 8）

　「製造を開始後遅滞なく」ではなくて「製造開始の日_から_ 20 日前までに」です。日付ばかりに気を取られていると、「○」という、うっかりミスをします。注意しましょう。
　　　　　　　　　　　　　　　　　　　　　　　　　　　　　　　　　　　【答：×】

難易度：★★★★

5 第二種製造者

　単刀直入に「第二種製造者」をガスの種類に応じどーのこーのって問う問題は平成26年度から出題されるようになりました。少々覚えるのに苦労するかな？　★4つです。なお、第二種製造者とは、法第10条の2第1項と法第5条第2項に定義されています。

冷媒ガス	3	5	20	50	トン /1日
二酸化炭素及びフルオロカーボン（不活性ガス）	法の適用除外	その他の製造者※1	第二種製造者		第一種製造者
アンモニア、フルオロカーボン（不活性ガス以外）	法の適用除外	その他の製造者	第二種製造者		第一種製造者
その他ガス（ヘリウム、プロパン）	法の適用除外	第二種製造者		第一種製造者	

※1「その他の製造者」は、許可や届け出は不要であるが技術上の基準を遵守する必要があります。

● 冷媒ガスの種類と1日の冷凍能力による製造者区分 ●

過去問題にチャレンジ！

・製造をする高圧ガスの種類に関係なく、一日の冷凍能力が3トン以上50トン未満である冷凍設備を使用して高圧ガスの製造をする者は、第二種製造者である。（平27問8）

　間違いですね。アンモニアとフルオロ（不活性以外のもの）の第二種製造者であるもの（届け出）は5トン以上50トン未満ですから、「種類に関係なく」は間違いです。
　　▼法第5条第2項第2号　◀第2項は届け出の製造者（第二種製造者）のいろいろ（ガス種類ごとに3トン以上…云々、政令に定める…云々）。
　　▼政令第4条　◀表のガスの種類のアンモニアの欄参照。5トン以上、50トン未満　【答：×】

・不活性のフルオロカーボンを冷媒ガスとする1日の冷凍能力が30トンの設備のみを使用して高圧ガスの製造をしようとする者は、第二種製造者である。（平28問8）

　フルオロ（不活性のもの）で第二種製造者であるもの（届け出）は20トン以上50トン未満ですから、設問は30トンのみなので正しいです。　　　　　　　　【答：○】

難易度：★★★

6 販売・消費

「販売」の問題は、毎年1問！？　出ます。法第20条の4を押さえておけば大丈夫でしょう。「消費」関連は、法第24条の5、一般則第59条、一般則第60条で、10年に一度出題されるようなレアな問題になります。ポイントをつかめば大丈夫でしょう。★3つです。

6-1　販売

販売の問題は毎年出題される感じです。なんとか間違えるように攻撃をかけてくる年度がありますが、法第20条の4を読めばよいと思いますので、絶対ゲットしてください！「事業開始の日の二十日前まで」と「届け出」がポイントです。

過去問題にチャレンジ！

・容器に充てんされた冷媒ガス用の高圧ガスの販売の事業を営もうとする者（定められた者を除く。）は、販売所ごとに、事業開始の日の20日前までに、その旨を都道府県知事に届け出なければならない。(平21問2、平23問4 [参考：2種 平23問2])

「容器に充てんされた冷媒ガス用の」などと余計な文が付いていますが、惑わされないように…、わりと素直な問題と思われます。▼法第20条の4　　【答：○】

・高圧ガスの販売の事業を営もうとする者は、その高圧ガスの販売について販売所ごとに都道府県知事の許可を受けなければならない。(平24問3 [参考：2種 平20問1])

引っ掛かりませんでしたか！？　法第20条の4を、一度読めばわかる問題ですよ。無勉強がバレバレの問題かな？　でも、引っ掛かるかな？　許可じゃなくて届け出でよいのです。間違えると思わず涙が出てしまう、嫌らしい問題ですね。　　【答：×】

・高圧ガスの販売の事業を営もうとする者は、事業所ごとに、事業の開始後、遅滞なく、その旨を都道府県知事に届け出なければならない。(平20問2 [参考：2種 平21問2、平22問3、平24問3、平26問3])

引っ掛からなかった？　「事業の開始の日の20日前までに」ですよ。この問題は、販売事業の届け出の引っ掛けMVPになりそうです。ここで、もう1つ。「事業所ごと」とありますが「販売所ごと」でないといけないかも知れません。▼法第20条の4　　【答：×】

・高圧ガスの販売の事業を営もうとする者は、特に定められた場合を除き、販売所ごとに、事業開始の日の20日前までにその旨を都道府県知事に届け出なければならない。(平29問3)

「補充用」とかに惑わされないように気をつけてください。法第20条の4には、「補充用」

という語句はないですよ。 【答：○】

6-2　消費

消費に関する問題は出題数が多くありません（10年に一度？）。

過去問題にチャレンジ！

・特定高圧ガス以外の高圧ガスのうち消費の技術上の基準に従うべき高圧ガスは、可燃性ガス（高圧ガスを燃料として使用する車両において、当該車両の燃料の用のみに消費される高圧ガスを除く。）、毒性ガス、酸素及び空気である。(平16問4 [参考：2種 平16問4])

思わず「×」にしたい！？　これは引っ掛かりやすいかも。特定高圧ガス以外の「以外」がミソなのよ。法第24条の5を先ずみてみて。これの、「前三条に定めるものの外、経済産業省令で定める高圧ガス」、これが、一般則第59条に書いてあります。一般則第59条に可燃性ガス、毒性ガス、酸素及び空気という言葉が登場しています。 【答：○】

難易度：★★

7　地位の承継

　3冷の「地位の承継」は出題数が少ないです。ヒョッコリ出題される年度があるでしょう。法第10条をみておきましょう。下線のポイントを押さえれば簡単ですよ。★は2つです。

（承継）

第十条　第一種製造者について相続、合併又は分割（当該第一種製造者のその許可に係る事業所を承継させるものに限る。）があつた場合において、相続人（相続人が二人以上ある場合において、その全員の同意により承継すべき相続人を選定したときは、その者）、合併後存続する法人若しくは合併により設立した法人又は分割によりその事業所を承継した法人は、<u>第一種製造者の地位を承継する</u>。

2　前項の規定により第一種製造者の地位を承継した者は、遅滞なく、その事実を証する書面を添えて、その旨を都道府県知事に<u>届け出</u>なければならない。

　「相続、合併又は分割」、「地位を承継する」、「届け出」などがポイントです。法第10条に記されている地位の承継は、「相続、合併又は分割」であって、「譲渡（譲り受け）」の場合はこの条文に当てはまりません。次の【基通】というものを読んでみてください。そして、過去問をよく読んでください。この問題は、わかっている方（勉強している人）にとっては、思いっきりサービス問題となります！

第10条は、いわゆる承継のうち、相続、合併又は分割（当該第一種製造者のその許可に係る事業所を承継させるものに限る。）の場合のみ新規許可特例として認めているのであって、それら以外の譲渡等の場合は、法第5条の許可が必要である。

　　第10条の第1項の規定により地位を承継した場合、承継者は非承継者に対する許可の条件等も義務も承継する。

　　相続とは、製造施設の包括承継のみを意味し、分割承継は相続とみなさない。

　ようするに、「譲渡」の場合は「許可」が必要なのです。なんとか、間違わせようとする問題が多いです。頑張ってください！

過去問題にチャレンジ！

> ・第一種製造者の合併によりその地位を承継した者は、遅滞なく、その事実を証する書面を添えて、その旨を都道府県知事等に届け出なければならない。（令1問3）

　「合併によりその地位を承継」とありますので、届け出でよいです。
　▼法第10条第1項　◀<略>相続、合併又は分割<略>の地位を承継する。
　▼法第10条第2項　◀<略>知事等に届け出なければならない。　　　　【答：○】

> ・第一種製造者がその高圧ガスの製造事業の全部を譲り渡したときは、その事業の全部を譲り受けた者はその第一種製造者の地位を承継する。
> 　　　　（平27問2 [参考：2種 平18問3、平19問3、平26問2、平28問3]）

　「○」にしてしまいましたか？　「相続、合併又は分割」ではなく、「譲渡（譲り渡し）」ですから、地位の承継にならない（地位の承継はできない）（法第10条第1項）ということで「×」です。あらためて「許可」を受けなければなりません（法第20条第2項）。
　▼法第10条第1項　◀<略>相続、合併又は分割<略>があつた場合において、相続人<略>、合併後存続する法人若しくは合併により設立した法人又は分割によりその事業所を承継した法人は、第一種製造者の地位を承継する。
　▼法第20条第2項　◀2　第一種製造者からその製造のための施設の全部又は一部の引渡しを受け、第五条第一項の許可を受けた者は、<略>。　　　　【答：×】

難易度：★★★

8　容器

　容器は、「容器全般」、「貯蔵」、「移動」、「廃棄・廃止」と大きく4つに分類してあります。難問はありませんが、問題数が多いので★3つです。ひたすら過去問をこなして覚えてください。

8-1　容器全般

（1）輸入検査

「輸入検査」については、出題数が少ないです。思いがけない年度に出題されそうです。

過去問題にチャレンジ！

・容器に充てんされた高圧ガスの輸入検査において、その検査対象は輸入した高圧ガス及び容器である。（平19問3）

うむ。法第22条第1項に、「高圧ガスの輸入をした者は、輸入をした高圧ガス及びその容器につき、＜略＞」と書いてあります。　検査を受けて適合と認められないと、移動もできませんね。　　　　　　　　　　　　　　　　　　　　　　　　　　　　　　　　　【答：○】

（2）再検査

そんなに難しくないと思います。ただし、問題文はよく読みましょう。ポツリ、ポツリと出題されています。

過去問題にチャレンジ！

・容器検査又は容器再検査を受け、これに合格し所定の刻印等がされた容器に高圧ガスを充てんする場合の条件の一つに、その容器が所定の期間を経過していないことがある。

（平18問6［参考：2種　平18問7］）

え!?　何だって、期間があるの？って感じです（笑）。常識ですかね、どうもすいません。
　▼法第48条第1項第5号　◀＜略＞経済産業省令で定める期間を経過した容器又は損傷を受けた容器にあつては、容器再検査を受け、これに合格し、かつ、＜略＞。
　▼容器第24条　◀経済産業省令で定める期間が書いてある。　　　　　　　　　【答：○】

・容器検査又は容器再検査を受けた後、所定の期間を経過した容器に高圧ガスを充てんすることができる条件の一つに、その容器が容器再検査に合格したものでなければならないことがある。（平17問7［参考：2種　平17問7］）

その通り。この問題は必ずゲットしましょう。
　▼法第48条第1項第5号　◀…定める期間が過ぎたら再検査しなさい。
　▼法第49条第3項　◀大臣等は、再検査に合格したら速やかに刻印しなさい。　　【答：○】

・液化フルオロカーボンを充てんする溶接容器の容器再検査の期間は、その容器の製造後の経過年数に応じて定められている。（平22問5、平26問6、平30問6）

法第48条の序文に「高圧ガスを」とありますので、「液化フルオロカーボン」、「液化アンモニア」などのガス種を指定されても思い悩む必要はないでしょう。それから、「溶接容器」という語句は、平成27年度でも出題されています。
　▼法第48条第1項第5号　◀定める期間が過ぎたら再検査しなさい。

▼容器第 24 条第 1 項第 1 号　◀ 溶接容器…云々、製造した後の経過年数…云々。　【答：○】

・高圧ガスである冷媒ガスを冷媒設備から回収し、容器（再充てん禁止容器を除く。）に充てんするとき、その容器が容器再検査の期間を経過してないものであることは、その容器に高圧ガスを充てんすることができる条件の一つである。（平 20 問 6）

うむ。
▼法第 48 条第 1 項第 5 号　◀ …定める期間が過ぎたら再検査しなさい。
▼法第 49 条第 3 項　◀ 大臣等は、再検査に合格したら速やかに刻印しなさい。　【答：○】

・容器の所有者は、容器再検査に合格しなかった容器について所定の期間内に所定の刻印等がされなかったときは、遅滞なく、これをくず化し、その他容器として使用することができないように処分しなければならない。（平 16 問 5 ［参考：2 種 平 26 問 6、平 28 問 6］）

不合格だと、くず化して、他に使うこともできないようにしなければなりません。▼法第 56 条第 3 項　　　　　　　　　　　　　　　　　　　　　　　　　　　　　　　　【答：○】

> **Memo**
>
> 法第 56 条第 3 項について
>
> 　　3　容器の所有者は、容器再検査に合格しなかった容器について三月以内に＜略＞刻印がされなかったときは、　＜略＞
>
> 　う〜ん、3 ヶ月内に補修などして合格すれば刻印してくれるだろうか…、この「三月以内」は出題されるかな？

・容器検査に合格した容器には、所定の刻印等がされているが、その容器が容器再検査に合格した場合は、表示のみがされる。（平 16 問 5 ［参考：2 種 平 16 問 5］）

なんか迷いますよね、表示でいいの？　消えちゃうかも…。
▼法第 49 条第 3 項　◀ ＜略＞再検査に合格した場合において、＜略＞速やかに、経済産業省令で定めるところにより、その容器に、刻印をしなければならない。つまり、刻印をしろと書いてある。
▼容器第 37 条　◀ ここに、経済産業省で定めるところによる刻印の方式が書いてある。『イ　検査実施者の名称の符号　　ロ　容器検査の年月』とか。　【答：×】

・容器に高圧ガスを充てんすることができる条件の一つに、「その容器が容器検査又は容器再検査に合格し、所定の刻印等又は自主検査刻印等がされた後、所定の期間を経過していないこと。」があるが、その期間は溶接容器にあっては製造後の経過年数に応じて定められている。（平 27 問 6）

「溶接容器」は、容器第 24 条第 1 項第 1 号に記されています。
▼法第 48 条第 1 項第 5 号　◀ 定める期間が過ぎたら再検査しなさい。
▼容器第 24 条第 1 項第 1 号　◀ 溶接容器…云々、製造した後の経過年数…云々。　【答：○】

（3）刻印

　刻印に関する問題は特に多いですが、ややこしい問題はないと思います。ただし、気を緩めると引っ掛けられます。「充てん質量」、「内容積」などの違いに注意してください。

（a）基本問題

過去問題にチャレンジ！

> ・容器に所定の刻印等及び表示がされていることは、高圧ガスを容器に充てんするとき、その容器が適合していなければならない条件の一つである。（平14問5）

これは、もう、なんとなく「○」でよいですよねぇ。

▼法第48条第1項第1号、第2号　◀充てんする場合、その容器に刻印や表示がしてあること。

【答：○】

> ・容器検査に合格した容器には、特に定めるものを除き、充填すべき高圧ガスの種類として、高圧ガスの名称、略称又は分子式が刻印等されている。（令1問6）

少々ビックリ。「分子式」は初めて登場。え？　そんなんあった？　って感じです。

▼法第45条第1項　◀検査合格したら、刻印しなさい（方式は「容器第8条」）。

▼容器第8条第1項第3号　◀＜略＞高圧ガスの名称、略称又は分子式。ちなみに「分子式」という語句は容器則ではここに記されているのみです。　**【答：○】**

（b）記号や番号

容器第8条第1項第5号は括弧を無視して読むとわかりやすいです。

　　五　容器の記号（液化石油ガスを充てんする容器にあつては、三文字以下のものに限る。）及び番号（液化石油ガスを充てんする容器にあつては、五けた以下のものに限る。）

過去問題にチャレンジ！

> ・容器検査に合格した容器に刻印をすべき事項の一つに、容器の記号及び番号がある。
> （平21問7）

うむ。

▼法第45条第1項　◀刻印しなさい。

▼容器第8条第1項第5号　◀容器の記号及び番号を刻印しなさい。　**【答：○】**

> ・容器の記号及び番号は、容器検査に合格した容器に刻印をすべき事項の一つである。
> （平24問5［参考：2種 平21問7］）

ハイ、「○」です。平成21年度の3冷と2冷の問題を比べてみると、思わず笑い、苦笑、日本語の不思議な感じがしたりします。

▼法第45条第1項　◀刻印しなさい。

▼容器第8条第1項第5号　◀容器の記号及び番号を刻印しなさい。　**【答：○】**

（c）内容積

▼容器第8条第1項第6号
　六　内容積（記号　V、単位　リットル）

過去問題にチャレンジ！

・容器検査に合格した容器に刻印等をすべき事項の一つに、その容器の内容積（記号　V、単位　リットル）がある。（平30問6）

記号や番号の他に、内容積は必須ですよね。内容積ですよ、内容積！
　▼法第45条第1項　◀刻印しなさい。
　▼容器第8条第1項第6号　◀六　内容積（記号　V、単位　リットル）。　　【答：○】

・液化ガスを充てんする容器には、その容器に充てんすることができる最高充てん質量の数値の刻印がされている。（平16問5［参考：2種 平16問5、平18問7、平28問7］）

間違えましたか？　「×」です、「×」。**充てん質量**じゃなくて、**内容積**です。「最大充てん質量」を刻印しなさいとか何処にも書かれていないのです。イメージ的に似ているので、引っ掛けられますから注意しましょう。
　▼法第45条第1項　◀刻印しなさい。
　▼法第48条第1項第1号　◀刻印等又は自主検査刻印等がされているもの。
　▼容器第8条第1項第6号　◀内容積（記号　V、単位　リットル）を刻印しなさい。【答：×】

（d）合格した年月

▼容器第8条第1項第9号
　九　容器検査に合格した年月（＜略＞）

過去問題にチャレンジ！

・容器検査に合格した容器に刻印すべき事項の一つに、その容器が受けるべき次回の容器再検査の年月がある。（平25問5、平30問6）

ない。ちょっと引っ掛けっぽいかな…。
　▼法第45条第1項　◀刻印しなさい。
　▼容器第8条第1項第9号　◀合格した年月の云々はあるが、容器再検査の年月はひと言もない。
　　　　　　　　　　　　　　　　　　　　　　　　　　　　　　　　　　　　　　【答：×】

（e）耐圧試験における圧力
　3冷においては出題されていないようですが、重要なので法令を記しておきますね。

▼容器第 8 条第 1 項第 11 号

十一　＜略＞耐圧試験における圧力（記号　TP、単位　メガパスカル）及びM

（ f ）最高充てん圧力

▼容器第 8 条第 1 項第 12 号

十二　＜略＞最高充てん圧力（記号　FP、単位　メガパスカル）及びM

過去問題にチャレンジ！

・圧縮ガスを充てんする容器には、最高充てん圧力の刻印等又は自主検査刻印等がされている。（平 15 問 6 ［参考：2 種 平 15 問 6］）

　　　問題文をそのまま覚えればベストだね。
　　　▼法第 45 条　◀検査に合格したら刻印をしなさい。
　　　▼法第 49 条の 25　◀登録容器製造業者（容器を作る人のこと）の自主検査刻印のこと。
　　　▼容器第 8 条第 1 項第 12 号　◀最高充てん圧力のことが書かれている。　　　【答：○】

・圧縮ガスを充てんする容器に刻印すべき事項の一つに、最高充てん圧力がある。（平 20 問 6）

　　　うむ。
　　　▼法第 45 条　◀検査に合格したら刻印をしなさい。
　　　▼容器第 8 条第 1 項第 12 号　◀最高充てん圧力のことが書かれている。　　　【答：○】

・圧縮窒素を充てんする容器の刻印のうち「FP14.7M」は、その容器の最高充てん圧力が 14.7 メガパスカルであることを表している。（平 23 問 5）

　　　「FP14.7M」とか、具体的数値の出題は平成 23 年度が初めてかも知れません。
　　　▼法第 45 条　◀検査に合格したら刻印をしなさい。
　　　▼容器第 8 条第 1 項第 12 号　◀最高充てん圧力のことが書かれている。　　　【答：○】

（g）附属品検査合格品
　附属品検査合格品の刻印についての条文は、以下の 2 つですが、3 冷では、なぜか出題されていません。

　　　▼法第 49 条の 3 第 1 項　◀附属品検査合格品には刻印しなさい。
　　　▼容器第 18 条第 1 項　◀法第 49 条の 3 第 1 項の刻印の方式が記されている。ここで、容器
　　　第 8 条（容器の刻印）と間違わないこと。

（h）附属品再検査合格品
　附属品再検査合格品の刻印については「附属品合格品」と混同しないように気をつけて

ください。2冷は、なぜか出題されていません。

> ▼容器第38条第1項　◀附属品再検査合格品の刻印の方式が記されている。ここで、容器第18条（附属品合格品の刻印）と間違わないこと。

過去問題にチャレンジ！

> ・附属品検査に合格したバルブには、所定の刻印がされるが、そのバルブが附属品再検査に合格した場合には、所定の刻印をすべき定めはない。（平28問6）

附属品の再検査合格の場合も刻印の定めがあるというレアな問題です。
> ▼法第49条の4第3項　◀附属再検査合格品には定める刻印をしなさい云々。
> ▼容器第38条第1項　◀検査実施者の名称の符号及び附属品再検査の年月日を刻印しなさい云々。　　【答：×】

（4）明示（表示）

刻印と違い、塗料で書くというイメージでしょうか。問題数の多さでは刻印と同等かも知れません。

> **Memo**
>
> 「表示」と「明示」の違い
>
> ガスの性質を表示する（▼法第46条）ときに、「毒」とか「燃」を明示する（▼容器第10条）ということです。

（a）明示すべき事項

「充てん質量」と「内容積」の違いに注意してください。

過去問題にチャレンジ！

> ・容器に明示しなければならない事項の一つに、その容器に充てんすることができる高圧ガスの名称がある。（平18問6）

明示しなければならないものの整理はできていますか？　「○」ですよ。
> ▼法第46条第1項1号　◀表示をしなさいという条文。
> ▼容器第10条第1項第2号イ　◀イ　充てんすることができる高圧ガスの名称。　　【答：○】

> ・液化ガスを充てんする容器の外面には、その容器に充てんすることができる最大充てん質量の数値が明示されている。（平15問6［参考：2種 平15問6］）

出題者は、あなたをあらゆる方向から攻めてくる、軽くかわそう！　充てん質量は、刻印されている「内容積」と液化ガスの定数で計算します。明示などされてはいません。
> ▼法第48条第1項第1号、第2号　◀刻印しなさい、表示しなさい。
> ▼容器第22条　◀液化ガスの質量の計算の方法が書いてある。「容器に充てんする」の問題にもかかわってくる条文です。　　【答：×】

・液化ガスを充てんする容器に明示すべき事項の一つに、その容器に充てんすることができる液化ガスの最高充てん質量の数値がある。（平20問6）

はい、平15問6と同等の問題です。

▼法第48条4項第1号 ◀ ＜略＞刻印等において示された内容積に応じて計算した質量以下のものであること。＜略＞

▼容器第22条 ◀ 液化ガスの質量の計算の方法。 　　　　　　　　　　　　　【答：×】

（b）「燃」と「毒」の明示

ガスの性質を示す明示がどうのこうの、と言う問題です。

過去問題にチャレンジ！

・液化アンモニアを充てんする容器の外面には、そのガスの性質を示す文字として「燃」及び「毒」が明示されていなければならない。（平14問5）

アンモニアガスの性質に「可燃性ガス及び毒性ガス」があります。

▼法第46条第1項 ◀ 表示をしなさい。

▼容器第10条第1項第2号ロ ◀ 液化アンモニアは、可燃性と毒性ガスだから「燃」「毒」の両方を明示する。 　　　　　　　　　　　　　　　　　　　　　　　　　　　　【答：○】

・液化アンモニアを充てんする容器にすべき表示の一つに、その容器の外面にそのガスの性質を示す文字の明示があるが、その文字として「毒」のみ明示すればよい。（平25問5）

おっと、この問題はチョイと引っ掛けっぽい問題です。「燃」と「毒」、両方表示ですね。

▼法第46条第1項 ◀ 表示をしなさい。

▼容器第10条第1項第2号ロ ◀ 可燃性ガスにあっては「燃」、毒性ガスにあっては「毒」を明示しなさい。 　　　　　　　　　　　　　　　　　　　　　　　　　　　　【答：×】

・液化アンモニアを充てんする容器に表示をすべき事項の一つに、「そのガスの性質を示す文字を明示すること」がある。（平21問7【参考：2種 平22問7】）

うむ、素直な問題ですね。

▼法第46条第1項 ◀ 表示をしなさい。

▼容器第10条第1項第2号ロ ◀ 可燃性ガスにあっては「燃」、毒性ガスにあっては「毒」を明示しなさい。 　　　　　　　　　　　　　　　　　　　　　　　　　　　　【答：○】

・容器検査に合格した液化アンモニアを充てんする容器には、所定の表示をしなければならないが、その表示の一つとしてアンモニアの性質を示す文字「燃」及び「毒」の明示がある。（平28問6）

容器検査に合格した…の一文がありますが、この問題の条文は今までと同じです。▼法第46条第1項、容器第10条第1項第2号ロ 　　　　　　　　　　　【答：○】

（c）刻印と明示

過去問題にチャレンジ！

・可燃性ガスを充てんする容器には、充てんすべき高圧ガスの名称が刻印又は自主検査刻印で示されているので、その高圧ガスの性質を示す文字を明示しなくてよい。（平23問5）

こういう問題の作り方もありかー！　などと納得する文章ですね。
▼法第46条第1項　⬅ 表示をしなさい。
▼容器第10条第1項第2号ロ　⬅ 当該高圧ガスの性質を示す文字を明示しなさい。　【答：×】

（d）塗色の明示

ザッと、塗色の色を覚えたほうがよいかも知れないです。

● 高圧ガスの種類による染色の区分 ●

高圧ガスの種類	染色の区分
酸素ガス	黒色
水素ガス	赤色
液化炭酸ガス	緑色
液化アンモニア	白色
液化塩素	黄色
アセチレンガス	かつ色（褐色）
その他の種類の高圧ガス	ねずみ色

（容器第10条第1項第1号より）

過去問題にチャレンジ！

・液化フルオロカーボンを充填する容器に表示をすべき事項の一つに、その容器の外面の見やすい箇所に、「その表面積の2分の1以上について白色の塗色をすること。」がある。
（令2問6）

「白色」以外の初めての出題です。設問のフルオロは「ねずみ色」です。　【答：×】

・容器の塗色は高圧ガスの種類に応じて定められており、液化アンモニアの容器の外面の塗色は白色である。（平27問6）

うむ。白色しか出題されないのだろうか…。あえて言うなら、黒色、緑色、ねずみ色あたりが出題の対象になるかも知れませんね。
▼法第46条第1項　⬅ 表示をしなさい。
▼容器第10条第1項第1号　⬅ 一　次の表の<略>ガスの種類に応じて<略>掲げる塗色を<略>の見やすい箇所に、容器の表面積の二分の一以上について行うものとする。<略>。　【答：○】

（e）その他

過去問題にチャレンジ！

・容器の外面に所有者の氏名などの所定の事項を明示した容器の所有者は、その事項に変更があったときは、次回の容器再検査時にその事項を明示し直さなければならないと定められている。（平24問5）

「その事項に変更があったとき」とな？　この手の問題は初めてかも知れません。「次回の容器再検査時に」なんてことはないでしょ、と、すぐわかる問題ですね。

　▼法第46条第1項　⬅ 表示をしなさい。
　▼容器第10条第1項第3号　⬅ 三　容器の外面に容器の所有者<略>を告示で定めるところに従つて明示するものとする。
　▼容器第10条第2項　⬅ 2　前項第三号の規定により氏名等の表示をした容器の所有者は、その氏名等に変更があつたときは、遅滞なく、その表示を変更するものとする。この場合においては、前項第三号の例により表示を行うものとする。　【答：×】

（5）充填

　ちょっと、引っ掛けっぽい問題がありますから注意しましょう。容器に充てんするときの液化ガス（圧縮ガスについては出ないかも…）の質量について問われます。これがポイントかな。

> **Memo**
>
> 　平成28年11月1日の法改正により、「充てん」から「充填」へ表記が変わりました。協会の模範解答の解説では、平成30年度試験より適用されています。本書では、平成30年度以降の問題解説より表記を変えています。

過去問題にチャレンジ！

・容器に充てんする高圧ガスである液化ガスは、所定の算式で計算した質量以下のものでなければならない。（平17問7、平21問7［参考：2種 平17問7］）

ま、なんとなく「○」だよね…って、感じでもよいと思いますが、引っ掛けには注意してください。

　▼法第48条第4項第1号　⬅ 一　刻印又は自主検査刻印等がされていること。
　▼法第48条第4項第1号　⬅ <略>刻印等において示された内容積に応じて計算した質量以下のものであること。<略>。　【答：○】

・容器に充てんする液化ガスは、刻印等又は自主検査刻印等で示された種類の高圧ガスであり、かつ、容器に刻印等又は自主検査刻印等で示された最大充てん質量の数値以下のものでなければならない。（平19問6、平23問5［参考：2種 平19問6、平24問7、平27問6］）

引っ掛かりませんでしたか？　最大充てん質量は刻印されていません！　刻印されている「内容積」とガスの定数で計算した数値以下で充てんします。

　▼法第48条第4項第1号　⬅ 内容積に応じて計算した質量以下のものであること。

▼容器第22条　◀️ 液化ガスの質量の計算の方法。　　　　　　　　　　【答：×】

> ・容器に充てんすることができる液化フルオロカーボン22の質量は、次の式で表される。
>
> $$G = \frac{V}{C}$$
>
> 　　　G：液化フルオロカーボン22の質量（単位キログラム）の数値
> 　　　V：容器の内容積（単位リットル）の数値
> 　　　C：容器保安規則で定める数値　　　　　　　　　　　　（平25問5）

　式で直接問われるのは、初めてかも知れません。

> **容器第22条の一部を抜粋**
>
> <略>次の算式によるものとする。
>
> 　　　G＝V／C
>
> この式においてG、V及びCは、それぞれ次の数値を表すものとする。
> 　　　G：液化ガスの質量（単位　キログラム）の数値
> 　　　V：容器の内容積（単位　リットル）の数値
> 　　　C：<略（各種ガスの定数)>

▼法第48条第4項第1号　◀️ 内容積に応じて計算した質量以下のものであること。
▼容器第22条　◀️ 液化ガスの質量の計算の方法。　　　　　　　　　　【答：○】

> ・容器に充てんすることができる液化ガスの質量は、その容器の内容積を容器保安規則で定
> められた数値で除して得られた質量以下と定められている。（平27問6）

　式を文章で問われるのは、初めてかも知れません。平25問5の解説と同じです。【答：○】

8-2　貯蔵

　容器の貯蔵に関しては多くの問題が出題されます。ここでは過去の問題を「（1）ガス
の容積と質量」、「（2）ガスの種類」、「（3）車両の貯蔵」、「（4）容器置き場の通風」、
「（5）容器置き場の区分」、「（6）容器の温度」、「（7）残ガス容器の温度」、「（8）容器
置き場の火気」、「（9）衝撃を防止する措置」の9つに分類してあります。

（1）ガスの容積と質量

　貯蔵の技術上の基準についての容積と質量の関係を問われます。

過去問題にチャレンジ！

> ・液化ガスを貯蔵するとき、貯蔵の方法に係る技術上の基準に従って貯蔵しなければならな
> いのは、その質量が1.5キログラムを超えるものである。（平26問4）

　高圧ガスの貯蔵はそのガスの種類にかかわらず技術上の基準に従います。

　　▼法第15条第1項　◀️ 貯蔵は技術上の基準に従ってください。ただし、経済産業省令で定める

容積以下の高圧ガスについては、この限りでありません。経産省令で定める容積値は、一般第19条第1項と第2項に記されています。

　▼一般第19条第1項　◀ 法第15条第1項ただし書きの経済産業省令で定める容積は、0.15 立方メートルとする。

　▼一般第19条第2項　◀ 2　前項の場合において、貯蔵する高圧ガスが液化ガスであるときは、質量10キログラムをもって容積1立方メートルとみなす。　　【答：○】

・冷凍のための高圧ガスの製造をする事業所における冷媒ガスの補充用として、質量10キログラムの液化フルオロカーボン410A を容器により貯蔵するときは、貯蔵の方法に係る技術上の基準に従って貯蔵しなければならない。（平21 問3）

「補充用」などという言葉に惑わされないようにしてください。設問は10キログラム（1.5キログラムを超えるもの）なので技術上の基準の適用を受けます。▼法第15条第1項、一般第19条第1項　　【答：○】

（2）ガスの種類

　貯蔵の方法に係る技術上の基準に関して、可燃性ガス、毒性ガスおよび酸素などが問われます。法第15条第1項が関連条文です。出数は少ないですが、ポツっポツっと出題されています。過去問などで把握しておかないと、けっこう迷うか、すんなり罠におちいる問題があります。

過去問題にチャレンジ！

・貯蔵の方法に係る技術上の基準に従うべき充てん容器等は、可燃性ガス、毒性ガス及び酸素のもののみである。（平17 問5 ［参考：2種 平17 問5］）

これは、けっこう嫌らしい引っ掛け問題です。
　▼法第15条第1項　◀ ここには、「容器」という語句すら書かれていない。つまり、「充てん容器（の種類）には関係なく技術上に基準に従いなさい」ということ。　　【答：×】

・一般高圧ガス保安規則に定められている高圧ガスに貯蔵の方法に係る技術上の基準に従うべき高圧ガスは、可燃性ガス及び毒性ガスの2種類のみである。（平20 問3）

2種類だけではありません。（｀・ω・´）キリ！
　▼法第15条第1項　◀ 高圧ガスの貯蔵は技術上の基準に従いなさい。　　【答：×】

（3）車両の貯蔵

　車両積載について問われます。特に難しくないですが、出題者はなんとか間違えるようにと企んでいるようです。関連条文は、一般第18条第2号ホです。「を除く」とか、「限りではない」に注意してください。また、法第15条第1項もあわせて読んでおくとよいでしょう。

過去問題にチャレンジ！

・高圧ガスを車両に積載した容器により貯蔵することは、特に定められている場合を除き禁

> じられている。（平17問5、平20問9［参考：2種 平17問5］）

はい、その通り。なんとなくわかりますよね。車に四六時中積んでおくなんて駄目ですよね。　【答：○】

・特に定められた場合を除き、車両に固定した容器又は積載した容器により貯蔵してはならない。（平25問6 質量が1.5 kgを超えるもの）

うむ！　ま、固定してもダメってことかな。▼法第15条第1項、一般第18条第2号ホ
　　　　　　　　　　　　　　　　　　　　　　　　　　　　　　　　　　　　【答：○】

・液化アンモニアの充てん容器を車両に積載して貯蔵することは、特に定められた場合を除き禁じられているが、不活性ガスのフルオロカーボンの充てん容器を車両に積載して貯蔵することは、いかなる場合であっても禁じられていない。（平24問6 質量が1.5 kgを超えるもの、平26問4 質量が50 kgのもの、令1問4 質量が1.5 kgを超えるもの）

「車両に積載して貯蔵することは、いかなる場合であっても禁じられていない」。つまり、車両に積載して貯蔵することは、どんな時でも積載による貯蔵ができるのです。そう、だから「×」なのですよ。　　　　　　　　　　　　　　　　　　　　　　　　　　　　　【答：×】

・充てん容器及び残ガス容器を車両に積載して貯蔵することは、特に定められた場合を除き禁じられている。（平28問4 質量が50 kgのもの）

残ガス容器も同じ対象です。「特に定められた場合を除き」も、よいですね。▼一般第6条第1項第42号、法第15条第1項、一般第18条第2号ホ　　　　　　　　　　　　　【答：○】

（4）容器置き場の通風

　容器置き場の風通について問われます。関連条文は一般第18条第2号イです。短い条文ですが、「可燃性ガス又は毒性ガス」に注意してください。

 法令　イ　可燃性ガス又は毒性ガスの充てん容器等の貯蔵は、通風の良い場所ですること。

過去問題にチャレンジ！

・液化アンモニアの充てん質量5キログラムの残ガス容器を貯蔵するときは、液化アンモニアの充てん容器と区分しておけば、通風の良くない場所に置いてもよい。（平19問4）

勉強してなくても、なんとなく「×」にしたくなる問題です。下記の条文を一度でもよいから読んでおきましょう。
　　▼法第15条第1項 🔙貯蔵は技術上の基準に従ってください。
　　▼一般第18条第2号イ 🔙イ　可燃性ガス又は毒性ガスの充てん容器等の貯蔵は、通風の良い場所ですること。
　　▼一般第6条第2項第8号ニ 🔙火気とか気を付けてね。みたいなこと。　　　【答：×】

> ・可燃性ガス又は毒性ガスの充てん容器等の貯蔵は、通風のよい場所でしなければならない。（平18問4 [参考：2種 平18問5]）

はい！
　　▼法第15条第1項　⬅ 貯蔵は技術上の基準に従ってください。
　　▼一般第18条第2号イ　⬅イ　可燃性ガス又は毒性ガスの充てん容器等の貯蔵は、通風の良い場所ですること。　　　　　　　　　　　　　　　　　　　　【答：○】

> ・通風の良い場所で貯蔵しなければならない充てん容器等は、可燃性ガスのものに限られる。（平17問5 [参考：2種 平17問5]）

おっと、これは軽い！？　引っ掛け問題です。冷静なあなたなら引っ掛からないはずです！
　　▼法第15条第1項、一般第18条第2号イ　　　　　　　　　　　　　　　　　【答：×】

> ・液化アンモニアの充てん容器及び残ガス容器の貯蔵は、通風の良い場所でしなければならない。（平25問6 質量が1.5kgを超えるもの [参考：2種 平27問7 質量が50kgのもの]）

なんと、素直な問題ですね。▼法第15条第1項、一般第18条第2号イ　　　　【答：○】

（5）容器置き場の区分

　容器置き場の区分について問われます。条文は一般第6条第2項第8号イ〜ニです。ポツッポツッと出題されます。一通りこなせば大丈夫でしょう。ですが、いろいろと惑わされないために、問題をよく読みましょう。

 法令　（定置式製造設備に係る技術上の基準）
　　第六条第二項（※第6条より抜粋）
　　　八　容器置場及び充てん容器等は、次に掲げる基準に適合すること。
　　　　イ　充てん容器等は、充てん容器及び残ガス容器にそれぞれ区分して容器置場に置くこと。
　　　　ロ　可燃性ガス、毒性ガス、特定不活性ガス及び酸素の充てん容器等は、それぞれ区分して容器置場に置くこと。
　　　　ハ　容器置場には、計量器等作業に必要な物以外の物を置かないこと。
　　　　ニ　容器置場（不活性ガス（特定不活性ガスを除く。）及び空気のものを除く。）の周囲二メートル以内においては、火気の使用を禁じ、かつ、引火性又は発火性の物を置かないこと。ただし、容器と火気又は引火性若しくは発火性の物の間を有効に遮る措置を講じた場合は、この限りでない。

過去問題にチャレンジ！

> ・充てん容器と残ガス容器は、それぞれ区分して容器置場におく必要はない。
> 　　　　　　　　　　　　　　　（平15問4、平20問9 [参考：2種 平15問4]）

そんなことはないだろう！　と、思う問題であります。でも、一般第6条第2項第8号を読んだ方は即答ですね！

▼法第 15 条第 1 項　貯蔵は技術上の基準に従いなさい。

▼一般第 18 条第 2 号ロ　⬅　一般第 6 条第 2 項第 8 号に従いなさい。

▼一般第 6 条第 2 項第 8 号イ　⬅　ちゃんと区分しなさい。　　　　　　【答：×】

・フルオロカーボンのうち不活性ガスのものは、充てん容器と残ガス容器とにそれぞれ区分して容器置場に置く必要はない。（平 22 問 6　質量が 1.5 kg を超えるもの）

・液化フルオロカーボンの充てん容器と残ガス容器は、それぞれ区分して容器置場に置く必要はない。（平 24 問 6　質量が 1.5 kg を超えるもの）

チョッと引っ掛けっぽいかな。置場の区分ではガス種については触れていません。

▼法第 15 条第 1 項　⬅　貯蔵は技術上の基準に従ってください。

▼一般第 18 条第 2 号ロ　⬅　一般第 6 条第 2 項第 8 号に従いなさい。

▼一般第 6 条第 2 項第 8 号イ　⬅　充てん容器等は、充てん容器及び残ガス容器にそれぞれ区分して容器置場に置くこと。　　　　　　　　　　　　　　　【答：どちらも×】

・液化アンモニアの容器は、充てん容器及び残ガス容器にそれぞれ区分して容器置場に置かなければならないが、不活性ガスである液化フルオロカーボン 134a の容器の場合は、充てん容器及び残ガス容器に区分する必要はない。（平 23 問 8　容積が 0.15 m³ を超えるもの）

上記問題と同等です。これも「×」デス。そうです！　一般第 6 条第 2 項第 8 号イを読むと、ガス種については書かれていませんね。

▼法第 15 条第 1 項　⬅　貯蔵は技術上の基準に従ってください。

▼一般第 18 条第 2 号ロ　⬅　一般第 6 条第 2 項第 8 号に従いなさい。

▼一般第 6 条第 2 項第 8 号イ　⬅　充てん容器等は、充てん容器及び残ガス容器にそれぞれ区分して容器置場に置くこと。　　　　　　　　　　　　　　　　　　　【答：×】

・高圧ガスが充てんされた容器は、充てん容器及び残ガス容器にそれぞれ区分して容器置場に置かなければならない。（平 25 問 6　質量が 1.5 kg を超えるもの）

なんという、素直な問題ですね。▼法第 15 条第 1 項、一般第 18 条第 2 号ロ、一般第 6 条第 2 項第 8 号イ　　　　　　　　　　　　　　　　　　　　　　　　　　　　【答：○】

・高圧ガスを充てんした容器は、不活性ガスのものであっても、充てん容器及び残ガス容器にそれぞれ区分して容器置場に置かなければならない。
（平 28 問 4　容器による高圧ガス［質量が 50 kg のもの］、令 1 問 4　質量が 1.5 kg を超えるもの）

平 25 問 6 の問題文に「不活性ガスのものであっても、」が追加されています。特に気にせず「○」とする方も多いと思います。ま、それでよいのだけれど…。条文には、不活性ガスは〜とか、不活性ガスについて除外する〜とか、不活性ガスはどうのこうの〜とか、ありませんね。▼法第 15 条第 1 項、一般第 18 条第 2 号ロ、一般第 6 条第 2 項第 8 号イ　　　【答：○】

（6）容器の温度

　容器の温度について問われる関連条文は一般第 18 条第 2 号ホです。ガスの種類は記されていないので、その辺を注意して問題文をよく読んでください。

法令　　ホ　充てん容器等は、常に温度四十度<略>以下に保つこと。

過去問題にチャレンジ！

・液化アンモニア及び液化フルオロカーボンの充てん容器は、常に温度 40 度以下に保たなければならない。

(平 16 問 6 内容積が 118 L の容器の高圧ガス [参考：2 種 平 16 問 6 内容積 118 L の容器の高圧ガス])

この 40 度以下という言葉、覚えてください。

▼法第 15 条第 1 項　◀━ 貯蔵は技術上の基準（一般第 18 条）に従ってください。
▼一般第 18 条第 2 号ロ　◀━ 容器による貯蔵は一般第 6 条第 2 項第 8 号に従いなさい。
▼一般第 6 条第 2 項第 8 号ホ　◀━ 常に 40 度以下に保ちなさい。　　　【答：○】

・質量 50 キログラムの液化アンモニアを充てんした容器を貯蔵する場合、その容器は常に温度 40 度以下に保つ必要があるが、同質量の液化フルオロカーボン 134a を充てんした容器は、ガスの性質から常に温度 40 度以下に保つ必要はない。

(平 15 問 4 [参考：2 種 平 15 問 4])

ちょっと引っ掛け気味の問題ですね。勉強していないと悩むかも知れません。

▼法第 15 条第 1 項　◀━ 貯蔵は技術上の基準（一般第 18 条）に従ってください。
▼一般第 18 条第 2 号ロ　◀━ 容器による貯蔵は一般第 6 条第 2 項第 8 号に従いなさい。
▼一般第 6 条第 2 項第 8 号ホ　◀━ 常に 40 度以下に保ちなさい。超低温容器などは違うみたいだけど、特にアンモニアとかフルオロとかは書いてありません。　【答：×】

・液化アンモニアを充てんした容器を貯蔵する場合、その容器は常に温度 40 度以下に保たなければならないが、液化フルオロカーボン 134a を充てんした容器は、常に温度 40 度以下に保つべき定めはない。(平 23 問 8 容積が 0.15 m³ を超えるもの)

ンな、こたぁ～ないと思わず思う問題です。「一般第 6 条第 2 項第 8 号ホ」を読んでもガス種は書かれていません。

▼法第 15 条第 1 項　◀━ 貯蔵は技術上の基準（一般第 18 条）に従ってください。
▼一般第 18 条第 2 号ロ　◀━ 容器による貯蔵は一般第 6 条第 2 項第 8 号に従いなさい。
▼一般第 6 条第 2 項第 8 号ホ　◀━ 常に 40 度以下に保ちなさい。　　　【答：×】

・液化フルオロカーボン 134a の充てん容器は、液化アンモニアの充てん容器と同様に、常に温度 40 度以下に保たなければならない。

(平 26 問 4 質量が 50 kg のもの、平 27 問 4 質量が 50 kg のもの)

うむ。　　　　　　　　　　　　　　　　　　　　　　　　　　　　　【答：○】

（7）残ガス容器の温度

　残ガス容器については、一般第 6 条第 1 項第 42 号の冒頭に記されています。「残ガス容器」は「充てん容器」と考えてよいですよ。

四十二　容器置場並びに充てん容器及び残ガス容器（以下「充てん容器等」という。）は、次に掲げる基準に適合すること。

過去問題にチャレンジ！

・液化アンモニアの充てん容器及び残ガス容器は、常に温度40度以下に保たなければならない。（平21問5、平22問6）

うむ。
　　▼法第15条第1項　◀貯蔵は技術上の基準（一般第18条）に従ってください。
　　▼一般第18条第2号ロ　◀容器による貯蔵は一般第6条第2項第8号に従いなさい。
　　▼一般第6条第2項第8号ホ　◀常に40度以下に保ちなさい。　　　　　【答：○】

・液化アンモニアの充てん容器については、その温度を常に40度以下に保つべき定めがあるが、その残ガス容器についてはその定めはない。
　　　　　　　　　（平28問4 質量が50 kgのもの、令1問4 質量が1.5 kgを超えるもの）

とてもよい誤り問題文ですね。　　　　　　　　　　　　　　　　　　【答：×】

（8）容器置き場の火気

　容器置き場の火気について問われる問題の関連条文は一般第6条第2項8号ニです。一般第6条はとてつもなく長いので、第8号ニをとりあえず覚えておきましょう。あまり惑わされるような問題はありませんが、問題文をよく読みましょう。

 　ニ　容器置場（不活性ガス及び空気のものを除く。）の周囲二メートル以内においては、火気の使用を禁じ、かつ、引火性又は発火性の物を置かないこと。ただし、容器と火気又は引火性若しくは発火性の物の間を有効に遮る措置を講じた場合は、この限りでない。

過去問題にチャレンジ！

・充てん容器及び残ガス容器を置く容器置場の容器と火気又は引火性の若しくは発火性の物の間を有効に遮る措置を講じない場合、容器置場の周囲2メートル以内において火気の使用及び引火性又は発火性の物を置くことは禁じられている。（平20問9）

とっておきのサービス問題です。必ずGet!するように！　「残ガス容器」については、以下の法令をよく読んでください。
　　▼一般第6条第1項第42号　◀四十二　容器置き場並びに充てん容器及び残ガス容器（以下「充てん容器等」という。）＜略＞。
　　▼法第15条第1項　◀貯蔵は技術上の基準に従いなさい。

▼一般第 19 条第 2 号ロ　◀━ 一般第 6 条第 2 項第 8 号に従いなさい。
▼一般第 6 条第 2 項第 8 号ニ　　　　　　　　　　　　　　　　　　　　　　　【答：○】

> ・液化アンモニアの充てん容器を置く容器置場の周囲 2 メートル以内には、定められた措置
> を講じない場合、引火性の物を置いてはならない。
> （平 16 問 6 内容積が 118 L の容器の高圧ガス［参考：2 種 平 16 問 6 内容積が 118 L の容器の高圧ガス］）

　定められた措置というのは、一般第 6 条第 2 項第 8 号ニ「<略>ただし、容器と火気又は引火
性若しくは発火性の物の間を有効に遮る措置を講じた場合は、この限りでない」ということ
ですね。
　　▼法第 15 条第 1 項　◀━ 貯蔵は技術上の基準に従いなさい。
　　▼一般第 18 条第 2 号ロ　◀━ 一般第 6 条第 2 項第 8 号に従いなさい。　　　　【答：○】

> ・液化アンモニアの充てん容器等を置く容器置場の周囲 2 メートル以内においては、火気の
> 使用及び引火性又は発火性の物を置くことが禁じられているが、容器と火気又は引火性若
> しくは発火性の物の間を有効に遮る措置を講じた場合は、この限りではない。
> （平 18 問 4 ［参考：2 種 平 18 問 5 ］）

　おぉ！
　　▼法第 15 条第 1 項　◀━ 貯蔵は技術上の基準に従いなさい。
　　▼一般第 19 条第 2 号ロ　◀━ 一般第 6 条第 2 項第 8 号に従いなさい。
　　▼一般第 6 条第 2 項第 8 号ニ　◀━ <略>有効に遮る措置を講じた場合は、この限りでない。
　　　　　　　　　　　　　　　　　　　　　　　　　　　　　　　　　　　　　【答：○】

> ・液化アンモニアの充てん質量が 5 キログラムの残ガス容器の容器置場の周囲 2 メートル以
> 内では、所定の措置を講じていない場合、火気の使用を禁じられているが、引火性の物を
> 置いてもよい。（平 19 問 4 ）

　思わず「○」…なんてしませんでした？　置いてはいけませんよ。あわてず問題をよく読み
ましょう。質量に惑わされないように！
　　▼法第 15 条第 1 項　◀━ 貯蔵は技術上の基準に従いなさい。
　　▼一般第 19 条第 2 号ロ　◀━ 一般 6 条 2 項 8 号に従いなさい。
　　▼一般第 6 条第 2 項第 8 号ニ　◀━ かつ、引火性又は発火性の物を置かないこと。　【答：×】

> ・液化アンモニアの容器を置く容器置場には、携帯電燈以外の燈火を携えて立ち入ってはな
> らない。（平 27 問 4 質量が 50 kg のもの、平 30 問 4 質量が 1.5 kg のもの）

　なんとなく「○」にするかな。
　　▼法第 15 条第 1 項　◀━ 貯蔵は技術上の基準に従いなさい。
　　▼一般第 18 条第 2 号ロ　◀━ 一般第 6 条第 2 項第 8 号に従いなさい。
　　▼一般第 6 条第 2 項第 8 号ト　◀━ ト　可燃性ガスの容器置場には、携帯電燈以外の燈火を携えて
　　　　立ち入らないこと。　　　　　　　　　　　　　　　　　　　　　　　　【答：○】

（9）衝撃を防止する措置

　忘れた頃に出題される感じです。関連条文は一般第 6 条第 2 項第 8 号トです。法改正
にあたり、一般第 6 条第 2 項第 8 号ヘが「ト」に変わりました（ヘが新しい条文として
加わったためです）。

ト　充てん容器等（内容積が五リットル以下のものを除く。）には、転落、転倒等による衝撃及びバルブの損傷を防止する措置を講じ、かつ、粗暴な取扱いをしないこと。

過去問題にチャレンジ！

・液化フルオロカーボンの充てん容器には、転落、転倒等による衝撃を防止する措置を講ずる必要はない。（平 16 問 6 内容積が 118 L［参考：2 平 16 問 6 内容積が 118 L］）

ンな、こたぁ～ない！　誤り問題はこの程度でしょう。
　　▼法第 15 条第 1 項　◀ 貯蔵は技術上の基準に従ってください。
　　▼一般第 18 条第 2 号ロ　◀ 一般第 6 条第 2 項第 8 号に従いなさい。
　　▼一般第 6 条第 2 項第 8 号ト　◀ ト　充てん容器等<略>には、転落、転倒等による<略>。
　　　　　　　　　　　　　　　　　　　　　　　　　　　　　　　　　　　　　【答：×】

・アンモニアの充てん容器及び残ガス容器（内容積がそれぞれ 5 リットルを超えるもの）には、転落、転倒等による衝撃及び、バルブの損傷を防止する措置を講じ、かつ、粗暴な取扱いをしてはならない。（平 29 問 4 質量が 1.5 kg を超えるもの）

残ガス容器も同じです。貯蔵の問題は素直な問題が多いですね。内容積 5 リットルでのひっかけ問題は掟破りでしょう。▼法第 15 条第 1 項、一般第 18 条第 2 号ロ、一般第 6 条第 2 項第 8 号ト　　　　　　　　　　　　　　　　　　　　　　　　　　　　　【答：○】

8-3　移動

Memo ▷　平成 28 年 11 月 1 日に法改正があり、第 4 号の条文が新規に更新されました。そのため、第 4 号の条文が第 5 号になり、以降順次繰り上げられて最後の第 13 号が第 14 号に変わりました。協会の模範解答の解説では、平成 30 年度試験より適用されています。本書では、改正後の号数で記しています。

（1）法の規制
　高圧ガスの移動に関する方法や規制に関する問題です。常識的になんとなくわかるでしょう。

過去問題にチャレンジ！

・冷凍設備の冷媒ガスとして使用するための高圧ガスを移動するときは、移動に係る技術上の基準等の適用を受けない。（平 17 問 6 内容積が 118 L［参考：2 種 平 17 問 6 内容積が 118 L］）

"そんなことはないでしょう"と、思う問題ですね。
　　▼法第 23 条第 1 項　◀ 高圧ガスの移動する容器は、省令の定める措置を講じなさい。

　▼法第 23 条第 2 項　◀ 車両で移動する場合は、省令の技術上の基準に従いなさい。
　▼一般第 50 条　◀ 法第 23 条の定めや基準が第 1 号〜第 14 号まで掲げてある。　【答：×】

> ・一般高圧ガス保安規制に定められている高圧ガスの移動に係る技術上の基準等に従うべき
> 高圧ガスは、可燃性ガス及び毒性ガスの 2 種類のみである。(平 20 問 3)

　定められた高圧ガスは、この 2 種類だけではありません！　高圧ガスであれば、ガスの種類に関係なく法の規制に従わなければなりません。▼法第 23 条第 1 項、法第 23 条第 2 項、一般第 50 条　【答：×】

> ・移動に係る技術上の基準等に従って移動しなければならない高圧ガスの種類は、可燃性ガ
> ス、毒性ガス及び酸素に限られる。
> (平 17 問 6 内容積が 118 L [参考：2 種 平 17 問 6 内容積が 118 L])

　すべての「高圧ガス」が対象になります。この 3 つは車両での移動に関係しますので注意が必要です。▼法第 23 条第 1 項、法第 23 条第 2 項、一般第 50 条　【答：×】

（2）損傷を防止する措置

　ここでは、下記 2 つの条文を頭に入れておけばよいと思います。

> ▼法第 23 条第 1 項　◀ 高圧ガスの移動する容器は、省令の定める措置を講じなさい。
> ▼法第 23 条第 2 項　◀ 車両で移動する場合は、省令の技術上の基準に従いなさい。

過去問題にチャレンジ！

> ・液化アンモニアを移動するときは、転落、転倒等による衝撃及びバルブの損傷を防止する
> 措置を講じなければならないが、不活性のフルオロカーボンを移動するときは、その措置
> を講じる必要はない。(平 22 問 4 内容積が 48 L、平 28 問 5 内容積が 48 L)

　え？　た、たぶん「×」だよね。みたいな問題です。
　▼一般第 50 条第 5 号　◀ ガス種の指定はない。　【答：×】

> ・液化アンモニアを移動するときは、転落、転倒等による衝撃及びバルブの損傷を防止する
> 措置を講じ、かつ、粗暴な取扱いをしてはならないが、液化フルオロカーボン（不活性の
> ものに限る。）を移動するときはその定めはない。
> (平 30 問 5 内容積が 48 L [参考：2 種 平 26 問 5 内容積が 48 L])

　上記問題と同等です。　【答：×】

> ・容器の内容積が 48 リットルであるフルオロカーボン 134a の充てん容器の 1 本を移動す
> るとき、その容器には、転落、転倒等による衝撃を防止する措置を講じなかった。
> (平 19 問 5)

　「1 本を移動」とかに、惑わされないようにしてください。
　▼一般第 50 条第 5 号　◀ くどいようだけど、一度よく読んでおこう。　【答：×】

・液化フルオロカーボンを移動するときは、充てん容器及び残ガス容器には、転落、転倒等による衝撃及びバルブの損傷を防止する措置を講じ、かつ、粗暴な取扱いをしてはならない。（平25問4 内容量が48 L、平30問4 内容積が48 L）

うむ！　　　　　　　　　　　　　　　　　　　　　　　　　　　　【答：○】

（3）木枠又はパッキンを施す

過去問題にチャレンジ！

・液化アンモニアを質量50キログラム充てんした容器5本を車両に積載し移動するときは、その充てん容器に木枠、パッキンのいずれも施す必要はない。

（平16問4［参考：2種 平16問4]）

覚えておきましょう。「アンモニアは木枠又はパッキン」です。もちろん1本でも施します。

> ▼一般第50条第8号
>
> 八　毒性ガスの充てん容器等には、木枠又はパッキンを施すこと。

【答：×】

・液化アンモニアの充てん容器を移動するときは、その容器に木枠又はパッキンを施す必要がある。（平23問6 車両積載容器［内容積が118 L]、平27問5 車両積載容器［内容積が48 L]）

うむ！　▼一般第50条第8号　　　　　　　　　　　　　　　　　【答：○】

・充てん容器及び残ガス容器には、木枠又はパッキンを施さなければならない。

（平24問5 車両車載容器［内容積が118 L]液化アンモニア［参考：2種 平24問5]）

「残ガス容器」も同じです。ここまでできれば「木枠又はパッキン」問題は完璧でしょう。
▼一般第50条第8号　　　　　　　　　　　　　　　　　　　　　【答：○】

（4）保護具などの携行

保護具工具等の問題は頻繁に出題されます。下記の条文を把握しましょう。

> ▼一般第50条第9号　◀可燃性ガスは、消火設備や工具携行しなさい。
> ▼一般第50条第10号　◀毒性ガスは、防毒マスクや保護具他色々携行しなさい。

過去問題にチャレンジ！

・アンモニアを移動するときは、消火設備並びに災害発生防止のための応急の措置に必要な資材及び工具等を携行するほかに、防毒マスク、手袋その他の保護具並びに災害発生防止のための応急措置に必要な資材、薬剤及び工具等も携行しなければならない。

（平28問5 車両積載容器［内容積が48 L]）

アンモニアの移動に関する基本的な問題です。アンモニアは、可燃性でもあり毒性でもあります。

　　▼一般第 50 条第 9 号　◀️ 可燃性ガスは、消火設備や工具携行しなさい。
　　▼一般第 50 条第 10 号　◀️ 毒性ガスは、防毒マスクや保護具その他いろいろ携行しなさい。

【答：○】

・アンモニアを移動するとき、その容器が残ガス容器である場合には、防毒マスク、手袋その他の保護具を携行する必要はない。（平 29 問 5 車両積載容器［内容積が 48 L］）

「残ガス容器」も同じです。残ガス容器は充てん容器です。

　　▼一般第 6 条第 1 項第 42 号　◀️ 残ガス容器（以下「充てん容器等」という。）
　　▼一般第 50 条第 8 号、一般第 50 条第 10 号　　　　　　　　　　　　　　　【答：×】

・液化アンモニアを移動するときは、消火設備並びに災害発生防止のための応急措置に必要な資材及び工具等を携行しなければならない。（平 23 問 6 車両積載容器［内容積が 118 L］）

うむ。可燃性ガスですからね。あえて毒に対する防毒マスク等は触れていない問題です。触れていないからといって「×」にしないように気をつけてください。▼一般第 50 条第 8 号、一般第 50 条第 10 号　　　　　　　　　　　　　　　　　　　　　　　　　　　【答：○】

（5）書面、携行、遵守

　同じような問題文が続くので飽きてきて、嫌になって眠くなります。そのうちに、わからない、もしくは引っ掛け問題にやられてしまいます。下記 2 つの条文を把握しておきましょう。

　　▼一般第 49 条第 1 項第 21 号　◀️ 二十一　可燃性ガス、毒性ガス又は酸素の高圧ガスを移動するときは、＜略＞。
　　▼一般第 50 条第 14 号　◀️ ここには、前条の 49 条 1 項 21 号の積載する数量の適用除外が書いてある。

Memo

注意 !!
　法改正があり「第 13 号」は「第 14 号」に変更されました。公式の模範解答では、平成 30 年度より適用されていますが、本書では、下記の解説より適用しています。

過去問題にチャレンジ！

・液化アンモニアを移動するときは、その液化アンモニアの質量の多少にかかわらず、ガスの名称、性状及び移動中の災害防止のために必要な注意事項を記載した書面を運転者に交付し、移動中携帯させ、これを遵守させなければならない。

（平 27 問 5 車両積載容器［内容積が 48 L］）

この問題は「液化アンモニアの質量の多少にかかわらず」の一文がポイントです。

▼一般第49条第1項第21号　◀二十一　可燃性ガス、毒性ガス又は酸素の高圧ガスを移動する
　　ときは、＜略＞。
▼一般第50条第14号　　　　　　　　　　　　　　　　　　　　　　　　【答：○】

・ガスの名称、性状及び移動中の災害防止のために必要な注意事項を記載した書面を運転者
　に交付し、移動中携帯させ、これを遵守させなければならない。
（平24問5 車両車載容器［内容積が118 L］液化アンモニア）

平27問5から「多少にかかわらず」を抜いた問題ですね。もちろん正しいです。【答：○】

・高圧ガスの名称、性状及び移動中の災害防止のために必要な注意事項を記載した書面を運
　転者に交付し、移動中携帯させ、これを厳守させなければならない高圧ガスの種類は、可
　燃性ガス及び毒性ガスに限られる。（平18問5 内容積が120 Lのもの［参考：2種 平18問5]）

おっと〜、これは、勉強してないと、迷うか、わからないか、「○」にしてしまう、ちょい
と引っ掛け的な問題でしょう。「酸素」がないので「×」です。

▼一般第49条第1項第21号　◀二十一　可燃性ガス、毒性ガス又は酸素の高圧ガスを移動す
　　るときは、＜略＞
▼一般第50条第14号　　　　　　　　　　　　　　　　　　　　　　　　【答：×】

Memo

　平成28年11月1日の法改正で、**一般第49条第1項第21号**に「特定不活性ガス」
が追加されています。

　　二十一　可燃性ガス、毒性ガス、特定不活性ガス又は酸素の高圧ガス、＜略＞

［参考］2冷では、令1問5で「特定不活性ガス」が出題されました。

（6）警戒標

　毎年と言ってよいほど出題されます。一般第50条第1号、これ一本で行けるでしょう。
問題をよく読んで、引っ掛からないようにしましょう。学習しやすいようにフルオロカー
ボンとアンモニアで問題を分けてあります。

Memo

　平成28年11月1日に法改正があり、下線の内容積の数値（20 L → 25 L、40 L →
50 L）が改正されているので気に留めていていただきたいです。

　　一　充てん容器等を車両に積載して移動するとき（容器の内容積が二十五リッ
　　　トル以下である充てん容器等（毒性ガスに係るものを除く。）のみを積載し
　　　た車両であつて、当該積載容器の内容積の合計が五十リットル以下である
　　　場合を除く。）は、当該車両の見やすい箇所に警戒標を掲げること。ただし、
　　　次に掲げるもののみを積載した車両にあつては、この限りでない。＜略＞

　今後の問題は変わるでしょう。本書では、平成28年度までの問題の解説は改正前の
数値を記してあります。

（a）フルオロカーボン

過去問題にチャレンジ！

・液化フルオロカーボン 134a の充てん容器を移動するときは、液化アンモニアを移動すると
きと同様に、その車両の見やすい箇所に警戒標を掲げなければならない。

（平 26 問 5　車両積載容器［内容積が 48 L］）

引っ掛け？　じゃないよね。20 リットル以下のみではないですし、フルオロカーボン冷媒
も同様です。あ、アンモニアの場合は毒性になりますので、20 リットル以下のみでも警戒
票は必要です。▼一般第 50 条第 1 号　　　　　　　　　　　　　　　　　【答：○】

・フルオロカーボン 134a を移動するときは、その車両の見やすい箇所に警戒標を掲げる必
要がある。（平 28 問 5　車両積載容器［内容積が 48 L］）

普通に「○」ですね。内容積 48 リットル積んでいますし。▼一般第 50 条第 1 号　【答：○】

（b）アンモニア

過去問題にチャレンジ！

・高圧ガスを移動するとき、その車両の見やすい箇所に警戒標を掲げなければならないの
は、可燃性ガス、毒性ガス及び酸素の 3 種類のみの場合である。（平 18 問 5　内容積が 120 L）

内容積が 120 リットルですから、ガスの種類は関係なくなりますが、警戒標は必要です。
勉強してないと悩むかも？　過去問をこなした人は軽く正解をゲットできます。
▼一般第 50 条第 1 号　←3 種類のみとは何処にも書いてないです。　　　【答：×】

・液化アンモニアを移動するときは、その車両の見やすい箇所に警戒標を掲げなければなら
ない。（平 20 問 4）

うむ。設問では内容積が指定されていませんが、まぁ、アンモニアの場合は容量は関係ない
ので警戒標を掲げないといけないのです。▼一般第 50 条第 1 号　　　　　【答：○】

（c）その他

過去問題にチャレンジ！

・液化アンモニアを移動するときは、その車両の見やすい箇所に警戒標を掲げなければなら
ないが、液化フルオロカーボン（不活性のものに限る。）を移動するときは、その必要はな
い。（平 25 問 4　車両積載容器［内容積が 48 L］、平 27 問 5　車両積載容器［内容積が 48 L］）

内容積 40 リットル以上ですし、ガスの種類は関係ないです。内容積は、法改正で「40 リッ
トル」から「50 リットル」に変更になっていますので、今後は数値か、文章が変更されて
出題されるかも知れないですね。▼一般第 50 条第 1 号　　　　　　　　　【答：×】

・高圧ガスを移動する車両の見やすい箇所に警戒標を掲げなければならない高圧ガスは、可
燃性ガス及び毒性ガスの 2 種類に限られている。

（平 30 問 5［参考：2 種 平 29 問 5　車両積載容器［内容積が 48 L］）

可燃性ガス及び毒性ガスの2種類だけではありませんね。サービス問題ですよ。▼一般第50
条第1号　　【答：×】

8-4　廃棄と製造の廃止

　ガス、容器、附属品等の廃棄に関する方法や規制についての問題は、一度、過去問をこ
なして条文を読んでおけば、時が流れてもなんとなく正解できます。「廃」つながりで、
レアな問題「製造の廃止」も一番下にあります。

（1）可燃性ガス及び毒性ガスの廃棄

Memo

　　冷規第33条が解説にありますが、平成28年11月1日の法改正で「特定不活性ガス」
が追加されています。

　（廃棄に係る技術上の基準に従うべき高圧ガスの指定）
　第三十三条　法第二十五条の経済産業省令で定める高圧ガスは、可燃性ガス、
　　　毒性ガス及び特定不活性ガスとする。

　本書での過去問題の解説は改正前の条文に対応したものになっています。

過去問題にチャレンジ！

・冷凍保安規則に定められている高圧ガスの廃棄に係る技術上の基準に従って廃棄しなけれ
ばならない高圧ガスは、可燃性ガス及び毒性ガスに限られる。
（平18問7、平22問3［参考：2種 平23問3、平24問3］）

なんとなく「×」にしたくなるけれども…。「可燃性ガス及び毒性ガス」と限定しています。
だから「○」なのです。
　▼法第25条　◀廃棄は技術上の基準に従いなさい。
　▼冷規第33条　◀法第25条で定める高圧ガスは、可燃性ガス及び毒性ガスとする。

【答：○】

・冷凍保安規則に定められている高圧ガスの廃棄に係る技術上の基準に従うべき高圧ガス
は、可燃性ガス及び毒性ガスに限られる。（平24問3）

似たような問題が多いです。移動や貯蔵では2種類（可燃性ガスおよび毒性ガス）だけで
はなかったので、勘違いしないようにしてください。実際の試験では前後に移動、廃棄、貯
蔵などと問題が並ぶかも知れないです。▼法第25条、冷規第33条　　【答：○】

・冷凍保安規則で定める廃棄に係る技術上の基準に従うべき高圧ガスは、可燃性ガス及び毒
性ガスの2種類に限られている。（平26問2）

うむ！！　「×」の過去問題が見当たらないです。　　【答：○】

（2）アンモニアガスの廃棄

アンモニアは「可燃性ガスおよび毒性ガス」です。

過去問題にチャレンジ！

> ・冷凍のための製造施設の冷媒設備内の高圧ガスであるアンモニアを廃棄するときには、冷凍保安規則で定める高圧ガスの廃棄に係る技術上の基準は適用されない。
>
> （平 22 問 4、平 28 問 3）

んな、こたぁない、と思う素直な問題ですね。
　　▼法第 25 条　◀廃棄は技術上の基準に従いなさい。
　　▼冷規第 33 条　◀法第 25 条の定める高圧ガスは、可燃性ガス及び毒性ガスとする。【答：×】

> ・冷凍のための製造施設の冷媒設備内の高圧ガスであるアンモニアは、高圧ガスの廃棄に係る技術上の基準に従って廃棄しなければならないものに該当する。（平 25 問 3、平 30 問 3）

素直なよい問題ですね。▼法第 25 条、冷規第 33 条　　　　　　　　　　【答：○】

（3）廃棄に係る技術上の基準

廃棄に関する技術上の基準に関しての問題は主に一般第 62 条から出題されます。

> ▼一般第 62 条第 1 号
> 一　廃棄は、容器とともに行わないこと。

参考でよいと思いますが…、緊急のときの応急の措置として、一般第 84 条第 4 号も読んでおいてください。

> 四　＜略＞充てん容器等<u>とともに</u>損害を他に及ぼすおそれのない水中に沈め、若しくは地中に埋めること。

過去問題にチャレンジ！

> ・廃棄は、容器とともに行ってはならない。（平 15 問 7　容器に充てんされている可燃性ガスである高圧ガスの廃棄［参考：2 種 平 15 問 7　容器に充てんされている可燃性ガスである高圧ガスの廃棄］）

迷わないように、素直に「○」です！　▼一般第 62 条第 1 号　　　　　【答：○】

> ・大気中に放出して廃棄するときは、火気を取り扱う場所又は引火性若しくは発火性の物をたい積した場所及びその付近を避け、かつ、通風の良い場所で少量ずつしなければならな

い。（平 15 問 7　容器に充てんされている可燃性ガスである高圧ガスの廃棄［参考：2 種　平 15 問 7　容器に充てんされている可燃性ガスである高圧ガスの廃棄]）

条文を一度でよいから読んでおきましょう（今がいいよ）！　そして過去問をこなせば大丈夫ですよ。つらかったら、とりあえず 60 点を目標としてみましょう。

> ▼一般第 62 条第 2 号
> 　二　可燃性ガスの廃棄は、火気を取り扱う場所又は引火性若しくは発火性の物をたい積した場所及びその付近を避け、かつ、大気中に放出して廃棄するときは、通風の良い場所で少量ずつすること。

【答：○】

・廃棄した後は、その容器のバルブを確実に閉止しておけば、その容器の転倒及びバルブの損傷を防止する措置は講じなくても良い。（平 15 問 7　容器に充てんされている可燃性ガスである高圧ガスの廃棄［参考：2 種　平 15 問 7　容器に充てんされている可燃性ガスである高圧ガスの廃棄]）

そんなこたぁ〜ない、と思いますよ。確信を得るために一般第 62 条第 6 号を一度読んでおきましょう。

> ▼一般第 62 条第 6 号
> 　六　廃棄した後は、バルブを閉じ、容器の転倒及びバルブの損傷を防止する措置を講ずること。

【答：×】

（4）容器又は附属品のくず化　▼法第 56 条

過去問題にチャレンジ！

・容器又は附属品の廃棄をする者は、その容器又は附属品をくず化し、その他容器又は附属品として使用することができないように処分しなければならない。

（平 17 問 7、令 1 問 6［参考：2 種　平 17 問 7]）

法第 56 条第 5 項を読んでおくこと！　条文そのものが問題になっています。

> ▼法第 56 条第 5 項
> 　5　容器又は附属品の廃棄をする者は、くず化し、その他容器又は附属品として使用することができないように処分しなければならない。

【答：○】

・容器または附属品の廃棄をする者は、その容器または附属品をくず化し、その他の容器または附属品として使用することができないように処分しなければならない。（平 14 問 6）

この問題は必ずゲットできますね。▼法第 56 条第 5 項　　　　　【答：○】

（5）製造の廃止

　「製造の廃止」に関する問題は、法第21条第1項（製造の開始又は廃止の届け出）が関連しています。一度問題を解いてみて心の片隅にあれば大丈夫でしょう。

 法令　　第二十一条　第一種製造者は、高圧ガスの製造を開始し、又は廃止したときは、遅滞なく、その旨を都道府県知事に届け出なければならない。

過去問題にチャレンジ！

・冷凍のため高圧ガスの製造をする第一種製造者は、高圧ガスの製造を開始し、又は廃止したときは、遅滞なく、その旨を都道府県知事に届け出なければならない。（平28問3）

　条文そのものですね。▼法第21条第1項　　　　　　　　　　　　　　　【答：○】

・第一種製造者は、高圧ガスの製造を開始したときは、遅帯なく、その旨を都道府県知事等に届け出なければならないが、高圧ガスの製造を廃止したときは、その旨を届け出る必要はない。（平30問3）

　届け出なければなりません。問題文は最後までしっかり読みましょう。▼法第21条第1項
　　　　　　　　　　　　　　　　　　　　　　　　　　　　　　　　　　【答：×】

難易度：★★

⑨　冷凍能力の算定

　冷凍能力の算定の問題は、冷規第5条に関連しますので一度、目を通してください。5年分程度の問題をこなしてポイントをつかめば簡単でしょう。★は2つです。

過去問題にチャレンジ！

・冷媒ガスであるフルオロカーボン134aの圧縮機（遠心式圧縮機以外のもの）を使用する製造設備の1日の冷凍能力の算定に必要な数値として冷凍保安規則に定められているものはどれか。
　　イ．圧縮機の原動機の定格出力の数値
　　ロ．冷媒ガスの種類に応じて定められた数値（C）
　　ハ．発生器を加熱する1時間の入熱量の数値　　　　　　　　　　　（平26問7）

　久々の短文問題ですね。題意より、冷規第5条第4号の「R = V/C」が適用されます。
　イ．「×」です。▼冷規第5条第4号　◀関係ないです。定格出力は遠心式です。

ロ．「○」です。▼冷規第 5 条第 4 号　◀「R＝V/C」のズバリ C のこと。

ハ．「×」です。▼冷規第 5 条第 4 号　◀関係ないです。発生器云々の入熱量は吸収式です。

【答：イ．×　ロ．○　ハ．×】

・次のイ、ロ、ハの記述のうち、冷凍能力の算定基準について冷凍保安規則上正しいものは
　どれか。
　　イ．圧縮機の原動機の定格出力の数値は、遠心式圧縮機を使用する冷凍設備の 1 日の冷
　　　凍能力の算定に必要な数値の一つである。
　　ロ．蒸発器の冷媒ガスに接する側の表面積の数値は、遠心式圧縮機以外の圧縮機を使用
　　　する冷凍設備の 1 日の冷凍能力の算定に必要な数値の一つである。
　　ハ．冷媒ガスの種類に応じて定められた数値（C）は、回転ピストン型圧縮機を使用す
　　　る冷凍設備の 1 日の冷凍能力の算定に必要な数値の一つである。　　　　（平 27 問 7）

イ．「○」です。▼冷規第 5 条第 1 号　◀原動機の定格出力一・二キロワットをもって…

ロ．「×」です。▼冷規第 5 条第 4 号　◀「冷媒ガスに接する側の表面積の数値」は、第 3 号の自
　　　　　　　　　　　　　　　　　然環流式冷凍設備及び自然循環式冷凍設備。

ハ．「○」です。▼冷規第 5 条第 4 号　◀「R＝V/C」の C のこと。

【答：イ．○　ロ．×　ハ．○】

・冷媒設備の往復動式圧縮機を使用する製造設備の 1 日の冷凍能力の算定基準に必要な数値
　として冷凍保安規則に定められているものはどれか。
　　イ．圧縮機の標準回転速度における 1 時間のピストン押しのけ量の数値
　　ロ．冷媒設備内の冷媒ガスの充てん量の数値
　　ハ．圧縮機の原動機の定格出力の数値　　　　　　　　　　　　　　　　　（平 28 問 7）

3 冷は短文になりました。来年度はどうなるのかな？

イ．「○」です。▼冷規第 5 条第 4 号　◀うむ。

ロ．「×」です。▼冷規第 5 条第 4 号　◀関係ないです。

ハ．「×」です。▼冷規第 5 条第 1 号、第 4 号　◀定格出力は、遠心式ですね（第 1 号）、往復動式
　　　　　　　　　　　圧縮機による云々は、第 4 号の前三号に掲げる製造設備以外の製造設備です。

【答：イ．○　ロ．×　ハ．×】

・次のイ、ロ、ハの記述のうち、冷凍能力の算定基準について冷凍保安規則上正しいものは
　どれか。
　　イ．遠心式圧縮機を使用する製造設備の 1 日の冷凍能力の算定に必要な数値の一つに、
　　　その圧縮機の原動機の定格出力の数値がある。
　　ロ．往復動式圧縮機を使用する製造設備の 1 日の冷凍能力の算定に必要な数値の一つに、
　　　冷媒設備内の冷媒ガスの充填量の数値がある。
　　ハ．遠心式圧縮機以外の圧縮機を使用する製造設備の 1 日の冷凍能力の算定に必要な数
　　　値の一つに、圧縮機の標準回転速度における 1 時間のピストン押しのけ量の数値があ
　　　る。　　　　　　　　　　　　　　　　　　　　　　　　　　　　　　　（平 30 問 8）

イ．「○」です。▼冷規第 5 条第 1 号　◀うむ。

ロ．「×」です。▼冷規第 5 条　◀はぁ？　充填量？　往復動圧縮機ですから関係ないです。

ハ．「○」です。▼冷規第 5 条第 4 号　◀遠心式圧縮機「以外」です。

【答：イ．○　ロ．×　ハ．○】

・次のイ、ロ、ハの記述のうち、冷凍能力の算定基準について冷凍保安規則上正しいものはどれか。

　　イ．冷媒ガスの種類に応じて定められた数値又は所定の算式で得られた数値（C）は、回転ピストン型圧縮機を使用する製造設備の1日の冷凍能力の算定に必要な数値の一つである。

　　ロ．圧縮機の標準回転速度における1時間のピストン押しのけ量の数値（V）は、遠心式圧縮機を使用する製造設備の1日の冷凍能力の算定に必要な数値の一つである。

　　ハ．冷媒設備内の冷媒ガスの充填量の数値（W）は、往復動式圧縮機を使用する製造設備の1日の冷凍能力の算定に必要な数値の一つである。　　　　　（令2問7）

イ．「○」です。▼冷規第5条第4号　◀ 冷媒ガスの種類に応じて、それぞれ次の＜略＞

ロ．「×」です。▼冷規第5条第1号、第4号　◀ ピストン押しのけ量は遠心式は関係ない。冷媒ガスの圧縮機（遠心式圧縮機以外のもの）です。

ハ．「×」です。▼冷規第5条第4号　◀ 往復動式圧縮機は関係ないです。ここには「充填量」という文字はありません。　　　【答：イ．○　ロ．×　ハ．×】

難易度：★★★★★

⑩　技術上の基準

　技術上の基準は出題数も多く、設備、方法、機器と多岐にわたります。一番の難関なので★は5つです。さぁ、一緒に苦手な問題を見つけて攻略しましょう。

10-1　設備の技術上の基準：耐震

　「凝縮器」と「受液器」に大きく分類してあります。法第7条第1項第5号を把握しましょう。凝縮器は、「縦置円筒形」と「胴の長さ」で、うっかり引っ掛からないようにしましょう。受液器は「内容積」がポイントになります。

　　五　凝縮器（縦置円筒形で胴部の長さが五メートル以上のものに限る。）、受液器（内容積が五千リットル以上のものに限る。）＜略＞地震の影響に対して安全な構造とすること。＜略＞

（1）凝縮器（※「この事業所」の詳細は「付録1」参照）

過去問題にチャレンジ！

・凝縮器には、所定の耐震設計の基準により、地震の影響に対して安全な構造としなければ

ならないものがあるが、この事業所の凝縮器はそれに該当しない。

（平20問10 この事業所：凝縮器横置円筒形胴部長さ3ｍ）

「耐震、凝縮器、縦置円筒形、5メートル以上」は覚えましょう。この事業所の凝縮器は、横置円筒形で胴部の長さが<u>3メートル</u>ですから、該当しませんね。▼法第7条第1項第5号

【答：○】

・縦置円筒形で胴部の長さが5メートル以上の凝縮器及び配管（特に定めるものに限る。）並びにこれらの支持構造物及び基礎は、所定の耐震設計の基準により、地震の影響に対して安全な構造としなければならないものに該当する。

（平22問15 アンモニア定置式製造設備 第一種製造者）

縦置きで5メートルですから該当しますね。▼法第7条第1項第5号　　【答：○】

・凝縮器には所定の耐震設計の基準により、地震の影響に対して安全な構造としなければならないものがあるが、縦置円筒形であって、かつ、胴部の長さが4メートルの凝縮器は、その構造としなくてよい。（平24問17）

ここまで解いたあなたは楽勝ですね。縦置円筒形で4メートルですから、「○」（耐震構造としなくてもよい）です。▼法第7条第1項第5号　　【答：○】

・縦置円筒形で胴部の長さが5メートル以上の凝縮器並びにこの支持構造物及び基礎は、所定の耐震設計の基準により、地震の影響に対して安全な構造としなければならない。

（平28問17）

そうだね、凝縮器の場合はこの通りですね。でもチョッと気になります…。平22問15と同等の問題なのですが、配管（特に定めるものに限る）が抜けているけどもよいのかな？…ま、そうね、深く考えないことにしましょう。▼法第7条第1項第5号　　【答：○】

・凝縮器には所定の耐震に関する性能を有しなければならないものがあるが、縦置円筒形であって、かつ、胴部の長さが5メートルの凝縮器は、その必要はない。（令1問18）

縦型で長さ5メートル以上ですから、所定の耐震に関する性能を有する必要があります。ここでは、初めての「×」問題です。そして、令和の最初の問題でした。　　【答：×】

（2）受液器（※「この事業所」の詳細は「付録1」参照）

受液器の耐震は「内容積五千リットル」と「ガスの種類」がポイントです。法第7条第1項第5号の受液器について読んでおきましょう。

法令　　五　＜略＞受液器（内容積が五千リットル以上のものに限る。）＜略＞地震の影響に対して安全な構造とすること。

（縦書き右側）第1章　法令　⑩　技術上の基準

過去問題にチャレンジ！

・受液器、その支持構造物及びその基礎には所定の耐震設計基準が適用されるものがあるが、この事業所の受液器にはその基準は適用されない。(平16問15 この事業所 受液器500 L)

おっと、思わず「×」にしてしまった方がおられるかも…。この事業所の受液器は「受液器の内容積500リットル」です。500リットル、5000リットル、500、5000、…「耐震、受液器は 5000 リットル」です。問題は、とにかくよく読みましょう。▼法第7条第1項第5号 【答：○】

・内容積が所定の値以上である受液器並びにその支持構造物及びその基礎を所定の耐震設計の基準により地震の影響に対して安全な構造としなければならない定めは、冷媒ガスが不活性ガスである場合でも適用される。(平23問17)

なんとなく「○」にすると思いますが、法第7条第1項第5号には、冷媒ガスの種類等はひと言も記されておらず、規定されていないので「冷媒ガスが不活性ガスである場合でも適用される」のです。 【答：○】

・受液器には所定の耐震設計の基準により、地震の影響に対して安全な構造としなければならないものがあるが、内容積が3000リットルのものは、その構造としなくてよい。(平25問16)

5000リットル以下なので、その構造としなくてよいです。▼法第7条第1項第5号【答：○】

・内容積が6000リットルの受液器並びにその支持構造物及び基礎は、所定の耐震設計の基準により地震の影響に対して安全な構造としなければならない。(平26問17)

今度は5000リットル以上ですから設問の通りですね。▼法第7条第1項第5号 【答：○】

・内容積が5000リットル以上である受液器並びにその支持構造物及び基礎を、所定の耐震設計の基準により地震の影響に対して安全な構造としなければならない旨の定めは、不活性ガスを冷媒ガスとする製造施設にも適用される。(平27問17、平30問17)

「5000リットル以上」ですが、「不活性ガスを冷媒ガスとする製造施設」というのが気にかかりますかね。法第7条第1項第5号の条文には、ガス種の規定はないですね。平23問17と同じ題意ですよ。 【答：○】

10-2　設備の技術上の基準：圧力計

(1) 圧力計 (○○を設ければ～)

冷規第7条（定置式製造設備に係る技術上の基準）第1項第7号、第8号の「圧力計」関係の問題です。「○○を設ければ、圧力計を設けなくてよい」というような問題です。

七　冷媒設備（圧縮機（当該圧縮機が強制潤滑方式であつて、潤滑油圧力に対する保護装置を有するものは除く。）の油圧系統を含む。）には、圧力計を設けること。

八　冷媒設備には、当該設備内の冷媒ガスの圧力が許容圧力を超えた場合に直ちに許容圧力以下に戻すことができる安全装置を設けること。

Memo

「冷凍設備」と「冷媒設備」の違い

　冷凍設備と冷媒設備の違いについて知っておくとなんとなく問題がわかりやすくなります。ここで、「冷媒設備」という言葉について説明しておきます。

　冷凍設備のなかの冷媒が流れている部分を冷媒設備といいます。これは、冷凍保安規則の（用語の定義）第2条第1項第6号にちゃんと書かれています。

> 六　冷媒設備　冷凍設備のうち、冷媒ガスが通る部分

ですので、凝縮器の冷却水や蒸発器の冷水（ブライン）配管は冷媒設備とは言いません。当たり前のような気がしますが、意外と知らない（わからない）のです。

過去問題にチャレンジ！

・冷媒設備には、所定の安全装置を設けたので圧力計は設けなかった。（平14問9 この事業所）

無勉でも「×」にすると思いますが、条文からくどくどと説明しましょう。また、「この事業所」の詳細は「付録1」を参照してくださいね。

> 七　冷媒設備（圧縮機（当該圧縮機が強制潤滑方式であつて、潤滑油圧力に対する保護装置を有するものは除く。）の油圧系統を含む。）には、圧力計を設けること。

括弧があって読みにくいですね。括弧をはずすとスッキリです。

> 七　冷媒設備には、圧力計を設けること。

【答：×】

・製造設備Bの冷媒設備（圧縮機の油圧系統を除く。）には、安全弁を設ければ、圧力計は設けなくてもよい。（平19問10 この事業所）

第8号にある「安全装置」の1つに安全弁があります。第7号には安全弁を付ければ、圧力計を設けなくてもよいとは、ひと言も記されていないのです。▼冷規第7条第1項第7号、第8号　　　　　　　　【答：×】

・冷媒設備には、安全弁を設ければ、圧力計を設ける必要はない。
（平20問18 この事業所の製造設備A［参考：2種 平28問18 この事業所]）

この手の問題は似たり寄ったりだと思います。冷凍設備と冷媒設備の違いを把握しておくとイメージしやすいかも知れません。Memo「冷凍設備と冷媒設備の違い」を読んでみてください。

　　▼冷規第7条第1項第7号　⬅冷媒設備には圧力計を設けなさい。
　　▼冷規第7条第1項第8号　⬅冷媒設備には…できる安全装置を設けなさい。　　【答：×】

・製造設備の冷媒設備に冷媒ガスの圧力に対する安全装置を設けた場合、この冷媒設備には、圧力計を設ける必要はない。(平25問16)

・冷媒設備に冷媒ガスの圧力に対する安全装置を設けた場合、その冷媒設備には、圧力計を設ける必要はない。(平28問18)

　　うむ！　▼冷規第7条第1項第7号　　　　　　　　　　　　【答：どちらも×】

(2) 圧力計（圧縮機が強制潤滑方式であり、かつ、○○）

　冷規第7条（定置式製造設備に係る技術上の基準）第1項第7号の括弧内の「圧縮機（当該圧縮機が強制潤滑方式であって、潤滑油圧力に対する保護装置を有するものを除く。）の油圧系統を含む。」に関連する問題です。

法令　　七　冷媒設備（圧縮機（当該圧縮機が強制潤滑方式であつて、潤滑油圧力に対する保護装置を有するものは除く。）の油圧系統を含む。）には、圧力計を設けること。

過去問題にチャレンジ！

・冷媒設備には、圧縮機が強制潤滑方式であり、かつ、潤滑油圧力に対する保護装置を有する場合の油圧系統を除き、圧力計を設けなければならない。(平21問18)

　冷規第7条第1項第7号の括弧内の文章を上手に組み込んだ問題文です。ピンとこない方は、条文と問題文を繰り返し読んでみましょう。　　　　　　　　　【答：○】

・冷媒設備の圧縮機が強制潤滑方式であって、潤滑油圧力に対する保護装置を有している場合であっても、その圧縮機の油圧系統を除く冷媒設備には圧力計を設けなければならない。(平22問17 [参考：2種 平21問18 この事業所])

・冷媒設備の圧縮機が強制潤滑方式であり、かつ、潤滑油圧力に対する保護装置を有している場合であっても、その圧縮機の油圧系統を除く冷媒設備には圧力計を設けなければならない。(平26問18)

　この問題は、言いまわしが違いますが同じことを言っています。日本語は楽しいですね…。とにかく「冷媒設備」には圧力計を設けねばなりません。▼冷規第7条第1項第7号

　　　　　　　　　　　　　　　　　　　　　　　　　　【答：どちらも○】

・製造設備Aの圧縮機が強制潤滑方式であり、かつ、潤滑油圧力に対する保護装置を有しているものである場合は、製造設備Aの冷媒設備には、圧力計を設けなくてもよい。

（平18問11 この事業所［参考：2種 平18問19 この事業所］）

　製造設備AとかBとか、関係ないです。何はなくとも「冷媒設備」には圧力を設けなくてはなりません。冷規第7条第1項第7号の括弧をはずしてみてください。「七　冷媒設備には、圧力計を設けること」となりますね。　　　　　　　　　　　　　　　　　【答：×】

・この冷媒設備の圧縮機が強制潤滑方式であって、潤滑油圧力に対する保護装置を有するものである場合、その圧縮機の油圧系統に圧力計を設けなくても良い。（平16問15 この事業所）

　今度は「○」です。平18問11との違いがわかりますか？　単純に油圧系統につける圧力計を問うています。圧縮機が強制潤滑式、かつ、潤滑油圧力による保護装置があれば、「油圧系統」には圧力計は設けなくてもよいのです。▼冷規第7条第1項第7号　【答：○】

・この圧縮機が強制潤滑方式であり、かつ、潤滑油圧力に対する保護装置を有しないものであったので、その油圧系統に圧力計を設けなかった。（平14問9 この事業所）

　この「潤滑油圧力に対する保護装置を有しないものであったので、」が「潤滑油圧力に対する保護装置を有したものであったので、」であれば「○」になります。もう、大丈夫ですよね！？　▼冷規第7条第1項第7号　　　　　　　　　　　　　　　　　【答：×】

・冷媒設備の圧縮機が強制潤滑方式であり、かつ、潤滑油圧力に対する保護装置を有しているものである場合は、その圧縮機の油圧系統には圧力計を設けなくてもよいが、その油圧系統を除く冷媒設備には圧力計を設けなければならない。（平23問18、平27問18）

　ここまでくれば大丈夫でしょう。疲れますね。▼冷規第7条第1項第7号

【答：○】

10-3　設備の技術上の基準：除害

　アンモニアは漏れると大事故の危険性が大きいので、「除害」、「滞留」、「受液器（流出）」に関しての問題が多く出題されています。あまり難しくありませんが、ぼんミスして、落とさないようにしましょう。関連する条文は、冷規第7条第1項第16号です。

法令　十六　毒性ガスの製造設備には、当該ガスが漏えいしたときに安全に、かつ、速やかに除害するための措置を講ずること。ただし、吸収式アンモニア冷凍機については、この限りでない。

（1）基本問題

過去問題にチャレンジ！

・製造設備には、その設備からアンモニアが漏えいしたときに安全に、かつ、速やかに除害

> するための措置を講じる必要はない。
> 　　　　　　（平 22 問 16 アンモニア定置式製造設備［吸収式アンモニア冷凍機を除く］第一種製造者）

　うむ、素直に「×」！　「必要がある」ですね。▼冷規第 7 条第 1 項第 16 号　　　【答：×】

> ・「製造設備にはアンモニアが漏えいしたときに安全に、かつ、速やかに除害するための措
> 　置を講じること」の定めは、この製造施設には適用されない。
> 　　　　　　（平 25 問 18 アンモニア定置式製造設備［吸収式アンモニア冷凍機除く］第二種製造者）

　第二種製造者も同様ですよ。▼冷規第 7 条第 1 項第 16 号　　　　　　　　　【答：×】

> ・製造設備には、冷媒ガスが漏えいしたときに安全に、かつ、速やかに除害するための措置
> 　を講じるべき定めはない。
> 　　　　　　（平 28 問 16 アンモニア定置式製造設備［吸収式アンモニア冷凍機を除く］第一種製造者）

　定めはありますよ。なんという簡潔で素直な誤り問題文なのでしょう。▼冷規第 7 条第 1 項
第 16 号　　　　　　　　　　　　　　　　　　　　　　　　　　　　　　　【答：×】

（2）「専用機械室」が絡む問題

過去問題にチャレンジ！

> ・製造施設が専用機械室に設置されている場合は、その製造設備には、アンモニアが漏えい
> 　したときに安全に、かつ、速やかに除害するための措置を講じなくてもよい。
> 　　　　　　（平 18 問 8 アンモニア［吸収式除く］第一種製造者 定置式製造設備）

　これは、少し考えちゃうかも知れません。冷規第 7 条第 1 項第 16 号には、専用機械室なんて
一字もない！　ということで、注意、注意ですね。　　　　　　　　　　　　【答：×】

> ・製造設備が専用機械室に設置されている場合であっても、その製造設備にはアンモニアが
> 　漏えいしたときに安全に、かつ、速やかに除害するための措置を講じなければならない。
> 　（平 19 問 7 アンモニア定置式製造設備［吸収式除く］第一種製造者、平 23 問 15、平 24 問 15 アンモニア定
> 　置式製造設備［吸収式除く］第一種製造者）

　「専用機械室」を使用した問題が多く出ます。条文には「専用機械室」とはひと言もありま
せんよ。惑わされないように気をつけましょう。　　▼冷規第 7 条第 1 項第 16 号　【答：○】

（3）チョとレアな問題

過去問題にチャレンジ！

> ・冷凍設備をアンモニアの充てん量の少ないものとしたため、アンモニアが漏えいしたとき
> 　の除害のための措置は講じなかった。（平 16 問 9 この事業所、平 14 問 7 この事業所）

　レアです、充てん量で攻めてきました。しかし、冷規第 7 条第 1 項第 16 号を読んでいるあな
たは大丈夫でしょう。充てん量のことはひと言も書かれていませんので、冷媒が多い少ない
は関係ないですよ。　　　　　　　　　　　　　　　　　　　　　　　　　【答：×】

10-4　設備の技術上の基準：滞留

滞留に関連する条文は、冷規第 7 条第 1 項第 3 号です。一度、熟読すべし！

 法令　　三　圧縮機、油分離器、凝縮器若しくは受液器又はこれらの間の配管（可燃性ガス、毒性ガス又は特定不活性ガスの製造設備のものに限る。）を設置する室は、冷媒ガスが漏えいしたとき滞留しないような構造とすること。

（1）基本問題

過去問題にチャレンジ！

> ・圧縮機、油分離器、凝縮器若しくは受液器又はこれらの間の配管を設置する室は、アンモニアが漏えいしたとき滞留しないような構造としなければならない。
> （平 28 問 15 アンモニア定置式製造設備［吸収式除く］第一種製造者）

　条文と同じようなわかりやすい問題です。(^.^)　▼冷規第 7 条第 1 項第 3 号　　【答：○】

> ・冷媒設備の圧縮機を設置する室は、冷媒設備から冷媒ガスであるアンモニアが漏えいしたときに、滞留しないような構造としなければならないものに該当する。
> （平 25 問 18 アンモニア定置式製造設備［吸収式除く］第二種製造者）
>
> ・圧縮機を設置する室は、冷媒設備からアンモニアが漏えいしたときに、滞留しないような構造としなければならない。（平 27 問 15 アンモニア定置式製造設備［吸収式除く］第一種製造者）

　問題文は圧縮機だけしかありませんが、条文を読んでおけば迷わないでしょう。そして、第一種製造者も第二種製造者も同様なのです。▼冷規第 7 条第 1 項第 3 号　　【答：どちらも○】

（2）専用機械室または室が絡む問題

過去問題にチャレンジ！

> ・この専用機械室は、冷媒ガスが漏えいしたとき滞留しないような構造としなければならない。（平 16 問 8 この事業所 アンモニア定置式［吸収式除く］）

　普通に読めば「○」にすると思います…。でも少し注意しておいてくださいね。▼冷規第 7 条第 1 項第 3 号　　【答：○】

> ・製造設備を設置する室のうち、冷媒ガスであるアンモニアが漏えいしたとき滞留しないような構造としなければならない室は、凝縮器と受液器を設置する室に限られている。
> （平 24 問 15 アンモニア定置式製造設備［吸収式除く］第一種製造者）

　おお。久々に、ヒネった問題出現かな？　最後の「限られている」が間違いなのです。▼冷規第 7 条第 1 項第 3 号　　【答：×】

・製造設備を設置する室のうち、冷媒ガスであるアンモニアが漏えいしたとき滞留しないような構造としなければならないものは、凝縮器及び受液器を設置する室に限られており、圧縮機及び油分離器を設置する室については定められていない。

（平29 問15 アンモニア定置式製造設備［吸収式除く］第一種製造者）

うむ！　冷規第7条第1項第3号には「圧縮機、油分離器、凝縮器若しくは受液器」が定められています。　　　　　　　　　　　　　　　　　　　　　　　　　　　【答：×】

Memo

　　平成10年度からの合格率で、受験者数最大で合格者数最低（19.0%）、恐怖の平成26年度がありました（2冷も1冷も低合格率）。

　　この年度の2冷も含めて、保安管理技術、学識、法令と過去問を追加して、つらつらと、考えましたが…。確かに過去問にはない新しい問題がチラリホラリと見受けられたり、惑わし問題があったりするけれども、意外にも過去問のコピペ問題も多いし、さらに、素直な問題も多かったです。つまり、ガッツリ勉強していれば高得点はとれなくても、ま、要するに、合格点の60点は取れるのではないか、と、思いました。

　　他の資格と重なって大変なこともあるだろうけれども、冷凍はけっこう奥が深いので油断すると撃沈しますよ。講習をうまく利用するか、11月の試験は冷凍の学習一本に絞ったほうがよいかも知れないです。

10-5　設備の技術上の基準：流出

　「毎年と言ってよい」ほど出題され、関連する条文は冷規第7条第1項第13号です。「容積が一万リットル以上」がポイントです！　例文（「この事業所」の詳細は「付録1」参照）の製造設備の受液器の内容積を、よく確認してから問題を解きましょう。アンモニア冷媒設備とフルオロカーボン冷媒設備も注意してくださいね。

 法令

　　十三　毒性ガスを冷媒ガスとする冷媒設備に係る受液器であつて、その内容積が一万リットル以上のものの周囲には、液状の当該ガスが漏えいした場合にその流出を防止するための措置を講ずること。

過去問題にチャレンジ！

・製造設備Aの受液器の周囲には、液状のフルオロカーボン134a が漏えいした場合にその流出を防止するための措置を講じなければならない。

（平18 問15 この事業所　フルオロカーボン134a 受液器500 L）

フルオロで「毒性ガス」ではないので講じなくてもよいのです。500リットルですし。▼冷規第7条第1項第13号　　　　　　　　　　　　　　　　　　　　　　　　【答：×】

・受液器には、その周囲に、冷媒ガスである液状のアンモニアが漏えいした場合にその流出

を防止するための措置を講じなければならないものがあるが、その受液器の内容積が 1 万リットルであるものは、それに該当しない。

（平 25 問 15 アンモニア定置式製造設備［吸収式除く］第一種製造者）

1 万リットルですから条文の「1 万リットル以上のもの」に含まれます。▼冷規第 7 条第 1 項第 13 号　　　　　　　　　　　　　　　　　　　　　　　　　　　　　　【答：×】

・内容積が 1 万リットル以上の受液器の周囲には、液状の冷媒ガスが漏えいした場合にその流出を防止するための措置を講じなければならない。

（平 28 問 16 アンモニア定置式製造設備［吸収式除く］第一種製造者）

はい。▼冷規第 7 条第 1 項第 13 号　　　　　　　　　　　　　　　　　　　　【答：○】

・受液器の周囲には、冷媒ガスである液状のアンモニアが漏えいした場合にその流出を防止するための措置を講じなければならないものがあるが、受液器の内容積が 5000 リットルであるものは、それに該当しない。（平 29 問 16 アンモニア 定置式［吸収式除く］第一種製造者）

5000 リットルですから該当しませんね。▼冷規第 7 条第 1 項第 13 号　　　　　【答：○】

10-6　設備の技術上の基準：バルブ、コック、ボタン

「バルブ」、「コック」、「ボタン」についての問題は、冷規第 7 条第 1 項第 17 号を読めば大丈夫です。必ずゲットしてください。毎年、出題されているようですよ。

十七　製造設備に設けたバルブ又はコック（操作ボタン等により当該バルブ又はコックを開閉する場合にあつては、当該操作ボタン等とし、操作ボタン等を使用することなく自動制御で開閉されるバルブ又はコックを除く。以下同じ。）には、作業員が当該バルブ又はコックを適切に操作することができるような措置を講ずること。

> **Column**
>
> **「技術上の基準」について**
>
> 　ところで、技術上の基準というのは、いろいろあるのです。「安全弁の止め弁」とか「弁に過大な力を」とかの問題は、冷規第 9 条（製造の方法に係る技術上の基準）に関連してきます。ここでは、冷規第 7 条（定置式製造設備に係る技術上の基準）についての問題になります。他に、冷規第 8 条（移動式製造設備に係る技術上の基準）、冷規第 64 条（機器の製造に係る技術上の基準）などがあります。知っておけば、イメージがわいてわかりやすくなるかも知れません。

Column

法文の「第1項」というものについて、ちょっと…

　法第5条を見てください。数字の2、3が「第2項」、「第3項」になります。でも、第1項の「1」という文字がないんですね。なぜかって？　省かれているみたいですね。法文は、こういうものらしいですよ…。

（製造の許可等）
第五条　次の各号の一に該当する者は、事業所ごとに、都道府県知事の許可を受けなければならない。
　一　圧縮、液化その他の方法で処理することができるガスの容積（温度零度、圧力零パスカルの状態に換算した容積をいう。以下同じ。）が一日百立方メートル（当該ガスが政令で定めるガスの種類に該当するものである場合にあつては、当該政令で定めるガスの種類ごとに百立方メートルを超える政令で定める値）以上である設備（第五十六条の七第二項の認定を受けた設備を除く。）を使用して高圧ガスの製造（容器に充てんすることを含む。以下同じ。）をしようとする者（冷凍（冷凍設備を使用してする暖房を含む。以下同じ。）のため高圧ガスの製造をしようとする者及び液化石油ガスの保安の確保及び取引の適正化に関する法律（昭和四十二年法律第百四十九号。以下「液化石油ガス法」という。）第二条第四項の供給設備に同条第一項の液化石油ガスを充てんしようとする者を除く。）
　二　冷凍のためガスを圧縮し、又は液化して高圧ガスの製造をする設備でその一日の冷凍能力が二トン（当該ガスが政令で定めるガスの種類に該当するものである場合にあつては、当該政令で定めるガスの種類ごとに二トンを超える政令で定める値）以上のもの（第五十六条の七第二項の認定を受けた設備を除く。）を使用して高圧ガスの製造をしようとする者
2　次の各号の一に該当する者は、事業所ごとに、当該各号に定める日の二十日前までに、製造をする高圧ガスの種類、製造のための施設の位置、構造及び設備並びに製造の方法を記載した書面を添えて、その旨を都道府県知事に届け出なければならない。
　一　高圧ガスの製造の事業を行う者（前項第一号に掲げる者及び冷凍のため高圧ガスの製造をする者並びに液化石油ガス法第二条第四項の供給設備に同条第一項の液化石油ガスを充てんする者を除く。）　事業開始の日
　二　冷凍のためガスを圧縮し、又は液化して高圧ガスの製造をする設備でその一日の冷凍能力が三トン（当該ガスが前項第二号の政令で定めるガスの種類に該当するものである場合にあつては、当該政令で定めるガスの種類ごとに三トンを超える政令で定める値）以上のものを使用して高圧ガスの製造をする者（同号に掲げる者を除く。）　製造開始の日
3　第一項第二号及び前項第二号の冷凍能力は、経済産業省令で定める基準に従つて算定するものとする。

　一、二は「号」です。「法第五条第1項第一号」、「法第五条第1項第二号」と読みます。本書では「法第5条第1項第2号」と書いています。

過去問題にチャレンジ！

・製造設備に設けたバブル又はコックには、作業員がそのバブル又はそのコックを適切に操作することができるような措置を講じなければならないが、そのバブル又はコックが操作ボタン等により開閉される場合は、その操作ボタン等にはその措置を講じなくてもよい。
(平21問18、平25問16)

　「そのバルブ又はコックが操作ボタン等を使用することなく自動制御で開閉される場合は、その措置を講じなくてもよい」なら「○」です。▼冷規第7条第1項第17号
【答：×】

・不活性のフルオロカーボンを冷媒ガスとする製造設備に設けたバルブには、いかなる場合であっても、作業員が適切に操作することができる措置を講じる必要はない。(平22問17)

　冷媒ガスの種類は法文にはないですし、「いかなる場合であっても」とか「必要はない」なんて事はないですよ。▼冷規第7条第1項第17号
【答：×】

・製造設備に設けたバルブ（自動制御で開閉されるものを除く。）には、作業員が適切に操作できるような措置を講じなければならないが、不活性ガスを冷媒ガスとする製造設備にはその措置を講じなくてよい。(平27問18)

　冷媒ガスの種類は関係ないです。「自動制御で開閉されるものを除く」を心に留めていてください。
【答：×】

・アンモニアを冷媒ガスとする製造設備に設けたバルブ（自動制御で開閉されるものを除く。）には、作業員が適切に操作できるような措置を講じなければならないが、不活性ガス

を冷媒ガスとする製造設備についてもその措置を講じなければならない。（平 28 問 18）

平 24 問 17 と同等の問題で冷媒ガスの種類は関係ないですが、今度は「〇」です。問題を最後までよく読みましょう。▼冷規第 7 条第 1 項第 17 号　　【答：〇】

10-7　設備の技術上の基準：液面計（全般）

　液面計の全般の問題では、アンモニア冷媒設備の液面計に関するものが多く出題されます。冷規第 7 条第 1 項第 10 号（丸型ガラス云々）と第 11 号（破損防止云々）をしっかり読むと、ジャブ的な？　軽い引っ掛けも楽にゲットできるでしょう。

　十　可燃性ガス又は毒性ガスを冷媒ガスとする冷媒設備に係る受液器に設ける液面計には、丸形ガラス管液面計以外のものを使用すること。

　十一　受液器にガラス管液面計を設ける場合には、当該ガラス管液面計にはその破損を防止するための措置を講じ、当該受液器（可燃性ガス又は毒性ガスを冷媒ガスとする冷媒設備に係るものに限る。）と当該ガラス管液面計とを接続する配管には、当該ガラス管液面計の破損による漏えいを防止するための措置を講ずること。

（1）フルオロカーボン冷媒設備

過去問題にチャレンジ！

・製造設備Aの受液器に設ける液面計には、冷媒ガスが不活性ガスであることから、丸形ガラス管液面計を使用し、その破損を防止するための措置を講じなくてもよい。

（平 18 問 15 この事業所 フルオロカーボン 134a 定置式）

　設問の設備はフルオロカーボン 134a（不活性ガス）で、毒性、可燃性ガスではないので、丸形ガラス液面計が使用可能です（▼冷規第 7 条第 1 項第 10 号）。受液器にガラス管液面計を設ける場合には、必ず破損防止の措置を講じなければなりません！　設問の冷媒設備はフルオロカーボン 134a で不活性ガスです。不活性ガスの種類については、冷規第 2 条（用語の定義）第 1 項 3 号の不活性ガス一覧をみてくださいね。　　【答：×】

（2）アンモニア冷媒設備

過去問題にチャレンジ！

・受液器に設ける液面計には、丸形ガラス液面計を使用することができる。

（平 15 問 20 この事業所）

　冷規第 7 条第 1 項第 10 号を、よく読んでください。この事業所（アンモニア冷媒設備）の受液器には丸形ガラス液面計は使用できません。　　【答：×】

> ・受液器に設ける液面計には、丸形ガラス管液面計を使用してはならない。
> 　　　　　（平20問10 この事業所 アンモニア定置式、平24問15 アンモニア定置式［吸収式除く］）

　この事業所はアンモニア設備であり「可燃性ガス又は毒性ガス」なので題意のとおりです。
▼冷規第7条第1項第10号　　　　　　　　　　　　　　　　　　　　　　【答：○】

> ・受液器に設ける液面計には、丸形ガラス管液面計以外のもを使用しなければならない。
> 　　　　　　　　　　　（平17問9 アンモニア 第一種製造者 定置式・容積圧縮機）

　はい、その通り！！　▼冷規第7条第1項第10号　　　　　　　　　　【答：○】

10-8　設備の技術上の基準：液面計（破損を防止する措置）

　「破損を防止する措置」も多く出題されます。下記条文をしっかり読みましょう。そうすると、左ストレート的な引っ掛けも楽にゲットできるでしょう。冷規第7条第1項第11号には、「破損を防止する措置」について書かれていますが、それを第10条にからめてあなたを攻めてきます。頑張ろう！

> **十**　可燃性ガス又は毒性ガスを冷媒ガスとする冷媒設備に係る受液器に設ける液面計には、丸形ガラス管液面計以外のものを使用すること。
>
> **十一**　受液器にガラス管液面計を設ける場合には、当該ガラス管液面計にはその破損を防止するための措置を講じ、当該受液器（可燃性ガス又は毒性ガスを冷媒ガスとする冷媒設備に係るものに限る。）と当該ガラス管液面計とを接続する配管には、当該ガラス管液面計の破損による漏えいを防止するための措置を講ずること。

過去問題にチャレンジ！

> ・受液器に設ける液面計には、その液面計の破損を防止するための措置を講じれば、丸形ガラス管液面計を使用することができる。
> 　　　　　（平22問15 アンモニア定置式製造設備、平28問15 アンモニア定置式製造設備）

　う～ん、うっかり「○」にしそうな問題ですね。アンモニアに丸形ガラス管はとにかくダメ。
▼冷規第7条第1項第10号　⬅可燃性ガス又は毒性ガスを＜略＞丸形ガラス管液面計以外のものを使用すること。　　　　　　　　　　　　　　　　　　　　　【答：×】

> ・受液器の液面計に丸形ガラス管液面計以外のガラス管液面計を使用しているので、そのガラス管液面計には、その破損を防止するための措置を講ずる必要はない。
> 　　　　　　（平16問8 この事業所［参考：2種 平16問8 この事業所］）

　そんなことはない！　冷規第7条第1項第11号に「可燃性ガス又は毒性ガスを冷媒ガスとする冷媒設備に係るものに限る」との一文があるけれども、これは「受液器」から「当該ガラス液面計」を接続する配管のことだから、とにかく丸形とか、ガス種類に関係なく「ガラス管液面計」は破損防止をしなければならないのです。　　　　　　　　【答：×】

・受液器に丸形ガラス管液面計以外のガラス管液面計を設ける場合には、その液面計の破損を防止するための措置を講じるか、又は受液器とガラス管液面計とを接続する配管にその液面計の破損による漏えいを防止するための措置のいずれかの措置を講じることと定められている。（平30問15 アンモニア 定置式［吸収式除く］第一種製造者）

「いずれかの措置」ではなくて、両方の措置をするです。なんだかセコイ問題ですね！

▼冷規第7条第1項第11号　　<略>破損を防止するための措置を講じ、<略>接続する配管には、<略>損による漏えいを防止するための措置を講ずること。　　　　　　　　【答：×】

10-9　設備の技術上の基準：火気

　冷規第7条第1項第1号からも出題されます。括弧内も気に留めましょう。「（作業に必要なものを除く。）」とか、「（当該製造設備内のものを除く。）」です。翻弄され涙目にならないことを願います。

> **法令**
>
> 　一　圧縮機、油分離器、凝縮器及び受液器並びにこれらの間の配管は、引火性又は発火性の物（作業に必要なものを除く。）をたい積した場所及び火気（当該製造設備内のものを除く。）の付近にないこと。ただし、当該火気に対して安全な措置を講じた場合は、この限りでない。

（1）引火・発火性の物、火気付近

過去問題にチャレンジ！

・圧縮機と凝縮器とを結ぶ配管は、引火性又は発火性のものをたい積した場所及び火気の付近を避けて設置した。（平15問19 この事業所）

「<略>これらの間の配管は<略>」と、いうことで正しいですね。▼冷規第7条第1項第1号
【答：○】

・火気を使用する施設の付近に凝縮器を設置するので、その火気に対し安全な措置を講じた。（平17問17 この事業所）

凝縮器は火気の付近にあってはいけませんが、「<略>ただし、当該火気に対して安全な措置を講じた場合は、この限りでない」ということなので、凝縮器を設置できます。▼冷規第7条第1項第1号　　　　　　　　　　　　　　　【答：○】

・製造設備が専用機械室に設置されているので、その凝縮器及び受液器並びにこれらの間の配管の付近に作業に不必要な引火性又は発火性の物を置くことができる。
（平18問11 この事業所［参考：2種 平18問19 この事業所］）

作業に必要なものだけしか置くことができません。▼冷規第7条第1項第1号　　【答：×】

（2） 製造設備

過去問題にチャレンジ！

・圧縮機と凝縮器とを結ぶ配管が、引火性又は発火性の物（作業に必要なものを除く。）をたい積した場所及びその設備外の火気の付近にあってはならない旨の定めは、製造設備Aには適用されない。（平19 問11 この事業所）

製造設備Aとか B とか設備の大きさなどで制限はありません。他は特に問題ないですね。
▼冷規第 7 条第 1 項第 1 号　　　　　　　　　　　　　　　　　　　　　　　　【答：×】

・圧縮機と凝縮器との間の配管が、引火性又は発火性の物（作業に必要なものを除く。）をたい積した場所の付近にあってはならない旨の定めは、認定指定設備である製造設備には適用されない。（平24 問18）

認定指定設備も適用されます。冷規第 7 条第 2 項に「認定指定設備」はどうするか書いてありますよ。
▼冷規第 7 条第 1 項第 1 号　◀━「圧縮機、油分離器、凝縮器<略>これらの間の配管は、<略>。
▼冷規第 7 条第 2 項　◀━認定指定設備も同様にしなさい。　　　　　　　　　【答：×】

（3） その他

過去問題にチャレンジ！

・冷媒設備の圧縮機は火気（その製造設備内のものを除く。）の付近に設置してはならないが、その火気に対して安全な措置を講じた場合はこの限りでない。
（平23 問17、平26 問17、令1 問17 第一種製造者）

設問の通りです。イメージしましょう。冷規第 7 条第 1 項第 1 号の「一　圧縮機、油分離器、凝縮器及び受液器並びにこれらの間の配管は、<略>」を頭の中でイメージに留めておいた方がよいです。▼冷規第 7 条第 1 項第 1 号　　　　　　　　　　　　　　　　　【答：○】

・圧縮機、油分離器、凝縮器及び受液器並びにこれらの間の配管は、火気に対して安全な措置を講じた場合を除き、引火性又は発火性の物（作業に必要なものを除く。）をたい積した場所及び火気（その製造設備内のものを除く。）の付近にあってはならない。
（平29 問17 第一種製造者）

長い文章だなぁ。括弧が 2 つもあります。「安全な措置を講じた場合を除き」あたりが引っ掛かりますよね。冷規第 7 条第 1 項第 1 号の「ただし、当該火気に対して安全な措置を講じた場合は、この限りでない」で納得ですね。　　　　　　　　　　　　　【答：○】

・圧縮機、油分離器、凝縮器及び受液器並びにこれらの間の配管が火気（その製造設備内のものを除く。）の付近にあってはならない旨の定めは、不活性ガスを冷媒ガスとする製造施設には適用されない。（平28 問17 第一種製造者）

冷規第 7 条第 1 項第 1 号には、ガスの種類よる適用条件などは記されていません。【答：×】

・圧縮機、油分離機、凝縮器及び受液器並びにこれらの間の配管が火気（その製造設備内のものを除く。）の付近にあってはならない旨の定めは、不活性ガスを冷媒ガスとする製造施設にも適用される。（平27問17、平30問17）

素直に「○」です！　　▼冷規第7条第1項第1号　　　　　　　　　　　【答：○】

10-10　設備の技術上の基準：安全装置

　設備の技術上の基準での「安全装置」に関する問題は、冷規第7条第1項第8号から出題されています。過去問をこなせば、軽く解けますから必ずゲットしましょう。また、問題はよく読みましょう。

法令　　八　冷媒設備には、当該設備内の冷媒ガスの圧力が許容圧力を超えた場合に直ちに許容圧力以下に戻すことができる安全装置を設けること。

（1）自動制御装置（※「この事業所」の詳細は「付録1」参照）

過去問題にチャレンジ！

・製造設備Aの冷媒設備に自動制御装置を設ければ、その冷媒設備にはその設備内の冷媒ガスの圧力が許容圧力を超えた場合に直ちに許容圧力以下に戻すことができる安全装置を設けなくてもよい。（平19問11　この事業所）

　冷規第7条第1項第8号では自動制御装置はひと言も触れていません。よって「×」です。それから製造設備AとかBとかも関係ないです。「冷媒設備には、」ですからね。　【答：×】

・冷媒ガスが不活性ガスであるので、この圧縮機に自動制御装置を設ければ、その冷媒設備にはその設備内の冷媒ガスの圧力が許容圧力を超えた場合に直ちに許容圧力以下に戻すことができる安全装置を設けなくてもよい。
（平18問10　この事業所［参考：2種　平18問18　この事業所］）

　安全装置を設ける条件に、冷媒ガスの種類、自動制御装置の有無は関係ありません。もちろんこの場合、「圧縮機」の自動制御装置も関係ないです。▼冷規第7条第1項第8号【答：×】

・冷媒設備に自動制御装置を設ければ、その冷媒設備にはその設備内の冷媒ガスの圧力が許容圧力を超えた場合に直ちに許容圧力以下に戻すことができる安全装置を設ける必要はない。（平29問19　第一種製造者）

　いつもと違って「設ける必要はない」でした。最後までよく読みましょう。　【答：×】

（2）許容圧力

過去問題にチャレンジ！

・冷媒設備には、その設備内の冷媒ガスの圧力が許容圧力を超えた場合に直ちに許容圧力以下に戻すことができる安全装置を設けなければならない。
（平 16 問 18 この事業所、平 14 問 17 この事業所、平 22 問 17 第一種製造者、平 28 問 18 第一種製造者、平 30 問 18 第一種製造者［参考：2 種 平 14 問 19 この事業所］）

　　断トツの出題数、素直な問題ですね。▼冷規第 7 条第 1 項第 8 号　　　　　　【答：○】

・冷凍設備には、冷媒ガスの圧力が許容圧力の 1.5 倍を超えた場合に直ちに許容圧力以下に戻すことができる安全装置を設けなければならない。
（平 17 問 13 この事業所［参考：2 種 平 17 問 14 この事業所］）

　　引っ掛からないように気をつけてください。1.5 倍は条文のどこにも書いてありませんよ。
▼冷規第 7 条第 1 項第 8 号　　　　　　　　　　　　　　　　　　　　　　　【答：×】

・冷媒設備には、その設備内の冷媒ガスの圧力が許容圧力の 1.5 倍を超えた場合に直ちに許容圧力の 1.5 倍以下に戻すことができる安全装置を設けなければならない。
（平 27 問 18 第一種製造者）

　　1.5 倍が 2 個出現…、もう騙されませんよね。正しい文章は「冷媒設備には、その設備内の冷媒ガスの圧力が許容圧力を超えた場合に直ちに許容圧力以下に戻すことができる安全装置を設けなければならない」ですね。　　　　　　　　　　　　　　　　　　　　　　【答：×】

（3）耐圧試験圧力

過去問題にチャレンジ！

・冷媒設備に設けなければならない安全装置は、冷媒ガスの圧力が耐圧試験圧力を超えた場合に直ちに運転を停止するものでなければならない。（平 25 問 15）

　　うむ！　「耐圧試験圧力を超えた場合」ではなくて「許容圧力を超えた場合」です。「直ちに運転を停止する」ではなくて「直ちに許容圧力以下に戻す」です。▼冷規第 7 条第 1 項第 8 号
【答：×】

・冷媒設備には、その設備内の冷媒ガスの圧力が耐圧試験の圧力を超えた場合に直ちにその圧力以下に戻すことができる安全装置を設けなければならない。（平 26 問 18）

　　うむ！　「耐圧試験圧力」ではなくて「許容圧力」ですね！　　　　　　　　【答：×】

（4）その他

過去問題にチャレンジ！

・冷媒設備に圧力計を設け、かつ、その圧力を常時監視することとすれば、その冷媒設備に

は、圧縮機内の圧力が許容圧力を超えた場合に直ちに許容圧力以下に戻すことができる安全装置を設けなくてよい。(平 24 問 17)

「圧力計で常時監視」とか「圧縮機内」とか、素ん晴らしいですね。第 8 号の条文を読んだあなたなら、まったく大丈夫でしょう。▼冷規第 7 条第 1 項第 8 号　　【答：×】

10-11　設備の技術上の基準：安全弁の放出管

　これらの問題は、冷規第 7 条第 1 項第 9 号を読んでおけばゲットできると思います。下線部分は第 9 号の重要なところです。

　九　前号の規定により設けた安全装置（当該冷媒設備から大気に冷媒ガスを放出することのないもの及び不活性ガスを冷媒ガスとする冷媒設備に設けたもの並びに吸収式アンモニア冷凍機（次号に定める基準に適合するものに限る。以下この条において同じ。）に設けたものを除く。）のうち安全弁又は破裂板には、<u>放出管を設けること</u>。この場合において、放出管の開口部の位置は、<u>放出する冷媒ガスの性質に応じた適切な位置である</u>こと。

(1) 放出管
　放出管を設けるべきか否か、という問題です。「専用機械室」等に注意してください。

過去問題にチャレンジ！

・冷媒設備に設けた安全弁には、放出管を設けた。(平 14 問 7 この事業所)

　まずは、この短い問題から…。▼冷規第 7 条第 1 項第 9 号　⬅ <略>放出管を設けること<略>。
【答：○】

・専用機械室を運転中強制換気できる構造とした場合は、冷媒設備に設けた安全弁には、放出管を設けなくてもよい。(平 20 問 11 この事業所)

　まぁ、素直に「×」にしてください。「専用機械室」とか「強制換気」とか第 7 条にはひと言も書いてないですから引っ掛からないように！　▼冷規第 7 条第 1 項第 9 号　【答：×】

・冷媒設備を専用機械室内に設置し、運転中常時強制換気できる装置を設けた場合は、冷媒設備に設けた安全弁が冷媒ガスであるアンモニアを大気に放出するものであっても放出管を設けなくてよい。(平 26 問 15 アンモニア定置式製造設備［吸収式除く］第一種製造者)

　同等の出題が多いです。なんとなく放出管を設けなくてもよい気がしてくる…。惑わされないように気をつけてください。▼冷規第 7 条第 1 項第 9 号　【答：×】

(2) 開口部の位置
　割と簡単ですが、ここでも「専用機械室」等に惑わされないように気をつけてください。

本書では年度ごとの設備の仕様は略してあります。

過去問題にチャレンジ！

> ・冷媒設備に設けた安全弁の放出管の開口部の位置は、アンモニアの性質に応じた適切な位置でなければならない。（平 17 問 9、平 27 問 15［参考：2 種 平 17 問 8、平 23 問 11］）

　　放出間の開口部の位置を問われる問題です。条文に書かれている通りの文で出題されていますね。
　　▼冷規第 7 条第 1 項第 9 号　◀═ <略>放出管の開口部の位置は、放出する冷媒ガスの性質に応じた適切な位置であること。　　　　　　　　　　　　　　　　　　　　　　　　【答：○】

> ・冷媒設備に設けた安全弁の放出管の開口部の位置については、特に定めがない。
> 　　　　　　　　　　　　　　　　　　　　　　　　　（平 23 問 16、平 28 問 15）

　　「×」ですよ。簡潔で素直な誤りの問題文です。▼冷規第 7 条第 1 項第 9 号　　【答：×】

> ・製造設備が専用機械室に設置され、かつ、その室を運転中強制換気できる構造とした場合、冷媒設備に設けた安全弁の放出管の開口部の位置については、特に定められていない。（平 24 問 16、平 30 問 15）

　　「専用機械室」とか「強制換気」とか第 7 条にはひと言も書いていないですから引っ掛からないようにしてくださいね。▼冷規第 7 条第 1 項第 9 号　　　　　　　　　　【答：×】

10-12　設備の技術上の基準：耐圧試験

　「耐圧試験」に関連した問題では、語句が、水、空気、窒素、許容圧力、いろいろ出てきます。惑わされないようにするには…、面倒でも頑張って冷規第 7 条第 1 項第 6 号を一度よく読んでみてください。

　　六　冷媒設備は、許容圧力以上の圧力で行う気密試験及び配管以外の部分について許容圧力の一・五倍以上の圧力で水その他の安全な液体を使用して行う耐圧試験（液体を使用することが困難であると認められるときは、許容圧力の一・二五倍以上の圧力で空気、窒素等の気体を使用して行う耐圧試験）又は経済産業大臣がこれらと同等以上のものと認めた高圧ガス保安協会（以下「協会」という。）が行う試験に合格するものであること。

（1）基本問題（※年度ごとの設備の仕様は略しました。）

過去問題にチャレンジ！

> ・配管以外の冷媒設備について行う耐圧試験は、水その他の安全な液体を使用して行うことが困難であると認められるときは、空気、窒素等の気体を使用して行うことができる。
> 　　　　　　　　　　　　　　　　　　　　　　　　　　　　　　（平 24 問 18）

冷規第 7 条第 1 項第 6 号の一部を抜き出してみます。「六　＜略＞配管以外の部分に＜略＞で水その他の安全な液体を使用して行う耐圧試験（液体を使用することが困難であると認められるときは、許容圧力の一・二五倍以上の圧力で空気、窒素等の気体を使用して行う耐圧試験）＜略＞」です。また、問題文内の「配管以外」という言葉も、常に意識してください。

【答：○】

> ・冷媒設備について行う耐圧試験は、水その他の安全な液体を使用して行うことが困難であると認められるときは、空気、窒素等の気体を使用して行ってもよい。
>
> (平 18 問 10 [参考：2 種 平 18 問 18])

その通り。▼冷規第 7 条第 1 項第 6 号　　　　　　　　　　　　　　　　**【答：○】**

> ・冷媒設備の配管以外の部分が所定の耐圧試験又は経済産業大臣がこれと同等以上のものと認めた高圧ガス保安協会が行う試験に合格するものでなければならない旨の定めは、不活性ガスを冷媒ガスとする製造施設には適用されない。(平 28 問 17)

冷規第 7 条第 1 項第 6 号には、「不活性ガス」がどうのこうのなど、ガス種のことはひと言も記されていないです。　　　　　　　　　　　　　　　　　　　　　　**【答：×】**

（2）その他

過去問題にチャレンジ！

> ・配管以外の冷媒設備は、所定の気密試験及び所定の耐圧試験又は経済産業大臣がこれらと同等以上のものと認めた高圧ガス保安協会が行う試験に合格するものでなければならい。
>
> (平 20 問 18、平 26 問 17)

これのポイントは、「気密試験」という言葉があることかな。条文を読むと気密試験もしなさいとあります。▼冷規第 7 条第 1 項第 6 号　　　　　　　　　　　　**【答：○】**

> ・配管以外の冷媒設備について耐圧試験を行うときは、水その他の安全な液体を使用する場合、許容圧力の 1.5 倍以上の圧力で行わなければならない。(平 25 問 17)

「液体は、1.5 倍。気体は、1.25 倍」です。3 冷はこの手の問題が少ないですが、2 冷での出題は断然多いですよ。▼冷規第 7 条第 1 項第 6 号　　　　　　　　　**【答：○】**

> ・配管以外の冷媒設備について行う耐圧試験は、水その他の安全な液体を使用することが困難であると認められるときは、空気、窒素等の気体を使用して許容圧力の 1.25 倍以上の圧力で行うことができる。(令 2 問 18)

「液体は 1.5 倍、気体は 1.25 倍」です。　　　　　　　　　　　　　　**【答：○】**

10-13　設備の技術上の基準：気密試験

耐圧試験と条文が同じ（冷規第 7 条第 1 項第 6 号）なので、混同しないように気をつけましょう！

（1）基本問題

過去問題にチャレンジ！

・冷媒設備は、許容圧力以上の圧力で行う気密試験に合格したものを使用した。

（平14問9 この事業所）

気密試験と耐圧試験の違いは…？　でも、条文をよく読んでいるあなたは大丈夫！？　▼冷
規第7条第1項第6号

> 六　冷媒設備は、許容圧力以上の圧力で行う気密試験及び<略>試験に合格するものであるこ
> と。

【答：○】

・冷媒設備の配管の取替えの工事を行うとき、その配管を設計圧力及び設計温度における最
大の応力に対し十分な強度を有するものとすれば、気密試験の実施を省略することができ
る。（平24問18 第一種製造者）

「十分な強度を有するものとすれば」とか、何処にも書かれていないです。▼冷規第7条第1
項第6号　　　　　　　　　　　　　　　　　　　　　　　　　　　　　　　　　　　【答：×】

・製造設備Bの冷媒設備のうち凝縮器の気密試験は、許容圧力と同じ圧力で行ってもよい。

（平18問10 この事業所）

うむ。「許容圧力以上」なので、許容圧力と同じ圧力でもよいということになります。
　　　▼冷規第7条第1項第6号　◀冷媒設備は、許容圧力以上の圧力で行う気密試験及び<略>

【答：○】

（2）高圧ガス保安協会とコラボ問題

過去問題にチャレンジ！

・製造設備Bの冷媒設備は、所定の気密試験又は経済産業大臣がこれと同等以上のものと認
めた高圧ガス保安協会が行う試験に合格するものでなければならない。

（平17問16 この事業所）

設備Bは認定指定設備ですが、特に気を遣わなくてもよいでしょう。とにかく冷媒設備は、冷
規第7条第1項第6号に従わなければなりません。
　　▼法56条の7第2項　◀経済産業省令で定める技術上の基準に適合するときは認定します。
　　▼冷規57条第4号　◀指定設備の冷媒設備は、事業所で行う第七条第一項第六号に規定する
　　　試験に…云々。
　　▼冷規第7条第1項第6号　◀所定の気密試験は高圧ガス保安協会が行う…云々。
　　▼冷規第7条第2項　◀第6号は認定指定設備の製造施設の基準です。　　　　　　【答：○】

・冷媒設備が、所定の気密試験及び配管以外の部分について所定の耐圧試験又は経済産業大
臣がこれらと同等以上のものと認めた高圧ガス保安協会が行う試験に合格するものでなけ
ればならない旨の定めは、不活性ガスを冷媒ガスとする製造施設にも適用される。

（平30問18 第一種製造者）

勉強している人ほどツマヅクかも知れないですね。「不活性ガスを冷媒ガスとする製造施設にも」が、困りますよね。

　▼冷規第7条第1項第6号　◀冷媒の種類によって除外されものは特に記されていない。

【答：○】

10-14　設備の技術上の基準：警戒標

　製造設備の技術上の基準における警戒標の問題に関連する条文は、冷規第7条第1項第2号です。ここは出題が多いですよ。

 　二　製造施設には、当該施設の外部から見やすいように警戒標を掲げること。

過去問題にチャレンジ！

・製造設備を屋内の専用機械室に設置すれば、その製造施設には警戒標を掲げなくてよい。

(平14問17 この事業所)

そんなことないんでないの、と思う問題ですね。▼冷規第7条第1項第2号　【答：×】

・製造施設を設置した室に外部から容易に立ち入ることができないよう厳重な措置を講じたので、製造施設に警戒標を掲げていない。

(平15問10 この事業所〔参考：2種 平15問10 この事業所〕)

それはないでしょ、と思う問題。▼冷規第7条第1項第2号　【答：×】

・製造施設には、その製造施設の外部から見やすいように警戒標を掲げなければならない。

(平25問17〔参考：2種 平27問17　この事業所〕)

なんと素直な問題です。(^^)　▼冷規第7条第1項第2号　【答：○】

10-15　設備の技術上の基準：警報

　警報設備は、法第7条第1項第15号を一度熟読してみましょう。可燃性ガス、毒性ガスまたは特定不活性ガスの製造施設がポイントかな。本書では、各年度の設備仕様（吸収式を除くアンモニア設備）は略しました。

 　十五　可燃性ガス、毒性ガス又は特定不活性ガスの製造施設には、当該施設から漏えいするガスが滞留するおそれのある場所に、当該ガスの漏えいを検知し、かつ、警報するための設備を設けること。ただし、吸収式アンモニア冷凍機に係る施設については、この限りでない。

（1）基本問題

過去問題にチャレンジ！

> ・製造施設には、その施設から漏えいするガスが滞留するおそれのある場所に、そのガスの漏えいを検知し、かつ、警報するための設備を設けなければならない。
> （平17問9、平20問10、平23問16、平30問16〔参考：2種 平22問11〕）

　　出題数断トツ首位！　条文を読んでいれば難なく解けるでしょう。▼法第7条第1項第15号
【答：○】

（2）専用機械室

　　法第7条第1項第15号には、「専用機械室」は、ひと言も書かれていません。問題をよく読みましょう。

過去問題にチャレンジ！

> ・製造設備が専用機械室に設置されている場合は、製造施設から漏えいしたアンモニアが滞留するおそれのある場所に、そのガスの漏えいを検知し、かつ、警報するための設備を設けなくてもよい。（平21問16）

　　引っ掛からないようにしましょう。条文には、専用機械室の文字さえないです。▼法第7条第1項第15号
【答：×】

> ・製造設備が専用機械室に設置されている場合は、製造施設から漏えいしたガスが滞留するおそれのある場所であっても、そのガスの漏えいを検知し、かつ、警報するための設備を設ける必要はない。（平24問16）

　　「×」です。「専用機械室」に騙されませんね。▼法第7条第1項第15号
【答：×】

> ・製造設備が専用機械室に設置され、かつ、その室に運転中常時強制換気できる装置を設けている場合であっても、製造施設から漏えいしたガスが滞留するおそれのある場所には、そのガスの漏えいを検知し、かつ、警報するための設備を設けなければならない。
> （平25問15、令2問15）

　　一点の曇りもない、まったくその通り！と言う問題ですね。"強制換気"という語句が気になるかも知れません。法第7条には「換気」という語はひと言も触れていません。つまり、強制換気があろうがなかろうが、検知・警報は必要となります。▼法第7条第1項第15号
【答：○】

10-16　設備の技術上の基準：消火設備

　　消火設備に関連する条文は、冷規第7条第1項第12号です。警報設備（冷規第7条第1項第15号）とコラボ問題が多いです。問題をこなせば楽勝でしょう。本書では、各年度の設備仕様（吸収式を除くアンモニア設備）は略しました。

十二 可燃性ガスの製造施設には、その規模に応じて、適切な消火設備を適切な箇所に設けること。

過去問題にチャレンジ！

・製造施設の規模が小さいので、この製造施設には消火設備を設けなかった。(平 14 問 8)

それはないですね。

▼冷規第 7 条第 1 項第 12 号　　<略>その規模に応じて、適切な消火設備を適切な箇所に設けること。　【答：×】

・この製造施設から漏えいするガスが滞留するおそれのある場所に、ガス漏えい検知警報設備を設置したので、この製造施設には消火設備は設置しなかった。(平 16 問 9 この事業所)

警報設備とコラボの問題です。大丈夫でしょう。

▼法第 7 条第 1 項第 12 号　可燃性ガス製造設備は、消火設備を設けなさい。
▼法第 7 条第 1 項第 15 号　可燃性、毒性ガスの製造設備は…警報のための…。　【答：×】

・製造施設には、その規模に応じて、適切な消火設備を適切な箇所に設けなければならない。(平 26 問 16、平 28 問 16、平 30 問 16)

簡単すぎてヤバイかも。▼法第 7 条第 1 項第 12 号　【答：○】

・この製造施設には、消火設備を設ける必要はない。(平 27 問 16、令 1 問 16、令 2 問 16)

なんと、短文で単刀直入の「×」問題ですね。

▼法第 7 条第 1 項第 12 号　可燃性ガス製造設備は、消火設備を設けなさい。　【答：×】

10-17　設備の技術上の基準：電気設備

電気設備に関連する条文は、冷規第 7 条第 1 項第 14 号です。「アンモニアを除く」がポイントです。問題作成者にとってはとっても美味しい文言でしょう。問題をよく読みましょう。涙目にならないことを願います。

 十四 可燃性ガス（アンモニアを除く。）を冷媒ガスとする冷媒設備に係る電気設備は、その設置場所及び当該ガスの種類に応じた防爆性能を有する構造のものであること。

過去問題にチャレンジ！

・冷媒設備に係る電気設備が、その設置場所及び冷媒ガスの種類に応じた防爆性能を有する

構造のものであるべき定めは、この製造施設には適用されない。

（平 26 問 16 アンモニア定置式製造設備）

ヤバイ、適用されるような気がする。「×」にしたいよ。

▼冷規第 7 条第 1 項第 14 号

十四　可燃性ガス（アンモニアを除く。）を冷媒ガスとする冷媒設備に係る電気設備は、その設置場所及び当該ガスの種類に応じた防爆性能を有する構造のものであること。

というわけで、アンモニア設備の電気設備は防爆でなくてもよいのです。不思議な感じがしますけどね。　　　　　　　　　　　　　　　　　　　　　　　　　　【答：○】

・冷媒設備に係る電気設備は、その設置場所及び冷媒ガスの種類に応じた防爆性能を有する構造のものとすべき定めはない。（平 27 問 16 アンモニア定置式製造設備）

3 冷の過去問が少ないので忘れた頃に出題されるかも知れません。　　　【答：○】

Column　　電気設備の防爆性能について

『上級 冷凍受験テキスト：日本冷凍空調学会』8 次 189 ページ「14.1.6 冷媒の取り扱い」の右右あたりを下記に引用しておきます（初級テキストには見当たらない）。

> アンモニアの可燃性は、爆燃範囲が体積割合で 15 ～ 28% の濃度とプロパンよりも比較的に広いが、その下限値は 15% の濃度で比較的に高いので、<u>冷凍保安規則第 7 条では電気設備に対して防爆性能を要求していないが、可燃性ガスに指定されており注意を要する。</u>

下線は、著者が引きました。法令では防爆性能を要求していませんが、テキストでは可燃性なのでこのように注意を促しています。

10-18　設備の技術上の基準：その他

過去問題にチャレンジ！

・第二種製造者は、製造のための施設を、その位置、構造及び設備が所定の技術上の基準に適合するように維持しなければならない。（平 28 問 8）

素直なよい問題ですね。

　　▼法第 12 条第 1 項　⬅第二種製造者は、製造のための施設を、その位置、構造及び設備が経済産業省令で定める技術上の基準に適合するように維持しなければならない。

　　▼冷規第 14 条　⬅法第 12 条第 2 項 の経済産業省令で定める技術上の基準は、<略>　【答：○】

10-19　方法の技術上の基準：基本問題

ここでは、冷規第 9 条（製造の方法に係る技術上の基準）に関連する問題を解いてみましょう。第 7 条では設備関係に関する問題でしたが、第 9 条ではその方法、つまり実

務に近い問いになります。第7条は、第1～17項までありますが、第9条は第1項のみで、第1～4号までです。まずは、軽くこなしましょう。

過去問題にチャレンジ！

・第二種製造者が従うべき製造の方法に係る技術上の基準は、定められていない。
（平24問8、平27問7［参考：2種 平22問4］）

そんなこたーない、と、思う問題ですね。

▼法第12条第2項　◀️第二種製造者は、経済産業省令で定める技術上の基準に従つて<略>。

▼冷規第14条第1項第2号　◀️二　第九条第一号から第四号までの基準<略>に適合すること。

（「第九条第一号から第四号までの基準」とは、冷規第9条第1項第1号～第4号までの（製造の方法に係る技術上の基準）になります）

【答：×】

10-20　方法の技術上の基準：止め弁

　冷規第9条第1項第1号では、安全弁の止め弁や点検、修理などの項目が出てきます。問題が毎年といってよいほど出題されていますので、必ずゲットしましょう。「全開」か「全閉」か、うっかり読み間違いや勘違いをしないようにしましょう。

　一　安全弁に付帯して設けた止め弁は、常に全開しておくこと。ただし、安全弁の修理又は清掃（以下「修理等」という。）のため特に必要な場合は、この限りでない。

過去問題にチャレンジ！

・製造設備の運転を数日間停止したが、その間安全弁に付帯して設けた止め弁を全開にしておいた。（平19問12 この事業所）

止め弁に関しての基本的な問題です。

▼冷規第9条第1項第1号　◀️安全弁に付帯して設けた止め弁は、常に全開しておくこと。

【答：○】

・製造設備の運転を数日間停止したので、その間安全弁に付帯して設けた止め弁を閉止しておいた。（平14問10 この事業所）

今度は間違いですよ。問題は、ただの運転停止ですから、全開にしておかないとなりません。「全開」、「全閉」の読み間違えでポカミスをしないようにしっかり問題を読みましょう。

▼冷規第9条第1項第1号

【答：×】

・安全弁を修理するとき、特に必要と認めたので、その安全弁に付帯して設けた止め弁を閉止しておいた。（平17問12 この事業所、平26問19 第一種製造者の製造の方法について）

う～ん、迷いました？　これは「特に必要と認めた」ので、閉でも「○」です！　修理等の

ときは、全閉にしておかないと危険な場合があるでしょう。

▼冷規第9条第1項第1号　◀ただし、安全弁の修理又は清掃（以下「修理等」という。）のため特に必要な場合は、この限りでない。　　　　　　　　　　　　　　　【答：○】

・安全弁に付帯して設けた止め弁は、常に全開にしておかなければならないが、その安全弁の修理又は清掃のため必要な場合に限り閉止してもよい。

（平21問19 第一種製造者の製造の方法について）

うむ！　今度は「必要な場合に」ですね。▼冷規第9条第1項第1号　　　　　　　【答：○】

・冷媒設備に設けた安全弁に付帯して設けた止め弁は、その冷凍設備の運転停止中は常に閉止しておかなければならない。（平20問17 この事業所）

なんだかいやらしい問題ですね。運転停止中でも安全弁の止め弁は常に全開です！引っ掛かりませんでしたか？　あ、どうも失礼しました。もう大丈夫ですね。

▼冷規第9条第1項第1号　◀＜略＞は、常に全開にしておくこと。ただし＜略＞。　【答：×】

10-21　方法の技術上の基準：点検（基本問題）

　冷規第9条第1項第2号は、点検と異常のときの措置について記されています。下線の部分は頭の中に入れて、意識しておきましょう。

法令　二　高圧ガスの製造は、製造する高圧ガスの種類及び製造設備の態様に応じ、<u>一日に一回以上</u>当該製造設備の属する製造施設の<u>異常の有無を点検</u>し、異常のあるときは、当該設備の補修その他の<u>危険を防止する措置を講じて</u>すること。

過去問題にチャレンジ！

・1日に1回製造施設の異常の有無について点検している。

（平15問10 この事業所［参考：2種 平15問10 この事業所］）

点検の一番基本的な問題であります。▼冷規第9条第1項第2号　　　　　　　【答：○】

・高圧ガスの製造は、製造する高圧ガスの種類及び製造設備の態様に応じ、1日に1回以上その製造設備の属する製造施設の異常の有無を点検し、異常のあるときは、その設備の補修その他の危険を防止する措置を講じなければならない。

（平20問17 この事業所、平21問19 第一種製造）

この文は多く出題されます。▼冷規第9条第1項第2号　　　　　　　　　　　　【答：○】

・高圧ガスの製造は、製造する高圧ガスの種類及び製造設備の態様に応じ、1日1回以上その製造設備の属する製造施設の異常の有無を点検し、異常のあるときは、その設備の補修その他の危険を防止する措置を講じて行わなければならない。

（平23問19 第一種製造者、平27問19 第一種製造者［参考：2種 平24問20 この事業所、平26問19

この事業所、平27問4 第二種製造者、平28問4）)

　上記の問題とは、「講じて行わなければならない」が違うだけです。出題は多いですよ。

【答：○】

10-22　方法の技術上の基準：点検（惑わされ問題）

　冷規第9条第1項第2号の「一日に一回以上」は頭の中に入れて、意識しておきましょう。注意しないと惑わされてしまいます。さ、惑わされなようにしましょう。

　二　高圧ガスの製造は、製造する高圧ガスの種類及び製造設備の態様に応じ、<u>一日に一回以上</u>当該製造設備の属する製造施設の異常の有無を点検し、異常のあるときは、当該設備の補修その他の危険を防止する措置を講じてすること。

過去問題にチャレンジ！

・高圧ガスの製造は、連続運転を行っているので、2日に1回その製造設備の属する製造施設の異常の有無を点検して行った。(平19問12 この事業所)

　「連続運転は2日に1回」という規定はどこにもありません！　▼冷規第9条第1項第2号

【答：×】

・高圧ガスの製造は、製造設備に自動制御装置を設けて自動調整を行っているので、2日に1回その製造設備の属する製造施設の異常の有無を点検して行った。(平17問12 この事業所)

　自動調整も関係ありません！　2日に1回も駄目でしょう！　勉強していない人は、？になると思いますが、あなたは、もう大丈夫でしょう。▼冷規第9条第1項第2号　【答：×】

・他の製造設備とブラインを共通にする認定指定設備を使用する高圧ガスの製造は、認定指定設備には自動制御装置が設けられているので、1か月に1回その認定指定設備の異常の有無を点検して行うことと定められている。(平24問19)

・製造設備とブラインを共通にする認定指定設備による高圧ガスの製造は、認定指定設備に自動制御装置が設けられているため、その認定指定設備の部分については1か月に1回異常の有無を点検して行っている。(平26問19、令2問19)

　認定指定設備は1か月1回（←大笑い）手を替え品を替えよく考えられますね。相変わらず自動制御装置は関係ないです。あ、「認定指定設備」も関係ないですね。無勉は危ないかも？　でも、あなたなら大丈夫！　▼冷規第9条第1項第2号　【答：どちらも×】

・1日に3回この製造施設の異常の有無を点検した。(平14問10 この事業所)

　思わず「×」にしませんでしたか！？　あ、大丈夫。失礼しました。なんだか、思わず笑っちゃう問題ですね。「1日1回以上」ですから「1日3回」でもよいわけです。▼冷規第9条

第1項第2号 【答：○】

> ・高圧ガスの製造は、1日に1回以上その製造設備が属する製造施設の異常の有無を点検して行わなければならないが、自動制御装置を設けて自動運転を行っている製造設備にあっては1か月に1回の点検とすることができる。
>
> （平28問19 第一種製造者、平30問19 第一種製造者）

「自動運転は1か月に1回の点検」とか、惑わしもこの程度でしょう。楽勝に解けるようになりましたね！ ▼冷規第9条第1項第2号 【答：×】

10-23　方法の技術上の基準：修理等

ここでは、冷規第9条第1項第3号の修理等に関する問題を解いてみましょう。設備の仕様は適所省略しています。

Memo

「修理」と「修理等」の違い

冷規第9条第1項第1号に、「（修理又は清掃（以下「修理等」という。）とあるので、修理等と書かれている場合は「清掃」も含まれると考えてよいでしょう。

> 一　安全弁に付帯して設けた止め弁は、常に全開しておくこと。ただし、安全弁の修理又は清掃（以下「修理等」という。）のため特に必要な場合は、この限りでない。

※補足）安全弁の修理の場合だけではないと思います。

（1）作業計画等

冷規第9条（製造の方法に係る技術上の基準）第1項第3号イの修理等の「作業計画」に関する問題は出題数が多いです。勉強しておけば簡単だと思います。点稼ぎに最適ですので必ずゲットしましょう。簡単と書きましたが、結構いやらしい（なめてる）問題が多いですので問題文は落ちついてよく読みましょう。

法令　イ　修理等をするときは、あらかじめ、修理等の作業計画及び当該作業の責任者を定め、修理等は、当該作業計画に従い、かつ、当該責任者の監視の下に行うこと又は異常があつたときに直ちにその旨を当該責任者に通報するための措置を講じて行うこと。

（a）計画と責任者

過去問題にチャレンジ！

> ・冷媒設備の修理又は清掃を行うときは、あらかじめ、その作業計画及びその作業の責任者

を定めなければならない。(平22問19)

そうだね責任者も決めないとね。▼冷規第9条第1項第3号イ　　【答：○】

・冷媒設備の修理又は清掃をするとき、あらかじめ定めた作業計画に従い作業を行うこととすれば、その作業の責任者を定めなくてよい。(平22問19)

そんなことないよねー。今度は「×」です。▼冷規第9条第1項第3号イ　【答：×】

・冷媒設備の修理を急に行う必要が生じたため、作業計画を定めないで修理を行った。
(平14問19 この事業所)

酷い問題だ(笑)。急でもダメでしょう。いや、よい問題かも知れない。急遽作業計画を組み採配をとることを要求されますね。日頃のスキルアップが大切です。▼冷規第9条第1項第3号イ　　【答：×】

・冷媒設備の修理を行うときは、あらかじめ、その作業計画及び作業の責任者を定めなければならないが、冷媒設備を開放して清掃のみを行うときはその作業計画及び作業の責任者を定めなくてもよい。(平18問12 この事業所 [参考：2種 平18問20 この事業所])

これは、ひねくった問題かな!?　でも、出題者の性格を把握し、条文を読んでいるあなたは、難なくゲットしたことでしょう。条文を読むと「修理等」というのは、修理又は清掃のこととわかります。なので、清掃のみの場合も適用されます。▼冷規第9条第1項第1号、第3号　　【答：×】

・冷媒設備の修理又は清掃を行うときは、あらかじめ、その修理又は清掃の作業計画及びその作業の責任者を定め、修理又は清掃はその作業計画に従うとともに、その作業の責任者の監視の下で行うか、又は異常があったときに直ちにその旨をその責任者に通報するための措置を講じて行わなければならない。(平24問19、平27問19)

な、長い、条文そのものですね。楽勝ですよね。▼冷規第9条第1項第3号イ　【答：○】

(b) 監督

過去問題にチャレンジ！

・冷媒設備を開放して修理等をするとき、あらかじめ定めた修理等の作業計画に従い、かつ、その作業の責任者の監視の下に行った。(平15問11、平20問15 [参考：2種 平15問11])

この問題はコピペで出題されるのでしょうか。同じ問題が多いようです。▼冷規第9条第1項第3号イ　　【答：○】

・冷媒設備の修理又は清掃は、冷凍保安責任者の監督の下に行うこととしたので、あらかじめ作業計画を定めなかった。(平17問12 この事業所)

これは、ダメでしょう！と、なんとなくわかりますね。▼冷規第9条第1項第3号イ ◀ 修理等をするときは、あらかじめ、修理等の作業計画及び当該作業の責任者を定め、<略>。　【答：×】

・冷媒設備を開放して修理又は清掃をするとき、冷媒ガスが不活性ガスである場合、その作

業責任者の監視の下で行えば、その作業計画を定めなくてもよい。(平21問19)

　　　ガスの種類での規定は見当たりません！　　▼冷規第9条第1項第3号イ　　【答：×】

（c）異常の時

過去問題にチャレンジ！

・冷媒設備の修理は、あらかじめ定めた修理の作業計画に従って行ったが、あらかじめ定めた作業の責任者の監視の下で行うことができなかったので、異常があったときに直ちにその旨をその責任者に通報するための措置を講じて行った。(平25問19、令1問19)

　　　これは…、嫌らしい問題といえるかな。責任者の監視の下で修理をしなくてもいいの？という疑問がわく。でも、条文をよく見ると、「<略>当該責任者の監視の下に行うこと又は異常があつたときに直ちにその旨を当該責任者に通報するための措置を講じて行うこと。」で「又は」ということだから、責任者に通報できるようにしておけばよいということですね。▼冷
規第9条第1項第3号イ　　　　　　　　　　　　　　　　　　　　　　　　　【答：○】

・修理等をするとき、定めた責任者の監視の下にその作業を行うことができなかったので、作業員が相互に連絡を行うことができる措置を講じて行った。
　　　　　　　　　　　　　　　　　　　　　　(平15問11 [参考：2種 平15問11])

　　　これは…、引っ掛かる人がいるかなぁ。作業員同士が連絡していても駄目だよねぇ。まずは、責任者に連絡できなきゃ。▼冷規第9条第1項第3号イ　　　　　　　【答：×】

（2）漏洩防止措置

過去問題にチャレンジ！

・冷媒設備の圧縮機を開放して修理するとき、開放する部分に他の部分からガスが漏えいすることを防止するための措置を講じて行った。(平14問19 この事業所)

　　　条文には圧縮機という言葉は出てきませんが、「冷媒設備」は冷媒ガスが流れる部分ですから、圧縮機開放の修理も適用になりまする。▼冷規第9条第1項第3号ハ　　【答：○】

・冷媒設備を開放して修理をするとき、その冷媒設備のうち開放する部分に他の部分からガスが漏えいすることを防止するための措置を講じた。(平26問19 第一種製造者)

　　　素直な問題ですね。▼冷規第9条第1項第3号ハ　　　　　　　　　　　　【答：○】

・冷媒設備を開放して修理又は清掃をするとき、その冷媒ガスが不活性ガスである場合は、その開放する部分に他の部分からガスが漏えいすることを防止するための措置を講じないで行うことができる。(平28問19 第一種製造者)

　　　「×」ですよ。ガス種に関係ないです。▼冷規第9条第1項第3号ハ　　　【答：×】

（3）冷規第9条第1項第4号の問題

冷規第9条第1項第4号にバルブの操作の注意が規定されています。

過去問題にチャレンジ！

・製造設備の設けたバルブを操作する場合に、過大な力を加えないような措置を講じて操作した。（平14問16 この事業所）

これは平成14年度の問題ですが、忘れたころ？に出題されるかも知れません。▼冷規第9条第1項第4号　　　　　　　　　　　　　　　　　　　　　　　　　【答：○】

10-24　機器の技術上の基準

　冷凍設備に用いる機器の技術上の基準です。ここでいう機器とは冷規第63条の下線部分に記されています。ちなみに、機器製造者とは、冷凍機部品（機器）製造会社（○○電機、○○製作所とかのメーカー）のことです。イメージしてくださいね。冷規第63条と第64条の、3トン以上、5トン以上、20トン未満の3つを把握しておけばよいと思いますが、文章をよく読まないと「あ〜、…」となりますよ。

（冷凍設備に用いる機器の指定）

第六十三条　法第五十七条 の経済産業省令で定めるものは、もっぱら冷凍設備に用いる機器（以下単に「機器」という。）であつて、一日の冷凍能力が三トン以上（二酸化炭素及びフルオロカーボン（可燃性ガスを除く。）にあつては、五トン以上。）の冷凍機とする。

（機器の製造に係る技術上の基準）

第六十四条　法第五十七条 の経済産業省令で定める技術上の基準は、次に掲げるものとする。
　一　機器の冷媒設備（一日の冷凍能力が二十トン未満のものを除く。）に係る経済産業大臣が定める容器（ポンプ又は圧縮機に係るものを除く。以下この号において同じ。）は、次に適合すること

（1）基本問題

　冷規第63条の下線部分を把握しておけば大丈夫です。

第六十三条　＜略＞一日の冷凍能力が三トン以上（二酸化炭素及びフルオロカーボン（可燃性ガスを除く。）にあつては、五トン以上。）の冷凍機とする。

過去問題にチャレンジ！

・もっぱら冷凍設備に用いる機器であって、定められたものの製造の事業を行う者（機器製

> 造業者）は、所定の技術上の基準に従ってその機器を製造しなければならない。
>
> （平 22 問 3、平 30 問 2）

　この手の問題で素直（簡単）な問題ですね。
- ▼法第 57 条　◀冷凍設備の機器は技術上の基準に従って製造しなさい。
- ▼冷規第 63 条　◀法第 57 条の経済産業省令で定めるものは、もっぱら冷凍設備に用いる機器ですよ。【答：○】

・専ら冷凍設備に用いる機器の製造の事業を行う者（機器製造業者）が所定の技術上の基準に従って製造しなければならない機器は、冷媒ガスの種類にかかわらず、1 日の冷凍能力が 20 トン以上の冷凍機に用いられるものに限られている。（令 1 問 2）

　冷規第 63 条では「一日の冷凍能力が三トン以上（二酸化炭素及びフルオロカーボン（可燃性ガスを除く。）にあつては、五トン以上。）」と、記されています。よって、「20 トン以上に限られる」は、誤りです！【答：×】

・機器製造業者が所定の技術上の基準に従って製造しなければならない機器は、1 日の冷凍能力が 5 トン以上の冷凍機に用いられるものに限る。（平 18 問 2［参考：2 種 平 19 問 2］）

　冷規第 63 条の下線部分を無視した問題文です。出題者はあなたを混乱に陥れようとしています。負けないように。▼冷規第 63 条　◀<略>一日の冷凍能力が三トン以上（二酸化炭素及びフルオロカーボン（可燃性ガスを除く。）にあつては、五トン以上。）の冷凍機とする。【答：×】

・冷凍設備に用いる機器の製造の事業を行う者（機器製造業者）が所定の技術上の基準に従って製造しなければならない機器は、冷媒ガスの種類がアンモニアである場合には 1 日の冷凍能力が 3 トン以上、不活性のフルオロカーボンである場合には 1 日の冷凍能力が 5 トン以上の冷凍機に用いられるものである。（平 28 問 3）

　法第 57 条と冷規第 63 条を上手にまとめたよい問題文ですね。【答：○】

（2）容器関連問題
　機器の技術上の基準のうち、「容器」に関する問題のポイントは 20 トン以上かな？

過去問題にチャレンジ！

・1 日の冷凍能力が 20 トン以上の冷凍設備に用いる機器の冷媒設備のうち、定められた容器の製造に係る技術上の基準として、その材料、強度、溶接方法等が定められている。
（平 16 問 2［参考：2 種 平 16 問 2］）

　冷規第 64 条第 1 項第 1 号イ～ルまで、その材料、強度、溶接方法等が定められています。
- ▼法第 57 条　◀冷規第 64 条の技術上の基準に従いなさい。
- ▼冷規第 64 条第 1 項第 1 号イ～ル　◀（冷凍能力 20 トン未満の冷媒設備は除く）容器の材料、強度、溶接方法等が定められている。【答：○】

・冷凍設備に用いる機器のうち、冷媒設備に係る定められた容器の製造に係る技術上の基準として、その材料、強度、溶接方法等が規定されているのは、1 日の冷凍能力が 50 トン以上のものに限る。（平 17 問 3［参考：2 種 平 17 問 3］）

20 トン以上ですから、除かれません。

▼冷規第 64 条第 1 項第 1 号 　◀ 容器の技術上の基準（冷凍能力 20 トン未満の冷媒設備は除く）

【答：×】

難易度：★★★★

11　変更の工事

変更工事は幾つもの要素が絡み合いますが、努力で報われますから★ 4 つです。

11-1　軽微な変更の工事

法第 14 条を、ぜひ、一読してください。下線がポイントです。問題文をよく読みましょう。第二種製造者については、第 4 項に記されています。

 法令

（製造のための施設等の変更）

第十四条　第一種製造者は、製造のための施設の位置、構造若しくは設備の変更の工事をし、又は製造をする高圧ガスの種類若しくは製造の方法を変更しようとするときは、都道府県知事の許可を受けなければならない。ただし、製造のための施設の位置、構造又は設備について経済産業省令で定める<u>軽微な変更の工事をしようとするときは、この限りでない。</u>

2　第一種製造者は、前項ただし書の軽微な変更の工事をしたときは、その完成後遅滞なく、その旨を都道府県知事に届け出なければならない。

過去問題にチャレンジ！

・製造施設の位置、構造又は設備の変更の工事のうちには、都道府県知事の許可を受けることなく、その工事の完成後遅滞なく、その旨を都道府県知事に届け出ればよい軽微な変更の工事がある。（平 28 問 14、平 29 問 14 第一種製造者）

そうですね。よい文章ですね。

▼法第 14 条第 1 項　◀ 変更工事は許可を受けよ、でも軽微の場合はこの限りでない。
▼法第 14 条第 2 項　◀ 第一種製造者は、軽微の場合は完成後遅滞なく、届け出なさい。

【答：○】

・定置式製造設備である製造施設に、その製造設備とブラインを共通に使用する認定指定設備を増設する工事は、軽微な変更の工事に該当する。(平 30 問 14 第一種製造者)

はい。認定指定設備を増設する工事は、軽微な変更の工事です！
▼法第 14 条第 1 項　◀ 変更の工事をしたら許可を受けなさい。ただし、所定の軽微な変更工事は、この限りでない。
▼冷規第 17 条第 1 項第 4 号　◀ 認定指定設備の設置工事は軽微な変更工事です。　【答：○】

・製造施設にブラインを共通とする認定指定設備を増設したときは、軽微な変更の工事として、その完成後遅滞なく、都道府県知事に届け出ればよい。(平 22 問 10 第一種製造者)

はい！　▼法第 14 条第 1 項、法第 14 条第 2 項、冷規第 17 条第 1 項第 4 号　【答：○】

11-2　許可が必要？！

こんなのが、たまに出るので注意してください。「11-1　軽微な変更の工事」の問題で法第 14 条第 1 項、第 2 項はさんざん把握したので大丈夫かと…。

過去問題にチャレンジ！

・この製造施設にブラインを共有する認定指定設備を増設する工事は、軽微な変更の工事に該当しないので、都道府県知事の許可を受ける必要がある。

(平 16 問 16 この事業者 [参考：2 種 平 16 問 20 この事業者])

許可の必要はなしです。届け出です。「ブラインを共有する」は、条文のどこにも記されていないので無視でよいでしょう。
▼法第 14 条第 1 項　◀ 変更の工事をしたら許可を受けなさい。ただし、所定の軽微な変更工事は、この限りでないヨ。
▼法第 14 条第 2 項　◀ 第 1 項の、ただし書きの工事をしたらば、遅滞なく届け出てくさいね。
▼冷規第 17 条第 1 項第 4 号　◀ 認定指定設備の設置工事は軽微な変更工事です。　【答：×】

11-3　圧縮機の取替

圧縮機の取替え工事の問題では、圧縮機の取替時の「溶接、切断、冷凍能力の変更、許可、軽微な変更工事か否か」等が絡んできます。問題作成者が、受験者にいったい何を求めているのか問題をよく読んで考えながら解きましょう。そうしないと、あなたは手のひらでコロコロともて遊ばれることでしょう。引っ掛からないように頑張りましょう。

（1）切断、溶接を伴う場合

「切断、溶接を伴う」工事は、冷規第 17 条第 1 項第 2 号に、「冷媒設備に係る切断、溶接を伴う工事を除く」と記されており、軽微な変更工事から除かれます。

過去問題にチャレンジ！

・製造設備Ａの冷媒設備に係る切断、溶接を伴う圧縮機取替えの工事を行おうとするときは、あらかじめ都道府県知事の許可を受けなければならない。(平20問14 この事業者)

溶接を伴なう圧縮機の取替えは「軽微な変更工事」から除かれるので「許可」が必要です。
　　▼法第14条第1項、第2項　◀ 変更工事は許可。軽微な変更工事は届け出。
　　▼冷規第17条第1項第2号　◀ 軽微な変更工事（冷媒設備に係る切断、溶接を伴う工事を除く）。
　　　　　　　　　　　　　　　　　　　　　　　　　　　　　　　【答：○】

（2）切断や溶接を伴わない、冷凍能力の変更がない（伴わない）場合

過去問題にチャレンジ！

・不活性ガスを冷媒ガスとする製造設備の圧縮機の取替えの工事を行う場合、溶接、切断を伴わない工事であって、冷凍能力の変更を伴わないものであれば、その完成後遅滞なく、都道府県知事にその旨を届け出ればよい。(平21問12 第一種製造者、令2問14 第一種製造者)

「溶接、切断を伴わない工事」、「冷凍能力の変更を伴わない」なので、軽微な変更工事になります。
　　▼法第14条第1項、第2項　◀ 変更工事は許可。軽微な変更工事は届け出。
　　▼冷規第17条第1項第2号　◀（冷媒設備に係る切断、溶接を伴う工事を除く。）であつて、当該設備の冷凍能力の変更を伴わないもの。　　　　　　　　　　【答：○】

・第一種製造者がアンモニアを冷媒ガスとする製造設備の圧縮機の取替えの工事を行う場合、切断、溶接を伴わない工事であって、その設備の冷凍能力の変更を伴わないものであれば、その完成後遅滞なく、都道府県知事にその旨を届け出ればよい。(平26問3)

この設備はアンモニア冷媒設備です。「溶接、切断を伴わない工事」、「冷凍能力の変更を伴わない」のですが、アンモニア冷媒は「可燃性ガス及び毒性ガス」なので、軽微な変更工事になりません。ゆえに「許可」が必要です。
　　▼法第14条第1項、第2項　◀ 変更工事は許可。軽微な変更工事は届け出。
　　▼冷規第17条第1項第2号　◀ 第一種の軽微な変更工事とは…云々。この条文の中に、（可燃性ガス及び毒性ガスを冷媒とする冷媒設備の取替えを除く。）と、あるので軽微な変更工事にならないので、許可が必要である。　　　　　　　　　　　　　　【答：×】

（3）切断や溶接を伴わない、冷凍能力の変更が所定の範囲の場合

過去問題にチャレンジ！

・製造設備Ａの圧縮機の取替え工事での切断、溶接を伴わない場合であって、その取り替える圧縮機の冷凍能力の変更が所定の範囲である場合は、都道府県知事の許可を受けなければならないが、その変更の工事の完成検査は受けなくてもよい。
　　　　　　　　　　　　(平18問14 この事業者 [参考：2種 平21問14 この事業者])

思わず迷って考え込んでしまいますが…。問題をよく読みましょう。「冷凍能力の変更が所定の範囲である場合」とは、冷凍能力の変更をしているということですので「許可」が必要

なのです。完成検査は、冷規第23条の冷凍能力の変更が告知で定める範囲であれば実施しなくともよいと混同させようとしている問題なのですね。

　　▼法第14条第1項　◀️変更工事は許可（軽微な変更工事はこの限りでない）。
　　▼冷規第17条第1項第2号　◀️（当該設備の冷凍能力の変更を伴わないもの）は軽微な変更工事から除く。
　　▼法第20条第3項　◀️次ぎに掲げるものは完成検査をしなくてよい。
　　▼冷規第23条　◀️冷凍能力の変更がこの範囲であれば完成検査を受けなくてよい。　【答：○】

（4）冷凍能力が増加する場合

過去問題にチャレンジ！

> ・第一種製造者は、アンモニアを冷媒ガスとする製造設備の圧縮機の取替えの工事であって、その設備の冷凍能力が増加する工事を行おうとするときは、事前に都道府県知事の許可を受けなければならない。（平23問14 第一種製造者）
>
> ・第一種製造者は、冷媒設備である圧縮機の取替えの工事であって、その工事を行うことにより冷凍能力が増加するときは、その冷凍能力の変更の範囲にかかわらず、都道府県知事の許可を受けなければならない。（平24問14 第一種製造者）

　「冷凍能力が増加」は冷凍能力の変更ですね。平成24年度は「冷凍能力の変更の範囲にかかわらず」が追加されています。

　　▼法第14条第1項　◀️第一種の…変更は許可。
　　▼冷規第17条第1項第2号　◀️第一種の軽微な変更工事とは「当該設備の冷凍能力の変更を伴わないもの」とある。　【答：どちらも○】

（5）完成検査が関係する場合

　完成検査とのコラボ問題は、数少ない、レアな問題です。圧縮機取替え以外の類似問題は「⑫完成検査」にたくさんあります。お楽しみくださいね。

過去問題にチャレンジ！

> ・製造設備Aの冷媒設備に係る切断、溶接を伴わない圧縮機の取替えの工事をしようとするとき、その冷凍能力の変更が所定の範囲であるものは、都道府県知事の許可を受けなければならないが、その変更工事の完成後、完成検査を受けることなく使用することができる。（平18問14 この事業所 ［参考：2種 平18問16 この事業所］）

　さて、今度は「圧縮機」の取替えで、「切断、溶接を伴わない」で、「冷凍能力の変更が所定の範囲内」で、製造設備Aは第一種製造者で、完成検査は？　という問題ですね。

　　▼法第14条第1項　◀️第一種製造者の変更の工事は許可がいる（けど、不要のもあるよ）。
　　▼法第20条第3項　◀️許可を受け変更の工事完成したら完成検査を受けないと使用できない。
　　▼冷規第23条　◀️完成検査をしなくてもよいものがあるよ。　【答：○】

11-4　凝縮器の取替え　▼法第14条第1項、法第20条第3項、冷規第17条第1項第2号

　凝縮器の取替えは、たいがい「冷媒設備に係る切断、溶接を伴う工事」で、設備の変更工事で「軽微な変更工事」ではありません。あらかじめ許可を受け、完成検査を受けなければなりません。

過去問題にチャレンジ！

・冷媒設備に係る切断、溶接を伴う凝縮器の取替えの工事を行うときは、あらかじめ、都道府県知事の許可を受け、その完成後は、所定の完成検査を受け、これが技術上の基準に適合していると認められた後でなければその施設を使用してはならない。

（平28問14 第一種製造者）

　凝縮器の取替えは、設備の変更の工事となり、許可と完成検査が必要です。さらに、切断、溶接を伴う工事であるので、冷規第17条に定められている「軽微な変更工事」には該当しません。
　　▼法第14条第1項　◀施設の位置、構造若しくは設備の変更の工事をしようとするときは、許可を受けなさい。
　　▼法第20条第3項　◀許可を受けたものは、完成検査をしなさい。
　　▼冷規第17条第1項第2号　◀冷媒設備に係る切断、溶接を伴う工事なので軽微な変更工事ではない。　　　　　　　　　　　　　　　　　　　　　　　　【答：○】

11-5　配管の取替え

過去問題にチャレンジ！

・この製造施設の冷媒設備に係る切断、溶接を伴う配管の取替えの工事を行うときは、事前に都道府県知事の許可を受けなければならない。（平16問19 この事業者）

　冷媒設備に係る切断、溶接を伴う工事ですから「配管」でも軽微な変更工事にはなりません。引っ掛からないように気をつけましょう。
　　▼法第14条第1項、第2項　◀変更は許可、完成検査。軽微なときは届け出。
　　▼冷規第17条第1項第2号　◀第一種の軽微な変更工事とは…。　　　　　【答：○】

11-6　高圧ガスの種類

　法第14条第1項は第一種製造者が製造をするガス種変更の「許可」絡みの問題が多いです。第二種製造者のガス種変更は第4項で「あらかじめ、届け出」ですが、なぜか出題がありません。

法令　第十四条　第一種製造者は、製造のための施設の位置、構造若しくは設備の変更の工事を
し、又は製造をする<u>高圧ガスの種類</u>若しくは<u>製造の方法</u>を<u>変更</u>しようとするときは、都
道府県知事の<u>許可を受けなければならない</u>。ただし、製造のための施設の位置、構造又
は設備について経済産業省令で定める軽微な変更の工事をしようとするときは、この限
りでない。
2　第一種製造者は、前項ただし書の<u>軽微な変更の工事をしたとき</u>は、その完成後遅滞な
く、その旨を都道府県知事に<u>届け出</u>なければならない。
4　<u>第二種製造者</u>は、製造のための施設の位置、構造若しくは設備の変更の工事をし、又
は製造をする高圧ガスの種類若しくは製造の方法を変更しようとするときは、<u>あらかじ
め</u>、都道府県知事に<u>届け出</u>なければならない。ただし、製造のための施設の位置、構造
又は設備について経済産業省令で定める軽微な変更の工事をしようとするときは、この
限りでない。

（1）高圧ガスの種類の変更（ガスのみ）

過去問題にチャレンジ！

・第一種製造者は、製造設備の冷媒ガスの種類を変更しようとするときは、都道府県知事の
許可を受けなければならない。（平23問4）

「製造設備の冷媒ガス」と「製造する高圧ガス」は同じ意です。▼法第14条第1項【答：○】

・第一種製造者は、その製造をする高圧ガスの種類を変更したときは、遅滞なく、その旨を
都道府県知事等に届け出なければならない。（令1問3）

「ガスの種類を変更したとき」で「許可」に決まりです。さらに「変更したときは、遅滞な
く、」は「変更しようとするときは、」に変えるべきでしょう。▼法第14条第1項　【答：×】

（2）高圧ガスの種類やその他の変更

過去問題にチャレンジ！

・第一種製造者が製造施設の位置、構造若しくは設備の変更の工事をし、又は製造をする高
圧ガスの種類若しくは製造の方法を変更しようとするとき、都道府県知事の許可を受ける
場合に適用される技術上の基準は、その第一種製造者が高圧ガスの製造の許可を受けたと
きの技術上の基準が準用される。（平25問14）

ま、はい、問題文の通りでございます、と言うしかないです。
▼法第14条第1項　◀第一種製造者は、製造のための施設の位置、構造若しくは設備の変更の
工事をし、又は製造をする高圧ガスの種類若しくは製造の方法を変更しようとするときは、都
道府県知事の許可を受けなければならない。
▼法第14条第3項　◀第1項の許可は法第8条に準用する（※準用：あてはめなさい、という
こと）。
▼法第8条　◀許可の基準が書いてある。　　　　　　　　　　　　　　　　【答：○】

・第一種製造者は、その製造設備の冷媒ガスの種類を変更しようとするときは、その製造設備の変更の工事を伴わない場合であっても、都道府県知事の許可を受けなければならない。（平22問2、平26問3［参考：2種 平24問1］）

ハイ♪　全くそのとおりです！　▼法第14条第1項　　　　　　　　　　　【答：○】

第1章　法令　⑪　変更の工事

（3）第二種製造者の高圧ガスの種類の変更

法第14条第4項からの出題です。第1項も同じですが、条文は「ガスの種類の変更」のみではないので注意してください。もちろんガス種も出題されています。

過去問題にチャレンジ！

・第二種製造者が、製造の方法を変更しようとするとき、その旨を都道府県知事に届け出ることの定めはない。（平22問13 第二種製造者［参考：2種 平24問4］）

「製造の方法を変更」でも、あらかじめ届け出が必要です。▼法第14条第4項　　【答：×】

11-7　許可と届け出

「許可」、「届け出」、「検査」など、複数の条文が絡み合う楽しい！？　問題が出題されたりします。よく問題を読みましょう。

▼法第14条第1項　◀ 云々…許可を受けなさい。ただし、…云々…この限りでない。
▼法第14条第2項　◀ 第1項の、ただし、…云々の場合は届け出。
▼法第20条第3項　◀ 完成検査を受けなさい。（省令で定めるものを除く。）…云々。
▼冷規第17条第1項第4号　◀ 軽微な変更工事での認定指定設備…云々。

過去問題にチャレンジ！

・第一種製造者は、製造施設の位置、構造又は設備の変更の工事（定められた軽微な変更の工事を除く。）をしようとするときは、都道府県知事の許可を受けなければならないが、製造をする高圧ガスの種類又は製造の方法の変更については、その変更後遅滞なく、都道府県知事に届け出ればよい。（平18問2）

「製造をする高圧ガスの種類又は製造の方法の変更」は許可が必要です。法第14条第1項を読みましょう。

第十四条　第一種製造者は、製造のための施設の位置、構造若しくは設備の変更の工事をし、又は製造をする高圧ガスの種類若しくは製造の方法を変更しようとするときは、都道府県知事の許可を受けなければならない。＜略＞

【答：×】

> ・第一種製造者は、製造設備について定められた軽微な変更の工事をしたときは、その完成後遅滞なく、その旨を都道府県知事に届け出なければならない。(平20問2)

はい。平18問2と何が違うか考えてみましょう。法第14条第1項と第2項で言っていることの違いに注意しましょう。許可と届出の違いなのです。

> **第十四条**　第一種製造者は、＜略＞許可を受けなければならない。　ただし、製造のための施設の位置、構造又は設備について経済産業省令で定める軽微な変更の工事をしようとするときは、この限りでない。
>
> 　2　第一種製造者は、前項ただし書の軽微な変更の工事をしたときは、その完成後遅滞なく、その旨を都道府県知事に届け出なければならない。

【答：○】

> ・第一種製造者は、その製造施設の位置、構造又は製造設備について、定められた軽微な変更の工事をしようとするときは、都道府県知事の許可を受ける必要はないが、その工事の完成後遅滞なく、都道府県知事が行う完成検査を受けなければならない。(平25問2)

この問題は上記2つの問題をうまくミックスさせ、完成検査までプラスした華麗な問題です。さて、「その製造施設の位置、構造又は製造設備について、定められた軽微な変更の工事」なのですから、届け出でよいのです。さらに、完成検査はしなくてもよいのです。

　▼法第14条第1項　→云々…許可を受けなさい。ただし、…軽微…この限りでない。
　▼法第14条第2項　→第1項の、ただし、…軽微…云々の場合は届け出。
　▼法第20条第3項　→完成検査を受けなさい。経済産業省令で定めるものを除く。…云々

【答：×】

11-8　認定指定設備

「認定指定設備」は他の出題問題にも含まれていますが、ここは直接「認定指定設備」について問われるものをまとめました。条文は、冷規第62条です。変更工事で認定指定設備が取り消されることがあるのです、というような問題です。第1項の「無効」、第2項の「返納」が、ポイントです。

（指定設備認定証が無効となる設備の変更の工事等）

第六十二条　認定指定設備に変更の工事を施したとき、又は認定指定設備の移設等（転用を除く。以下この条及び次条において同じ。）を行つたときは、当該認定指定設備に係る指定設備認定証は無効とする。ただし、次に掲げる場合にあつては、この限りでない。

＜1号、2号　略＞

　2　認定指定設備を設置した者は、その認定指定設備に変更の工事を施したとき、又は認定指定設備の移設等を行つたときは、前項ただし書の場合を除き、前条の規定により当該指定設備に係る指定設備認定証を返納しなければならない。

＜3項　略＞

過去問題にチャレンジ！

> ・認定指定設備に変更の工事を施すと、指定設備認定証が無効になる場合がある。
>
> （平 22 問 20、平 24 問 20、平 25 問 20、平 26 問 20、平 28 問 20、令 1 問 20）

うむ。無効にならない変更の工事は、第 62 条第 1 項第 1 号と第 2 号に記されています。

【答：○】

> ・認定指定設備に変更の工事（特に定めるものを除く。）を施したときは、指定設備認定証が
> 無効となり、これを返納しなければならない。（平 27 問 20、平 30 問 20）

冷規第 62 条第 1 項（無効とする）と第 2 項（返納しなさい）にまたがる問いですね。

【答：○】

11-9　完成後の気密試験

過去問題にチャレンジ！

> ・第二種製造者は、製造設備の変更の工事を完成したときは、酸素以外のガスを使用する試
> 運転又は所定の気密試験を行った後でなければ高圧ガスの製造をしてはならない。
>
> （平 26 問 8、平 30 問 8）
>
> ・第二種製造者は、製造設備の変更の工事が完成したとき、酸素以外のガスを使用する試運
> 転又は許容圧力以上の圧力で行う所定の気密試験を行った後に高圧ガスの製造をすること
> ができる。（平 29 問 8　第二種製造者について）

文章の違いをお楽しみくださいね。

　　▼法第 12 条第 2 項　◀第二種製造者は技術上の基準に従いなさい。

　　▼冷規第 14 条第 1 項第 1 号　◀…設置又は変更の工事…酸素意外のガスを試運転又は許容圧力
　　　以上の圧力で行う…気密試験…行つた後でなければ製造をしないこと。　**【答：どちらも○】**

難易度：★★★★

12　完成検査

完成検査の問題文は長いので読むだけで疲れます。しかも、勉強していないとたいがい
考え込んでしまいます。完成検査だけの過去問に 1 時間程度時間を取って、条文をじっ
くり読みながら勉強するとよいでしょう。この 1 時間を費やすことで、だいぶ楽になり
ますよ。

12-1　基本問題

過去問題にチャレンジ！

> ・完成検査は、製造施設の位置、構造及び設備が技術上の基準に適合しているかどうかについて行われる。（平16問10 この事業所［参考：2種 平16問19 この事業所］）

なんとなくわかりますね。いちばん基本的な問題です。「位置、構造及び設備」を頭に入れておきましょう。
- ▼法第20条第1項　◀完成検査を受けて許可をもらわないと設備を使用できません。
- ▼法第8条第1項　◀知事は施設の位置、構造及び設備を審査し許可を与えなさい。
- ▼冷規第7条　◀法第8条の許可をもらうにはこの技術上の基準をクリアしなさい。　【答：○】

> ・第一種製造者は、高圧ガスの製造施設の設置の工事を完成し、都道府県知事が行う完成検査を受けた場合、これが所定の技術上の基準に適合していると認められた後に、その施設を使用することができる。（平23問14 第一種製造者［認定完成検査実施者である者を除く］）

うむ。▼法第20条第1項　　　　　　　　　　　　　　　　　　　　　　　　　　　　【答：○】

12-2　引き渡しがあった場合

　法第20条第2項（引き渡しのあったとき）に関連する問題です。「譲渡（譲り受け）」（地位の承継）とは別物ですので注意してください。

過去問題にチャレンジ！

> ・第一種製造者からその高圧ガスの製造施設の全部の引渡しを受け都道府県知事の許可を受けた者は、その第一種製造者がその施設について既に完成検査を受け、所定の技術上の基準に適合していると認められている場合にあっては、都道府県知事又は高圧ガス保安協会若しくは指定完成検査機関が行う完成検査を受けることなくその施設を使用することができる。（平25問14）

な、長い、問題文は条文とほとんど同じです。条項部分を置換し、《　》内を略し、上手に問題作成していますね。

> **▼法第20条第2項**
>
> 2　第一種製造者からその製造のための施設の全部又は一部の引渡しを受け、第五条第一項の許可を受けた者は、その第一種製造者が当該製造のための施設につき既に完成検査を受け、第八条第一号の技術上の基準に適合していると認められ、《又は次項第二号の規定による検査の記録の届出をした場合にあつては、》当該施設を使用することができる。

【答：○】

> ・第一種製造者からその高圧ガスの製造施設の全部の引渡しを受けた者は、都道府県知事の

許可を受けることなくその施設を使用することができる。(平29問3)

関連する条文をよく読んでください。許可が必要なのがわかると思います。

> ▼法第20条第2項　⬅第一種製造者から全部又は一部の引渡しを受け、第5条第1項の許可
> を受けた者は、…。この許可は、法第10条の【基通】に記されている。
>
> ▼法第10条第1項　⬅なぜ引き渡しを受けたのかこの問題はわかりませんが、この条令に関
> 連した【基通】から読み解くしかないでしょう。
>
> ▼基通　⬅＜略＞第10条は、いわゆる承継のうち、相続、合併又は分割（当該第一種製造者
> のその許可に係る事業所を承継させるものに限る。）の場合のみ新規許可特例として認めて
> いるのであって、それら以外の譲渡等の場合は、法第5条の許可が必要である。

【答：×】

12-3　完成検査を受けなくてもよいもの

　完成検査を受けなくてもよいものがあります。「変更工事」で多くの類似問題がありま
したが、ここでは完成検査に特化された問題をまとめてあります。長い文章が多いです。
勉強してないとわからないでしょう。でも、ここでバッチリ。把握できれば幸いです。

過去問題にチャレンジ！

> ・冷凍設備の冷凍能力の変更が所定の範囲内であり、冷媒設備に係る切断、溶接を伴わな
> く、かつ、耐震設計構造物として適用を受けない製造設備の取替の工事は、都道府県知事
> の許可を受けなければならないが、完成検査を要しない。
>
> (平15問14 この事業所［参考：2種 平15問14 この事業所］)

文脈的になんとなく「○」にします！？　関連条文を読んでみましょう。

> （完成検査を要しない変更の工事の範囲）
>
> **第二十三条**　法第二十条第三項の経済産業省令で定めるものは、製造設備（第七条第一項第五
> 号に規定する耐震設計構造物として適用を受ける製造設備を除く。）の取替え（可燃性ガス
> 及び毒性ガスを冷媒とする冷媒設備を除く。）の工事（冷媒設備に係る切断、溶接を伴う工
> 事を除く。）であつて、当該設備の冷凍能力の変更が告示で定める範囲であるものとする。

「定める範囲」というのは、下記「製造細目告示第12条の14」を読んでください。

> 製造施設の位置、構造及び設備並びに製造の方法等に関する技術基準の細目を定める告示
>
> **第十二条の十四**　＜第1項、第2項　略＞
>
> 3　冷凍保安規則第二十三の経済産業大臣が定める範囲は、変更前の当該製造設備の冷凍能力
> の二十パーセント内の範囲とする。＜略＞

▼法第14条第1項　⬅第一種製造者の変更の工事は許可がいる。けど、不要のもあるよ。
▼法第20条第3項　⬅許可 → 変更の工事完成 → 完成検査を受けないと使用できないよ。
▼冷規第23条　⬅完成検査をしなくてもよいものがあるよ。　　　【答：○】

・製造設備Aの冷媒設備に係る切断、溶接を伴わない圧縮機の取替えの工事をしようとするとき、その冷凍能力の変更が所定の範囲であるものは、都道府県知事の許可を受けなければならないが、その変更工事の完成後、完成検査を受けることなく使用することができる。(平18問14 この事業所 [参考：2種 平18問16 この事業所])

　さて、今度は「圧縮機」の取替えで、「切断、溶接を伴わない」で、「冷凍能力の変更が所定範囲内」で、製造設備Aは第一種製造者なので「○」。
　　▼法第14条第1項 ◀ 第一種製造者の変更の工事は許可がいる。けど、不要のもあるよ。
　　▼法第20条第3項 ◀ 許可 → 変更の工事完成 → 完成検査を受けないと使用できないよ。
　　▼冷規第23条 ◀ 完成検査をしなくてもよいものがあるよ。
　　▼製造細目告示第12条の14第3項 ◀ 変更前の当該製造設備の冷凍能力の20パーセント以内の範囲なら完成検査いらない。　　　　　　　　　　　　　　　【答：○】

・冷凍設備の冷凍能力の変更が定められた範囲内であり、冷媒設備に係る切断、溶接を伴わず、かつ、耐震設計構造物として適用を受けない製造設備の取替の工事は、都道府県知事の許可を受けなければならないが、都道府県知事が行う完成検査は受けなくてもよい。(平17問10 この事業所)

　もう、大丈夫でしょうか…。
　　▼法第20条第3項 ◀ 変更の工事をしたときは完成検査を受けなさい。
　　▼冷規第23条 ◀ でも、受けなくてよいものがあるよ。＜切断、溶接…＞
　　▼製造細目告示第12条の14第3項 ◀ 変更前の当該製造設備の冷凍能力にの20パーセント以内の範囲なら完成検査いらない。　　　　　　　　　　　　【答：○】

Memo

　　平成18年度の問題で「冷媒設備に係る切断、溶接を伴わない圧縮機の取替えの工事をしようとするとき、その冷凍能力の変更が所定の範囲であるもの」というのは、この問題では「冷凍能力の変更が定められた範囲内であり、冷媒設備に係る切断、溶接を伴わず」であり、さらに「かつ、耐震設計構造物として適用を受けない製造設備の取替の工事」があり、そしてさらに「冷凍能力の変更が定められた範囲内」(変更前の当該製造設備の冷凍能力の20パーセント以内の範囲)であれば、完成検査はいらないのです。(汗

・製造施設の位置、構造又は設備の変更の工事について、都道府県知事の許可を受けた場合であっても、都道府県知事又は高圧ガス保安協会若しくは指定完成検査機関が行う完成検査を受けることなく、その製造施設を使用することができる変更の工事がある。
(平26問14 第一種製造者 [認定完成検査実施者である者を除く])

　うわー、上記一連の流れと同等の問題、省略版って感じですかね。
　　▼法第14条第1項 ◀ 第一種製造者の変更の工事は許可がいる。けど、不要のもあるよ。
　　▼法第20条第3項 ◀ 許可 → 変更の工事完成 → 完成検査を受けないと使用できないよ。
　　▼冷規第23条 ◀ 完成検査をしなくてもよいものがあるよ。　　　　　　【答：○】

・製造施設の変更の工事について都道府県知事の許可を受けた場合であっても、完成検査を受けることなくその施設を使用することができる変更の工事がある。
(平27問14 第一種製造者 [認定完成検査実施者である者を除く]、平29問14、令2問14)

うわあ～、さらに平 26 問 14 に引き続き同等の簡素問題ですね。無勉だと戸惑うかも？

▼法第 14 条第 1 項　◀ 第一種製造者の変更の工事は許可がいる。けど、不要のもあるよ。

▼法第 20 条第 3 項　◀ 許可 → 変更の工事完成 → 完成検査を受けないと使用できないよ。

▼冷規第 23 条　◀ 完成検査をしなくてもよいものがあるよ。　　　　　　　　【答：○】

・製造施設の位置、構造又は設備の変更の工事について、都道府県知事等の許可を受けた場合であっても、完成検査を受けることなく、その製造施設を使用することができる変更の工事があるが、アンモニアを冷媒ガスとする製造施設には適用されない。

(令 1 問 14 第一種製造者)

令和になって「アンモニア」が絡んできました。以下の法令から「○」とわかりますね。

▼法第 14 条第 1 項

▼法第 20 条第 3 項

▼冷規第 23 条　◀ 完成検査をしなくてもよいものがある。（可燃性ガス及び毒性ガスを冷媒とする冷媒設備を除く。）　　　　　　　　　　　　　　　　　　　　　　　　　【答：○】

12-4　特定変更工事

過去問題にチャレンジ！

・製造施設の特定変更工事を完成したときに受ける完成検査は、都道府県知事又は高圧ガス保安協会若しくは指定完成検査機関のいずれかが行うものでなければならない。
(平 17 問 10 この事業所、平 16 問 10 この事業所、平 26 問 14 第一種製造者 [認定完成検査実施者である者を除く] [参考：2 種 平 16 問 19　この事業所])

出題の通りですが「特定変更工事」？？　ってなりますよね。「高圧ガスの製造のための施設の位置、構造若しくは設備の変更の工事」が、特定変更工事ということです。

▼法第 20 条第 3 項

3　第十四条第一項又は前条第一項の許可を受けた者は、高圧ガスの製造のための施設又は第一貯蔵所の位置、構造若しくは設備の変更の工事（経済産業省令で定めるものを除く。以下「特定変更工事」という。）を完成したときは、＜略＞完成検査を受け、＜略＞の技術上の基準に適合していると認められた後でなければ、これを使用してはならない。ただし、＜略＞

【答：○】

・製造施設の特定変更工事を完成し、都道府県知事が行う完成検査を受けた場合、これが所定の技術上の基準に適合していると認められた後でなければ、これを使用してはならない。(平 27 問 14 第一種製造者 [認定完成検査実施者である者を除く])

法第 20 条第 2 項から第 3 項まで、じっくり読んでおいてください。

▼法第 20 条第 3 項　◀ 特定変更工事完成したら…云々。

▼法第 8 条第 1 項第 1 号　◀ 知事は、許可の申請があったら…云々。　　　　　　【答：○】

・製造施設の特定変更工事を完成したときに受ける完成検査は、都道府県知事又は高圧ガス

> 保安協会若しくは指定完成検査機関のいずれかが行うものでなければならない。
>
> （平 28 問 14 第一種製造者［認定完成検査実施者である者を除く]）

　うむ。この事業者は「認定完成検査実施者及び認定保安検査実施者ではない」ので、他の機関に完成検査を依頼せねばなりません。▼法第 20 条第 3 項 　　　　　　　【答：○】

12-5　届け出

　特定変更工事（あまり深く考えずともよいです）や、都道府県知事や、高圧ガス保安協会が、絡み合った長い文章の問題です。結構出題されます。

過去問題にチャレンジ！

> ・製造施設の特定変更工事の完成後、高圧ガス保安協会が行う完成検査を受け技術上の基準に適合していると認められたときは、高圧ガス保安協会がその結果を都道府県知事に届け出るので、この事業者は、完成検査を受けた旨を都道府県知事に届け出ることなくその施設を使用することができる。（平 17 問 10 この事業所）

　協会は、報告するだけで届け出しません。下記は法第 20 条第 4 項です。

> 　**4**　協会又は指定完成検査機関は、第一項ただし書又は前項第一号の完成検査を行つたときは、遅滞なく、その結果を都道府県知事に報告しなければならない。

　というわけで、高圧ガス保安協会は報告するだけで届け出はしません。なのでこの事業者が届け出なければならないのです。この問題を 1 回でも解いてあれば、あとは言い回しの違いだけですので、引っ掛からない問題となるでしょう！
　▼法第 14 条第 1 項 ◀ 変更しようとする時は、知事の許可を受けなさい。
　▼法第 20 条第 3 項第 1 号 ◀ 協会か指定機関が完成検査した後、事業者はそのことを届け出をすれば完成検査をしなくてもよい。
　▼法第 20 条第 4 項 ◀ 協会及び指定機関は完成検査をしたら知事に報告しなさい。 　【答：×】

> ・製造施設の特定変更工事の完成後、高圧ガス保安協会が行う完成検査を受け所定の技術上の基準に適合していると認められた場合、この事業者は、完成検査を受けた旨を都道府県知事に届け出ることなく、かつ、都道府県知事が行う完成検査を受けることなく、その施設を使用することができる。
>
> （平 29 問 14 第一種製造者［認定完成検査実施者である者を除く]［参考：2 種 平 23 問 14 この事業者]）

　法文的言葉で受験者を翻弄する長い問題がいくつかあります。「…ことなく、かつ、…ことなく、」などです。もうなれましたか？　つまり、「高圧ガス保安協会」で完成検査を受けて合格したので、その旨を都道府県知事に届ければ、「都道府県知事」が行う完成検査を受けなくてもよいけれど、問題文の事業者は完成検査を受け認められたことを「届け出」せずに、かつ、「都道府県知事」の完成検査を受けてないから、施設を使用できないのね。▼法第 20
条第 3 項 1 号 　　　　　　　【答：×】

難易度：★★★

⑬　定期自主検査

ちょっと頑張れば大丈夫！　★3つ。

> ▼法第35条の2 第一種、第二種製造者は、いろいろと定めるものに相当する、定期的に自主検査をし、記録、保存しなさい。
> ▼冷規第44条第1項、第2項 いろいろ定めるものがここに書いてある。ガスの種類とか、トンとか。

13-1　届け出

　まずは定期自主検査の「届け出」についての問題です。勉強してないと、たぶん引っ掛かるでしょう。下線部分に注意して法第35条の2を読んでおきましょう。コピペ問題が多いです。

法令　（定期自主検査）
第三十五条の二　第一種製造者、<略>　若しくは第二種製造者であつて　<略>　経済産業省令で定めるところにより、定期に、保安のための自主検査を行い、その検査記録を作成し、これを保存しなければならない。

過去問題にチャレンジ！

> ・定期自主検査を行ったときは、その検査記録を作成し、遅滞なく、これを都道府県知事に届け出なければならない。
> （平23問11、平26問11 第一種製造者［参考：2種 平26問17 この事業者)]）

　受験者を惑わす典型的な嫌らしい問題です。条文に「届け出」の文言はありません。つまり、届け出なくてもよいのです。
　▼法第35条の2 定期的に自主検査をしなさい、それを記録し、保存しなさい。　【答：×】

13-2　基本問題

　第一種製造者、第二種製造者、検査をするか否か、何を検査するか、…など、チョッと頑張れば大丈夫でしょう。

（1）定期自主検査をするか否か

過去問題にチャレンジ！

・第二種製造者のうちには、製造施設について定期自主検査を行わなければならないものがある。（平22問13、平26問8、平28問8）

　　ハイ。その通り。
　　　▼法第35条の2　◀いろいろと定めるものに相当する、第一種、第二種製造者は、定期的に自主検査をしなさい。
　　　▼冷規第44条第1項、第2項　◀いろいろ定めるものがここに書いてある。　　　　　　【答：○】

・冷凍のための製造施設について定期自主検査を行わなければならないのは、第一種製造者のみである。（平20問5）

　　なんと、単刀直入なサービス問題ですが、勉強していないとカンに頼るしかないですよ。
　　　▼法第35条の2　◀いろいろと定めるものに相当する、第一種、第二種製造者は、定期的に自主検査をしなさい。
　　　▼冷規第44条第1項、第2項　◀いろいろ定めるものがここに書いてある。ガスの種類とか、トンとか。一度熟読しておくべし。　　　　　　【答：×】

・製造施設について保安検査を受け、かつ、所定の技術上の基準に適合していると認められたときは、その翌年の定期自主検査を行わなくてよい。（平24問11 第一種製造者）

　　それはないでしょ。次ページの認定指定設備がらみの問題と混同しないように。
　　　▼法第35条の2　◀定期自主検査をしなさい。
　　　▼冷規第44条第3項　◀1年に1回以上しなさい。　　　　　　　　　　　　　　　　【答：×】

・定期自主検査は、冷媒ガスが不活性ガスである製造施設の場合は行わなくてよいと定められている。（令2問11）

　　ガス種で問われるのは初めてです。しかも曖昧な「不活性ガス」ですので、法第35条の2、冷規第44条第1項、第2項から読み取るには法律家のような知識がいると思います。トン数絡みでなければ、どんなガス種でも定期自主検査は「必要」と覚えておきましょう。【答：×】

（2）○○の規準に適合しているか

過去問題にチャレンジ！

・定期自主検査は、製造施設の位置、構造及び設備が技術上の基準に適合しているかどうかについて行わなければならないが、その技術上の基準のうち耐圧試験に係るものは除かれている。（平30問11 第一種製造者、令2問11 第一種製造者）

　　冷規第44条第3項の括弧書きについての突っ込み問題です。無勉だと「×」のような気がして迷うことでしょう。
　　　▼法第35条の2　◀定期自主検査をしなさい。
　　　▼冷規第44条第3項　◀＜略＞省令で定める技術上の基準（耐圧試験に係るものを除く。）＜略＞
　　【答：○】

> ・定期自主検査は、製造施設の位置、構造及び設備が技術上の基準（耐圧試験に係るものを除く。）に適合しているかどうかについて行わなければならない。
> （平17問15 この事業者 [参考：2種 平17問19 この事業者、平26問16 この事業者]）

はい、素直に「〇」です。どんな基準を検査するのか覚えておきましょう。

▼法第35条の2 ◀ 定期自主検査をしなさい。
▼冷規第44条第3項 ◀ 第一種製造者は法第8条第1号、第二種製造者は法第12条第1項の基準に従いなさい。
▼法第8条第1号 ◀ 製造のための施設の位置、構造及び設備が技術上の基準に適合するものであること。 【答：〇】

> ・定期自主検査は、製造の方法が技術上の規準に適合しているかについて行わなければならない。（平21問15 第一種製造者）

あ〜〜、引っ掛かりませんでしたか？　「製造の方法」ではありません。「製造のための施設の位置、構造及び設備」なのです。嫌らしいですね。忘れたころに出題されるでしょう。

▼法第35条の2 ◀ 定期自主検査をしなさい。
▼冷規第44条第3項 ◀ 第一種製造者は法第8条第1号、第二種製造者は法第12条第1項の基準に従いなさい。
▼法第8条第1号 ◀ 製造のための施設の位置、構造及び設備が技術上の基準に適合するものであること。 【答：×】

13-3　認定指定設備

「認定指定設備」は、定期自主検査を行わなければならないか、行わなくてもよいか、が問われます。この認定指定設備がらみの問題はけっこう多いです。

（定期自主検査）
三十五条のニ　第一種製造者、第五十六条の七第二項の認定を受けた設備を使用する第二種製造者若しくは第二種製造者であつて　<略>　定期に、保安のための自主検査を行い、その検査記録を作成し、これを保存しなければならない。

（1）認定指定設備は実施が必要か否か

過去問題にチャレンジ！

> ・この事業者は、製造設備Aについてのみ定期自主検査を行い、その記録を作成し、これを保存すればよい。（平19問18 この事業者、平17問14 この事業者）[Bのみ認定指定設備]

認定指定設備である製造設備Bも定期自主検査は必要です。ちなみに製造設備Bは、保安検査はしなくてもよいのです。

▼法第35条の2 ◀ 第一種、第二種（認定を受けた設備を使用する第二種製造者）は、定期的に自主検査をしなさい。 【答：×】

第1章　法令

⑬　定期自主検査

> ・定期自主検査は、認定指定設備に係る部分についても実施しなければならない。
> (平21問15、平26問11 第一種製造者、平28問11 第一種製造者)

　なんと、そのものズバリの問題です。勉強していないとわからない問題でしょう。▼法第35条の2 **【答：○】**

> ・製造施設のうち、認定指定設備の部分については、定期自主検査を行わなくてよい。
> (平25問11 第一種製造者)

　誤りの問題ですよ。 **【答：×】**

（2）認定指定設備（製造設備A、Bなど）

　ここでの問題は「及び」や「保安検査」がプラスされ、少々と惑わされます。でもチョロいです。

過去問題にチャレンジ！

> ・定期自主検査は、製造設備A及びBについて実施しなければならない。
> (平18問18 この事業所［Bのみ認定指定設備］)

　製造設備AもBも定期自主検査の実施を要します。
　　▼法第35条の2 ◀ 第一種、第二種（認定を受けた設備を使用する第二種製造者）は、定期的に自主検査をしなさい。 **【答：○】**

> ・製造設備Aについて、都道府県知事が行う保安検査を受けていれば、この製造設備については定期自主検査を行わなくてもよい。(平17問15 この事業者［Bのみ認定指定設備］)

　定期自主検査は保安検査とは関係ないです。
　　▼法第35条第1項 ◀ 第一種は保安検査をしなさい。
　　▼法第35条の2 ◀ 第一種、第二種（認定を受けた設備を使用する第二種製造者）は、定期的に自主検査をしなさい。
　　▼冷規第40条第1項第2号 ◀「認定指定設備の部分」は保安検査をしなくてよい。 **【答：×】**

13-4　実施回数

　定期自主検査、何はなくとも「1年に1回以上」と覚えましょう。惑わし問題がありますが、ぜひ、ゲットしてください。

過去問題にチャレンジ！

> ・定期自主検査は、1年に1回以上行わなければならない。
> (平17問15 この事業者、平19問18 この事業者、平20問16 この事業者、平25問11 第一種製造者［参考：2種 平17問19 この事業者、平21問16 この事業者])

　これをゲットできない方はいないと思います。「定期自主検査は1年に1回以上」と覚えて

ください。

　　▼法第 35 条の 2　◀ 定期的に自主検査をしなさい。

　　▼冷規第 44 条第 3 項　◀ 1 年に 1 回以上検査をしなさい。　　　　　　　【答：○】

・定期自主検査は、製造施設の位置、構造及び設備が技術上の基準（耐圧試験に係るものを
　除く。）に適合しているかどうかについて、1 年に 1 回以上行わなければならない。
　（平 26 問 11 第一種製造者、平 28 問 11 第一種製造者［参考：2 種 平 18 問 14 この事業者、平 19 問 20
　この事業者］）

　うむ。少し肉付けされ、長文となりましたが、大丈夫でしょう。　　　　　【答：○】

・定期自主検査は、3 年以内に少なくとも 1 回以上行うことと定められている。

　　　　　　　　　　　　　　　　　　　　　　　　　　　　（平 30 問 11 第一種製造者）

　短文ですが、ふと考え込んでしまうかも知れません。「3 年以内に少なくとも 1 回以上行う」
は保安検査に関する条文（冷規第 40 条 2 項）の引用です。同様のものが多く出題されていま
す、惑わされないように気をつけましょう。

　　▼冷規第 44 条第 3 項　◀ 定期自主検査は 1 年に 1 回以上検査をしなさい。　【答：×】

・定期自主検査は、冷媒ガスが毒性ガス又は可燃性ガスである製造施設の場合は 1 年に 1 回
　以上、冷媒ガスが不活性ガスである製造施設の場合は 3 年に 1 回以上行うことと定められ
　ている。（令 1 問 11 第一種製造者）

　「ガス種」で施設を分け「1 年に 1 回以上」と「3 年に 1 回以上」での惑わしはアッパレ！
設問での定期自主検査は「ガスの種類」は関係ないです。「3 年に 1 回以上」は「1 年に 1
回以上」とは限らないですよね。▼法第 35 条の 2、冷規第 44 条第 3 項　　　【答：×】

・定期自主検査を 1 年に 1 回以上行わなければならないが、都道府県知事が行う保安検査を
　受け、技術上の基準に適合していると認められた場合は、その定期自主検査を行わなくて
　よい。（平 14 問 11 この事業者）

　そんなこたぁはない。と、だいたいわかる問題です。ま、条文にはこのようなことは書いて
いないです。

　　▼法第 35 条　◀ 保安検査を受けなさい。

　　▼法第 35 条の 2　◀ 定期自主検査をしなさい。　　　　　　　　　　　　【答：×】

13-5　定期自主検査の監督者と代理者

　なんとなくわかる常識問題なので、軽くゲットしましょう。でも、問題はよく読みま
しょう。

（1）監督

過去問題にチャレンジ！

・冷凍保安責任者を選任している第一種製造者は、定期自主検査を行うときには、その冷凍
　保安責任者にその実施について監督を行わせなければならない。（平 22 問 12 第一種製造者）

・定期自主検査を行うときは、選任している冷凍保安責任者にその定期自主検査の実施について監督を行わせなければならない。(平30問11 第一種製造者)

　うむ。よい問題文ですね。

　　▼法第35条の2　◀第一種、第二種は、定期的に自主検査をしなさい。
　　▼冷規第44条第4項　◀その選任された冷凍保安責任者は監督をしなさい。

【答：どちらも○】

（2）免状と監督

過去問題にチャレンジ！

・冷凍保安責任者に定期自主検査の実施について監督させることができなかったので、冷凍保安責任者の代理者に選任していないが、冷凍保安責任者と同等の製造保安責任者免状の交付を受けている者にその実施について監督させた。

(平15問12 この事業者 [参考：2種 平15問12 この事業者])

　免状を持っていればよいというものではないですね。

　　▼法第35条の2　◀定期的に自主検査をしなさい。
　　▼法第33条第1項、第2項　◀あらかじめ代理者を選任しなさい。代行するときは保安統括責任者です。
　　▼冷規第44条第4項　◀その選任した冷凍保安責任者が監督をしなさい。　【答：×】

・選任している冷凍保安責任者又は冷凍保安責任者の代理者以外の者であっても、所定の製造保安責任者免状の交付を受けている者に、定期自主検査の実施について監督を行わせることができる。(平25問11 第一種製造者)

　フ〜。疲れましたね…。　【答：×】

（3）代理者

過去問題にチャレンジ！

・定期自主検査において、冷凍保安責任者が旅行、疾病その他の事故によってその検査の実施について監督を行うことができない場合、あらかじめ選任したその代理者にその職務を行わせなければならない。(平21問10)

　はい、素直に「○」です。

　　▼法第33条第1項、第2項　◀あらかじめ代理者を選任しなさい。代行するときは保安統括責任者です。
　　▼冷規第44条第4項　◀その選任した冷凍保安責任者が監督をしなさい。　【答：○】

13-6　定期自主検査の記録と保存

過去問題にチャレンジ！

・定期自主検査を行ったとき、所定の検査記録を作成し、これを保存しなければならない。
(平20問16 この事業所)

　　　軽くゲットしてください。
　　　▼法第35条の2 ◀第一種、第二種（認定を受けた設備を使用する第二種製造者）は、定期的に
　　　自主検査をし、検査記録を作成保存しなさい。 【答：○】

・製造施設が技術上の基準に適合しているかどうかについて定期自主検査を行い、その検査
記録を作成し、都道府県知事に報告した場合は、その検査記録を保存しなくてよい。
(平14問11 この事業者)

　　　報告した場合は記録を保存しないって、ププッ。サービス問題かな？
　　　▼法第35条の2 ◀検査記録を作成保存しなさい。 【答：×】

・定期自主検査の検査記録は、電磁的方法で記録することにより作成し、保存することがで
きるが、その記録が必要に応じ電子計算機その他の機器を用いて直ちに表示されることが
できるようにしておかなければならない。
(平15問12 この事業者、平16問13 この事業者 [参考：2種 平15問12 この事業者、平16問17 この
事業者])

　　　普通に「○」です。
　　　▼法第35条の2 ◀検査記録を作成保存しなさい。
　　　▼冷規第44条の2第1項、第2項 ◀電磁的記録はどうのこうの。 【答：○】

・製造施設の定期自主検査について冷凍保安責任者にその実施の監督をさせた場合には、そ
の検査記録を作成しなくてよい。(平24問11 第一種製造者)

　　　ハハッ。サービス問題！？　「<略>の監督をさせた場合は、検査記録を作成しなくてよい」
　　　なんて、ププッ。条文の何処にも書かれていないですね。
　　　▼法第35条の2 ◀検査記録作成保存しなさい。
　　　▼冷規第44条第4項 ◀第一種製造者の定期自主検査はこうしなさい。
　　　▼冷規第44条第5項 ◀検査記録は次を、記載しなさい。 【答：×】

13-7　定期自主検査の記載すべき事項

　冷規第44条第5項は1〜4号までありますが、ひたすら覚えましょう。特に困る問
題はないです。記憶するのみです。

法令　第四十四条　＜略＞

5　法第三十五条の二 の規定により、第一種製造者及び第二種製造者は、検査記録に次の各号に掲げる事項を記載しなければならない。

一　検査をした製造施設

二　検査をした製造施設の設備ごとの検査方法及び結果

三　検査年月日

四　検査の実施について監督を行つた者の氏名

過去問題にチャレンジ！

[1号に関する問題]

・定期自主検査を行ったとき作成する検査記録に記載すべき事項の一つに、「検査をした製造施設」がある。（平15問13 この事業者）

[2号に関する問題]

・記載すべき事項の一つとして、検査をした製造施設の設備ごとの検査方法及び結果がある。（平17問16 この事業者）

[3号に関する問題]

・この事業者が定期自主検査を行ったとき、検査記録に記載しなければならない事項の一つに、検査年月日がある。（平16問14 この事業者）

[4号に関する問題]

・定期自主検査の検査記録に記載すべき事項の一つに、検査の実施について監督を行った者の氏名がある。（平29問11 第一種製造者）

素直な問題ばかりです。「×」の問題は2冷では見受けられます。　　【答：すべて○】

難易度：★★★★

14　保安検査

　保安検査の問題は、有名な？　嫌らしい問題があって受験者を悩ませます。どんな検査をするかの引っ掛け問題が出ます。「製造施設の位置、構造及び設備」と「高圧ガスの製造の方法」の語句の違いを頭に入れてください。★は4つです。下線の部分が引っ掛け問題に出ますので注意してくださいね。

> ▼法第 35 条第 2 項　◀2　前項の保安検査は、特定施設が第八条第一号の技術上の基準に適合しているかどうかについて行う。
> ▼法第 8 条 1 号　◀一　製造（製造に係る　＜略＞　）のための施設の位置、構造及び設備が経済産業省令で定める技術上の基準に適合するものであること。

14-1　保安検査に関する基本問題

過去問題にチャレンジ！

・保安検査は、特定施設が製造施設の位置、構造及び設備に係る定められた技術上の基準に適合しているかどうかについて行われる。
（平 23 問 10 第一種製造者認定保安検査実施者である者を除く、平 30 問 10 第一種製造者認定保安検査実施者である者を除く）

ここで「特定施設」とは何ぞや？　と考えてしまう方がいるかも知れません。でも、特に考えこまなくてもよいです。条文に下線を引いておきます。

> ▼法第 35 条第 1 項　◀第一種製造者は、高圧ガスの爆発その他災害が発生するおそれがある製造のための施設（経済産業省令で定めるものに限る。以下「特定施設」という。）について、＜略＞
> ▼法第 35 条第 2 項　◀前項の保安検査は、特定施設が第八条第一号の技術上の基準に適合しているかどうかについて行う。
> ▼法第 8 条第 1 号　◀一　製造 ＜略＞ のための施設の位置、構造及び設備が経済産業省令で定める技術上の基準に適合するものであること。　　【答：○】

14-2　保安検査に関する引っ掛け問題

過去問題にチャレンジ！

・この事業者が受ける保安検査は、高圧ガスの製造の方法が所定の技術上の基準に適合しているかどうかについて行われる。
（平 24 問 10 第一種製造者 ［認定保安検査実施者である者を除く］ ［参考：2 種 平 24 問 15 この事業者、平 25 問 15 この事業者］）

「×」です！　嫌らしい問題です。何人もの受験者が涙しました…。(´ ; ω ; `)「高圧ガスの製造の方法が所定の技術上の基準に適合しているかどうか」ではなくて、「施設の位置、構造及び設備が経済産業省令で定める技術上の基準に適合＜略＞」なのです。法第 8 条第 1 号が引っ掛けどころです。2 冷でも 3 冷でももれなく出題されます。

> ▼法第 35 条第 1 項　◀保安検査を受けなさい。
> ▼法第 35 条第 2 項　◀前項の保安検査は、特定施設が第八条第一号の技術上の基準に適合しているかどうかについて行う。
> ▼法第 8 条第 1 号　◀一　製造 ＜略＞ のための施設の位置、構造及び設備が経済産業省令で定める技術上の基準に適合するものであること。　　【答：×】

・保安検査は、特定施設が製造施設の位置、構造及び設備並びに製造の方法に係る技術上の基準に適合しているかどうかについて行われる。

　（平26問10 第一種製造者［認定保安検査実施者である者を除く］）［参考：2種 平26問15　この事業者］）

　おー！　これは今までにない素晴らしい問題です！　「並びに」の後にある「製造の方法に係る技術上の基準」が間違いです。思わず、「○」にしてしまうかも…。平成26年度の名に恥じない素晴らしい問題！　ちなみに、この年度は2冷も3冷も出題されました。

　　▼法第35条第1項　◀️ 保安検査を受けなさい。
　　▼法第35条第2項　◀️ 前項の保安検査は、特定施設が第八条第一号の技術上の基準に適合しているかどうかについて行う。
　　▼法第8条第1号　▶️ 一　製造 ＜略＞ のための施設の位置、構造及び設備が経済産業省令で定める技術上の基準に適合するものであること。　　　　　　　　　　　　　【答：×】

・保安検査は、高圧ガスの製造の方法が所定の技術上の基準に適合しているかどうかについて行われる。（平27問10 第一種製造者［認定保安検査実施者である者を除く］）

　なんと大胆な！？　引っ掛け問題ですね。　　　　　　　　　　　　　　　　　　　【答：×】

14-3　保安検査は誰が行う？　監督は？などを問う問題

過去問題にチャレンジ！

・保安検査を実施することは、冷凍保安責任者の職務の一つとして定められている。
　　　　　　　　　　　　　　（平29問10 第一種製造者［認定保安検査実施者である者を除く］）

　これは…、サービス問題ですか？　こんな、セコい問題に引っ掛からないように。
　　▼法第35条第1項　◀️ ＜略＞都道府県知事が行う＜略＞　　　　　　　　　　　【答：×】

・都道府県知事が行う保安検査を受けるときは、選任している冷凍保安責任者にその実施について監督を行わせなければならない。
　　　　　　　　　　　　　　（平28問10 第一種製造者［認定保安検査実地者である者を除く］）

　これは、新しい問題です。「定期自主検査の監督」の問題と混同させようとするミエミエの問題で、法第35条第1項には、都道府県知事が実施する検査を、事業者が専任し都道府県知事に届け出た保安責任者がドヤ顔して監督しなさい、とかどこにも書かれていないのです。都道府県知事側はそれなりの規定があって、それなりの監督者がいると思われます。
　　　　　　　　　　　　　　　　　　　　　　　　　　　　　　　　　　　　　　【答：×】

14-4　冷媒ガスの種類による問題

過去問題にチャレンジ！

・フルオロカーボン114を冷媒ガスとする製造施設は、都道府県知事、高圧ガス保安協会又は指定保安検査機関が行う保安検査を受けなくてよい。
　　　　　　　　　　　　　　（平26問10 第一種製造者［認定保安検査実地者である者を除く］）

うわー、これはヤバイ。「フロン114を冷媒ガスとする製造施設」なんて知らねーヨ！　と、思わず言ってしまう問題ですね。でも、冷規40条第1項第1号に書いてあるんだなぁ～。

> （特定施設の範囲等）
> **第四十条**　法第三十五条第一項 本文の経済産業省令で定めるものは、次の各号に掲げるものを除く製造施設（以下「特定施設」という。）とする。
> 　一　ヘリウム、R二十一又はR百十四を冷媒ガスとする製造施設

▼法第35条第1項第1号　◀保安検査を…に適合しているか受けなさい。
▼冷規第40条第1項1号　　　　　　　　　　　　　　　　　　　　　【答：○】

Memo

> 　うむ、恐怖の平成26年度と言いたいところ…。過去問が役に立たない。今後、第2号の「認定指定設備の部分」だけでなく第1号の「百十四を冷媒ガスとする製造施設」も含めて勉強しなさいということなのでしょう。<u>でもね、満点、100点とらなくても60点とれればよいのだから、60点。</u>つまり、勉強すれば合格できると思います。頑張ってくださいね。

> ・ヘリウムを冷媒ガスとする製造施設は、都道府県知事、高圧ガス保安協会又は指定保安検査機関が行う保安検査を受ける必要はない。
> 　　　　　　　　　　　　　　　（平27 問10 第一種製造者［認定保安検査実地者である者を除く］）

こ、今度は「ヘリウム」って！　ヘリウムなんて、冷凍装置（この試験には）にはあまり関係ないんでないの？　でも、条文には記されているから、出題されても文句は言えないだろうけれど…。ちなみに、「R二十一」は、絶対（たぶん）でないと思います。

　▼法第35条第1項第1号　◀保安検査を…に適合しているか受けなさい。
　▼冷規第40条第1項第1号　◀一　ヘリウム、<u>R二十一</u>又はR百十四を冷媒ガスとする製造施設。
　　　　　　　　　　　　　　　　　　　　　　　　　　　　　　　　　【答：○】

14-5　認定指定設備に係る問題

「認定指定設備」からは逃れられません…。条文の下線部分がポイントです。結構出題されています。

法令

> ▼法第35条第1項
> **第三十五条**　第一種製造者は、<略>　<u>都道府県知事が行う保安検査を受けなければならない</u>。ただし、次に掲げる場合は、この限りでない。
>
> ▼冷規第40条第1項第2号
> **第四十条**　法第三十五条第一項 本文の経済産業省令で定めるものは、<u>次の各号に掲げるものを除く製造施設</u>（以下「特定施設」という。）とする。
> 　一　ヘリウム、R二十一又はR百十四を冷媒ガスとする製造施設
> 　二　<u>製造施設のうち認定指定設備の部分</u>

過去問題にチャレンジ！

・製造施設のうち、認定指定設備に係る部分については、保安検査を受けることを要しない。（平21問14、平25問10 第一種製造者［認定保安検査実地者である者を除く］）

・製造施設のうち、認定指定設備に係る部分については、保安検査を受ける必要はない。
（平22問8 第一種製造者［認定保安検査実施者でない者］）

・製造施設のうち認定指定設備である部分は、保安検査を受けなくてよい。
（平23問10 第一種製造者［認定保安検査実施者である者を除く］、平28問10 第一種製造者［認定保安検査実施者である者を除く］）

・製造施設のうち、認定指定設備の部分については、保安検査を受ける必要はない。
（平29問10 第一種製造者［認定保安検査実施者でない者］）

　ズバリ問われる簡潔な問題です。最後の言い回しの微妙な変化に気をつけてください。
　▼法第35条第1項　◀ 第一種製造者は省令の定めにより保安検査をしなさい。
　▼冷規第40条第1項第2号　◀ 省令に定めるもののうち、認定指定設備は除きます。
【答：すべて○】

14-6　実施回数

　問題の中で「3年以内に1回以上」だけに、気を取られないようにしましょう。ここには、有名な？　引っ掛け問題が潜んでいます。間違えると凄く悔しくて悲しくなります。最後まで気を緩めずに攻略しましょう。

 法令

▼冷規第40条2項
　2　法第三十五条第一項 本文の規定により、都道府県知事が行う保安検査は、三年以内に少なくとも一回以上行うものとする。

過去問題にチャレンジ！

・保安検査は、3年以内に少なくとも1回以上は行われる。
（平21問14 第一種製造者［認定保安検査実地者である者を除く］［参考：2種 平23問15 この事業者、平25問15 この事業者］）

　なんとシンプル。素直に「○」です。
【答：○】

・都道府県知事等又は高圧ガス保安協会若しくは指定保安検査機関が行う保安検査は、3年以内に少なくとも1回以上行われる。
（平30問10 第一種製造者［認定保安検査実地者である者を除く］）

・都道府県知事、高圧ガス保安協会又は指定保安検査機関が行う保安検査は、3年以内に少なくとも1回以上行われる。（平27 問10 第一種製造者［認定保安検査実地者である者を除く］）

　問題文の言い回しが少々違うだけで、素直に「○」です。

　▼法第35条第1項　← 第一種製造者は保安検査を受けなさい。
　▼冷規第40条第2項　← 3年以内に1回以上云々。　　　　　　　　　　　　【答：どちらも○】

・保安検査は、高圧ガスの製造の方法が技術上の基準に適合しているかどうかについて、3年以内に1回以上受けなければならない。

（平15 問18 この事業所［参考：2種 平15 問20 この事業所]）

　あ…、「○」にしちゃいました？　これが、有名な？引っ掛け問題です。「3年以内に1回以上」だけに気を取られていると「○」にしてしまいます。どこが間違っているかもわからない方もいるでしょう…。正しい文章にしてみましょう。「保安検査は、高圧ガスの施設の位置、構造及び設備が経済産業省令で定める技術上の基準に適合しているかどうかについて、3年以内に1回行われる」ですね。

> 「製造の方法が技術上の基準に適合」　←　×
> 「施設の位置、構造及び設備が経済産業省令で定める技術上の基準に適合」　←　○

　▼法第35条第1項、第2項　← 第八条第一号の技術上の基準に適合しているかどうか検査しなさい。
　▼法第8条第1号　← 一　製造＜略＞のための施設の位置、構造及び設備が経済産業省令で定める技術上の基準に適合するものであること。この下線の部分をよく覚えておきましょう。
　▼冷規第40条第2項　← 3年以内に1回以上しなさい。　　　　　　　　　　　【答：×】

14-7　高圧ガス保安協会との関わり

　高圧ガス保安協会の仕事は、もちろん試験だけではありません。都道府県知事と協会の絡んだ問題が出題されます。協会が行う保安検査と都道府県知事が行う保安検査との、コラボをお楽しみください。結構出題されます。

過去問題にチャレンジ！

・特定施設について高圧ガス保安協会が行う保安検査を受け、その旨を都道府県知事に届け出た場合は、都道府県知事が行う保安検査を受ける必要はない。
（平24 問10、平26 問10 第一種製造者［認定保安検査実施者である者を除く］）

　「特定施設について」は、特に考えこまなくてもよいですよ。事業者は、協会が行う保安検査を受け、この旨を都道府県知事に届け出すれば、都道府県知事が行う保安検査をしなくてもよいのです。
　▼法第35条第1項　← 第一種製造者特定施設は、都道府県知事が行う保安検査を受けなさい。ただし、次に掲げる場合はこの限りでない。
　▼法第35条第1項第1号　← 特定施設のうち、協会又は指定保安検査機関が行う保安検査を受け、その旨を都道府県知事に届け出た場合。　　　　　　　　　　　　　　　　【答：○】

・特定施設について、高圧ガス保安協会が行う保安検査を受けた場合、高圧ガス保安協会が遅滞なくその結果を都道府県知事等に報告することとなっているので、第一種製造者がその保安検査を受けた旨を都道府県知事等に届け出るべき定めはない。

(令1問10 第一種製造者［認定保安検査実施者である者を除く］)

復習も兼ねて法文をジックリ見ていきましょう。

▼法第35条

第三十五条　第一種製造者は、高圧ガスの爆発その他災害が発生するおそれがある製造のための施設（経済産業省令で定めるものに限る。以下「特定施設」という。）について、<略>都道府県知事が行う保安検査を受けなければならない。ただし、次に掲げる場合は、この限りでない。

一　特定施設のうち経済産業省令で定めるものについて、経済産業省令で定めるところにより協会又は経済産業大臣の指定する者（以下「指定保安検査機関」という。）が行う保安検査を受け、その旨を都道府県知事に届け出た場合

<2号、2項　略>

3　協会又は指定保安検査機関は、第一項第一号の保安検査を行つたときは、遅滞なく、その結果を都道府県知事に報告しなければならない。

つまり、「事業者は、都道府県知事が行う保安検査を受けなければならない」のだけれども、高圧ガス保安協会が保安検査を行った場合、高圧ガス保安協会は行った保安検査を遅滞なく都道府県知事に報告せねばならないので、事業者はその保安検査を受けた旨を都道府県知事に届け出すれば、都道府県知事が行う保安検査はしなくてよいと、いうことなんだね。わかった？　なので、保安協会が報告したので事業者はその保安検査を受けた旨を都道府県知事に届け出なくてよい、ということではないのです。　**【答：×】**

・特定施設について、高圧ガス保安協会が行う保安検査を受け、その旨を都道府県知事に届け出た場合は、都道府県知事が行う保安検査を受けなくてよい。

(平28問10、令2問10 第一種製造者［認定保安検査実施者である者を除く］)

これは、「○」です。　**【答：○】**

難易度：★★★★

---

⑮　認定指定設備

変更工事に絡む問題は「11-8　認定指定設備」にまとめてあります。ここでの15-1〜15-3までは、認定指定設備が「何処で」、「どのように組み立てられ」、使用場所にどのように「搬入」するか等を問う問題になります。また、15-4〜15-5では、認定指定設備の日常の運転操作、自動制御装置等を問う問題です。冷規第57条をもとに少々頭の整理が必要ですので、★4つとします。

15-1　基本問題（従う基準など）

過去問題にチャレンジ！

> ・認定指定設備を使用して高圧ガスの製造を行う者が従うべき製造の方法に係る技術上の基準は定められていない。（平 16 問 3 ［参考：2 種 平 16 問 3］）

定めれられている。条文を拾い出すと第一種製造者の場合、第二種製造者の場合とズラズラと書かねばならないので、第二種の場合は下記だけ把握しておきましょう。結局、「認定指定設備でも技術上の基準に従いなさい」という至極当たり前の事を問いた出す、サービス問題のような、困惑させる問題のような…。

　　▼法第 12 条第 2 項　　◀ 技術上の基準に従って高圧ガスの製造を…云々。
　　▼冷規第 14 条　　◀ 法第 12 条の基準というのは…云々。
　　▼法第 8 条第 2 号　　◀ 省令の定める技術上の基準に適合すること…云々。　　　【答：×】

> ・認定指定設備の冷媒設備は、所定の気密試験及び耐圧試験に合格するものでなければならないが、その試験を行うべき場所については定められていない。（平 26 問 20、平 28 問 20）

そんなことないんじゃない？　と思う問題ですね。

> ▼冷規第 57 条第 1 項第 4 号
>
> 　四　指定設備の冷媒設備は、事業所で行う第七条第一項第六号に規定する試験に合格するものであること。

ここでの「事業所」の詳細は 15-2 でわかります。冷規第 7 条第 1 項第 6 号には、所定の気密試験及び耐性試験に合格する旨が定められています。　　　　　　　　　　　　【答：×】

15-2　脚上又は 1 つの架台上に関する問題

「脚上又は 1 つの架台上」がキーです。そして、「何処で組み立てられるか」なんです。冷規第 57 条第 3 号を読んでください。

 　三　指定設備の冷媒設備は、事業所において脚上又は一つの架台上に組み立てられていること。

下線部分の事業所とは、冷規第 57 条第 1 項第 1 号に記されています。

 　一　指定設備は、当該設備の製造業者の事業所（以下この条において「事業所」という。）において、＜略＞

当該設備の製造業者の事業所とは、簡単に言えば「冷凍機製造メーカーさん」のことで

す。ようするに冷凍機を組み立てる工場です。意識して進んでください。よいですか！？

過去問題にチャレンジ！

・冷媒設備は、その設備の製造業者の事業所において脚上又は１つの架台上に組み立てられたものである。(平 19 問 15 製造設備 B 認定指定設備)

・「指定設備の冷媒設備は、その設備の製造業者の事業所において脚上又は一つの架台上に組み立てられていること」は、製造設備が認定指定設備である条件の一つである。

(平 24 問 20)

冷規第 57 条に、認定指定設備の技術上の基準が定められています。架台は第 3 号に書いてあります。

　▼法第 56 条の 7 第 2 項　◀ 技術上の基準に適合するなら認定…云々。
　▼冷規第 57 条第 3 号　◀ (脚上又は一つの架台上) 技術上の基準の 1 つ！　【答：どちらも○】

・認定指定設備である条件の一つには、冷媒設備は、使用場所である事業所に分割して搬入され、一つの架台上に組み立てられたものでなければならないことがある。(平 21 問 20)

はい、「×」です！　「脚上又は」が抜けているから！　…では、ありませんよ。

　▼法第 56 条の 7 第 2 項　◀ 技術上の基準に適合するなら認定…云々。
　▼冷規第 57 条第 3 号　◀ 指定設備の冷媒設備は、事業所において脚上又は一つの架台上に組み立てられていること。

ここで「事業所」とは、何処のことでしょうか。冷規第 57 条 1 項 1 号には

　「一　指定設備は、当該設備の製造業者の事業所（以下この条において「事業」という。）において、<略>」

と書かれています。はい、そうです。下線の「当該設備の製造業者の事業所」というのは、日立とか三菱とかのメーカーさんのことです。なので、「使用場所であるこの事業所」ではなくて、「その設備の製造業者の事業所」ならば「○」になります。　【答：×】

・「指定設備の冷媒設備は、使用場所である事業所に分割して搬入され、一つの架台上に組み立てられていること。」は、製造設備が認定指定設備である条件の一つである。

(平 25 問 20)

これも「×」です。つまり、使用場所である事業所内で組み立てるのではなくて、製造業者の事業所（冷凍機メーカー）で組み立てたものを運んできて設置しなければならないのです。
　▼法第 56 条の 7 第 2 項　◀ 技術上の基準に適合するなら認定しなさい…云々。
　▼冷規第 57 条第 3 号　◀ …脚上又は一つの架台上に…。　【答：×】

・認定指定設備である条件の一つに、「冷媒設備は、その設備の製造業者の事業所において試運転を行い、使用場所に分割されずに搬入されるものであること。」がある。

(平 30 問 20)

これは「使用場所に分割されずに搬入」で決まりですね。　　　　　　　　【答：○】

　　　認定指定設備の冷凍機は分割されないので、けっこう大きな搬入口が必要です。著者が見たのは、重量物専門運搬業者が搬入にきましたが、もともと大きな搬入口でしたが曲がりきれないので、大きな扉を外し壁を壊してから搬入しなければなりませんでした。当然、元通りに復帰します。古い建物だと余計な費用がかかりますね。

15-3　搬入　　▼冷規第 57 条第 5 号

　15-2 で「認定指定設備の冷媒設備は、その設備の製造業者の事業所において脚上又は一つの架台上に組み立てられたものである」と学びました。ここでは「使用場所」に搬入する場合は、当然そのまま搬入しますよね！？　という問題をまとめてあります。

法令
　　五　指定設備の冷媒設備は、事業所において試運転を行い、使用場所に分割されずに搬入されるものであること。

過去問題にチャレンジ！

・認定指定設備として認定を受けるときの条件の一つに、「冷媒設備は、その設備の製造業者の事業所において試運転を行い、使用場所に分割されずに搬入されたものであること」がある。(平 22 問 20、平 23 問 20)

　うん、よい問題だ。冷規第 57 条第 5 号そのものをズバリ問うていますね。
　　▼法第 56 条の 7 第 2 項　🔙 技術上の基準に適合するなら認定…云々。
　　▼冷規第 57 条第 5 号　🔙 <略>使用場所に分割されずに搬入されるものであること。　【答：○】

・「指定設備の冷媒設備は、その設備の製造業者の事業所において試運転を行い、使用場所に分割されずに搬入されるものであること」は、製造設備が認定指定設備である条件の一つである。(平 24 問 20)

　平 22 問 20 の変形版です。前や後ろを切ったり貼り付けたりした問題文ですね。【答：○】

・冷媒設備は、その指定設備の製造業者の事業所において試運転を行い、使用場所に分割されずに搬入されるものでなければならない。(平 27 問 20、平 29 問 20)

　うむ。　　　　　　　　　　　　　　　　　　　　　　　　　　　　　【答：○】

15-4　止め弁　　▼冷規第 57 条第 12 号

　認定指定設備の「止め弁」は、手動でもよいかどうかという問題です。簡単ですが、油断なさらぬように。ちなみに 3 冷の出題は少ないですよ。

法令　十二　冷凍のための指定設備の日常の運転操作に必要となる冷媒ガスの止め弁には、手動式のものを使用しないこと。

過去問題にチャレンジ！

・製造設備 B が認定を受ける際の技術上の基準について、日常の運転操作に必要な冷媒ガスの止め弁には、手動式のものを使用してはならない。(平 18 問 20)

・この設備が認定指定設備である条件の一つには、「日常の運転操作に必要となる冷媒ガスの止め弁には、手動式のものを使用しないこと」がある。(平 23 問 20 認定指定設備)

・「指定設備の日常の運転操作に必要となる冷媒ガスの止め弁には、手動式のものを使用しないこと。」は、製造設備が認定指定設備である条件の一つである。(平 25 問 20)

　特に難しい問題ではありませんね。忘れた頃に出題されるという感じです。
　　▼法第 56 条の 7 第 2 項　⬅ 技術上の基準に適合するなら認定…云々。
　　▼冷規第 57 条第 12 号　⬅ <略>止め弁には、手動式のものを使用しないこと。【答：すべて○】

・認定指定設備の日常の運転操作に必要となる冷媒ガスの止め弁には、手動式のものを使用しなければならない。(令 2 問 20)

　最後までよく読みましょう。3 冷では珍しい「×」問題でした。　　　　　　【答：×】

15-5　自動制御装置　▼冷規第 57 条第 13 号

　認定指定設備には、自動制御装置があるかないか、を問う素直な問題が多いです。

 法令　十三　冷凍のための指定設備には、自動制御装置を設けること。

過去問題にチャレンジ！

・製造設備 B が認定を受ける際の技術上の基準について、自動制御装置が設けられていなければならない。(平 18 問 20)

・製造設備には、自動制御装置が設けられている。(平 19 問 15 製造設備 B 認定指定設備)

・認定指定設備である条件の一つには、自動制御装置が設けられていなければならないことがある。（平21 問20）

　直球問題。認定指定設備には、自動制御装置が設けられていなければなりません。

　　▼法第56条の7 第2項　◄ 省、協会、指定機関は、当該指定設備が経済産業省令で定める技術上の基準に適合するときは、認定を行う。

　　▼冷規第57条第13号　◄ 十三　冷凍のための指定設備には、自動制御装置を設けること。

【答：すべて○】

難易度：★★★★

16　冷凍保安責任者

　冷凍保安責任者関連の問題は、「選任」、「届け出」、「職務」を問われます。独特な法文の言い回しの出題数が多く、内容も多岐にわたります。代理者も同様です。よって、★は4つ。頑張って覚えてください。

● 冷媒ガスの種類と1日の冷凍能力による製造者と冷凍保安責任者の区分 ●

16-1　選任

（1）基本問題

　この選任問題は、けっこう引っ掛かるかも知れないので注意してください。日本語の使い回しの素晴らしい問題文を充分にお楽しみください。

過去問題にチャレンジ！

・冷凍のため高圧ガスの製造をするすべての第二種製造者は、冷凍保安責任者を選任しなく
てもよい。(平17問2 [参考：2種 平17問2])

・すべての第二種製造者は、その事業所に冷凍保安責任者を選任しなくてもよい。
(平19問9、平21問8、平23問9 [参考：2種平21問3])

冷規第36条第3項に、第二種製造者の冷凍保安責任者の選任が必要のない区分が記されて
います。「冷媒ガスの種類と1日の冷凍能力による製造者と冷凍保安責任者の区分」の図を
みながら読むと理解しやすいでしょう。
　▼法第27条の4第1項第2号　⬅第二種製造者は冷凍保安責任者を選任しなさい。
　▼冷規第36条第3項第1号　⬅冷凍保安責任者を選任する必要のない第二種製造者が書かれて
　　いる。でも、「<略>（フルオロカーボン（不活性のものに限る。）にあつては、二十トン以上。
　　アンモニア又はフルオロカーボン（不活性のものを除く。）にあつては、五トン以上二十トン
　　未満。）<略>」は選任しなさい。　　　　　　　　　　　　　　　【答：どちらも×】

Memo　法改正により、冷規第36条第3項1号の下記の部分が変更になっています。他は、
冷規第2条第1項第3号と一般則第2条第4号のみです（令和3年1月「e-Gov法令
検索」より）。
　・フルオロカーボン（不活性のものに限る。）→　二酸化炭素又はフルオロカーボン
　　（可燃性ガスを除く。）
　・フルオロカーボン（不活性のものを除く。）→　フルオロカーボン（可燃性ガス
　　に限る。）

・第二種製造者のうち、特に定められた者は、冷凍保安責任者及びその代理者を選任しなけ
ればならない。(平20問5)

今度は「○」ですよ。挫折せず頑張りましょう。ま、気を静めて考えてみれば素直な問題か
も…。「特に定められた者」とあるので選任しなければなりません。
　▼法第27条の4第1項第2号　⬅第二種製造者は冷凍保安責任者を選任しなさい。
　▼法第33条第1項　⬅第二種製造者は冷凍保安責任者の代理者も選任しなさい。
　▼冷規第36条第3項　⬅設問の「特に定められた者」とは、ここに定められている保安責任者
　　の必要がない区分以外の第二種製造者のことであろう。　　　　　【答：○】

・第二種製造者のうちには、冷凍保安責任者を選任しなければならない者がある。(平24問8)

・第二種製造者であっても、冷凍保安責任者及びその代理者を選任する必要のない場合があ
る。(平30問8)

「選任しなければならない者がある」と「選任する必要のない場合がある」は、平20問5
の「特に定められた者」と同じ意味でしょう。代理者も同じです。　　【答：どちらも○】

・第二種製造者のうちには、冷凍保安責任者及びその代理者を選任する必要がない者があ
る。(平27問8)

今度は「選任する必要がない者がある」です。これも「○」です。

　▼法第 27 条の 4 第 1 項第 2 号　⬅ 第二種製造者は保安責任者を選任しなさい。でも必要のない
　ものもあるよ。

　▼冷規第 36 条第 3 項　⬅ 必要のないものが掲げられている。　　　　　　　　　　【答：○】

（2）設備変更時の選任

　設備の変更した時に保安責任者の選任はどうするか問われる問題です。「責任者の選任」
の問題が解ければ、大丈夫と思います。ここも、冷規第 36 条が基本です。

過去問題にチャレンジ！

・製造設備Ａを冷凍保安責任者の選任が不要の製造設備に取り替えた場合は、この事業所に
は冷凍保安責任者を選任しなくてもよい。(平 18 問 16 この事業者)

　設問の場合、Ｂが認定指定設備なので、Ａが認定指定設備になると全部認定指定設備の事業
所になります。

　▼法第 27 条の 4 第 1 項　⬅ 保安責任者を選任しなさい。

　▼法第 33 条第 1 項　⬅ 代理者について。

　▼冷規第 36 条第 1 項　⬅ 選任することの詳細（認定指定設備は、冷凍保安責任者の選任条件か
ら除かれている）。　　　　　　　　　　　　　　　　　　　　　　　　　　　　　　【答：○】

・製造設備Ａを冷凍保安責任者の選任が不要の製造設備に取り替えた場合、この事業所には
冷凍保安責任者を選任しなくてもよい。(平 19 問 20 この事業者)

　この事業者の製造設備Ｂは認定指定設備なので、この事業者には冷凍保安責任者は不要です。
　　　　　　　　　　　　　　　　　　　　　　　　　　　　　　　　　　　　　　　【答：○】

16-2　職務

過去問題にチャレンジ！

・冷凍保安責任者の職務は、高圧ガスの製造に係る保安に関する業務を管理することであ
る。(平 18 問 17 この事業者)

　サービス問題ですね。条文を一度読んでおけば大丈夫でしょう。▼法第 32 条第 6 項　⬅ 冷
凍保安責任者は、高圧ガスの製造に係る保安に関する業務を管理する。　　　　　　【答：○】

・第三種冷凍機械責任者免状の交付を受けている冷凍保安責任者が職務を行うことができる
範囲は、1 日の冷凍能力が 100 トン未満の製造施設における製造に係る保安についてであ
る。(平 27 問 9 [参考：2 種　平 21 問 10])

　第三種免状は 100 トン未満、第二種免状は 300 トン未満、第一種免状は上限なしです。

　▼法第 29 条第 2 項　⬅ 保安の職務は免状の種類に応じ省令で定める。

　▼冷規第 38 条表　⬅ この問題の場合は「第三種冷凍 ...」の欄を見る（付録 2　よくでる法令文の
冷規第 38 条の表を参照）。　　　　　　　　　　　　　　　　　　　　　　　　　　【答：○】

16-3　選任（トン！）

（1）基本問題

過去問題にチャレンジ！

・1日の冷凍能力が90トンである製造設備（認定指定設備でないもの）の事業所に冷凍保安責任者を選任するとき、その選任される者が交付を受けている製造保安責任者免状の種類は、第三種冷凍機械責任者免状でもよい。
（平22問9　第一種製造者［冷凍保安責任者を選任しなければならない者］について）

・1日の冷凍能力が80トンの製造施設に冷凍保安責任者を選任するとき、その選任される者が交付を受けている製造保安責任者免状の種類は、第三種冷凍機械責任者免状でよい。
（平30問9　第一種製造者［冷凍保安責任者を選任しなければならない者］について）

　勉強していればだけど、素直な問題でしょう。100トン未満なので第三種免状で可です。
　　▼法第27条の4第1項　🔙冷凍保安責任者を選任しなさい。
　　▼冷規第36条第1項表欄3　🔙表欄三をみる。　　　　　　　　　　【答：どちらも○】

（2）「経験を有する」とコラボ問題

過去問題にチャレンジ！

・1日の冷凍能力が90トンであるアンモニアを冷媒ガスとする製造施設の冷凍保安責任者には、第三種冷凍機械責任者免状の交付を受け、かつ、所定の経験を有する者を選任することができる。（平26問9　冷凍保安責任者を選任しなければならない事業所）

・1日の冷凍能力が90トンである製造施設の冷凍保安責任者には、第三種冷凍機械責任者免状の交付を受け、かつ、高圧ガスの製造に関する所定の経験を有する者を選任することができる。（平28問9　冷凍保安責任者を選任しなければならない事業所）

　100トン未満であればアンモニア設備でもフルオロカーボン設備でも同じです。
　　▼法第27条の4第1項第1号　🔙第一種製造者は保安責任者を選任しなさい。
　　▼冷規第36条第1項表　🔙100トン未満なので、表では「百トン未満のもの」の行でよい。なので、第三種免状で、かつ、所定の経験有りの者。　　　　　　【答：どちらも○】

（3）「経験年数」とコラボ問題

過去問題にチャレンジ！

・第三種冷凍機械責任者免状の交付を受け、かつ、1日の冷凍能力が3トン以上の製造施設による高圧ガスの製造に関して1年以上の経験を有するものを冷凍保安責任者に選任した。（平14問14　この事業者）

　はい、100トン未満、3トン以上、1年でOK！　▼冷規第36条第1項表欄三　【答：○】

・この事業所の冷凍保安責任者には、所定の免状の交付を受け、かつ、所定の高圧ガスの製造に関する経験を有する者のうちから選任しなければならないが、その経験とは、1日の冷凍能力が3トン以上の製造施設を使用して行う高圧ガスの製造に関する1年以上の経験である。（平25問12 1日の冷凍能力が90トンの製造施設［認定指定設備でないもの］）

　　な、長い、けど素直な問題！？　90トンですから、3トン以上1年以上でよいですね。冷規第36条第1項表欄三を、そのまま問題にした感じですね。　　　　　　　　　【答：○】

16-4　代理者の選任

　冷凍保安責任者の代理者の問題は、意外に？　多いのです。そんなにむずかしい問題ではないので必ずゲットしてください。選任については、なんとなく常識的な感じなので過去問を一度？　一通りすればゲットできるでしょう。

（1）選任

過去問題にチャレンジ！

・冷凍保安責任者が旅行、疾病その他の事故によってその職務を行うことができないときは、直ちに、高圧ガスに関する知識を有する者のうちから代理者を選任し、都道府県知事に届け出なければならない。（平26問9 冷凍保安責任者を選任しなければならない事業所）

　　「直ちに」ではなく「あらかじめ」です。「高圧ガスに関する知識を有する者」では、ダメでしょう。免状交付と経験ですね。保安責任者と同等です。
　　　▼法第33条第1項　◀＜略＞あらかじめ、保安統括者、保安技術管理者、保安係員、保安主任者若しくは保安企画推進員又は冷凍保安責任者（以下「保安統括者等」と総称する。）の代理者を選任し、＜略＞。
　　　▼冷規第39条第1項　◀保安責任者の経験について。
　　　▼冷規第36条第1項表　◀製造施設の区分による免状と経験。　　　　　　　　【答：×】

・この事業所の冷凍保安責任者には、所定の製造保安責任者免状の交付を受けている者であって、かつ、所定の経験を有するものを選任しなければならないが、その代理者には、所定の製造保安責任者免状の交付を受けているものであれば所定の経験は有しないものを選任することができる。（平15問17 この事業所［参考：2種 平15問17 この事業所］）

　　代理者も経験が必要です。　　　　　　　　　　　　　　　　　　　　　　　【答：×】

・冷凍保安責任者の代理者に、製造保安責任者免状の交付を受けていないが、高圧ガスの製造に関する1年以上の経験を有する者を選任した。（平17問19 この事業者）

　　いくらなんでも免状がなければダメですよね！！　　　　　　　　　　　　　【答：×】

・この事業者は、第三種冷凍機械責任者免状の交付を受けている者であって所定の経験を有しない者を冷凍保安責任者の代理者に選任し、選任後冷凍保安責任者の指導のもとで所定の経験をさせることとした。（平14問16 この事業者）

　　ププッ。こんなことは、許されないですよね。　　　　　　　　　　　　　　【答：×】

・この事業所の冷凍保安責任者の代理者には、第三種冷凍機械責任者免状の交付を受け、かつ、所定の高圧ガスの製造に関する経験を有する者を選任することができる。

（平25問12 1日の冷凍能力が90トンの製造施設［認定指定設備でないもの］）

　保安責任者と同等ですね。　　　　　　　　　　　　　　　　　　　　　　【答：○】

・冷凍保安責任者に第一種冷凍機械責任者免状の交付を受けている者を選任した場合は、冷凍保安責任者の代理者を選任する必要はない。（平28問9、平30問9）

　代理者は選任しなければならない。最強の第一種免状でもダメですね。　　　　【答：×】

（2）選任の届け出　　▼法第27条の2第5項

　代理者選任の届け出が必要か、不要か、を問われます。忘れた頃に出題される感じですよ。

5　第一項第一号又は第二号に掲げる者は、同項の規定により保安統括者を選任したときは、遅滞なく、経済産業省令で定めるところにより、その旨を都道府県知事に届け出なければならない。これを解任したときも、同様とする。

過去問題にチャレンジ！

・この事業所には、あらかじめ、冷凍保安責任者の代理者を選任しなければならないが、都道府県知事にその旨を届け出なくてもよい。（平18問17 この事業者）

　届け出ねばなりません。
　　　▼法第33条第1項、第3項　◀代理者について。選任又は解任は、法第27条の2第5項を準用してください。
　　　▼法第27条の2第5項　◀選任も解任も遅滞など都道府県知事に届け出なさい。　【答：×】

・冷凍保安責任者及びその代理者を選任したときは、その冷凍保安責任者については、遅滞なく、その旨を都道府県知事に届け出なければならないが、その代理者については届け出る必要はない。（平23問1）

　素直な「×」問題ですね。　　　　　　　　　　　　　　　　　　　　　　【答：×】

（3）解任

　ここでは、代理者解任の届け出が必要か、不要か、を問われます。解任関係の出題数は多く、毎年出題される感じです。

過去問題にチャレンジ！

・選任している冷凍保安責任者及びその代理者を解任し、新たにこれらの者を選任したとき

は、遅滞なく新たに選任した者についてその旨を都道府県知事に届け出なければならない
が、解任したこれらの者についてはその旨を都道府県知事に届ける必要はない。

（平 20 問 14 この事業者）

・選任していた冷凍保安責任者の代理者を解任し、新たに冷凍保安責任者の代理者を選任し
たときは、その新たに選任した代理者についてのみ、遅滞なく、都道府県知事に届け出れ
ばよい。（平 21 問 11 冷凍のため高圧ガスを製造する第一種製造者）

選任と解任とも届け出は必要です。大切なことですからしっかりを覚えましょう。

　▼法第 27 条の 4 第 1 項　◀ 保安責任者の選任について。
　▼法第 27 条の 4 第 2 項　◀ 保安責任者の代理者選任解任について。
　▼法第 33 条第 1 項、第 3 項　◀ 代理者の選任と解任について。法第 27 条の 2 第 5 項を準用し
　　なさい。
　▼法第 27 条の 2 第 5 項　◀ 選任と解任の届け出について。　　　　　　【答：どちらも×】

・選任していた冷凍保安責任者及びその代理者を解任し、新たにこれらの者を選任したとき
は、遅滞なく、その解任及び選任の旨を都道府県知事に届け出なければならない。
　（平 25 問 12 90 トンの製造施設［認定指定設備でないもの］［参考：2 種　平 27 問 12 この事業所］）

今度は「○」です。　　　　　　　　　　　　　　　　　　　　　　　　【答：○】

・選任している冷凍保安責任者を解任し、新たな者を選任したときは、遅滞なく、その旨を
都道府県知事に届け出なければならないが、冷凍保安責任者の代理者を解任及び選任した
ときには届け出る必要はない。（平 28 問 9）

代理者の解任及び選任も届け出が必要です。　　　　　　　　　　　　　【答：×】

（4）代理者の職務

　冷凍保安責任者の代理者の問題は、意外に？　　多いです。代理者ですから、いざという
時の責任が重いのです。

過去問題にチャレンジ！

・冷凍保安責任者が病気のため、その冷凍保安責任者に定期自主検査の実施について監督さ
せることができなかったので、あらかじめ選任したその代理者にこれを監督させた。

（平 18 問 17 この事業者）

・冷凍保安責任者の代理者は、冷凍保安責任者の職務を代行する場合は、高圧ガス保安法の
規定の適用については、冷凍保安責任者とみなされる。

（平 24 問 12 ［参考：2 種 平 26 問 12 この事業所］）

・冷凍保安責任者が旅行、疾病などのためその職務を行うことができない場合、あらかじめ
選任した冷凍保安責任者の代理者にその職務を代行させなければならない。（平 29 問 9）

読めば常識的な範囲で解ける問題でしょう。

　▼法第 32 条第 6 項　◀ ＜略＞保安に関する業務を管理する。

▼法第33条第1項、第2項　◀選任された代理者は保安統括者等とみなす。　【答：すべて○】

難易度：★★

⑰　危害予防規程

　危害予防規程に関する問題は、法第26条と、冷規第35条を把握しておけば大丈夫だと思います。★は2つです。特に、冷規第35条は危害予防規程に定める事項が一から十一まであります。条文を一通り読んで過去問をガンガン解けば楽にゲットできることでしょう。この問題は、ぜひとも逃さないようしましょう。

17-1　届け出（危害予防規程を定めた時）

過去問題にチャレンジ！

・危害予防規程を定めたときは、都道府県知事に届け出なければならない。
（平27 問12 第一種製造者）

　はい。なんと、単刀直入な問いですね。
　　　▼法第26条第1項　◀第一種製造者は危害予防規程を…云々、都道府県知事に届け出なければ
　　　ならない。…云々。　【答：○】

・危害予防規程を定め、災害の発生防止に努めなければならないが、その規程を都道府県知事等に届け出る必要はない。（令1 問12）

　素直な「×」問題です。▼法第26条第1項（届け出）、第4項（災害防止）　【答：×】

17-2　届け出（危害予防規程を変更した時）

　危害予防規程を変更したときは、どうするかです。法第26条第1項を読んでください。出題数は多いですが、難問はありません。下線の部分に尽きますね。この問題がわりと多いですよ。

第二十六条　第一種製造者は、経済産業省令で定める事項について記載した危害予防規程を定め、経済産業省令で定めるところにより、<u>都道府県知事に届け出なければならない。これを変更したときも、同様とする。</u>

過去問題にチャレンジ！

> ・危害予防規程を変更したときは、変更の明細を記載した書面を添えて、事業所の所在地を管轄する都道府県知事に届け出なければならない。
>
> （平26問12 第一種製造者、平28問12 第一種製造者）

うむ。素直な問題でしょう。

　▼法第26条第1項　◀…に届け出なさい。変更しても同様だヨ。
　▼冷規第35条第1項　◀＜略＞変更の明細を記載した書面を添えて、＜略＞。　　　【答：○】

> ・危害予防規程を定め、これを都道府県知事に届け出なければならないが、その危害予防規程を変更したときは、その旨を都道府県知事に届け出る必要はない。
>
> （平25問13 第一種製造者）

ハイ！　誤りですよ。　　　　　　　　　　　　　　　　　　　　　　　　　【答：×】

17-3　危害予防規程を守るべき者　▼法第26条第3項

　危害予防規程を守るべき者は誰？　という問題です。下線の部分に尽きますね。過去問を一通りこなせば、楽勝ですよ。

 3　<u>第一種製造者及びその従業者は</u>、危害予防規程を守らなければならない。

過去問題にチャレンジ！

> ・危害予防規程は、その規定を定めた事業者のみならずその従業者も遵守しなければならない。（平15問9 この事業者 [参考：2種 平15問9 この事業者]）

これは「○」です。第一種製造者 ＝ その規定を定めた事業者ですね。
　▼法第26条第3項　◀第一種製造者及びその従業者は、危害予防規程を守らなければならない。
　　　　　　　　　　　　　　　　　　　　　　　　　　　　　　　　　　　【答：○】

> ・危害予防規程を守るべき者は、その事業所の従業者に限られる。（平21問13 第一種製造者）

今度は「×」です。これを逃したら、完全涙目ですよ。▼法第26条第3項　◀第一種製造者及びその従業者は、危害予防規程を守らなければならない。　　　　　　　　　　　　　　　　　【答：×】

> ・危害予防規程を守るべき者は、危害予防規程を定めた第一種製造者及びその従業者である。（平23問12（第一種製造者））

これは、直球の「○」ですね。▼法第26条第3項　　　　　　　　　　　　　【答：○】

・危害予防規程については、都道府県知事が災害の発生の防止のための必要があると認めた場合、都道府県知事からその規定の変更を命ぜられることがある。（平14問12 この事業者）

この問題は普通に「○」ですね。▼法第26条第2項　　　　　　　　　　　　　　　【答：○】

17-4　冷規第35条第2項第1～12号に関する問題

（1）冷規第35条第2項第1～5号

2　法第二十六条第一項 の経済産業省令で定める事項は、次の各号に掲げる事項の細目とする。
一　法第八条第一号 の経済産業省令で定める技術上の基準及び同条第二号 の経済産業省令で定める技術上の基準に関すること。
二　保安管理体制及び冷凍保安責任者の行うべき職務の範囲に関すること。
三　製造設備の安全な運転及び操作に関すること（第一号に掲げるものを除く。）。
四　製造施設の保安に係る巡視及び点検に関すること（第一号に掲げるものを除く。）。
五　製造施設の増設に係る工事及び修理作業の管理に関すること（第一号に掲げるものを除く。）。

　冷規第35条第2項第3号（運転及び操作）と第4号（巡視及び点検）は、過去、出題されていないようです。

過去問題にチャレンジ！

・危害予防規程に定めるべき事項の一つに、製造の方法に関する技術上の基準に関することがある。（平17問18 この事業者）

▼冷規第35条第2項第1号　　　　　　　　　　　　　　　　　　　　　　　　　【答：○】

・危害予防規程に定めるべき事項の一つに、保安管理体制及び冷凍保安責任者の行うべき職務の範囲に関することがある。
（平22問11 第一種製造者、平25問13 第一種製造者［参考：2種 平19問15 この事業者]）

▼冷規第35条第2項第2号　　　　　　　　　　　　　　　　　　　　　　　　　【答：○】

・保安管理体制及び冷凍保安責任者の行うべき職務の範囲に関することは、危害予防規程に定めるべき事項の一つである。（平27問12 第一種製造者）

ちょと、言い回しが違うだけです。▼冷規第35条第2項第2号　　　　　　　　　【答：○】

・危害予防規程に定めるべき事項の一つに、製造施設の増設に係る工事及び修理作業の管理に関することがある。（平17問18 この事業者）

▼冷規第35条第2項第5号　　　　　　　　　　　　　　　　　　　　　　　　　【答：○】

（2）冷規第 35 条第 2 項第 6 ～ 8 号

 ▼冷規第 35 条第 2 項（第 6 ～ 8 号）

六　製造施設が危険な状態となつたときの措置及びその訓練方法に関すること。
七　大規模な地震に係る防災及び減災対策に関すること。
八　協力会社の作業の管理に関すること。

注）法改正により、七号の内容が新規（地震のこと）に変更になりました。よって、八号が九号になり順次繰り上げられ、十一号までが十二号までに変更されました。ここでは、改正後の号数を使用しています。

過去問題にチャレンジ！

・製造施設が危険な状態となったときの措置及びその訓練方法に関することは、危害予防規程に定めるべき事項の一つである。

（平 20 問 13、平 28 問 12 第一種製造者、平 30 問 12 第一種製造者）

その通りですね。▼冷規第 35 条第 2 項第 6 号　　【答：○】

・この事業所の協力会社が行う作業の管理に関することについては、その協力会社の責任に属する事項であるので、危害予防規程に定める必要はない。（平 14 問 12 この事業者）

レアな誤り問題です。▼冷規第 35 条第 2 項第 8 号　　【答：×】

・協力会社の作業の管理に関することは、危害予防規程に定めるべき事項の一つである。

（平 29 問 12 第一種製造者）

協力会社の作業管理も定められます。▼冷規第 35 条第 2 項第 8 号　　【答：○】

（3）冷規第 35 条第 2 項第 9 ～ 12 号

 ▼冷規第 35 条第 2 項（第 9 ～ 12 号）

九　従業者に対する当該危害予防規程の周知方法及び当該危害予防規程に違反した者に対する措置に関すること。
十　保安に係る記録に関すること。
十一　危害予防規程の作成及び変更の手続に関すること。
十二　前各号に掲げるもののほか災害の発生の防止のために必要な事項に関すること。

注）法改正により、八号が九号になり順次繰り上げられ、十二号までに変更されました。ここでは、改正後の号数を使用しています。

過去問題にチャレンジ！

・従業者に対する危害予防規程の周知方法及びその危害予防規程に違反した者に対する措置に関することは、危害予防規程に定めるべき事項ではない。（平26問12、平30問12）

従業者に対しても危害予防規程の周知方法と違反措置を定めなければなりませぬ。▼冷規第35条第2項第9号 　　　　　　　　　　　　　　　　　　　　　　　　　　　　【答：×】

・従業者に対する危害予防規程の周知方法及び危害予防規程に違反した者に対する措置に関することは、危害予防規程に定めるべき事項の一つである。（平27問12 第一種製造者）

今度は「○」です。▼冷規第35条第2項第8号 　　　　　　　　　　　　　　　【答：○】

・危害予防規程に定めるべき事項について、保安に関する記録に関することがある。
　　　　　　　　　　（平15問16 この事業者［参考：2種 平15問16 この事業者］）

・保安に係る記録に関することは、危害予防規程に定めるべき事項の一つである。
　　　　　　　　　（平20問13 この事業者、平26問12 第一種製造者、平28問12 第一種製造者）

保安に関する記録は大事です。▼冷規第35条第2項第10号 　　　　　　　【答：どちらも○】

・危害予防規程には、製造設備の安全な運転及び操作に関することや従業者に対する危害予防規程の周知方法に関することを定めなければならないが、危害予防規程の変更の手続きに関することを定める必要がない。（平21問13 第一種製造者）

・危害予防規程には、製造設備の安全な運転及び操作に関することを定めなければならないが、危害予防規程の変更の手続に関することは定める必要がない。
　　　　　　　　　　　　　　　（平24問13 第一種製造者、令2問12 第一種製造者）

「×」です。問題をよく読むようにしましょう。▼冷規第35条第2項第11号
　　　　　　　　　　　　　　　　　　　　　　　　　　　　【答：どちらも×】

難易度：★

⑱　保安教育

　保安教育は難しくありません。でも、油断なさらぬように。法第27条第1項、第3項が基本です。届け出に関する問題は、危害予防規程の届け出と混同しないように気をつけてください！　★は1つです。

（保安教育）

第二十七条　第一種製造者は、その従業者に対する保安教育計画を定めなければならない。

2　都道府県知事は、公共の安全の維持又は災害の発生の防止上十分でないと認めるときは、前項の保安教育計画の変更を命ずることができる。

3　第一種製造者は、保安教育計画を忠実に実行しなければならない。

第1章　法令

⑱　保安教育

18-1　定め、届け出

過去問題にチャレンジ！

・所定の事項について記述した危害予防規程を定め、これを都道府県知事に届け出れば、従業者に対する保安教育計画は定める必要はない。（平20問14 この事業者）

　　保安教育計画は危害予防規程とは別に作らなければ（定めなければ）なりません。
　　▼法第26条第1項　◀危害予防規程を作り届け出なさい。
　　▼法第27条第1項、第3項　◀保安教育計画を作り、忠実に実行しなさい。　　【答：×】

・従業者に対する保安教育計画を定め、これを都道府県知事に届け出なければならない。
（平27問13 第一種製造者［参考：2種 平22問9 この事業者、平24問9 この事業者、平26問9 この事業者］）

　　なんと単刀直入な問題ですね。保安教育計画は、届け出る定めはありません！　▼法第27条
第1項、第3項　　【答：×】

・その従業者に対して年2回の保安教育を施せば、従業者に対する保安教育計画を定めなくてよい。（平28問13 第一種製造者）

　　「年2回の保安教育」とか、初めて登場しました。法第27条には、どこにも記されていません。　　【答：×】

・その従業者に対する保安教育計画を定め、これを忠実に実行しなければならないが、その計画を都道府県知事等に届け出る必要はない。（平30問13 第一種製造者）

　　今度は「○」です。　　【答：○】

18-2　教育計画と実行　▼法第27条第1項

　計画と実行の問題は嫌らしい問題がありますが、ま、慣れれば大丈夫でしょう。条文の下線がポイントです。なんとか引っ掛けようとしますが、あなたは大丈夫でしょう！

　二十七条　第一種製造者は、その従業者に対する保安教育計画を定めなければならない。

過去問題にチャレンジ！

・従業者に対する保安教育計画を定めなければならないが、その保安教育計画は、冷凍保安責任者及びその代理者以外の従業者に対するものとしなければならない。

(平 25 問 9　第一種製造者)

保安責任者や代理者も従業者に含まれていますよ。と、いうことでしょう。いやらしい問題ですね…。頑張りましょう。▼法第 27 条第 1 項　　　　　　　　　【答：×】

・高圧ガス保安協会が作成し公表した基準となるべき事項を参考にして従業者に対する保安教育計画を定め、これを忠実に実行している。(平 17 問 11　この事業者)

協会に見本があるんですって。▼法第 27 条第 1 項、第 3 項、第 6 項　　　　【答：○】

・その従業者に保安教育を施さなければならないが、その保安教育計画を定める必要はない。(平 21 問 11　第一種製造者)

・従業者に対して随時保安教育を施せば、保安教育計画を定める必要はない。

(平 22 問 10　第一種製造者)

一瞬、迷いますが、それはないですね。▼法第 27 条第 1 項、第 3 項　　【答：どちらも×】

難易度：★

⑲　危険な状態

　危険な状態に関する基本条文をみつつ、一通り過去問を解けば簡単でしょう。★は 1 つです。下線部分がポイントになります。

▼法第 36 条第 1 項、第 2 項

（危険時の措置及び届け出）

第三十六条　…＜略＞…直ちに、経済産業省令で定める災害の発生の防止のための応急の措置を講じなければならない。

2　前項の事態を発見した者は、直ちに、その旨を都道府県知事又は警察官、消防吏員若しくは消防団員若しくは海上保安官に届け出なければならない。

▼冷規第45条第1項第1号、第2号

（危険時の措置）

第四十五条　法第三十六条第一項の経済産業省令で定める災害の発生の防止のための応急の措置は、次の各号に掲げるものとする。

一　製造施設が危険な状態になつたときは、<u>直ちに</u>、応急の措置を行うとともに製造の作業を中止し、冷媒設備内のガスを安全な場所に移し、又は大気中に安全に放出し、この作業に特に必要な作業員のほかは退避させること。

二　前号に掲げる措置を講ずることができないときは、従業者又は必要に応じ<u>付近の住民に退避するよう警告</u>すること。

19-1　措置

高圧ガス製造施設が危険な状態になったときに関する条文は法第36条第1項です。

過去問題にチャレンジ！

・高圧ガスの製造施設が危険な状態となったときは、その施設の所有者または占有者は、直ちに、災害の発生の防止のための応急の措置を講じなければならない。

（平14問6［参考：2種 平14問6］）

その通りです！　▼法第36条第1項　　　　　　　　　　　　　　**【答：○】**

・高圧ガスを取り扱う施設が危険な状態になったとき、その施設の所有者又は占有者が直ちに応急の措置を講じなければならないのは、第一種製造者の製造施設に限られる。

（平19問8）

ンな、こたぁないだろう。
　▼法第36条第1項　◀製造施設の種類の除外等は全く書かれていない。　　**【答：×】**

・「製造施設が危険な状態となったときは、直ちに、応急の措置を行うとともに製造の作業を中止し、冷媒設備内のガスを安全な場所に移し、又は大気中に安全に放出し、この作業に特に必要な作業員のほかは退避させること」の定めは、第二種製造者には適用されない。

（平23問9）

長文に惑わされないように気をつけてください。第二種製造者にも適用です。▼法第36条第1項　　　　　　　　　　　　　　　　　　　　　　　　　**【答：×】**

19-2　従業者や住民への対応（警告）

関連条文は冷規第45条第1項第1号、第2号です。常識的な問題文なので、困惑することはないでしょう。一通りすれば大丈夫ですが、問題は急がずよく読みましょう。

過去問題にチャレンジ！

> ・製造施設が危険な状態になったとき、その施設の所有者である第一種製造者は、製造の作業を中止したが、直ちに、応急の措置を講ずることができなかったので、従業者に退避するよう警告した。(平 19 問 8)

　　▼法第 36 条第 1 項　◀ 危険な状態になったときどうする。
　　▼冷規第 45 条第 1 号　◀ 作業中止、ガス移し、放出、他の作業員退避。
　　▼冷規第 45 条第 2 号　◀ 応急の措置出来ない時、従業員、住民へ。　　　　【答：〇】

> ・製造施設が危険な状態になったときは、直ちに、応急の措置を行うとともに製造の作業を中止し、冷媒設備内のガスを安全な場所に移し、又は大気中に安全に放出し、この作業に特に必要な作業員のほかは退避させることは、この事業所がとるべき危険時の措置一つである。(平 20 問 7　この事業所)

　　うむ。いいんじゃないかな。この手の問題は、引っ掛けはない気がします。
　　▼法第 36 条第 1 項　◀ 危険な状態になったときはこうしなさい。
　　▼冷規第 45 条　◀ 応急措置はこうしなさい。　　　　　　　　　　　　　【答：〇】

> ・その所有又は占有する製造施設が危険な状態となったときは、直ちに、応急の措置を行わなければならないが、その措置を講じることができないときは、従業者又は必要に応じ付近の住民に退避するよう警告しなければならない。(平 30 問 13　第一種製造者)

　　よい問題ですね。　　　　　　　　　　　　　　　　　　　　　　　　　　【答：〇】

19-3　措置と届け出　　▼法第 36 条第 2 項

　危険な状態になったときの届け出について問われます。誰に届け出するのか、ザッと覚えましょう。難しくないですが、問題文は最後までよく読みましょう。

過去問題にチャレンジ！

> ・高圧ガスの製造施設が危険な状態となったときは、直ちに、応急の措置を講じなければならない。また、この第一種製造者に限らずこの事態を発見した者は、直ちに、その旨を都道府県知事等又は警察官、消防吏員若しくは消防団員若しくは海上保安官に届け出なければならない。(令 2 問 13)

　　「この第一種製造者に限らずこの事態を発見した者」という問いかけは初めてです。法第 36 条第 2 項の「前項の事態を発見した者は、」を問うていると思われますが、もちろん「〇」です！　　　　　　　　　　　　　　　　　　　　　　　　　　　　　　　　【答：〇】

> ・この事業者は、高圧ガスの製造施設が危険な状態になっている事態を発見したとき、直ちに、応急の処置を講じなければならないが、その事態を都道府県知事又は警察官、消防吏員若しくは消防団員若しくは海上保安官に届け出る必要はない。(平 20 問 7　この事業所)

　　おっと、大丈夫でしたか。あわてずによく読みましょう。「応急の措置」と「届け出」は、

両方とも「直ちに」せねばならんのです。▼法第36条第1項　◀直ちに、応急措置をしなさい。▼法第36条第2項　◀直ちに、届け出なさい。　　　　　　　　　　　　【答：×】

20　「災害・喪失・盗難」の届け出

法第36条は「危険な状態」についてでしたが、法第63条は「災害・喪失・盗難」の届け出についてです。法第63条第1項と第1号、第2号を読んでおいてください。★は1つです。下線はポイントになります。

法令　第六十三条　第一種製造者、第二種製造者、<略>高圧ガス又は容器を取り扱う者は、次に掲げる場合は、遅滞なく、その旨を都道府県知事又は警察官に届け出なければならない。
　一　その所有し、又は占有する高圧ガスについて災害が発生したとき。
　二　その所有し、又は占有する高圧ガス又は容器を喪失し、又は盗まれたとき。

20-1　災害が発生した時の届け出

過去問題にチャレンジ！

・所有し、又は占有する高圧ガスの製造施設について災害が発生したときは、遅滞なく、その旨を都道府県知事又は警察官に届け出なければならない。（平29 問13 第一種製造者）

特に引っ掛けもないので、大丈夫でしょう。
▼法第63条第1項第1号　◀災害が発生したときは、届けなさい。　　　【答：○】

20-2　盗難・喪失の届け出

理不尽なことは突然きます。盗難や失くしたら気落ちせず、まずは届け出ましょう。ほとんどが「誤り」問題として出題されていますよ。

過去問題にチャレンジ！

・高圧ガスを充てんした容器の所有者は、その容器に充てんした高圧ガスについて災害が発生したときは、遅滞なく、その旨を都道府県知事又は警察官に届け出なければならないが、高圧ガスが充てんされていない容器を喪失したときは、その旨を都道府県知事又は警察官のいずれにも届け出なくてよい。（平23 問2）

盗難も災害と同様に届け出です。「充てんされていない容器」の盗難も同様に届け出しなければなりません。▼法第63条第1項　　　　　　　　　　　　　　　　　　　【答：×】

> ・その所有する高圧ガスについて災害が発生したときは、遅滞なく、その旨を都道府県知事等又は警察官に届け出なければならないが、占有する容器を盗まれたときは、その届出の必要はない。（平30問13）

そんなこたぁないですね。
　▼法第63条第1項第1号、第2号　◀災害の時と、無くした時、盗難にあった時も届けなさい。
　　　　　　　　　　　　　　　　　　　　　　　　　　　　　　　　　　　【答：×】

難易度：★

㉑　帳簿

　帳簿の問題はすぐゲットできると思います。関連条文は冷規第65条です。★は1つです。下線部分の「年月日」、「措置」、「記載の日から十年間」がポイントになります。実務でうっかり間違えそうな事柄で作られた問題がありますので注意してください。

> **法令**　第六十五条　法第六十条第一項 の規定により、第一種製造者は、事業所ごとに、製造施設に異常があつた<u>年月日</u>及びそれに対してとつた<u>措置</u>を記載した帳簿を備え、<u>記載の日から十年間</u>保存しなければならない。

過去問題にチャレンジ！

> ・製造施設に異常があった年月日及びそれに対してとった措置を記載した帳簿を事業所ごとに備え、記載の日から10年間保存しなければならない。（平28問13 第一種製造者）

基本の問題です。「事業所ごとに」のひと言は特になくても「正しい」とされています。
　▼法第60条第1項　◀帳簿を備え定められた事項を記載しなさい。
　▼冷規第65条　◀年月日、措置、事業所ごとに十年間保存しなさい。　　　　【答：○】

> ・製造施設に異常があった年月日及びそれに対してとった措置を記載した帳簿を備え、これを記載の日から次回の保安検査実施日まで保存しなければならない。
> 　　　　　　　　　　　（平18問13 この事業者［参考：2種平18問17 この事業者］）

おっと、少しひねった問題です。でも、軽くこなしていきましょう。はい、10年間保存です。▼法第60条第1項、冷規第65条　　　　　　　　　　　　　　　　　　　【答：×】

> ・平成7年11月9日に製造施設に異常があったので、その年月日及びそれに対してとった

措置を帳簿に記載し、これを保存していたが、その後異常がなかったので、平成12年11月9日にその帳簿を廃棄した。(平15問10 この事業者 [参考：2種 平15問10 この事業者])

おっとー、(指を使って) 計算させようとしています。えっと、平成8年、9年、10、11、12…。10年間を覚えていれば楽勝です。「異常がなかったから」というもの惑わされますかね…。ま、実務に近い問題だとしておきましょう。　　【答：×】

・製造施設に異常があった年月日及びそれに対してとった措置を記載した帳簿を事業所ごとに備え、これを記載の日から次回の保安検査の実施日まで保存しなければならないと定められている。(平29問13 第一種製造者 [参考：2種 平16問10 この事業者])

この、引っ掛け問題は「保安検査」と混同させようとしているようです。　　【答：×】

・第一種製造者は、その製造施設に異常があったのでその年月日及びそれに対してとった措置を帳簿に記載し、これを保存していたが、記載後2年経過してもその製造施設に異常がなかったので、その時点でその帳簿を廃棄した。(平23問3 第一種製造者)

特に、問題はないでしょう。　　【答：×】

難易度：★★

22　火気（火の用心）

　最近は災害や環境に対しては厳しい世の中になっているためなのか、この「火の用心」問題は毎年必ず出題される感じです。関連条文の法第37条を一度読んでおきましょう。うっかり間違える事がないように、★2つにします。第2項の「何人」もという言葉がカギになるかもしれません（ナンニンと読まないように…）。ナビビト（ナンピト）です。

　2　何人も、第一種製造者、第二種製造者、第一種貯蔵所若しくは第二種貯蔵所の所有者若しくは占有者、販売業者若しくは特定高圧ガス消費者又は液化石油ガス法第六条 の液化石油ガス販売事業者の承諾を得ないで、発火しやすい物を携帯して、前項に規定する場所に立ち入つてはならない。

22-1　「取り扱っては〜」に関する問題

過去問題にチャレンジ！

・この事業者が指定した場所では何人も火気を取り扱ってはならない。(平16問12 この事業者)

　その通りです。「ナンニン」ではなく「ナビビト」です。知らない人は、意味も取り間違えて、困惑の迷路に迷いこむことでしょう。　　【答：○】

22-2　「～を除き」に関する問題

過去問題にチャレンジ！

・この事業者がこの事業所内において指定する場所では、その従業者を除き、何人も火気を取り扱ってはならない。（平20問8 この事業者）

「×」ですよ。引っ掛かりませんでしたか？　「何人」もですから、もちろん従業者も、警察署長でも、消防署所長でも、国会議員でも、総理大臣でも、アメリカ合衆国大統領でも、除いてはダメなのです。

・第一種製造者がその事業所内において指定した場所では、その事業所に選任された冷凍保安責任者を除き、何人も火気を取り扱ってはならない。（平25問14）

おおー、「冷凍保安責任者」様だって除いてはダメですよ。もちろん、事業所所長や、社長も、会長も、高圧ガス保安協会会長だって、ダメです。
　　▼法第37条第1項　◀何人も火気を取り扱ってはならない。　　　　　　【答：×】

22-3　「指定した場所」に関する問題

過去問題にチャレンジ！

・第一種製造者からの事業所において指定する場所では、何人も火気を取り扱ってはならない。また、何人も、その第一種製造者の承諾を得ないで、発火しやすいものを携帯してその場所に立ち入ってはならない。（平21問12 第一種製造者［参考：2種 平26問11 この事業者］）

うむ、理解しているあなたにとっては素直な問題ですね。　　　　　　　【答：○】

・第一種製造者が事業所内において指定する場所では、この事業所の従業者といえども、何人も火気を取り扱ってはならない。（平24問8 第一種製造者）

はい！　わかりやすいよい問題です。　　　　　　　　　　　　　　　　【答：○】

・第二種製造者がその事業所内で火気を取り扱ってはならないと指定した場所には、その事業所の従業者であってもこの事業者の承諾を得ることなしに、発火しやすい物を持って立ち入ることは禁じられている。（平22問7）

長文ですが、素直な問題ですね。(^v^)　　　　　　　　　　　　　　　【答：○】

お疲れ様でした。このページで、法令過去問攻略は終了です。熱い血潮をみなぎらせ、燃えましょう。苦難は忍耐を、忍耐は練達を、練達は希望を生みます。健闘をお祈りします。試験前に「勝利のカツ丼」を食べて気合を入れてみましょう。

※エコーランドプラス（https://www.echoland-plus.com）では、「腕試し」ができる過去問ページを用意してあります。本書で一通り問題を解いた後に、ぜひ試してみてください。

第1章　法令

㉒　火気（火の用心）

めも

めも

第2章

保安管理技術

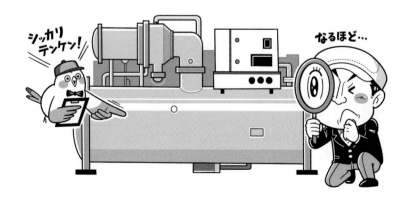

シッカリ
テンケン！

なるほど…

1 冷凍の基礎

合格へのはじめの一歩は、「冷凍の基礎をしっかり学ぶこと」です。これこそ、合格への道！　★は4つです。

1-1 冷凍サイクル

「蒸発」、「圧縮」、「凝縮」、「膨張」この宇宙の最高の熱交換サイクルで生命の源になっていると確信します。この素晴らしい冷凍サイクルを攻略しましょう。以下の4つの工程がバランスします。

① 蒸発器は、冷媒液が蒸発し、熱を吸収する。
② 圧縮機は、高温高圧のガスにする。
③ 凝縮器は、高温高圧ガスを冷却して液化させる。
④ 膨張弁は、低温低圧の冷媒液にする。

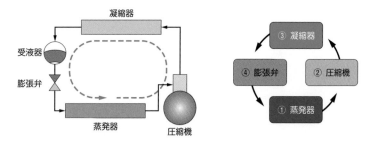

冷凍サイクル4つの工程の基礎は、「初級 冷凍受験テキスト：日本冷凍空調学会（以下、初級テキスト）」の1、2章から毎年問1と問2で出題されます。初級テキストでは計算式がたくさん記載されていますが、3冷の場合は覚えなくてもよいです。ただし、その式の意味をなるべくくみ取るようにしてください。

（1）基本問題

過去問題にチャレンジ！

・冷媒は、冷凍装置内で熱を吸収して蒸気になったり、熱を放出して液になったりして、状態変化を繰り返す。（平24問1）

蒸発器で熱を吸収・気化し、圧縮機で高温高圧ガスになり、凝縮器で放熱・凝縮液化し、膨張弁で低温低圧の液になり、再び蒸発器へとサイクルします。素晴らしきかな冷凍サイクル。

【答：○】

・蒸気圧縮冷凍装置の一種である家庭用冷蔵庫は、一般に、圧縮機、蒸発器、膨張弁および凝縮器で構成されており、受液器なしで凝縮器の出口に液を溜め込むようにし、装置を簡略化している。（令2問1）

家庭用冷蔵庫であるから、「膨張弁」ではなくて「キャピラリチューブ」です。初級テキストの2ページ最後を参照してください。少々難解な問題ですね。　　【答：×】

（2）圧縮機　▼初級テキスト「冷凍の原理」

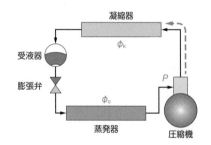

過去問題にチャレンジ！

・圧縮機で冷媒蒸気に動力を加えて圧縮すると、冷媒は圧力と温度の高いガスとなる。
（平13問1）

熱は低温部から高温部へ移動できないので、圧縮して圧力と温度の高いガスにするのです。
【答：○】

・圧縮機では、圧縮仕事により、冷媒ガスは冷やされる。（平14問1）

圧縮機では高温高圧のガスにします。　　　　　　　　　　　　　　　　【答：×】

・蒸気圧縮式冷凍装置の圧縮機は、冷媒蒸気に動力を加えて圧縮する。（平18問1）

これは一番基礎的な問題で、なんとなくわかる問題です。でも、この一文が頭に入っているといないとでは、この先、全然理解度が変わってくるはずです。　　　【答：○】

・圧縮機では冷媒蒸気に動力を加えて圧縮すると、冷媒は動力を受け入れて、圧力と温度の高いガスとなる。（平21問1）

このような基本問題を逃さないようにしましょう。　　　　　　　　　　【答：○】

・冷媒ガスを圧縮すると、冷媒は圧力の高い液体になる。（平26問1）

　圧縮するのですから、なんとなく圧力と温度の高いガスになる気がしますよね。　【答：×】

（3）凝縮器

過去問題にチャレンジ！

・凝縮器では冷媒が液化し、蒸発器では冷媒は蒸発する。（平18問1）

え、わからない！？　…って人は、勉強不足です。初級テキスト「冷凍の原理」を熟読してください。頑張りましょう。

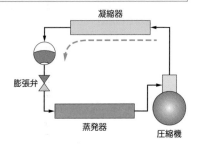

【答：○】

・凝縮器では、周囲へ熱を放出して、冷媒液が液化する。（平14問1）

　凝縮器では、圧縮機からの高温高圧の冷媒ガスを水や空気で冷やして凝縮させ液化します。
　▼初級テキスト8次 p.3 真中あたり　　　　　　　　　　　　　　　　　　　　　【答：○】

・凝縮負荷は、冷凍負荷と圧縮機の軸動力を加えたものである。（平10問1、平16問1）

　凝縮負荷は凝縮器で放熱される熱量で、蒸発器で取り入れられた熱量（冷凍負荷）Φ_o と圧縮機の軸動力 P を加えたものです。この式「$\Phi_k = \Phi_o + P$」は基本中の基本、覚えましょう。
　▼初級テキスト8次 p.3 式1.2　　　　　　　　　　　　　　　　　　　　　　　【答：○】

・蒸発温度や凝縮温度が一定の運転状態では、圧縮機の駆動軸動力は、凝縮器の凝縮負荷と冷凍装置の冷凍能力の差に等しい。（令2問1）

　$P = \Phi_k - \Phi_o$ ですね。　　　　　　　　　　　　　　　　　　　　　　　【答：○】

・凝縮器で放出される熱量は、蒸発器で取り入れた熱量に等しい。（平15問1）

・凝縮器で冷媒から放出される熱量は、圧縮機で冷媒に加えられた動力に等しい。
　　　　　　　　　　　　　　　　　　　　　　　　　　　　　　　　（平21問1、平30問1）

　凝縮器で放熱される熱量（凝縮負荷）は、蒸発器で取り入れられた熱量と圧縮機の軸動力を加えたものです。式は、$\Phi_k = \Phi_o + P$ です。　　　　　　　【答：どちらも×】

（4）膨張弁

　$p-h$ 線図の絞り膨張作用について理解しましょう。凝縮器で過冷却された圧力 P_k（図中点3）の冷媒液は、膨張弁を通り、絞り膨張作用により低圧 P_o（図中点4）になります。

よって、$h_3 = h_4$ であり、点 3 →点 4 は垂直な直線となります。この時の冷媒液は熱の出入りがありません。理論冷凍サイクルの場合は、まったく仕事をしないので、冷媒自身が保有するエネルギーは全く失うことなく、比エンタルピー h は一定のままの状態で低圧になります。以上の作用のことを、絞り膨張作用と言います。

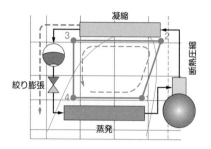

過去問題にチャレンジ！

・膨張弁では、冷媒は比エンタルピーが一定の絞り膨張によって圧力降下する。（平10問1）

　　その通りですね！　▼初級テキスト8次 p.16　　　　　　　　　　　【答：○】

・冷媒液が膨張弁を通るとき、外部との熱の出入りはなく、また、外部に仕事も行わないので、冷媒の比エンタルピー値は変わらない。（平16問1）

　　この問題の文章は、記憶しちゃいましょう。　　　　　　　　　　　【答：○】

・高圧の冷媒液が膨張弁を通過するとき、弁の絞り抵抗により圧力は下がるが、比エンタルピーが一定で状態変化する。これを絞り膨張と呼んでいる。（平17問1）

　　うむ。冷凍サイクル図や p-h 線図がイメージできているかな。　　　【答：○】

（5）蒸発器

　冷媒が周囲の熱を吸収して蒸発気化することから、「蒸発器」と言います。試験問題の問1、問2では、蒸発器に関する基本的なことが出題され、出題数も多いです。蒸発器の基礎問題が解けるようになると、後々の問題が簡単に思えてくるはずです。

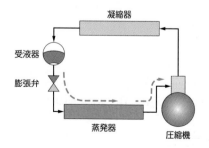

過去問題にチャレンジ！

・圧縮機で圧縮された冷媒ガスを冷却して、液化させる装置が蒸発器である。したがって、冷媒に対して、熱が出入りしやすいような熱交換器を用いること、すなわち、小さい温度差でも容易に熱が出入りできるようにすることが必要である。(平23問1)

・圧縮機で圧縮された冷媒ガスを冷却して、液化させる装置が蒸発器である。(平12問1)

　圧縮機で高温高圧に圧縮された冷媒を冷却し、液化させるのは凝縮器です。
【答：どちらも×】

・蒸発器では、冷媒が周囲から熱を受け入れて蒸発する。(平12問1)

・蒸発器では、周囲から熱を吸収して、冷媒液が蒸発する。(平14問1)

　蒸発器では冷媒が周囲の熱を受け入れ、蒸発することによって周囲の物質（空気や水、サバとか）を冷却します。
【答：どちらも○】

・蒸発器では、冷媒液が周囲から熱のエネルギーを受け入れて蒸発し、周囲の物質を冷却する。(平17問1)

　その通りです。これ基本的なことで、とても大事なことですよ。
【答：○】

・蒸発器では、周囲に熱を放出して冷媒が蒸発する。(平22問1)

　う〜ん、どうでしたか。引っ掛かりませんでしたか？　問題文は、落ち着いてよく読みましょう。「周囲から熱を吸収して」が、正解です。
【答：×】

・圧縮機で圧縮された冷媒ガスを冷却して、液化させる装置が蒸発器である。(平12問1)

　圧縮機で高温高圧に圧縮された冷媒を冷却し、液化させるのは凝縮器です。
【答：×】

・蒸発器の冷却能力を冷凍能力といい、その値は凝縮器の凝縮負荷に圧縮機の軸動力を加えたものに等しい。(平17問1)

　「冷凍能力 $\Phi_\circ$ ＝ 凝縮負荷 Φ_k − 軸動力 P」です。$\Phi_k = \Phi_\circ + P$ を覚えてれば解けます。式を覚えなくても「冷凍能力」、「軸動力」、「凝縮負荷」の関係を把握していればわかるでしょう。
【答：×】

1-2　ゲージと絶対圧力、比体積、比エンタルピー、冷凍トン

　ここでは冷媒の状態を知り得ることに大切な問題をまとめてあります。初級テキストの「冷媒の状態（圧力 P、比体積、温度 T、比エンタルピー h）」を読んでおきましょう。

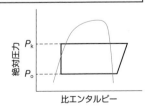

（1）ゲージ圧力と絶対圧力

過去問題にチャレンジ！

・冷凍サイクルの圧力比は、蒸発圧力に対する凝縮圧力の比であり、これらの圧力はゲージ圧力を用いて表される。（平25問1）

絶対圧力を用います。ちなみに、ゲージ圧力に大気圧を加えたものが絶対圧力です。
▼初級テキスト p.5　　　　　　　　　　　　　　　　　　　　　　　　【答：×】

・冷凍装置内の冷媒圧力は、一般にブルドン管圧力計で計測する。圧力計のブルドン管は、管内圧力と管外大気圧との圧力差によって変形するので、指示される圧力は測定しようとする冷媒圧力と大気圧との圧力差で、この指示圧力を絶対圧力と呼ぶ。（平23問1）

絶対圧力じゃなくてゲージ圧力と呼びます。他の試験でも勉強するよね。サービス問題ですよ。

● ブルドン管圧力計 ●

【答：×】

（2）比体積

　この先々の問題で「比体積」なるものは、ことごとくあなたを苦しめるかも知れないです。しっかりイメージしておきましょう。冷媒圧力が低いと比体積Vは大きくなり、単位は〔m³/kg〕です。比体積が大きいと、「ガスが薄い」、「密度が小さい（比体積は密度〔kg/m³〕と逆数の関係)」ということになります。

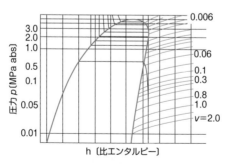

● p–h 線図における等比対積線 （v） ●

過去問題にチャレンジ！

・圧縮機吸込み蒸気の比体積は、吸込み蒸気の圧力と温度を測って、それらの値から冷媒の p-h 線図や熱力学性質表により求められる。比体積の単位は〔m³/kg〕であり、比体積が大きくなると冷媒蒸気の密度は小さくなる。(平23問1)

　　全くその通りです。頭の中でイメージしてください。　　　　　　　　　　【答：○】

・冷媒の比体積の値は、低圧になると蒸気が薄くなり、小さくなる。(平10問1)

　　「冷媒の比体積の値は、低圧になると蒸気が薄くなり、大きくなる」が正しい文章です。比体積（冷媒1 kgの占める体積）は低圧になると大きくなるので、蒸気が薄く（密度が小さく）なります。また、比体積が大きくなるとガスは薄く（密度は小さく）なります。この文章は、とても重要で、この先何度も出てきます。基礎は大事です！　　　　　　　　【答：×】

（3）比エンタルピー

過去問題にチャレンジ！

・比エンタルピー h は、冷媒1 kgの中に含まれるエネルギーであって〔kJ/h〕の単位で表示される。(平13問1)

　　〔kJ/kg〕です。うわ～、超サービス問題です！　　　　　　　　　　　【答：×】

・冷凍装置における各種の熱計算では、比エンタルピーの絶対値は特に必要ない。冷媒は、0℃の飽和液の比エンタルピー値を 200 kJ/kg とし、これを基準としている。(令2問1)

　　「比エンタルピーの絶対値」云々は1冷レベルの問いかけです。暗記だけでよいです。0℃、200 kJ/kg 云々は、覚えるしかないです。　　　　　　　　　　　　　　　【答：○】

（4）冷凍トン

　　冷凍装置の冷却できる能力を冷凍能力といい、日本冷凍トン（JRT、JRt）と表すことがあります。1冷凍トンは、0℃の水1トン（1000 kg）を1日（24時間）で0℃の氷にするために除去する熱量です。初級テキストでは「1Rt」、「1冷凍トン」、1冷や2冷の学識計算では「1Rt（日本冷凍トン）」などと記されています。補足として、アメリカ冷凍トン（USRT）表示の装置もあります。1USRTは、0℃の水2000 1b（ポンド）を1日（24時間）で0℃の氷にするための熱量です。

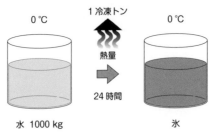

● 図解「1冷凍トン」●

過去問題にチャレンジ！

> ・0℃の水 1000 kg を 1 日（24 時間）で 0℃の氷にするために除去すべき熱量を、1 冷凍トンという。（平 11 問 1）
>
> ・1 冷凍トンは、氷の融解熱が 333.6 kJ/kg であるから
> $$1\ 冷凍トン = \frac{333.6 \times 1000}{24} = 13900\ kJ/h$$
> である。（平 11 問 1）

氷の融解熱 333.6 kJ/kg は覚えておいてください。　　　　　　　　【答：どちらも○】

> ・0℃の水を 1000 kg を 1 日（24 時間）で 0℃の氷にするために除去しなければならない熱量のことを、1 冷凍トンと呼んで、これを冷凍能力の単位として用いることもある。
> （平 21 問 1）

う〜ん、10 年ぶりですね。忘れたころに出題されるので油断大敵ですね。　　【答：○】

> ・水 1 トンの温度を 1 K 下げるのに除去しなければならない熱量を 1 冷凍トンと呼ぶ。
> （平 25 問 1）

水 1 トンは 1000 kg だからよいです。さて、「温度差 1 K ＝温度差 1℃」なので、「温度を 1 K 下げる」は「温度を 1℃下げる」です。そして「0℃の水」とか、「0℃の氷」とか、ひと言もないのです。そこで、解答としては「×」で、全然間違っている（チョロい問題）ということになりますね。わからないという方は、テキストを一度でも隅々まで読んでおきなさいということかな…。　　　　　　　　　　　　　　　　　　　　【答：×】

> ・0℃の水 1 トン（1000 kg）を 1 日（24 時間）で 0℃の氷にするために除去しなければならない熱量のことを、1 冷凍トンと呼ぶ。（平 28 問 1）

素直な問題ですね。　　　　　　　　　　　　　　　　　　　　　　　【答：○】

> ・25℃の水 1 トン（1000 kg）を 1 日（24 時間）で 0℃の氷にするために除去しなければならない熱量のことを、1 冷凍トンと呼ぶ。（平 30 問 1）

25℃の水ではなくて、0℃の水ですね。うーん、勉強していれば、間違わないよね！
　　　　　　　　　　　　　　　　　　　　　　　　　　　　　　　　【答：×】

1-3　重要な技術

まずはこの 2 つを覚えてください。
- 蒸発温度は必要以上に低くしすぎない。
- 凝縮温度は必要以上に高くしすぎない。

次に成績係数と運転状態の関係について把握しておきましょう。
- 蒸発温度と凝縮温度の温度差が大きくなる → 断熱効率と機械効率が小さくなる → 成績係数が大きく低下する

・蒸発温度を低くして運転 → 吸込み蒸気比体積が大きく（蒸気が薄く）なる → 体積効率小さくなる → 冷媒循環量減少 → 成績係数が小さくなる

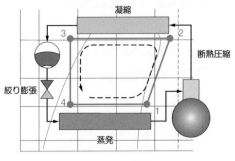

● 冷凍サイクル概略図 ●

（1）冷凍機運転の基本問題

過去問題にチャレンジ！

・少ない圧縮機駆動の軸動力で大きな冷凍能力を得るようにするには、蒸発温度を低くして運転した方がよい。（平18問2）

「蒸発温度を必要以上に低くし過ぎない、凝縮温度を必要以上に高くし過ぎない」。これは、超～重要な一文、知っていると知っていないとでは天地の差です。これであなたは大丈夫ですね！　　　　　　　　　　　　　　　　　　　　　　　　　　　　　　　【答：×】

・冷凍装置の圧縮機の軸動力を小さくするためには、蒸発温度と凝縮温度をできるだけ低くして運転するのがよい。（平19問1）

「蒸発温度は必要以上に低くしすぎない、凝縮温度は必要以上に高くしすぎない」と覚えておかないと、今後ボディブローのように効いてくる重要な一文です。基本中の基本だけど忘れやすいですよ。　　　　　　　　　　　　　　　　　　　　　　　　　　　　　【答：×】

（2）蒸発温度

　蒸発温度というのは、イメージ的には冷凍庫にあるアイスクリームとか冷凍魚の温度を思い浮かべてはいけないです。魚の熱を吸収して冷やそうとしている冷媒液がユラユラと蒸発しているイメージで、このときの冷媒が蒸発する温度の事を「蒸発温度」と言います。

Memo

蒸発温度を必要以上に低くし過ぎないとは？

　図ように魚一匹を冷凍庫に入れて、冷凍魚にする場合、蒸発器内の R22 冷媒ガスは蒸発し蒸発温度は下がり、魚は蒸発潜熱によって熱がどんどん奪われていきます。冷凍魚になって、それを保持できる蒸発温度よりも必要以上に低くする必要はありません。省エネ（効率のよい）運転をするには「蒸発温度は必要以上に低くし過ぎない」ことが大切です。

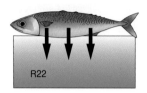

R22

過去問題にチャレンジ！

・冷凍装置の圧縮機の軸動力を小さくするためには、蒸発温度を必要以上に高くし過ぎないこと、凝縮温度を必要以上に低くし過ぎないことが必要である。（平 20 問 1）

　軸動力を小さくして運転するのは、まさにこれから必要なエコなことであり、省エネ、CO_2 削減につながるのであります。よって、この問題は重要な問題です。キッチリ押さえておきましょう。「蒸発温度を必要以上に低くし過ぎない、凝縮温度は必要以上に高くし過ぎない」これを覚えておけばよいでしょう。　　　　　　　　　　　　　　　　　　　　【答：×】

・圧縮機の軸動力を少なくするためには、蒸発温度をできるだけ低くし、また、凝縮温度を高く運転するのがよい。（平 21 問 1）

　ま、まさか、「○」にしませんでしたよね！　初級テキスト 7 ページの「最小の動力で最小の冷凍能力を」にはマーキングでもしておきましょう。　　　　　　　　　　　　【答：×】

・小さな圧縮機軸動力で大きな冷凍能力を出せる冷凍装置が望ましいが、そのためには蒸気温度をできるだけ低くするとよい。（平 22 問 1）

　蒸発温度はできるだけ高くします。Memo の冷凍サバの解説を参考にしましょう。【答：×】

（3）冷媒の性質と冷凍装置

過去問題にチャレンジ！

・冷凍装置は、それの冷却の温度や目的、冷却対象などに応じて、種々の冷媒が使い分けられているが、それぞれの冷媒の性質に見合った、機器の選定と配管の工夫が必要である。

（平 20 問 1）

　なんとなく、正しいと思うサービス問題です。この問題のポイントは「冷媒の性質に見合った、機器の選定と配管の工夫が必要」と頭に入れておきましょう。この先この一文を思い出すと「な〜る」と納得することがいくつも出てくるはずです。　　　　　　　　　　【答：○】

（4） 保安の確保

過去問題にチャレンジ！

・冷凍装置の機器の耐圧強度が十分であっても、装置の操作ミスによって異常高圧になり、
装置が破壊することもある。（平20問1）

　　そのとおり！　と、これもサービス問題かも知れないです。安全にかかわる試験問題はこの
先もけっこう出てくるはずです（福島第1原発では「凍土壁」を作り始めていることです
し…）。必ずゲットしましょう。　　　　　　　　　　　　　　　　　　　　　　【答：○】

（5） 吸収式冷凍機

過去問題にチャレンジ！

・吸収冷凍機では、圧縮機を使用せずに、吸収器、発生器、溶液ポンプなどを用いて冷媒を
循環させ、冷熱を得る。（令1問1）

　　吸収式は出題されないと認識していましたが、世の移り変わりなのでしょうか。そうだね、
吸収式は圧縮機を使わずポンプで冷媒をぐるぐる循環させるだけです。この先、吸収式冷凍
機の構造理論も把握しておく必要があるかも知れません。　　　　　　　　　　　【答：○】

・吸収冷凍機は、圧縮機を用いずに、機械的な可動部である吸収器、発生器、溶液ポンプを
用いて冷媒を循環させ、冷媒に温度差を発生させて冷熱を得る冷凍機である。（令2問1）

　　吸収冷凍機の知識は必須のようです。「機械的な可動部である」ではなく「圧縮機の代わり
に」で正解になります。機械的可動部はポンプのみです。　　　　　　　　　　　【答：×】

1-4　p-h 線図と冷凍サイクル

　　p-h 線図は冷凍サイクルと冷媒の状態をみることができます。問題を解きながら感じ取
りましょう。

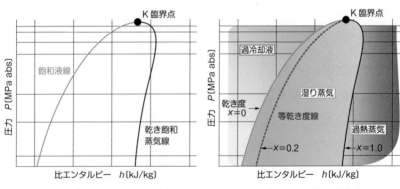

● p-h 線図上の飽和液線と乾き飽和蒸気線 ●　　　　● p-h 線図上の冷媒の状態 ●

（1） *p–h* 線図上の冷媒の状態

過去問題にチャレンジ！

・冷媒液の蒸発圧力は臨界圧力より低い。（平9問1）

臨界圧力とは *p–h* 線図の飽和液線と飽和蒸気液線の交点（臨界点）の圧力（温度）で、この臨界点より高い温度では冷媒は凝縮液化しないです。よって、冷媒液は臨界圧力より低い圧力で蒸発します。

▼初級テキスト「冷媒の状態と *p–h* 線図」　　　　　　　　　　　　【答：○】

・*p–h* 線図の飽和液線上では乾き度が0であり、乾き蒸気線上では乾き度が1である。

（平13問2）

湿り蒸気とか乾き度とか、頭の中で、湿ったアパートとかお風呂とか想像してイメージしてみましょう。　　　　　　　　　　　　　　　　　　　　　　　　　【答：○】

Memo ▷ 8次改訂版より「乾き飽和蒸気線」が、「飽和蒸気線（乾き飽和蒸気線）」に変更されました。

（2） *p–h* 線図上の冷凍サイクル

（a） 断熱圧縮行程

点1の過熱蒸気は圧縮機に吸い込まれ、1.1〔MPa abs〕まで断熱圧縮したとすると、蒸気は点1を通る等比エントロピー線（*s* = 1.8）上を沿って圧縮されていき、1.1〔MPa abs〕の等圧線との交点2の状態になります。

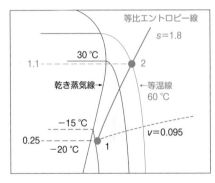

● 断熱圧縮工程（等比エントロピー線）●

過去問題にチャレンジ！

・*p–h* 線図上において、乾き飽和蒸気あるいは過熱蒸気状態の冷媒の断熱圧縮過程を表す線は、等比エンタルピー線である。（平27問1）

等比エンタルピー線じゃなくて、等比エントロピー線です。　　　　　　【答：×】

・圧縮機で冷媒蒸気を断熱圧縮すると、圧力は上昇するが、温度は変わらない。（平9問1）

p–h 線図をジ〜ッとみてください。冷媒ガスは等比エントロピー線上に沿って圧力とともに吐出し温度も上昇します。

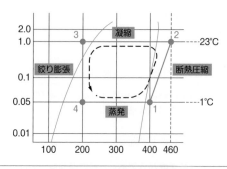

【答：×】

・圧縮機においては、駆動の軸動力に相当する熱量が冷媒に加えられ、この熱量が蒸発器で冷媒に取り入れられた熱量と一緒になって、圧縮機から凝縮器に向かって吐き出される。

(平22問3)

その通り。冷凍サイクルの中での圧縮機を把握しましょう。　　　　　　　【答：○】

（b） 膨張行程

絞り膨張で冷媒液はエネルギーを失わず低圧になる点3の冷媒液は受液器を経て膨張弁へと進み、膨張弁のオリフィス部を通過するときに高圧から低圧へと減圧されます。以上の作用のことを、絞り膨張作用と言います。

凝縮器で過冷却された圧力 P_k（点3）の冷媒液は、膨張弁を通り、絞り膨張作用により低圧 P_o（点4）になります。よって、$h_3 = h_4$ となりますので、点3→点4は垂直な直線となります。膨張弁を通過する際、冷媒は t_3' の飽和温度と飽和液線の交点3′を境にして湿り蒸気領域となります。つまり、冷媒自身の持つ熱エネルギーの一部を蒸発潜熱として消費し、点4の湿り蒸気の状態点となるのです。

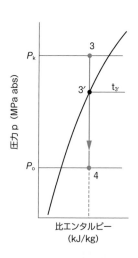

過去問題にチャレンジ！

・膨張弁では、冷媒は比エンタルピーが一定の絞り膨張によって圧力降下する。(平10問1)

・膨張弁では、外部から冷媒への熱の出入りはない。(平14問1)

その通りですね！　　　　　　　　　　　　　　　　　【答：どちらも○】

・蒸発器に入る冷媒の状態は、低温の冷媒液だけとなっている。(平15問1)

膨張弁の出口より蒸発器に入る点 4 は、飽和液線より右側なので湿
り蒸気となります。

絞り膨張

【答：×】

第2章　保安管理技術

① 冷凍の基礎

・膨張弁における膨張過程では、冷媒液の一部が蒸発することにより、膨張後の蒸発圧力に
　対応した蒸発温度まで冷媒自身の温度が下がる。(令1問1)

絞り膨張の説明から読み取るしかないですね。　　　　　　　　　　【答：○】

・温度自動膨張弁は冷凍負荷の増減に応じて、自動的に冷媒流量を調節し、蒸発器出口過熱
　度が0K（ゼロケルビン）になるように制御する。(平28問2)

蒸発器出口過熱度は p-h 線図では点 1 の部分です。乾き飽和蒸
気線より 3 ～ 8 K 右に過熱します。

▼初級テキスト p.17

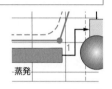

蒸発

【答：×】

（3）冷凍能力と冷凍効果

　計算式は無理に覚えなくてもよいですが、意味を理解すれば最高です！　冷凍能力の記
号は、Φ_o（ファイ・オー）です。これからも、さんざん使います。

冷凍効果（循環している冷媒 1 kg あたりの熱量）$W_r = h_1 - h_4$ 〔kJ/kg〕
冷凍能力 $\Phi_o = q_{mr}(h_1 - h_4)$ 〔kJ/s〕
　　　　　（q_{mr}：冷媒循環量〔kg/s〕、W_r：冷凍効果〔kJ/kg〕）

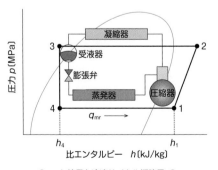

● p-h 線図と冷凍サイクル概略図 ●

過去問題にチャレンジ！

・冷凍装置内を液や蒸気などの状態変化を繰り返しながら、単位時間当たりに循環する冷媒量を冷媒循環量という。(平27問1)

装置内を循環する冷媒の量を冷媒循環量と言います。「1秒間当たりの質量流量 q_{mr} 〔kg/s〕で表す」は重要な文章です。 【答：○】

・冷凍装置の蒸発器で、冷媒が吸収する単位時間あたりの熱量を冷凍能力という。(平18問1)

冷凍能力 Φ_o ＝冷媒循環量（1秒間あたりの質量流量） q_{mr} 〔kg/s〕
　　　　　　×冷凍効果 $W_r (= h_1 - h_4)$ 〔kJ/kg〕

ヒョッコリこのような問題が出ます。できれば $\Phi_o = q_{mr}(h_1 - h_4)$ だけでも覚えておきたいですね。頑張って。 【答：○】

・冷媒は、冷凍装置内で熱が出入りして状態変化する。冷凍装置内の各機器における熱の出入り前後の冷媒の比エンタルピー差と流量がわかれば、各機器における出入りの熱量が計算できる。(平20問1)

例えば、「冷凍能力 $\Phi_o = q_{mr}(h_1 - h_4)$ 〔kJ/s〕」ということなんだけどね。 【答：○】

・冷凍装置の冷凍能力は、凝縮器の凝縮負荷よりも小さい。(平24問1)

「 $\Phi_k = \Phi_o + P$ 」の式を覚えておけば損はないです。凝縮負荷 Φ_k は、冷凍能力 Φ_o と圧縮機軸動力 P の和なのです。「蒸発器の冷媒に、圧縮機の熱が加わり、凝縮器で冷やしている」といったイメージができているとわかりやすいかなと思います。 【答：○】

・冷媒循環量が0.10 kg/sの蒸発器で周囲から16 kJ/sの熱量を奪うとき、冷凍能力は160 kJ/kgである。(平26問1)

これは、面倒です。冷凍能力は、冷媒循環量に冷凍効果を掛け算すればよいです。
　　$\Phi_o = q_{mr} \cdot W_r$
W_r は、冷媒1 kg当たりの周囲から奪う熱量なので、問題の0.10 kg/sは100 g/sだよね。だから、1 kg当たりならば、10倍して160 kg/sの熱量を奪う（冷凍効果）ということになります。そうすると、 $\Phi_o = 0.10$ kg/s・160 kJ/kg ＝ 16 kJ/sであり、冷凍能力は16 kJ/sとなりますね。 【答：×】

・冷凍装置の冷凍能力は、蒸発器出入口における冷媒の比エンタルピー差に冷媒循環量を乗じて求められる。(平27問3)

「 $\Phi_o = q_{mr}(h_1 - h_4)$ 」。そうだね、イイネ！ 【答：○】

（4）理論断熱圧縮動力

過去問題にチャレンジ！

・実際の圧縮機の圧縮動力は断熱圧縮の前後の比エンタルピー差だけで求められる。

(平16問1)

実際の圧縮機とあるので、断熱効率 η_c と機械効率 η_m を考慮しなければならないです。理論的圧縮動力なら正解ですね。　　　　　　　　　　　　　　　　　　　　　　　　　　　　　　【答：×】

> ・理論断熱圧縮動力は、冷媒循環量に断熱圧縮前後の冷媒の比エンタルピー差を乗じたものである。（平30問2）

初級テキストには、ズバリな文章はないです。$P_{th} = q_{mr}(h_2 - h_1)$ の式からこの問題が正解と導くしかないです。　　　　　　　　　　　　　　　　　　　　　　　　　　　　　　　　　【答：○】

（5）理論冷凍サイクルの成績係数

理論冷凍サイクルを $(COP)_{th \cdot R}$ とすると、

$$(COP)_{th \cdot R} = \frac{\Phi_o}{P_{th}} = \frac{q_{mr}(h_1 - h_4)}{q_{mr}(h_2 - h_1)} = \frac{h_1 - h_4}{h_2 - h_1}$$

（Φ_o：装置の冷凍能力、P_{th}：理論断熱圧縮動力、q_{mr}：冷媒循環量）

過去問題にチャレンジ！

> ・必要な冷凍能力を得るための圧縮機動力が小さければ小さいほど冷凍装置の性能がよいことになる。その冷凍装置の性能を表す量が成績係数である。（平26問1）
>
> ・必要な冷凍能力を得るための圧縮機駆動の軸動力が小さければ小さいほど冷凍装置の性能がよいことになる。その冷凍装置の性能を表す値が成績係数である。（平30問1）

よい問題ですね。$(COP)_{th \cdot R} = \Phi_o/P_{th}$ ですから、P_{th} が小さいほど数値は大きくなって成績係数はよくなります。　　　　　　　　　　　　　　　　　　　　　　　　　【答：どちらも○】

> ・冷凍能力を理論断熱圧縮動力で除した値を理論冷凍サイクルの成績係数と呼び、この値が大きいほど、小さい動力で大きな冷凍能力が得られることになる。（平28問1）

$(COP)_{th \cdot R} = \Phi_o/P_{th}$ ですから、COP が大きいということは、P_{th} は小さい（動力でよい）ということになります。　　　　　　　　　　　　　　　　　　　　　　　　　　　　　【答：○】

（6）冷凍サイクルの運転条件と成績係数

理論成績係数 $(COP)_{th \cdot R}$ ＝冷凍能力 Φ_o ÷理論圧縮動力 P_{th}
　　　　　　　　　　　　　　＝ $\Phi_o/P_{th} = q_{mr}(h_1 - h_4)/q_{mr}(h_2 - h_1)$
　　　　　　　　　　　　　　＝ $h_1 - h_4/h_2 - h_1$

$(h_1 - h_4)$ と $(h_2 - h_1)$ が、蒸発温度と凝縮温度により変化して成績係数が変化します。これは、*p-h* 線図を用いればわかりやすくなります。次の *p-h* 線図は凝縮圧力が一定で、蒸発圧力だけ低くなったときの線図です。

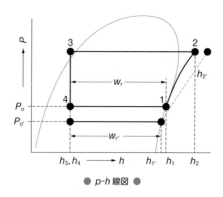

● p-h 線図 ●

　凝縮圧力が一定で蒸発圧力 P_o が、P_o' へと低下すると、h_1 が h_1' へと減少し、冷凍効果 $w_r = h_1 - h_4$ は、$w_r' = h_1' - h_4$ へと若干減少します。よって、冷凍能力は減少し、成績係数は小さくなります。

過去問題にチャレンジ！

> ・冷凍装置の運転条件が変化しても、成績係数の値は変化することはない。（平 24 問 2）

　んなこたぁあー、ない。　　　　　　　　　　　　　　　　　　　　　　　　【答：×】

> ・冷凍サイクルの成績係数は、冷凍サイクルの運転条件によって変わる。蒸発圧力だけが低くなっても、あるいは凝縮圧力だけが高くなっても、成績係数が大きくなる。（平 23 問 2）

　前半は正しいです。正しくは「成績係数が小さくなる」です。p-h 線図は蒸発圧力だけ低くなった場合です。つまり、冷凍効果 W_r が小さくなるので、冷凍能力も小さくなり、成績係数は小さくなります。　　　　　　　　　　　　　　　　　　　　　　　　【答：×】

> ・冷凍サイクルの成績係数は、冷凍サイクルの運転条件によって変わる。蒸発圧力だけが低くなっても、あるいは凝縮圧力だけが高くなっても、成績係数が小さくなる。（平 30 問 2）

　問題文はよく読みましょう。平 23 問 2 の「○」バージョンです。「成績係数が小さくなる」に変わっています。　　　　　　　　　　　　　　　　　　　　　　　　　　【答：○】

> ・凝縮温度を一定として蒸発温度を低くすると、冷凍装置の成績係数は大きくなる。
> 　　　　　　　　　　　　　　　　　　　　　　　　　　　　　　　（平 28 問 3）

　成績係数は小さくなります。「蒸発圧力だけが低くなっても、あるいは凝縮圧力だけが高くなっても、成績係数が小さくなる」のですね。「だけ」というのがポイントです。【答：×】

> ・冷凍装置を凝縮温度一定の条件で運転する場合、蒸発圧力が低いほど、冷凍能力が減少する。（平 30 問 3）

　そう、凝縮温度一定の条件で運転するなら、蒸発圧力が低いほど冷凍能力は減少します。ここまで過去問をこなしたあなたは思いっきり合格レベルに近づいたでしょう！　　【答：○】

（7）理論ヒートポンプサイクルの熱出力と成績係数

ヒートポンプとは何か、基本的な原理、成績係数はどうなるか。この3つをつかんでおけば OK！　初級テキストの「理論ヒートポンプサイクルの熱出力と成績係数」あたりを一度熟読してほしいです。多く出題されるのは、ヒートポンプの成績係数に関する問題です。計算式は3冷の場合は無理に覚えなくてもよいですが、式の意味をチョイと考えておくと完璧！　まずは、記号の整理からしましょう。

- $(COP)_{\mathrm{th \cdot H}}$：理論ヒートポンプサイクルの成績係数
- $(COP)_{\mathrm{th \cdot R}}$：理論冷凍サイクルの成績係数
- Φ_{k}：凝縮負荷
- Φ_{o}：冷凍能力
- P_{th}：理論断熱圧縮動力
- q_{mr}：冷媒循環量

理論冷凍サイクル成績係数 $(COP)_{\mathrm{th \cdot R}}$ と、理論ヒートポンプサイクルの成績係数 $(COP)_{\mathrm{th \cdot H}}$ は、

$$(COP)_{\mathrm{th \cdot R}} = \frac{\Phi_{\mathrm{o}}}{P_{\mathrm{th}}}$$

$$(COP)_{\mathrm{th \cdot H}} = \frac{\Phi_{\mathrm{k}}}{P_{\mathrm{th}}}$$

ここで、$\Phi_{\mathrm{k}} = \Phi_{\mathrm{o}} + P_{\mathrm{th}}$　なので、

$$(COP)_{\mathrm{th \cdot H}} = \frac{\Phi_{\mathrm{k}}}{P_{\mathrm{th}}} = \frac{\Phi_{\mathrm{o}} + P_{\mathrm{th}}}{P_{\mathrm{th}}} = \frac{\Phi_{\mathrm{o}}}{P_{\mathrm{th}}} + \frac{P_{\mathrm{th}}}{P_{\mathrm{th}}} = (COP)_{\mathrm{th \cdot R}} + 1$$

理論ヒートポンプサイクルの成績係数は、理論冷凍サイクルより1だけ大きい値、$(COP)_{\mathrm{th \cdot H}} = (COP)_{\mathrm{th \cdot R}} + 1$　になりましたね。

（a）　ヒートポンプの原理

過去問題にチャレンジ！

・空冷凝縮器は外気に放熱するが、この熱を暖房や加熱に利用する冷凍装置を、ヒートポンプ装置と呼ぶ。（平22問1）

これは、もう、サービス問題ですね。　　　　　　　　　　　　　　　　【答：○】

・ヒートポンプサイクルは、圧縮機での圧縮動力に相当する熱を蒸発器で取り入れた熱とともに、凝縮負荷として凝縮器から放出される熱を利用する。（平20問2）

うむ。完璧な問題ですね。　　　　　　　　　　　　　　　　　　　　【答：○】

（b）　理論ヒートポンプの成績係数

プラス1に、こだわった問題が多いです。簡単ですが、日本語を理解していないと間違ってしまうかも？　問題をよく読みましょう。日本語の奥深さをお楽しみください。

過去問題にチャレンジ！

> ・理論冷凍サイクルの成績係数は、理論ヒートポンプサイクルの成績係数より1だけ大きい。
> (平25問1)

　　問題文は、よく読むようにしましょう。正しい文章にしてみましょう。「理論ヒートポンプサイクルの成績係数は、理論冷凍サイクルの成績係数より1だけ大きい」ですね。　　　【答：×】

> ・理論ヒートポンプサイクルの成績係数に比べて、理論冷凍サイクルの成績係数は1だけ大きい。(平29問1)

　　はい、素直な間違い問題です。正しい文章は、「理論冷凍サイクルの成績係数に比べて、理論ヒートポンプサイクルの成績係数は1だけ大きい」で、よいですね。うん。　　【答：×】

> ・冷凍装置の理論冷凍サイクルの成績係数の値は、理論ヒートポンプサイクルの成績係数の値よりも1だけ大きい。(平30問3)

　　日本語の練習をさせていただいてありがとう。正しい文章は、「冷凍装置の理論ヒートポンプサイクルの成績係数の値は、理論冷凍サイクルの成績係数の値よりも1だけ大きい」で、よいですね。　　　　　　　　　　　　　　　　　　　　　　　　　　　　　　　　　　　　【答：×】

（8）二段圧縮冷凍装置

　　図は、1冷平30問1から作図したものです。参考にしてください。ターボ冷凍機では二段圧縮が当たり前の時代になったと思います。平成20年度以降、問題が多く出題されるようになりました。

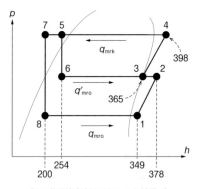

● 二段圧縮冷凍サイクル p-h 線図 ●

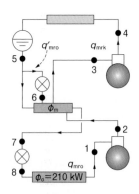

● 二段圧縮冷凍サイクル概略図 ●

過去問題にチャレンジ！

> ・蒸発温度が-30℃よりも低い低温用冷凍装置では、二段圧縮冷凍装置を使用することが多い。(平20問2)

確信はないですが、この年度から出題されるようになったと思います。平成20年度は過去にない新規の問題が多いです。でも、初級テキスト「二段圧縮冷凍装置」にズバリの文章が書かれています。一度は初級テキストを全部読んでおいてほしいです。何か引っ掛かるはずですよ。　　　　　　　　　　　　　　　　　　　　　　　　　　　　　　【答：○】

・単段圧縮機の冷凍装置は、蒸発温度の下限が−30℃ぐらいまでである。（平21問2）

　　−30℃以下の場合は二段圧縮冷凍装置が使用されると、初級テキストに書かれている通りで覚えるしかないです。　　　　　　　　　　　　　　　　　　　　　　　【答：○】

・冷媒の蒸発温度が−30℃よりも低く、単段圧縮冷凍装置では圧縮機吐出しガス温度の高温化や冷凍装置の効率低下が見られるときには、二段圧縮機冷凍装置が使用される。
　　　　　　　　　　　　　　　　　　　　　　　　　　　　　　　　（平22問2）

　　年度が進むにつれ、長文になるのかな？　まぁ、まんべんなく勉強するしかないですね。
　　　　　　　　　　　　　　　　　　　　　　　　　　　　　　　　　【答：○】

・二段圧縮冷凍装置では、蒸発器からの冷媒蒸気を低段圧縮機で中間圧力まで圧縮し、中間冷却器に送って過熱分を除去し、高段圧縮機で再び凝縮圧力まで圧縮するようにしている。圧縮の途中で冷媒ガスを一度冷却しているので、高段圧縮機の吐出しガス温度が単段で圧縮した場合よりも低くなる。（平23問2）

一般に−30℃以下に低下する冷凍装置では、装置の効率向上や、圧縮機吐出しガスの高温化に伴う冷媒と冷凍機油の劣化を防止するなどのために、低段側圧縮後に中間冷却器でガスを冷却する二段圧縮冷凍装置が使用される。

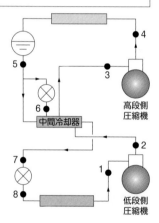

　　　　　　　　　　　　　　　　　　　　　　　　　　　　　　　　　【答：○】

・冷媒の蒸発温度が−30℃程度以下の場合には、装置の効率向上、圧縮機吐出しガスの高温化にともなう冷媒と冷凍機油の劣化を防止するために、二段圧縮冷凍装置が一般に使用される。（平28問2）

・冷媒の蒸発温度が−30℃程度以下に低下してくると、装置の効率向上や、圧縮機吐出しガスの高温化にともなう冷媒と冷凍機油の劣化を防止するなどのために、二段圧縮冷凍装置が一般に使用される。（平29問2）

　　素直なよい問題ですね。もちろん正解です。　　　　　　　　　【答：どちらも○】

2 圧縮機

　圧縮機は「構造」のほか、「制御」、「効率」などに「冷凍サイクルの知識」が必要になり、挫折の一歩となるかも知れません。★は５つ！

2-1 圧縮機の種類 　▼初級テキスト「圧縮機の種類」

　何はなくとも、この階層図を頭に入れてください！　これ必須です。

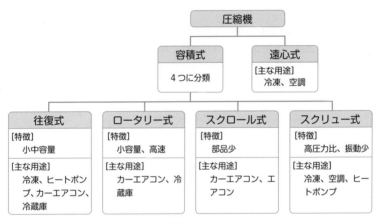

● 圧縮機の種類 ●

（1）容積式と遠心式

過去問題にチャレンジ！

・冷媒蒸気の圧縮方法は、容積式と遠心式に大別されるが、容積式のほうが多くの形式がある。（平20問5）

　階層図を頭に入れてあれば楽勝ですね！　　　　　　　　　　　　　　　【答：○】

・圧縮機は、冷媒蒸気の圧縮の方式により容積式と遠心式に大別される。容積式のスクリュー圧縮機は、遠心式に比べて高圧力比には不向きである。（平25問5）

そんなことはないでしょ、と、何となく思う問題です。スクリュー圧縮機は、遠心式に比べて高圧力比に適しています。　【答：×】

・圧縮機は冷媒蒸気の圧縮の方法により、容積式と遠心式に大別される。
（平26問5、平30問5）

やばい、素直すぎて…。　【答：○】

・圧縮機は冷媒蒸気の圧縮の方法により、往復式と遠心式に大別される。（平27問5）

今度は、「×」です！「容積式と遠心式に大別される」ですね。問題はよく読んで早とちりしないように気をつけましょう。　【答：×】

・ロータリー圧縮機は遠心式に分類され、ロータの回転による遠心力で冷媒蒸気を圧縮する。（平29問5）

ロータリー圧縮機は「容積式」ですね！　【答：×】

（2）遠心式

過去問題にチャレンジ！

・遠心圧縮機は冷凍負荷の大容量なものに適しているが、高圧力比には不向きなため、空調用として使用されることが多い。（平22問5）

この一文を覚えておきましょう。　【答：○】

（3）スクリュー式

過去問題にチャレンジ！

・スクリュー圧縮機は遠心式である。（平16問5）

容積式です。　【答：×】

・スクリュー圧縮機は、容積式で高圧力比に適しているため、ヒートポンプや冷凍用に利用されることが多い。（平21問5）

うむ。　【答：○】

（4）開放形と半密閉式

　結構出題数が多いです。手を替え品を替え、あなたに挑戦してきます。問題文をよく読みましょう。シャフトシールの要・不要の問題が多いです。

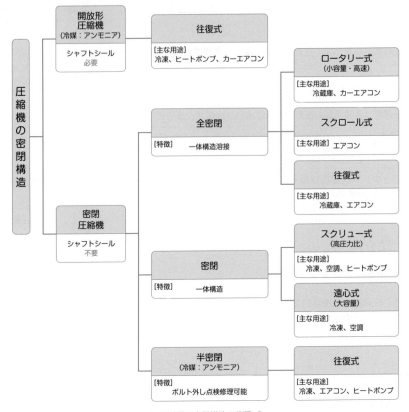

● 圧縮機の密閉構造の分類 ●

過去問題にチャレンジ！

・開放形圧縮機には、クランク軸からの冷媒漏れ止めに、シャフトシールが必要である。
(平11 問5)

　　クランク軸は圧縮機ケーシングを貫通して電動機から動力が伝わってくるので、冷媒の漏れ止め用のシャフトシールが必要になります。　　　　　　　　　　　　【答：○】

・開放形および密閉形圧縮機ではシャフトシールが必要である。(平14 問5)

　　フルオロカーボン冷媒の場合は適切な絶縁材料を使った電動機巻線の電動機を圧縮機ケーシング内に入れることができます。アンモニア冷媒は電動機巻線を侵すので開放形しか利用できません。この圧縮機を密閉圧縮機といい、シャフトシールは不要です。ボルトをはずし、内部の点検修理が可能なものを半密閉圧縮機といい、これもシャフトシールは不要です。
【答：×】

・開放形および半密閉の圧縮機ではシャフトシールが必要であるが、全密閉圧縮機はシャフ

トシールは不要である。（平21問5）

> うむ。半密閉は不要です。　　　　　　　　　　　　　　　　　　【答：×】

・開放圧縮機はシャフトシールを必要とするが、全密閉圧縮機および半密閉圧縮機はシャフトシールが不要である。（平29問5）

> もう、楽勝ですね！　　　　　　　　　　　　　　　　　　　　　【答：○】

・半密閉圧縮機は圧縮機内部の点検、修理ができる。（平16問5）

> 密閉であるが、ボルトナットをはずせば圧縮機内部の点検、修理が可能なので、半密閉圧縮機と言うのでしょう。　　　　　　　　　　　　　　　　　　　　　【答：○】

・半密閉圧縮機および全密閉圧縮機は、圧縮機内部の点検、修理ができない。（平24問5）

> う～ん、勉強してないと引っ掛かるかも知れません。テキストには、全密閉圧縮機は「ケーシングを溶接密封したもの」としか書かれていないです。なので、点検修理はできないということでしょう。　　　　　　　　　　　　　　　　　　　　　　【答：×】

・アンモニアは銅に対して腐食性があるが、アンモニアが電動機巻線を侵すことはない。
（平20問5）

> この問題は「圧縮機について」の問題です。これを前提に考えると、初級テキストでは「アンモニア冷媒は開放形が主に使用される」とあり、この場合、電動機と圧縮機が別々になっているのでアンモニア冷媒が電動機巻線を侵すことはない！　だから「○」だろうと考ます。でも「×」なのね。う～ん、確かにアンモニア冷媒は電動巻線の銅線を侵してしまうから「×」ということなのでしょう。近年ではアンモニアでも使用できる材質の電動巻線を使用した半密閉圧縮機があると初級テキストには記されていますので、こういうややこしい問題は文章を変えて今後も出題されると思います。　　　　　　　　　　　　【答：×】

2-2　ピストン押しのけ量

　今の世は、往復動圧縮機がどうのこうの、ピストンがどうのこうの、といったものは時代遅れのような気がします。でも、圧縮機の基本を押さえるには使わざるを得ないのだろうと思います。ピストン押しのけ量〔m³/s〕は、「気筒数」と「シリンダ容積」および「回転速度」の積で決まります。

$$V = \frac{\Pi \cdot D^2}{4} \cdot L \cdot N \cdot n \cdot \frac{1}{60} \, [\text{m}^3/\text{s}]$$

$$\left(\begin{array}{l} D：気筒径〔\text{m}〕、L：ピストン行程〔\text{m}〕、n：回転数〔\text{rpm}〕、 \\ N：気筒数、\frac{\Pi \cdot D^2}{4}：ピストン面積〔\text{m}^2〕 \end{array} \right)$$

過去問にチャレンジ！

・ピストン押しのけ量〔m³/s〕は、気筒数とシリンダ容積および回転速度の積で決まる。
（平19問3）

ピストンの面積、回転数、ピストン行程、気筒数を全部かけ算するんだね！　　単位は1秒間です。「シリンダ容積」は、面積×行程のことですよ。　　　　　　　　　　　　【答：○】

・往復圧縮機のピストン押しのけ量は、単位時間当たりのピストン押しのけ量のことで、気筒数、シリンダ容積および回転速度により決まる。(平24問3)

・往復圧縮機のピストン押しのけ量は、単位時間当たりのピストン押しのけ量のことで、シリンダ容積と回転速度により決まる。(平29問3)

「単位時間当たりのピストン押しのけ量」と、初級テキストには書かれていませんが、ま、〔m³/s〕だから、1秒単位ということでしょう。平成29年度は「気筒数」が抜けているけれども…いいのかな？？？　　　　　　　　　　　　　　　　　【答：どちらも○】

・往復圧縮機が冷凍蒸気を吸込んで圧縮し、吐き出す量は、押しのけ量よりも小さくなる。その理由は、圧縮する際のピストンからクランクケースへの漏れ、シリンダのすきま容積（クリアランスボリューム）内の圧縮ガスの再膨張などがあるためである。(平21問3)

なにげに、素直な問題です。サービス問題かな？　　　　　　　　　　　　　　　【答：○】

2-3　体積効率

　前項で攻略した「ピストン押しのけ量」は、実際の圧縮機ではその量は小さくなります。吸込み蒸気量を実測し、理論上とどれだけ違うか、それが体積効率です。何度も言いますが、3冷では式を記憶しなくてもよいですが、式の意味を理解しておくべきです！

Point

$$体積効率\ \eta_{\mathrm{v}} = \frac{実際の吸込み蒸気量\ (q_{\mathrm{vr}})}{ピストン押しのけ量\ (V)}$$

・理論上は1、実際は1より［小さい］。
・圧縮比が大きくなると［小さく］なる。
・回転数が増加すると［小さく］なる。
・シリンダの隙間容積比が小さくなるほど体積効率は大きくなる。

（1）体積効率とは

過去問題にチャレンジ！

・体積効率は、ピストン押しのけ量〔m³/s〕に対する圧縮機の実際の吸込み蒸気量〔m³/s〕との比である。(平19問3)

うむ。$\eta_{\mathrm{v}} = q_{\mathrm{vr}}/V$ の意味を考えるべしです。ピストン押しのけ量 V を勉強した後の、ココでの実際の吸込み蒸気量 q_{vr} との関係、つまりこの体積効率 η を勉強せねばならないです。この後、体積効率は問題にたくさん出てきますよ。　　　　　　　　　　　　　【答：○】

> ・圧縮機の実際の冷媒吸込み蒸気量は、ピストン押しのけ量と体積効率の積で表される。
>
> （平26問3、令1問3）

この問題は「$q_{vr} = V \cdot \eta_v$」と、いうことですね。　【答：○】

（2）圧力比と体積効率

過去問題にチャレンジ！

> ・圧縮比（圧力比）が大きくなると、体積効率は小さくなる。（平13問3）

「圧力比（圧縮比）が大きくなると、体積効率は小さくなる」は丸暗記でよいです！【答：○】

> ・圧縮機の圧力比は、吸込み蒸気の絶対圧力を吐出しガスの絶対圧力で割った値であるが、この圧力比が大きくなるほど体積効率は小さくなる。（平23問3）

「吸込み」と「吐出し」が逆です！

$$圧力比 = \frac{吐出しガスの絶対圧力}{吸込み蒸気の絶対圧力}$$

【答：×】

（3）圧力比とすきま容積と体積効率

過去問題にチャレンジ！

> ・往復圧縮機のシリンダのすきま容積比が小さくなると、体積効率は大きくなる。（平17問3）

まずは、シリンダのすきま容積比の大小だけの問題です。楽勝ですね！？　【答：○】

> ・圧縮機の体積効率は圧縮比が大きくなるほど小さくなるが、シリンダのすきま容積比が小さくなるほど、体積効率は小さくなる。（平11問3）

今度は圧縮比（圧力比）も含まれてきました。シリンダのすきま容積比が小さくなるほど、体積効率は大きくなります。　【答：×】

> ・圧縮機の体積効率の値は圧力比の大きさ、圧縮機の構造によって異なり、圧力比とシリンダのすき間容積比が大きくなるほど、体積効率は小さくなる。（平14問3）

巧みに日本語の文章を変化させます。問題文をよく読みましょう。　【答：○】

> ・往復圧縮機の体積効率の値は、圧縮機の構造、運転の圧力比の大きさなどによって異なり、圧力比とシリンダのすきま容積比が大きくなるほど体積効率が大きくなる。（平22問3）

よく読みましょう。体積効率が小さくなります。どうかな、ここまで過去問こなせば（日本語と）「体積効率」は、大丈夫ですね！　【答：×】

（4）体積効率と冷媒循環量

Point

冷媒循環量 q_{mr} ＝ピストン押しのけ量 V ×体積効率 η_{v} ÷比体積 v

　　　　　＝吸込み蒸気量 q_{vr} ÷比体積 v

過去問題にチャレンジ！

・圧縮機の体積効率の値が小さくなると、冷媒循環量は増加する。（平16問5）

　「$q_{mr} = V \cdot \eta_{v}/v$」であるから、体積効率 η_{v} が小さくなると冷媒循環量 q_{mr} は減少しますね。
　　　　　　　　　　　　　　　　　　　　　　　　　　　　　　　　　　【答：×】

・圧縮機の体積効率が小さくなると冷媒循環量は減少する。（平24問5）

　うむ、正解です。　　　　　　　　　　　　　　　　　　　　　　　　【答：○】

・冷媒循環量は、往復圧縮機のピストン押しのけ量、圧縮機の吸込み蒸気の比体積および体積効率の大きさにより決まり、吸込み蒸気の比体積が大きいほど小さくなる。（平25問3）

　式を覚えておけば完璧かも知れません。でも、3冷にしては少々難かも…。

　$q_{mr} = V \cdot \eta_{v}/v$　（2冷からは必須の式ですよ）
　　　（q_{mr}：冷媒循環量、V：ピストン押しのけ量、η_{v}：体積効率、v：比体積）

　　　　　　　　　　　　　　　　　　　　　　　　　　　　　　　　　　【答：○】

・冷媒循環量を圧縮機のピストン押しのけ量から求めるときは、圧縮機の吸込み蒸気の密度（または比体積）と体積効率が必要である。（平27問3）

　うむ。「$q_{mr} = V \cdot \eta_{v}/v$」ですね。　　　　　　　　　　　　　【答：○】

・冷媒循環量は、ピストン押しのけ量、圧縮機の吸込み蒸気の比体積および体積効率との積である。（平28問3）

　え〜っと、「冷媒循環量は、ピストン押しのけ量と圧縮機の体積効率の積を、吸込み蒸気の比体積で除したものである」　で、いいかな。

　$q_{mr} = V \cdot \eta_{v}/v$
　　　（q_{mr}：冷媒循環量、V：ピストン押しのけ量、η_{v}：体積効率、v：比体積）

　　　　　　　　　　　　　　　　　　　　　　　　　　　　　　　　　　【答：×】

（5）ガス漏れと体積効率

過去問題にチャレンジ！

・圧縮機の吸込み弁に漏れがあると、体積効率は小さくなるが、冷媒循環量には影響しな

い。（平11問3）

　冷媒循環量は減少します。　　　　　　　　　　　　　　　　　　　　　【答：×】

・吸込み弁から冷媒ガスが漏れると、圧縮機の体積効率が低下し、冷凍能力を低下させる。
　　　　　　　　　　　　　　　　　　　　　　　　　　　　　　　　（平14問5）

　吸込み弁不具合と体積効率がコラボすると、このような出題となります。吸込み蒸気量が減少し、体積効率が低下し、冷凍能力も低下します。　　　　　　　　　　【答：○】

・往復圧縮機の吸込み弁に異物などが付着してガス漏れを生じると体積効率が低下する。
　　　　　　　　　　　　　　　　　　　　　　　　　　　　　　　　（平28問5）

　はい。　　　　　　　　　　　　　　　　　　　　　　　　　　　　　【答：○】

2-4　比体積

Point
・蒸気の比体積が大きくなる → 冷媒蒸気の密度が小さくなる（蒸気が薄くなる）
・圧縮機の吸込み蒸気の比体積は、吸込み圧力が低いほど、また、吸込み蒸気の過熱度が大きいほど大きくなり、圧縮機の冷媒循環量および冷凍能力が小さくなる（減少する）。

（1）比体積と過熱度

過去問題にチャレンジ！

・圧縮機の吸込み蒸気の比体積は、吸込み圧力が低いほど、また、吸込み蒸気の過熱度が大きいほど大きくなる。（平18問3）

　この一文を理屈は抜きにして覚えられれば覚えちゃいましょう。　　　【答：○】

・圧縮機の吸込み蒸気の比体積は、吸込み圧力が低いほど、また、吸込み蒸気の過熱度が小さいほど大きくなる。（平24問3）

　正しい文章にしてみましょう。「圧縮機の吸込み蒸気の比体積は、吸込み圧力が低いほど、また、吸込み蒸気の過熱度が大きいほど大きくなる」ですね。　　　【答：×】

（2）比体積と冷媒循環量

過去問題にチャレンジ！

・圧縮機の吸込み蒸気の比体積が大きくなると、冷媒循環量は増大する。（平30問3）

　比体積大は、冷媒蒸気が薄くなるのです。正しい文章にしてみましょう。「圧縮機の吸込み蒸気の比体積が大きくなると、冷媒循環量は減少する」ですね。　　　【答：×】

・圧縮機の吸込み蒸気の過熱度が小さく、比体積が小さくなると、冷凍装置の冷媒循環量が大きくなる。(平12問3)

　　過熱度が小さく比体積が小さい蒸気は密度が大きい（蒸気が濃い）と考えれば、循環量も多くなりますよね。　　　　　　　　　　　　　　　　　　　　　　　　【答：○】

・吸込み圧力が低いほど、吸込み蒸気の過熱度が小さいほど、吸込み蒸気の比体積は大きくなり、冷媒循環量が減少する。(平23問3)

　　うむ。正しい文章にしてみましょう。「吸込み圧力が低いほど、吸込み蒸気の過熱度が大きいほど、吸込み蒸気の比体積は大きくなり、冷媒循環量が減少する」ですね。　　【答：×】

・圧縮機の冷媒循環量は、圧縮機の押しのけ量、吸込み蒸気の比体積、体積効率の大きさによって決まり、吸込み圧力が低く、吸込み蒸気の過熱度が小さくなるほど減少する。
(平21問3)

　　正しい文章は「圧縮機の冷媒循環量は、圧縮機の押しのけ量、吸込み蒸気の比体積、体積効率の大きさによって決まり、吸込み圧力が低く、吸込み蒸気の過熱度が大きくなるほど減少する」ですね。　　　　　　　　　　　　　　　　　　　　　　　　　　　　　【答：×】

（3）比体積と冷凍能力

過去問題にチャレンジ！

・蒸発圧力が低下すると、圧縮機の吸込み蒸気の比体積が大きくなるため、冷媒循環量が増加し、冷凍能力が大きくなる。(平17問3)

　　比体積が大きいと蒸気が薄くなるということから、イメージしてみます。正しい文章にしてみましょう。「蒸発圧力が低下すると、圧縮機の吸込み蒸気の比体積が大きくなるため、冷媒循環量が減少し、冷凍能力が小さくなる」ですね。　　　　　　　　　　　【答：×】

・圧縮機の冷凍能力は冷媒循環量と比エンタルピー差の積で示されるが、蒸発温度が低下すると比体積が小さくなり冷媒循環量が大きくなるので冷凍能力は大きくなる。(平20問3)

　　正しい文章は「圧縮機の冷凍能力は冷媒循環量と比エンタルピー差の積で示されるが、蒸発温度が低下すると比体積が大きくなり冷媒循環量が小さくなるので冷凍能力は小さくなる」ですね。$\Phi_\mathrm{o} = q_\mathrm{mr}(h_1 - h_4)$ の式から、冷媒循環量 q_mr と比エンタルピー差 $(h_1 - h_4)$ の積ということなので、比エンタルピー差云々に関しては正しいです。【答：×】

・圧縮機の吸込み蒸気の比体積は、吸込み圧力が低いほど、また、吸込み蒸気の過熱度が大きいほど大きくなり、圧縮機の冷媒循環量および冷凍能力が減少する。(平22問3)

　　その通り。きれいな文章ですね。　　　　　　　　　　　　　　　　　　　【答：○】

・圧縮機の吸込み蒸気の比体積は、吸込み圧力が低いほど、また、吸込み蒸気の過熱度が大きいほど大きくなり、圧縮機の冷媒循環量および冷凍能力が大きくなる。(平29問3)

　　平22問3と似ていますが「誤り」です。正しい文章にしてみましょう。「圧縮機の吸込み蒸気の比体積は、吸込み圧力が低いほど、また、吸込み蒸気の過熱度が大きいほど大きくな

り、圧縮機の冷媒循環量および冷凍能力が小さくなる」ですね。　【答：×】

2-5　断熱効率と機械効率

式は意味を考えてください。また、覚えられれば覚えてしまいましょう。

$$P = P_c + P_m \text{〔kW〕}$$

$$P = \frac{q_{mr}(h_2 - h_1)}{\eta_c \cdot \eta_m} = \frac{V \cdot \eta_v (h_2 - h_1)}{v \cdot \eta_c \cdot \eta_m}$$

断熱効率 $\eta_c = \dfrac{P_{th}}{P_c}$
（1 より小さい）

機械効率 $\eta_m = \dfrac{P_c}{P}$
（1 より小さい）

全断熱効率 $\eta_{tad} = \dfrac{P_{th}}{P} = \eta_c \cdot \eta_m$

$$\left(\begin{array}{l} P：実際の圧縮機駆動に必要な軸動力、\\ P_c：実際に蒸気圧縮に必要な圧縮動力、\\ P_m：機械的摩擦損失動力、P_{th}：理論断熱圧縮動力、\\ q_{mr}：冷媒循環量、V：ピストン押しのけ量、v：比体積 \end{array} \right)$$

（1）全断熱効率

過去問題にチャレンジ！

・圧縮機の全断熱効率は、断熱効率と体積効率の積で与えられる。（平19問3）

断熱効率 η_c と機械効率 η_m ですね。$\eta_{tad} = \eta_c \cdot \eta_m$　【答：×】

（2）動力との関係

過去問題にチャレンジ！

・圧縮機の実際の駆動軸動力（P）は、理論断熱圧縮動力（P_{th}）と全断熱効率（η_{ad}）との積（$P = P_{th} \times \eta_{ad}$）で表される。（平16問3）

断熱効率 η_c と機械効率 η_m の積を全断熱効率 η_{tad} と言います。問題は η_{ad} とありますが、通常 η_{tad} と表します。「$P = P_{th} / \eta_{ad}$」が正解です。　【答：×】

・凝縮温度を高く、蒸発温度を低くして運転すると、圧縮機の全断熱効率が大きくなり、圧縮機駆動の軸動力は大きくなる。（平20問3）

できましたか？　これは勉強していないと勘だけに頼らなければならないですよ。初級テキスト「圧縮機の効率と軸動力」をよく読んでください。蒸発温度と凝縮温度（温度を圧力と

しても同じこと）の温度差が大きくなると、断熱効率 η_c と機械効率 η_m が小さくなりますが 3 冷の場合は記憶すればよいです。よって全断熱効率 $\eta_{tad}(\eta_m \cdot \eta_c)$ が小さくなると効率が悪いのだから軸動力は大きくなるとわかります。その理由は、P（軸動力）＝P_{th}（理論動力）÷ η_{tad}（全断熱効率）だからですよ。　　　　　　　　　　　　　　　　　　　　　【答：×】

・圧縮機駆動の軸動力 P は、理論断熱圧縮動力を P_{th}、全断熱効率を η_{tad} とすると、$P = P_{th}/\eta_{tad}$ で表される。（平 24 問 3）

平 16 問 3 の改良版ですね。　　　　　　　　　　　　　　　　　　　　　　　　　　【答：○】

・圧縮機の実際の駆動に必要な軸動力は、理論断熱圧縮動力と機械的摩擦損失動力の和で表される。（平 26 問 3）

うーん、問題文に記号を付けてみましょう。「圧縮機の実際の駆動に必要な軸動力 P は、理論断熱圧縮動力 P_{th} と機械的摩擦損失動力 P_m の和で表される」。つまり、「$P = P_{th} + P_m$」と言うことになります。これは、間違いで、正解は、$P =$ 蒸気の圧縮に必要な動力 P_c ＋機械的摩擦損失動力 P_m です。用語の意味を把握していないと、惑わされスパイラルに陥るよい問題ですね。　　　　　　　　　　　　　　　　　　　　　　　　　　　　　　　　【答：×】

・実際の圧縮機の軸動力は、理論断熱圧縮動力を、断熱効率と体積効率の積で除して求められる。（平 27 問 3）

おっとー！　あまりにも大胆な引っ掛けだと簡単に引っかかるヨ！　体積効率じゃなくて、機械効率ですね！　　　　　　　　　　　　　　　　　　　　　　　　　　　　　　　　【答：×】

・実際の圧縮機駆動に必要な軸動力は、冷媒蒸気の圧縮に必要な圧縮動力と機械的摩擦損失動力の和で表すことができる。（平 30 問 3）

$P = P_c + P_m$ ですね。　　　　　　　　　　　　　　　　　　　　　　　　　　　　【答：○】

（3）圧力比との関係

過去問題にチャレンジ！

・圧縮比（圧力比）が大きくなると、断熱効率（圧縮効率）は小さくなる。（平 13 問 3）

「$\eta_c = P_{th}/P_c$」から、実際の蒸気圧縮に必要な圧縮動力 P_{th} が大きくなって、断熱効率 η_c は小さくなることがわかりますね。　　　　　　　　　　　　　　　　　　　　　　　　【答：○】

・圧縮機の圧力比が大きくなると、断熱効率は大きくなる。（平 17 問 3）

惑わされないように気をつけてください。「圧力比が大きくなると、断熱効率は小さくなる」ですよ。丸暗記でもよいですね。　　　　　　　　　　　　　　　　　　　　　　　　　【答：×】

・断熱効率は、理論断熱圧縮動力 P_{th} と実際の圧縮機での蒸気の圧縮に必要な圧縮動力 P_c との比（P_{th}/P_c）で表され、圧力比が大きくなると小さくなる。（平 25 問 3）

うむ。断熱効率 $\eta_c = P_{th}/P_c$ でよいですね。「断熱効率は圧力比が大きくなると小さくなる」は丸暗記でもよいですね。　　　　　　　　　　　　　　　　　　　　　　　　　　【答：○】

> ・圧縮機の圧力比が大きくなると、断熱効率は小さくなるが、機械効率は大きくなる。
>
> （平24問3）

「圧力比（圧縮比）が大きくなると、η_c、η_m両方小さくなる」と、覚えてもよいです。断熱効率と機械効率が文の前にあったり後ろにあったり、大きくなったり小さくなったり、惑わされないように気をつけましょう。　　　　　　　　　　　　　　　　【答：×】

> **Memo**
>
> **全断熱効率、断熱効率、機械効率、体積効率**
> 　さぁ、あなたは、把握できたでしょうか。これがわかってないとこの先、辛くなるばかりですよ。まだダメだという方は、テキストをじっくり読んで、ノートに書いてみましょう。そしてノートを見ながら過去問をガンガンやってみましょう。さぁ、ノートを一冊用意して！　絶対、損はしないはずです！

2-6　実際の冷凍機の成績係数（COP）R

　成績係数が大きくなるのは、冷凍能力が大きくなる、効率がよくなる（1に近づく）、ということなのだが…。

$$(COP)_R = \frac{\Phi}{P} = \frac{q_{mr}(h_1 - h_4)}{q_{mr}(h_2 - h_1)} \times \eta_c \cdot \eta_m = \frac{h_1 - h_4}{h_2 - h_1}\,\eta_c \cdot \eta_m$$

$$\left(\begin{array}{l} (COP)_R：実際の成績係数、\Phi：冷凍能力、P：圧縮機駆動に必要な軸動力、\\ q_{mr}：冷媒循環量、\eta_c：断熱効率、\eta_m：機械効率 \end{array} \right)$$

（1）成績係数と実際の運転

　運転状態でどうなるか、なんだけれど、初級テキストの「成績係数と運転条件との関係」を熟読してください。このわずか半ページの中にあなたの求めるものが凝縮されていますよ。

過去問題にチャレンジ！

> ・蒸発温度と凝縮温度との温度差が大きくなると、冷凍装置の成績係数は大きくなる。
>
> （平18問3）

　成績係数を大きくして効率よく運転するには、蒸発温度と凝縮温度の差は小さくしてください。この問題はけっこう出ますから、絶対ゲットしましょう。　　　　　　【答：×】

> ・実際の冷凍装置は、蒸発温度と凝縮温度との温度差が大きくなると、圧縮機の圧力比、断熱効率と機械効率がともに大きくなるので、成績係数が低下する。（平22問3）

　正しい文章にしてみましょう。「実際の冷凍装置は、蒸発温度と凝縮温度との温度差が大きくなると、圧縮機の圧力比は大きくなり、断熱効率と機械効率がともに小さくなるので、成績係数が低下する」です。　　　　　　　　　　　　　　　　　　　　　　【答：×】

> ・蒸発温度と凝縮温度との温度差が大きくなると、断熱効率と機械効率が大きくなるとともに、冷凍装置の成績係数は低下する。（平29問3、令1問3）

正しい文章は「蒸発温度と凝縮温度との温度差が大きくなると、断熱効率と機械効率が小さくなるとともに、冷凍装置の成績係数は低下する」ですね。　【答：×】

> ・冷凍装置の実際の成績係数は、理論冷凍サイクルの成績係数に断熱効率と体積効率を乗じて求められる。（平27問3）

どこが間違い？　どこが、どこが…、あ〜、やられたワ。というような問題でした。「体積効率」ではなくて「機械効率」です！　思いっきり違うので、悔し涙が留めどなく出た方がいるかもね…。　【答：×】

（2）実際のヒートポンプの成績係数

ヒートポンプの問題はビビらなくてよいですよ。理論と比べどうなるかなんだけど、2冷はけっこう出題されますが、3冷は忘れた頃にポツリポツリです。理論ヒートポンプ冷凍サイクルの問題は結構出題されていますので「①冷凍の基礎　1-4 *p-h* 線図と冷凍サイクル（7）理論ヒートポンプサイクルの熱出力と成績係数」で学習してくださいね。

過去問題にチャレンジ！

> ・ヒートポンプの成績係数は理論サイクル、実際サイクルにおいても、冷凍装置のそれぞれのサイクルの成績係数よりも大きくなる。（平11問3）

ちょっと引っ掛け問題かな？　同じ冷凍装置で理論と実際の成績係数は損失があるから同じではないです。しかし、理論上の冷凍装置でも実際の冷凍装置でも、それぞれのヒートポンプの成績係数は1だけ大きくなります。　【答：○】

> ・実際のヒートポンプ装置の成績係数の値は、運転条件が同じである実際の冷凍装置の成績係数の値よりも1だけ大きい。（平17問3）

平11問3と同等の問題です。問いかけているのは「1大きい」ってことを理解しているかどうかなんだけれど、「実際」、「運転条件」などといろいろと攻めてきます。よく問題を読めば、ごもっともなことを言っているはずですよ。　【答：○】

2-7　圧縮機の容量制御　▼初級テキスト「圧縮機の容量制御」

多気筒圧縮機、往復圧縮機、スクリュー圧縮機の容量制御を把握してください。

（1）多気筒圧縮機のアンローダ

Point
多気筒圧縮機には、2・3・4・6・8気筒の機種があるが、4・6・8は、2気筒ごとにアンロード機構を備えています。
- 4気筒　：　100、50%
- 6気筒　：　100、66、33%
- 8気筒　：　100、75、50、25%
つまり、作動気筒数の25〜100%の間で容量を段階的に変えられると言うことです。

過去問題にチャレンジ！

> ・冷凍装置にかかる負荷は時間的に一定でないので、冷凍負荷が大きく増大した場合に圧縮機の容量と圧力をそれぞれ個別に調整できるようにした装置が、容量制御装置である。一般的な多気筒圧縮機には、この装置が取り付けてある。（平26問5）

長文であるが、ビビってはいけないです。「＜略＞冷凍負荷が大きく減少した場合に圧縮機の容量を調整できるようにした＜略＞」。初級テキストには、吸込み圧力のことが書かれていますが圧力を調節しているわけではないので困惑しないように気をつけましょう。　【答：×】

> ・多気筒の往復圧縮機では、吸込み弁を閉じて作動気筒数を減らすことにより、容量を段階的に変えることができる。（平27問5）

「吸込み弁を閉じて」ではなくて、「吸込み弁を開放して」です。　　　　　　【答：×】

> ・容量制御装置が取り付けられた多気筒の往復圧縮機は、吸込み弁を開放して作動気筒数を減らすことにより、段階的に圧縮機の容量を調節できる。（平28問5）

素直なよい問題です。　　　　　　　　　　　　　　　　　　　　　　　　【答：○】

> ・多気筒の往復圧縮機にはアンローダと呼ばれる容量制御装置が付いており、このアンローダにより無段階に容量を制御できる。（平30問5）

段階的ですね！　無断階は、往復圧縮機のインバーターとスクリュー圧縮機のスライド弁容量制御です。　　　　　　　　　　　　　　　　　　　　　　　　　　　　【答：×】

（2）スクリュー圧縮機の容量制御

過去問題にチャレンジ！

> ・スクリュー圧縮機の容量制御はスライド弁で行い、ある範囲内で無段階制御または段階制御が可能である。（平22問5）

う〜む。初級テキスト7次改訂版（平成25年12月発行）より、文章から「スライド弁」という文字が消えましたが、アンローダー（容量制御装置）の図が追加され、図中にスライド弁と書かれています。　　　　　　　　　　　　　　　　　　　　　　　　　【答：○】

> ・スクリュー圧縮機の容量制御をスライド弁で行う場合、スクリューの溝の数に応じた段階的な容量制御となり、無段階制御はできない。（令1問5）

段階的ではなく、無段階で制御（調節）できます！　　　　　　　　　　　　【答：×】

（3）往復圧縮機の回転速度と容量

過去問題にチャレンジ！

> ・多気筒圧縮機の容量制御は、一般に、インバータによって圧縮機の回転速度を調整することにより行われる。（平17問5）

これは、往復圧縮機のことを言っています。ちょっと、引っ掛けっぽい問題だね。往復動圧縮機の冷凍能力は回転速度で変わります。「多気筒圧縮機はアンローダ、往復圧縮機はインバータ」と覚えましょう。　　　　　　　　　　　　　　　　　　　　　【答：×】

・インバータは、圧縮機駆動用電動機への供給電源の周波数を変化させるもので、圧縮機回転速度を限定された範囲内で無段階に近い調節を行うことができる。(平20問5)

うむ。インバータは今や省エネでよく使われるからこの手の問題は多くなるかも知れませんね。　　　　　　　　　　　　　　　　　　　　　　　　　　　　　　【答：○】

・往復圧縮機の冷凍能力は圧縮機の回転速度によって変わる。インバータを利用すると、電源周波数を変えて、回転速度を調節することができる。(平26問5、平30問5)

その通りとしか言いようがないです。　　　　　　　　　　　　　　　　　【答：○】

2-8　圧縮機の保守

圧縮機の運転、冷凍機油、各部品の不具合や影響が問われます。

（1）頻繁な始動と停止　▼初級テキスト「頻繁な始動、停止」

過去問題にチャレンジ！

・圧縮機が頻繁な始動と停止を繰り返すと、駆動用電動機巻線の異常な温度上昇を招き、焼損のおそれがある。(平19問5、平24問5、平30問5)

起動（始動）電流は通常の3～5倍流れるので電動巻線は温度上昇します。　【答：○】

・圧縮機が頻繁に始動と停止を繰り返すと、駆動用の電動機巻線の温度上昇を招くが、巻線が焼損するおそれはない。(平23問5)

「おそれがある」です。問題は、よく読みましょう。　　　　　　　　　　【答：×】

（2）吸込み弁の漏れと影響　▼初級テキストの「吸込み弁と吐出し弁の漏れの影響」

忘れた頃にポツリと出題されます。初級テキストの「吸込み弁と吐出し弁の漏れの影響」を一読し、イメージ的に捉えられればしめたものなんだけどな。そうすれば後半の「保守管理」あたりの問題が楽になりますよ。

過去問題にチャレンジ！

・圧縮機の吸込み弁に漏れがあると、体積効率は小さくなるが、冷媒循環量には影響しない。(平11問3)

体積効率 η_v = 実際の吸込み蒸気量 q_{vr} ÷ ピストン押しのけ量 V であるから、体積効率は当然小さくなります。吸込み蒸気量が少なくなるので、冷媒循環量は減少してしまい、冷凍能力が小さくなってしまいます。　　　　　　　　　　　　　　　　　　　【答：×】

> ・往復圧縮機の吸込み弁でガスが漏れると、圧縮機の体積効率が低下する。（平17問5）

その通りですね。　　　　　　　　　　　　　　　　　　　　　　　　【答：○】

（3）吐出し弁の漏れの影響

過去問題にチャレンジ！

> ・往復圧縮機の吐出し弁にガス漏れが生じると、圧縮機の体積効率は低下する。（平19問5）

体積効率は吸込み弁漏れと同じく低下します。なんとなく惑わされる？　【答：○】

> ・往復圧縮機の吐出し弁からシリンダヘッド内のガスがシリンダ内に漏れると、シリンダ内に絞り膨張して過熱蒸気となり、吸込み蒸気と混合して、吸い込まれた蒸気の過熱度が大きくなる。（平25問5）

その通り！　勉強してないと勘が頼りになってしまう問題ですよ。　　【答：○】

（4）ピストンリングの漏れの影響

　コンプレッションリングとは、ピストンの上部に2～3本あり、ガス漏れを防止するためのものです。また、オイルリングは、ピストンの下部に1～2本あり、油上がりを防止するためのものです。

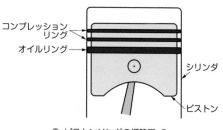

● ピストンリングの概略図 ●

過去問題にチャレンジ！

> ・一般の往復圧縮機のピストンには、ピストンリングとして、上部にオイルリング、下部にコンプレッションリングが付いている。（平28問5）

おっと！　単純明快な問題ですね。でも、勉強してないと迷うかも知れません。上下が逆ですね。2種類のリングをイメージ的（下はクランクケースでオイルがあり、上部にはガスの弁があるので…、みたいな）に捉えておけばよいでしょう。　　　　　　　　【答：×】

> ・往復圧縮機のコンプレッションリングが著しく摩耗すると、ガス漏れが生じ、体積効率が低下し冷凍能力も低下する。（平12問5）

その通り！　コンプレッションリングの不良で、ガス漏れが生じれば冷媒循環量が減り、吸込み蒸気量は小さくなって体積効率も小さくなります。さらに、冷凍能力も低下します。　　　　　　　　　　　　　　　　　　　　　　　　　　　　　　　【答：○】

> ・往復圧縮機のオイルリングが著しく摩耗すると、圧縮機からの油上がりが少なくなる。
> 　　　　　　　　　　　　　　　　　　　　　　　　　　　　　　　（平19問5）

油上がりが多くなって、凝縮器や蒸発器に油が溜まり熱交換を阻害し、よって冷凍能力が低下します。この問題は必ずゲットするべし！　　　　　　　　　　　　　　【答：×】

> ・圧縮機のピストンに付いているコンプレッションリングが摩耗しても、体積効率は変わらない。（平20問5）

リングの問題はポツリと出題されます。ここを読んでいるあなたは、サービス問題となっているはずです。　　　　　　　　　　　　　　　　　　　　　　　　　　　　　　【答：×】

2-9　給油圧力と油量

　初級テキスト7次改訂版（平成25年12月発行）では、「給油ポンプの油圧」から「給油圧力と油量」と題がかわり、スクリュー圧縮機の給油についての文章が加わりました。近年、出題されていないようですが、果たして…。

（1）基本問題

過去問題にチャレンジ！

> ・圧縮機の給油圧力とは、油圧とクランクケース内圧力との間の圧力差である。
> 　　　　　　　　　　　　　　　　　　　　　　　　　　（平12問8 自動制御機器）

　給油ポンプによる強制給油式の多気筒圧縮機の給油圧力は、一般に「給油圧力（0.15〜0.4 MPa）＝油圧計指示圧力 − クランクケース圧力」です。　　　　　　　　　　【答：○】

> ・給油ポンプによる強制給油式の多気筒圧縮機の給油圧力は、一般に
> 　　（給油圧力）＝（油圧計指示圧力）−（クランクケース圧力）＝0.15〜0.4 MPa
> あれば正常である。（平14問5 往復圧縮機）

　この式は覚えてください。数字は頭の片隅に残しておいたほうがよいでしょう。　【答：○】

> ・強制給油式の往復圧縮機はクランク軸端に油ポンプを設け、圧縮機各部のしゅう動部に給油する。強制的に給油するため、圧縮機の回転数が非常に低回転数であっても潤滑に十分な油圧を得ることができる。（平28問5）

　なんとなく「×」にする問題ですね。十分な油圧を得ることができないのです。初級テキストでは、前半は「給油圧力と油量」を読めばよいですし、後半の回転数云々は、「往復圧縮機の回転速度と容量」に、ズバリとさり気なく記されています。　　　　　　　【答：×】

（2）液戻り

過去問題にチャレンジ！

> ・フルオロカーボン冷凍装置では、装置が正常でない液戻りの運転状態になると、油に冷媒液が多量に溶け込んで、油の粘度を低下させるので潤滑不良となる。（平26問5）

　題意の通りです。液戻りは、後半の「保守管理」でさんざん登場しますよ。　【答：○】

2-10　オイルフォーミング

　初級テキストでは１ページにも満たない項目ですが、なぜか出題数は多いです。問題を解きやすいように「油温と冷媒」と「油上がり」に分類しています。

（1）油温と冷媒

過去問題にチャレンジ！

> ・停止中のフルオロカーボン用圧縮機クランクケース内の油温が低いと、冷凍機油に冷媒が溶け込む溶解量は大きくなり、圧縮機始動時にオイルフォーミングを起こしやすい。
>
> （令１問５）

　勉強している方にとっては、具体的に書かれたよい問題文でしょう。　　　　　【答：○】

> ・停止中の圧縮機クランクケース内の油温が高いと、始動時にオイルフォーミングを起こしやすい。（平24問５）

　オイルフォーミングの原因は、低温のフルオロカーボン冷媒中に油が溶け込むことにより起こります。よってクランクケースヒーターで油を周囲温度より温めているのです。【答：×】

> ・停止中に多気筒圧縮機のクランクケース内の油温が低いと、始動時にオイルフォーミングを起こしやすい。（平29問５）

　高い低いに、惑わされないように問題をよく読みましょう。　　　　　　　　【答：○】

（2）油上がり

過去問題にチャレンジ！

> ・圧縮機からの油上がりが多くなると、凝縮器や蒸発器などの熱交換器での伝熱が悪くなり、冷凍能力が低下する。（平15問５）

　題意の通りです。　　　　　　　　　　　　　　　　　　　　　　　　　　　【答：○】

> ・フルオロカーボン冷媒用の圧縮機にオイルフォーミングが発生すると、圧縮機からの油上がりが少なくなる。（平19問５）

　初級テキスト「オイルフォーミング」をよく読んで、頭の中でイメージしておきましょう。オイルフォーミングが発生する原因、そして、影響。この問題は美味しい問題ですから、必ずゲットできるはずです。　　　　　　　　　　　　　　　　　　　　　　　　　【答：×】

> ・圧縮機からの油上がりが多くなると、圧縮機内部の潤滑状態が良好となる。（平27問５）

　この問題は良好になんてならないですよねぇ～！　と、思える問題です。圧縮機内部の油量が低下して潤滑状態が悪くなります。　　　　　　　　　　　　　　　　　　　　【答：×】

③ 冷媒

　冷媒関係の問題を把握しておかないと、後半の「運転と点検」、「運転管理」などの問いが、ボディブローが効いてくるように苦痛になりますよ。★は４つ！

3-1　沸点と臨界温度・混合冷媒・体積能力

（1）沸点と臨界温度

過去問題にチャレンジ！

・0℃における飽和圧力を標準沸点といい、冷媒の種類によって異なっている。（平26問4）

　勉強していないと、なんとなく「○」にするかも…。初級テキスト「圧力と臨界温度」には、「飽和圧力が標準大気圧に等しいときの飽和温度を標準沸点という」と記されています。0℃におけるとか、何処にも記されていません。　　　　　　　　　　　　　　　　　　【答：×】

・沸点はR410Aよりもアンモニアのほうが低い。（平16問4）

　う～ん、沸点が低い順に並べてみると、R410A（－51.9℃）、R404A（－46.1℃）、R407C（－43.6℃）、R22（－40.8℃）、アンモニア（－33.4℃）、R134a（－26.0℃）です。アンモニアとR134a（←もっとも高い）は、わりと沸点が高いんだね、と、覚えていればよいかも。マイナスだから、低い高いを勘違いしないように気をつけましょう。　　　【答：×】

・沸点の低い冷媒は、同じ温度条件で比べると、一般に沸点の高い冷媒より圧力が低い。
　　　　　　　　　　　　　　　　　　　　　　　　　　　　　　　　　　　　　（平14問4）

　「沸点低冷媒は、沸点高冷媒より圧力が高い」と覚えること！　　　　　　　【答：×】

・沸点の低い冷媒と高い冷媒を同じ温度条件で比較すると、飽和圧力は一般に沸点の低い冷媒のほうが低い。（平17問4）

　「<略>飽和圧力は一般に沸点の低い冷媒のほうが高い」です。沸点・低いものは高いと、記憶するか、またはイメージ的にとらえておけばよいでしょう。　　　　　　　　　【答：×】

・フルオロカーボン冷媒の沸点は種類によって異なり、同じ温度条件で比べると、一般に、沸点の低い冷媒は、沸点の高い冷媒よりも飽和圧力が高い。（平30問4）

　全くそのとおり！素直なよい問題ですね。　　　　　　　　　　　　　　　　【答：○】

・一般に、冷凍・空調装置では、凝縮温度を冷媒の臨界温度よりも低い温度で使用している。（参考：2種〔学識〕平22問9）

　初級テキスト「圧力と臨界温度」にズバリ的に記されているので一読しておきたいですね。

今後、似たような問題が出題されるかも知れません。　　　　　　　【答：○】

（2）混合冷媒

● 単一成分冷媒と混合冷媒 ●

単一成分冷媒※1	R22、R134a、アンモニア（NH₃）など
共沸混合冷媒	R125とR143aの単一成分冷媒を複数まぜた冷媒R507Aなど500番台
非共沸混合冷媒	沸点差の大きい冷媒を混合させた混合冷媒で、沸点の低い冷媒が早く蒸発し、凝縮する場合は沸点の高い冷媒が早く凝縮する。そのため蒸気中の成分割合と液の成分割合に差が生じる。R407Cなど400番台
擬似共沸混合冷媒	沸点差の小さい冷媒を混合させた非共沸混合冷媒で、共沸混合冷媒に近い特性である。R404、R410A※2など。

※1　単一成分冷媒は、単成分冷媒とも呼ぶ。
※2　R404、R410Aは、非共沸混合冷媒であるが、擬似共沸混合冷媒とも呼ばれる。

過去問題にチャレンジ！

・R134aとR410Aはともに単成分冷媒である。（平20問4）

　　ちょっと意地悪な問題かな。勉強していないことがばれてしまう問題です。初級テキスト「冷媒の種類」を熟読してください。400番台の冷媒は単成分冷媒を混合した「非共沸混合冷媒」です。これ「上級テキスト」に記されていますが、初級にはないです。ここで覚えることができたあなたはラッキーですね。さぁ、「単一成分冷媒」、「共沸混合冷媒」、「非共沸混合冷媒」の3つの言葉と性質の違いを頭の中でイメージしておきましょう。　　【答：×】

・R410Aは共沸混合冷媒である。（令2問4）

　　初級テキスト8次改訂版では、R410Aが非共沸混合冷媒である説明が新規に記されました。
　　　　　　　　　　　　　　　　　　　　　　　　　　　　　　　【答：×】

・R407Cがボンベ内にある場合、冷媒液の成分割合と冷媒蒸気の成分割合は同じである。（平17問4）

　　沸点差の大きな冷媒（R22やR134a）を混ぜたものは、液と蒸気の状態の沸点が違うので、蒸発や凝縮が早かったり遅かったりするので、成分割合も違ってきます。つまり、R407Cの液と蒸気は成分割合が違います、ということです。こういう冷媒を「非共沸混合冷媒」と言います。　　　　　　　　　　　　　　　　　　　　　　　　　　　　　【答：×】

・非共沸混合冷媒が蒸発する場合は、沸点の低い冷媒が早く蒸発し、凝縮する場合は沸点の高い冷媒が早く凝縮する。（平22問4）

　　「沸点低い早く蒸発、沸点高い早く凝縮」とでも覚えればよいかな。初級テキストでは、「多く」と記されていますが「早い」と同等と思われます。　　　　　　　　　【答：○】

・単成分冷媒の沸点は種類によって異なるが、沸点の低い冷媒は、同じ温度条件で比べると、一般に沸点の高い冷媒よりも飽和圧力が低い。（平24問4）

　　「<略>一般に沸点の高い冷媒よりも飽和圧力が高い」ですね。　　　【答：×】

・圧力一定のもとで非共沸混合冷媒が凝縮器内で凝縮するとき、凝縮中の冷媒蒸気と冷媒液の成分割合は変化しない。（平25問4）

　　変化しますよ。▼初級テキスト「冷媒の種類」　　　　　　　　　　　　　　【答：×】

・非共沸混合冷媒が蒸発するときは、沸点の低い冷媒のほうが先に蒸発する。（平26問4）

　　うむ。初級テキストでは、「多く」と記されていますが「先に」と同じ事と思われます。
　　　　　　　　　　　　　　　　　　　　　　　　　　　　　　　　　　　　【答：○】

・非共沸混合冷媒が蒸発するときは沸点の低い冷媒が多く蒸発し、凝縮するときも沸点の低い冷媒が多く凝縮する。（平28問4）

　　非共沸混合冷媒が蒸発するときは沸点の低い冷媒が多く蒸発し、凝縮するときは沸点の高い冷媒が多く凝縮します。「早い」や「先に」が、この問題では「多く」となっています。初級テキストと同様になったのですね。　　　　　　　　　　　　　　　　【答：×】

（3）体積能力

過去問題にチャレンジ！

・R134aはR22に比べて、運転温度条件が同一ならば、冷凍トンあたりのピストン押しのけ量は小さくて良い。（平14問4）

　　大きなピストン押しのけ量が必要です。

> **冷凍保安規則第5条（冷凍能力の算定基準）**
>
> $R=V/C$
>
> V（ピストン押しのけ量）、C（冷媒ごとに定めれられた定数）から、Cの値はR134a＝14.4、R22＝8.5であるから、同じ冷凍能力を得るためには、R134aはR22に比べてピストン押しのけ量は大きくなければならないです（アンモニア $C=8.4$）。

　　　　　　　　　　　　　　　　　　　　　　　　　　　　　　　　　　　【答：×】

・圧縮機の単位吸込み体積当たりの冷凍能力を体積能力といい、その単位は〔kJ/m³〕である。（平20問4）

　　その通りです。「体積能力は1立方メートル〔m³〕当たりの冷凍能力〔kJ〕」という感じで覚えておけばよいですよ。R134aはR22と同等の能力を得るためには1.5倍も大きなピストン押しのけ量が必要になります。　　　　　　　　　　　　　　　　【答：○】

3-2　圧縮機の吐出しガス温度

凝縮温度45℃、過冷却度0K、蒸発温度10℃、過熱度0K

● 断熱圧縮後の吐出しガス温度 ●

冷媒名	吐出しガス温度（℃）
R22	60
R134a	49
R404A	50
R407C	57
R410A	60
アンモニア	88

「SIによる 初級 冷凍受験テキスト：日本冷凍空調学
会（7次改訂版）」：「圧縮機の吐出しガス温度」より

過去問題にチャレンジ！

・冷凍サイクルの凝縮温度、蒸発温度、過冷却度および過熱度が同じとすると、圧縮機の吐出しガス温度はアンモニアよりも R407C のほうが高い。（平16問4）

　R407c はフルオロカーボンであるから、低いです。表を参照してください。　【答：×】

・蒸発温度と過熱度が同じ R134a と R410A の冷媒蒸気を、圧縮機で同じ凝縮温度まで圧縮すると、圧縮機吐出しガス温度は、R410A のほうが低くなる。（平23問4）

　R410A のほうが高く、R134a が一番低いですね。表を見ておくしかないです。　【答：×】

・冷媒ガス吸込み側に電動機を収めた密閉圧縮機では、電動機で発生する熱が冷媒に加えられて、吸込み蒸気の過熱度が大きくなるため、吐出しガス温度が高くなりやすい。
（平24問4）

　素直なよい問題ですね。　【答：○】

・圧縮機の吐出しガス温度が高いと、潤滑油の変質、パッキン材料の損傷などの不具合が生じる。（平15問4）

・圧縮機の吐出しガス温度が高いと、油の分解や劣化が起きて、潤滑不良の原因となる。
（平19問4）

　はい、その通りです。他の吐出しガス温度の問題は、初級テキスト後半の「冷凍装置の運転状態の変化」から、問14あたりで出題されます。　【答：どちらも○】

3-3　冷媒の化学的安定性

過去問題にチャレンジ！

・フルオロカーボン冷媒は、一般に毒性が低く、安全性の高い冷媒であるが、多量に冷媒ガスが漏れた場合には、酸素欠乏による致命的な事故になることがある。（平13問4）

フルオロカーボン冷媒は空気より重いので床面に滞留します（アンモニアは天井へ）。

【答：○】

・冷凍装置の中では、フルオロカーボン冷媒と油、それに微量の水分と金属などが共存しているので、温度が高くなると冷媒の分解や油の劣化が生じ、金属腐食や潤滑不良を起こすことがある。（平21問4）

　うむ、その通り！　と、言うしかないです。

【答：○】

3-4　冷媒の地球環境

過去問題にチャレンジ！

・フルオロカーボン冷媒の種類の中で、分子構造中に塩素原子を含むものはその塩素がオゾン層を破壊するとして国際的に規制されている。また、塩素原子を含まないものでも地球温暖化に影響を及ぼすとして大気放出を防ぐなどの対策・規制が行われている。（平27問4）

　問題文は長いけれどもどうってことないです。初級テキスト「冷媒と地球環境」を読んであればなんとなく「○」にするでしょう。塩素がポイントかな。

【答：○】

3-5　アンモニア冷媒

（1）アンモニア冷媒の比重

過去問題にチャレンジ！

・アンモニア冷媒の飽和液は潤滑油よりも重く、装置から漏れたアンモニアガスは空気よりも重い。（平23問4）

　「アンモニア冷媒の飽和液（アンモニア液のこと）」とかに惑わされないようにしてください。
　　・アンモニア冷媒の飽和液は潤滑油よりも軽い。
　　・アンモニアガスは空気よりも軽い（天井に溜まる）。

【答：×】

・アンモニアガスは空気より軽く、空気中に漏えいした場合には、天井の方に滞留する。（平26問4）

　素直なよい問題ですね。

【答：○】

・同じ体積で比べると、アンモニア冷媒液は冷凍機油よりも重いが、漏えいしたアンモニア冷媒ガスは空気よりも軽い。（平30問4）

　「×」です。正しい文章にしてみましょう。「同じ体積で比べると、アンモニア冷媒液は冷凍機油よりも軽いが、漏えいしたアンモニア冷媒ガスは空気よりも軽い」ですね。　【答：×】

（2）アンモニア冷媒による金属の腐食

過去問題にチャレンジ！

・銅および銅合金に対してアンモニアは腐食性があるが、フルオロカーボンは腐食性がない。（平11問4）

　ズバリよい問題です。フルオロだけでは金属を腐食させませんが、水分の混入には注意が必要です。　　　　　　　　　　　　　　　　　　　　　　　　　　　　　【答：○】

・冷凍機油はアンモニア液よりも軽く、アンモニアガスは室内空気よりも軽い。また、アンモニアは銅および銅合金に対して腐食性があるが、鋼に対しては腐食性がないので、アンモニア冷凍装置には鋼管や鋼板が使用される。（平27問4）

　長い文章ですね。「冷凍機油はアンモニア液よりも重く、」が正しいです。その他の文言は、みな正しいですよ。　　　　　　　　　　　　　　　　　　　　　　　　　【答：×】

・アンモニア冷媒は銅および銅合金に対して腐食性がなく、銅管や黄銅製の部品の使用が可能である。（平29問4）

　楽勝ですね！　正しい文章にしてみましょう。「アンモニア冷媒は銅および銅合金に対して腐食性があるので、銅管や黄銅製の部品が使えない」です。　　　　　　　　【答：×】

（3）アンモニア冷媒と水分

過去問題にチャレンジ！

・アンモニア液は、水と容易に溶け合ってアンモニア水となるので、冷凍装置内に侵入した水分が微量であれば、とくに差し支えない。（平18問4）

　この問題は凄く美味しいはずです。冷媒と水に関しては他にもいろいろ出題されますが、絶対ゲットしたいですね！　　　　　　　　　　　　　　　　　　　　　　　　【答：○】

・アンモニア冷凍装置内に、微量の水分が混入しても運転に大きな障害を生じないが、水分が多量に混入すると、装置の性能が低下し、潤滑油が劣化する。（平23問4）

　おう！　冷凍機油の変質が起こりやすいですね。　　　　　　　　　　　　　【答：○】

・アンモニア冷媒は水と容易に溶け合ってアンモニア水になるので、冷凍装置内に多量の水分が存在しても性能に与える影響はない。（平25問4）

　多量か微量かの水分がポイントですね。平18問4と比較してみてください。　【答：×】

（4）アンモニア冷媒と油

　日本語の読解力が必要となるような問題が多いです。

> **Memo**
>
> 初級テキストでは…
> 　アンモニア液のほうが鉱油より比重が小さい（軽い）、アンモニア液は鉱油の上部に溜まる。
>
> 引っ掛け用の試験問題では…
> 　鉱油のほうがアンモニア液より比重が大きい（重い）、液面近くではなく下部に溜まる。

過去問題にチャレンジ！

・アンモニア液は鉱油（鉱物油）に溶けにくいので、油が液溜め器の液面近くに溜まりやすい。（平13問4）

　　イメージしましょう。正しい文章は「アンモニア液は鉱油（鉱物油）に溶け合わないので、油は液溜め器の底部に溜まる」ですね。　　　　　　　　　　　　　　　　　　　【答：×】

・アンモニア液は、鉱油にほとんど溶解しない。また、アンモニア液のほうが鉱油よりも比重が小さいので油溜め器、液溜め器などでは油が底に溜まるので、油抜きは容器底部から行う。（平22問4）

　　ま、なんとなく「○」にしますね。　　　　　　　　　　　　　　　　　　　【答：○】

・アンモニア液は鉱油にほとんど溶解せず、鉱油のほうがアンモニア液より比重が小さく、油タンクや液だめでは、油はアンモニア液の上に浮いて層を作る。（平28問4）

　　語句を入れ替えて、正しい文にしてみましょう。「アンモニア液は鉱油にほとんど溶解せず、アンモニア液のほうが鉱油より比重が小さく、油タンクや液だめでは、アンモニア液は油の上に浮いて層を作る」ですね。　　　　　　　　　　　　　　　　　　　　　【答：×】

・潤滑油として鉱油を用いたアンモニア冷凍装置では、圧縮機から吐き出された油は、冷媒とともに装置内を循環して圧縮機に戻す。（平17問4）

　　圧縮機に戻すのはフルオロカーボン冷凍装置です。初級テキスト88ページ「(c)油抜き（油戻し）」を開くべし。問題的には、「冷媒と油」での出題ですが、このように蒸発器の章からも絡めてくるのでまんべんなく勉強し、過去問を解けば、100点…かな？　　　　　　【答：×】

3-6　フルオロカーボン冷媒

（1）フルオロカーボンの比重

過去問題にチャレンジ！

・フルオロカーボン冷媒の液は油より軽く、装置から漏れた冷媒ガスは空気よりも軽い。
　　　　　　　　　　　　　　　　　　　　　　　　　　　　　　　　　　（平15問4）

・フルオロカーボン冷媒の液は潤滑油よりも重く、冷凍装置から漏えいしたそのガスは空気よりも軽い。(平18問4)

> フルオロは油より重く（水とほとんど溶け合わない）、そのガスは空気より重いです。アンモニアは、油より軽く（鉱油と溶け合わない）、そのガスは空気より軽いですよ。
> 【答：どちらも×】

・フルオロカーボン冷媒の比重は、液の場合は冷凍機油よりも大きく、漏えいガスの場合は空気よりも大きい。(平24問4)

> 文章的には「比重」が加わったことにより、「重い・軽い」が「大きい・小さい」に変わっただけです。　【答：〇】

（2）フルオロカーボン冷媒とアンモニア冷媒の比重比較

過去問題にチャレンジ！

・装置から漏れたフルオロカーボン冷媒ガスは、空気よりも軽く天井付近に、またはアンモニアガスは空気より重いので、床面上に滞留しやすい。(平13問4)

> 逆です。フル「重」、アン「軽」ですよ！　【答：×】

・大気中に漏れたフルオロカーボン冷媒ガスは空気より重く、アンモニア冷媒ガスは空気より軽い。(平14問4)

> うむ。イメージで覚えましょう。　【答：〇】

（3）フルオロカーボン冷媒と水

過去問題にチャレンジ！

・フルオロカーボン冷媒に水分が混入すると、冷媒が加水分解し、酸性の物質を作り金属を腐食させるので、フルオロカーボン冷凍装置には、ドライヤをつけて冷媒に混入した水分を吸着して除去する。(平29問4)

> その通りとしか言いようがないです。「附属機器」でこの性質に関連した問が出題されています。　【答：〇】

・フルオロカーボン冷媒は、化学的に安定した冷媒であるが、装置内に水分が混入し、温度が高いと冷媒が分解して金属を腐食することがある。また、膨張弁で遊離水分が凍結して詰まることもある。(平23問4)

> その通りです。「遊離水分」の一語は問題文にはあまり登場しません。初級テキストを一読後、心の片隅に残っていなくても感覚でわかるでしょう。　【答：〇】

・フルオロカーボン冷媒と水とは容易に溶け合い、冷媒が分解して酸性の物質を作って金属を腐食させる。(平26問4)

> 容易に溶け合わないのです。なんというか、ズバリ間違いだと逆に混乱してしまう高度な文章ですね。　【答：×】

・フルオロカーボン冷媒の中に水分が混入すると、高温状態で冷媒が加水分解して酸性の物質を作り、金属を腐食させる。(平28問4)

うむ。短適なよい問題ですね。 【答：○】

・フルオロカーボン冷媒は、腐食性がないので銅や銅合金を使用できる利点があるが、冷媒中に水分が混入すると、金属を腐食させることがある。(平30問4)

素直なよい問題でしょう。 【答：○】

(4) フルオロカーボン冷媒と潤滑油

初級テキスト8次改訂版（令和元年11月発行）では、フルオロカーボン冷媒と潤滑油の関係で、温度と圧力に関わるものや、溶解と溶液の記述がなくなったため、この関連の過去問題は掲載しませんが、特定不活性ガスのR1234yf、R1234zeや合成油であるPAG油やPOE油が新規に追加されましたので、留意してくださいね。

過去問題にチャレンジ！

・フルオロカーボン冷凍装置では、圧縮機から吐き出された冷凍機油は、冷媒とともに装置内を循環し、再び蒸発器から圧縮機へ戻るが、蒸発器内に冷凍機油が残らないようにする。(平27問4)

「蒸発器内に冷凍機油が残らないようにする」。この一文はズバリとテキストには書かれていないので、「フルオロカーボンと油との関係、配管上の工夫の必要性」と「低圧側配管の油戻しのための配管」（一生懸命に油を蒸発器（冷却器）に残さず圧縮機へ戻そうとする工夫）あたりから導びくしかないのです。 【答：○】

・潤滑油は、R22には鉱油が使用されているが、R404A、R407Cにはエーテル油などの合成油が一般的に使用される。(平16問4)

R22といったら鉱油、R4〜といったらエーテル油（合成油）ですね。 【答：○】

・冷媒と潤滑油の組み合わせは、R22/鉱油、R134a/エステル油、R404A/エーテル油が一般的である。(平18問4)

3冷の場合は初級テキストに書かれている冷媒の種類と油の種類の組み合わせしか出題されないでしょう。絶対ゲットすること！ 【答：○】

・冷媒と潤滑油の組み合わせとして、R22とR134aは鉱油、R407Cはエーテル油、R404Aはエステル油が一般的に使用される。(平22問4)

組み合わせのツッコミ問題ですね。R134aはエステル油、R404はエーテル油です。

【答：×】

3-7 冷媒の漏洩検出

過去問題にチャレンジ！

・アンモニアの漏えいの検出をするために硫黄を燃やし、二酸化炭素（炭酸ガス）とアンモニアが反応して白煙を生じることを利用して検知する。フルオロカーボン冷媒は、電気式検知器や炎色反応を利用したハライドトーチ式検知器を利用する。(平21問4)

二酸化炭素（炭酸ガス）ではなく、亜硫酸ガスです。テキストを一回でも読んでおけばよいですね。　　　　　　　　　　　　　　　　　　　　　　　　　　　　　　【答：×】

難易度：★★★

④ ブライン

　ブラインというのは、冷凍冷蔵庫とか、食品ケースとか、大型室内空調機などの蒸発器で冷却され循環して物を冷やすための媒体で、冷水とか、つまり不凍液のようなものです。過去問は初級テキストの「ブライン」からまんべんなく出題されています。

過去問題にチャレンジ！

・ブラインは、一般に凍結点が0℃以下の液体で、それの顕熱を利用してものを冷却する媒体のことである。(平15問4)

凍結点とはブラインが凍りはじめる温度で、塩化カルシウムブライン（濃度29.9%で−55℃）、塩化ナトリウムブライン（食塩水）は最低で−21℃である。要は、冷凍庫の魚などをコチコチに凍らせるための冷たいブラインが、先に凍結してしまったら話にならないのです。ちなみに、顕熱とは、物体（この場合ブライン）の状態変化なしに温度のみを変化させる熱のことです。　　　　　　　　　　　　　　　　　　　　　　　　　　　【答：○】

・塩化カルシウムブラインの凍結点（共晶点）は、塩化ナトリウムの凍結点よりも低い。
(平17問4)

共晶点とは最低の凍結点のことで、塩化カルシウムブラインは−55℃、塩化ナトリウム（食塩）ブラインは−21℃。「塩（ナトリウム）よりカルシウムの方が、やっぱし、強力で低いね」みたいな感じで覚えましょう。　　　　　　　　　　　　　　　　　　　【答：○】

・塩化カルシウムブラインの共晶点は−55℃であるが、実用上使える下限温度は−40℃である。(平12問4)

共晶点とは最低の凍結点のことで、塩化カルシウムブラインは−55℃、塩化ナトリウム（食塩）ブラインは−21℃です。塩化カルシウムブラインの実用上の下限使用温度は−40℃です。また、濃度が上がると氷結温度は下がります。　　　　　　　　　　　　　【答：○】

・塩化カルシウム濃度 20％のブラインは、使用中に空気中の水分を凝縮させて取り込むと凍結温度が低下する。（平 30 問 4）

正しい文章にしてみましょう。「塩化カルシウム濃度 20％のブラインは、使用中に空気中の水分を凝縮させて取り込むと（濃度が下がり）凍結温度が上昇する」ですね。　【答：×】

・塩化カルシウムブラインは、金属に対する腐食性が大きいので、腐食抑制剤を加えるとよい。（平 16 問 4）

塩化ナトリウムとは塩のことです。塩水をイメージすればなんとなく腐食性が強いとわかりますね。とにかくブラインは配管が腐食してしまわないように水質管理が重要なのです。
　【答：○】

・塩化ナトリウムブラインは、食品に直接接触する場合に使用することがあるが、金属に対する腐食性が有機ブラインよりも強い。（平 20 問 4）

食品に直接触れる場合はこれを使います。無機ブラインの塩化ナトリウムと違って、エチルグリコール系やプログリコール系を溶質とする有機ブラインは腐食抑制剤を加えればほとんど腐食性がないです。　【答：○】

・ブラインは空気とできるだけ接触しないように扱われる。それは、窒素が溶け込むと腐食性が促進され、また水分が凝縮して取り込まれると濃度が低下するためである。（平 27 問 4）

窒素ではなく酸素です！　嫌な問題ですね。よく読まないとくやし涙を流すでしょう。水分に関しては、初級テキスト「ブライン」の最後の方を読んでください！　【答：×】

・プロピレングリコールは無機ブラインで、食品の冷却用として多く用いられる。（平 18 問 4）

（＞＜;）有機ブラインです。　【答：×】

・一般的に、ブラインは使用中に空気中の水分を凝縮させて取り込むことにより、ブラインの濃度が下がるので、濃度の調整が必要である。（平 29 問 4）

そうだね、全くその通りです。　【答：○】

・有機ブラインの溶質には、エチレングリコール系やプロピレングリコール系のほかに、塩化カルシウムや塩化ナトリウムなどがある。（令 2 問 4）

塩化カルシウムや塩化ナトリウムは、無機ブラインです。　【答：×】

Memo　　私が知っているある製造工場では、それなりの業者が定期的に溶質（ブライン中に溶け込んでいる物質）を補充しておりましたよ。

5 伝熱

　熱の移動を学ぶのは冷凍サイクルでは必須です。この後の「凝縮器」と「蒸発器」にもつながる重要な項目です。★は4つ。

5-1　顕熱と潜熱

　初級テキスト1ページの「物質から熱を除去するには」を熟読してほしいです。先々、嫌になるほど登場する言葉です。頭の中でイメージして覚えてみましょう。

		温度変化と拡張変化	顕熱と潜熱を利用する媒体
顕熱		物体の状態変化がなく温度のみが変化する。	ブライン、空冷凝縮器の空気等
潜熱		物体の状態が変化する（固体→液体→気体等）場合に必要な熱量。	蒸発器の冷媒、冷却塔の水等（蒸発潜熱・凝縮潜熱・融解潜熱・凝固潜熱）

（1）顕熱

過去問題にチャレンジ！

・物質が液体から蒸気に、または蒸気から液体に状態変化する場合に必要とする出入りの熱量を、顕熱と呼ぶ。（平27問1）

　　状態が変化（蒸発器とか、凝縮器とか）ですから、潜熱です。　　　　　　【答：×】

・一般に、物質が液体から蒸気に、または蒸気から液体に状態変化する場合に、必要とする出入りの熱量を顕熱と呼ぶ。（平28問1）

　　状態変化があるので潜熱です。　　　　　　　　　　　　　　　　　　　【答：×】

（2）潜熱

過去問題にチャレンジ！

・水の蒸発潜熱は、約2,500 kJ/kg である。（平12問1）

　　ハイ！　初級テキスト1ページです。真空で0℃の水1 kgを蒸気（気体）に変える熱量は2500。この数字覚えておきましょう。この問題も古いけれども、忘れた頃（年度）にヒョッコリ出題されるかも知れません。　　　　　　　　　　　　　　　　　　　【答：○】

・水1 kgを等温（等圧）のもとで蒸発させるのに必要な熱量を水の蒸発潜熱という。

（平30問1）

基本的なことなので覚えておくしかないです。　　　　　　　　　　　　【答：○】

・**冷媒が液体から蒸気に、または蒸気から液体に状態変化するときに必要とする熱を、潜熱と呼ぶ。**（平 22 問 1 ）

ハイ！　物体の状態が変化する場合に必要な熱量は「潜熱」です。　　【答：○】

・**物質が液体から蒸気に、または蒸気から液体に状態変化する場合に必要とする出入りの熱を、潜熱と呼ぶ。**（平 23 問 1 ）

物質でも同じですよ。　　　　　　　　　　　　　　　　　　　　　【答：○】

・**蒸発器で冷媒が蒸発するときに潜熱を周囲に与える。**（平 24 問 1 ）

違います。周囲の物質から潜熱として取り入れ、液体から蒸気へ状態変化するのです。引っ掛けっぽいかな…でもあなたなら大丈夫ですね。　　　　　　　　　　【答：×】

・**冷媒液が圧力降下するときに、液の一部が自己蒸発する際の潜熱によって、冷媒自身の温度が下がる。**（平 20 問 2 ）

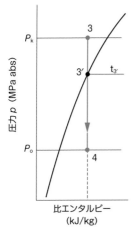

● p-h 線図による絞り膨張作用
　の圧力降下と温度低下 ●

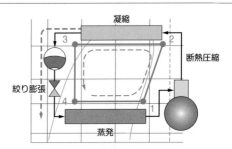

● 冷凍サイクルにおいて冷媒液が圧力降下する絞り膨
　張部の把握のための概略図 ●

2冷や1冷の試験にまでも登場するこの問の一文は重要なもので、絞り膨張の時の冷媒自身の変化を表しています。記憶しておいても損はないですよ。概略を説明します。
　点3の冷媒液を圧力 P_K とし、P_K の水平線上には、冷媒液の等温線があります。その温度を t_3 とします。点3の冷媒液は膨張弁の絞り膨張作用によって点4の P_o まで圧力降下します。この作用で冷媒液が飽和液線との交点3から圧力降下すると液一部を蒸発潜熱として自己蒸発し、点4の湿り蒸気となって、温度は t_4 まで下ります。　　　　　【答：○】

・1 kg の飽和液をすべて乾き飽和蒸気にするのに必要な熱を蒸発潜熱という。（平9問1）

問題は、ずいぶん古いけれども p-h 線図を見ながらイメージできれば最高ですね。

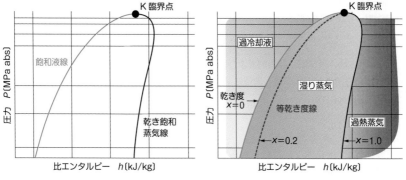

● p-h 線図上の飽和液線と乾き飽和蒸気線 ●　● p-h 線図上の冷媒の状態 ●

【答：○】

5-2　熱の移動

「熱力学の第二法則」という法則があります。

　・物体の持っている熱は高温体から低温体へ移動する、その逆はできない。
　・低温体から高温体に移動するには何らかのエネルギーを必要とする。

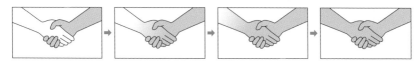

● 熱力学の第二法則 ●

　つまり、彼（彼女）の熱いハートが、彼女（彼）を温める（または、奪われる）ってことです。逆の場合は、圧縮機のように結構、力がいるんじゃないの？　と、まぁ、こんなふうに「熱力学」が世の中では作用しているという事なのです。熱移動には熱伝導、熱伝達、放射の三形態があります。冷凍理論では特に熱伝導と熱伝達を把握しましょう。

過去問題にチャレンジ！

・熱の移動には熱伝導、熱伝達、熱放射（熱ふく射）の三種がある。（平9問2）

・熱の移動の形態には、熱伝導、熱伝達および熱放射（熱ふく射）の3種がある。（平11問2）

・熱の移動には、熱伝導、熱伝達、熱放射の三つの形式がある。（平16問2）

第2章　保安管理技術

⑤　伝熱

この３つは熱の基本中の基本。初級テキストを熟読しましょう。ココを読んでいるあなたなら、一度でも熟読すれば、なんとなく正解できるはずです。

熱伝導	物体内を高温端から低温端に熱が移動する。
熱伝達	固体壁表面と接して流れる流体との伝熱作用（対流熱伝達）。
熱放射	これに関する問題は出ない（冷凍サイクルには関係ないので、初級テキストでは省略されています）。

【答：すべて○】

・熱の移動には、熱伝導、熱放射および熱伝達の３つの形態がある。一般に、熱量の単位はJまたはkJであり、伝熱量の単位はWまたはkWである。（令２問２）

単位も問われますよ。　　　　　　　　　　　　　　　　　　　　　　　【答：×】

（1）熱伝導による熱移動

　熱伝導とは、物体内の高温端 t_1 から低温端 t_2 への熱が移動する現象です。伝熱量 ϕ は次式で表されます。３冷は、公式を用いた計算問題は出題されないので覚える必要はないです。式を見ながら温度差、正比例、反比例等の意味を考えて式の意味を把握しましょう。

$$\phi = \lambda \cdot A(\Delta t / \delta) \quad [kW]$$
$$\Delta t = t_1 - t_2 \quad [K]$$

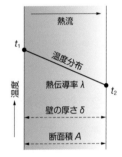

● 高温端から低温端への
熱移動固体壁 ●

（a）熱伝導

過去問題にチャレンジ！

・固体の高温部から低温部への熱の移動する現象を、熱伝導という。（平14問2）

　熱伝導、熱伝達、熱放射（熱ふく射）の違いを勉強しましょう。これから次から次へと引っ掛け問題が出現しますよ。　　　　　　　　　　　　　　　　　　　【答：○】

・平板内を熱が移動するとき、その伝熱量は板の厚さに反比例し、平板の両側の表面温度差に正比例する。（平15問1）

　よく読めば日常生活で実体験していること、鉄板の厚さが厚いほど肉がなかなか焼けないし（反比例）、両側の温度差が大きければ大きいほど熱が伝わる量は多いです。今夜あたり、焼き肉で一杯やりたくなってきました…。（笑）　　　　　　　　　　　　【答：○】

・熱伝導とは、固体壁の表面とそれに接して流れている空気や水などの流体との間の伝熱作用をいう。（平17問2）

　これは熱伝達のことを言っています。熱伝導と熱伝達の違いを初級テキストをよく読んで頭の中でイメージしておきましょう。　　　　　　　　　　　　　　　　【答：×】

・熱伝達とは、物体内を高温端から低温端に向かって、熱が移動する現象をいう。（平17問2）

> 熱伝導のことですね。同じ年の問題に、熱伝導と熱伝達が出ましたね。読み間違いにも注意してください。　【答：×】

・熱伝導は、固体内の低温端から高温端へ熱が移動する現象である。（平24問2）

> うむ、間違いです。熱は低温から高温へは移動しません。高温端から低温端へ移動します。うっかり引っ掛からないように気をつけてください。　【答：×】

・定常な状態において、均質な固体内の熱の流れの方向の温度分布は、直線状となる。
（平25問2）

> 固体内は流体のように動かないので、なんとなく熱移動温度分布は直線になる感じがしますね。　【答：○】

・固体内を高温端から低温端に向かって熱が移動する形態は、熱伝導である。（平29問2）

> なんというサービス問題。素直に正解ですね。　【答：○】

（b）　熱伝導率

熱伝導率λ〔kW/(m・k)〕は熱の通りやすさのことです。

$$\Phi = \lambda \cdot A \, (\Delta t / \delta) \, \text{〔kW〕}$$

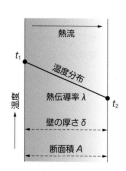

● 固体壁の熱伝導率 λ ●

過去問題にチャレンジ！

・フルオロカーボン冷凍装置の熱交換器の伝熱管に銅管を用いているのは、銅管の熱伝導率が小さく、熱が流れやすいためである。（平10問2）

> 熱伝導率は、熱の流れやすさを表します。〔kW/(m・k)〕なので、「銅管の熱伝導率が大きく、熱が流れやすいためである」が、正しいです。「銅管」と「鋼管」字が似ているので間違えないように気をつけてください。　【答：×】

・熱伝導率の値が大きい材料は、防熱材として使用される。（平15問2）

> 熱伝導率が大きいと言うことは、熱が流れやすいので防熱材としては使えないです。【答：×】

・固体壁の両側を流れている流体間の伝熱量は、固体壁の熱伝導率に正比例する。（平18問2）

> 間違っちゃいました？　固体壁の両側を流れている流体間のことを問うているので、「固体

壁の熱伝導率」じゃなくて、固体壁の熱伝導率と両側の流体の熱伝達率を含めた全体の係数、つまり熱通過率 K に正比例するのです。「固体壁を隔てた 2 流体間の熱交換」と絡めて勉強不足を露呈する問であります。　　　　　　　　　　　　　　　　　　　　　【答：×】

・固体壁表面での熱交換による伝熱量は、伝熱面積、固体壁表面の温度と周囲温度との温度差および比例係数の積で表されるが、この比例係数のことを熱伝導率という。（平22問2）

ひ、引っ掛かりませんでしたか？　表面ですから、なんらかの流体と接しているはずです（図参照）。これは熱伝達率です。「熱伝達による熱移動」の $\Phi = \alpha (t_w - t_f)A = \alpha \Delta tA$　の式は覚えなくてもよいですが、式の意味を問うている、と同時に、熱伝導率 λ と熱伝達率 α の違いも問うている、さらに同時に、慌て者かどうか問うていますよ。問題文は、よく読みましょう。

● 固定壁表面とそれに
接する流体間の熱移動 ●

【答：×】

・ポリウレタンフォームは、鉄や銅のような金属と比べて熱伝導率が小さく、断熱材として使用される。（平25問2）

おっと、具体的な材料が出題されました…。テキストの「伝導率表」をつらつらと、眺めておくしかないでしょう。でも、この問題は金属と断熱材の比較だからなんとなくわかりますよね。　　　　　　　　　　　　　　　　　　　　　　　　　　　　　　　　　【答：○】

・常温、常圧において、鉄鋼、空気、グラスウールのなかで、熱伝導率の値が一番小さいのはグラスウールである。（平26問2、平30問2）

ポイントは、グラスウールと空気の比較だね。テキストを熟読してあればよいだろうけれど、どうだろう、一般常識かな？　感覚ではわからないかな。銅が一番大きく、空気が一番小さいと覚えておけばよいでしょう。初級テキストの「伝導率表」を、一度でもじっくり眺めて比較しておく必要がありますよ。　　　　　　　　　　　　　　　　　　　　　【答：×】

（c）　熱伝導抵抗

過去問題にチャレンジ！

・熱伝導抵抗は、熱が固体内を流れるときの流れやすさを表す。（平10問2）

「流れにくさを表す」です。　　　　　　　　　　　　　　　　　　　　　　　【答：×】

・物体内を高温端から低温端に向かって熱が移動する現象を熱伝導抵抗という。（平19問2）

熱伝導ですね！　熱伝導抵抗の違いを問うていますが勉強している人は楽勝でしょう。熱は引っ掛けどころ満載ですが、めげずに頑張りましょう！　　　　　　　　　　　【答：×】

・熱伝導抵抗は、固体壁の厚みをその材料の熱伝導率と伝熱面積の積で除したものであり、この値が大きいほど物体内を熱が流れやすい。（平27 問2）

　抵抗ですから、大きいほど流れにくいのです。「固体壁の厚みをその材料の熱伝導率と伝熱面積の積で除したもの」は正しいです。　　　　　　　　　　　　　　　　　　　　【答：×】

（2）熱伝達による熱移動

　熱伝達とは、固体壁表面とそれに接する流体間の伝熱作用のことです。

第2章　保安管理技術

⑤　伝熱

Point

凝縮器のように気体から液体へ変化する熱移動をするものを「凝縮熱伝達」
蒸発器のように液体から気体へ変化する熱移動をするものを「沸騰熱伝達」

　熱伝導との違いは、「固体壁表面に流体（空気、水）が接している」を、イメージしてください！

$$\varPhi = \alpha\,(t_\mathrm{w} - t_\mathrm{f})A = \alpha \cdot \varDelta t \cdot A \ [\mathrm{kW}]$$

　温度分布は、固体壁表面近くの境界層で温度分布は急変し、流体の種類、流れの状態で異なります。

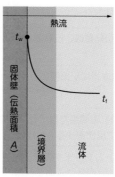

● 固定壁表面近くの熱伝達による流体内の温度分布 ●

（a）　熱伝達

過去問題にチャレンジ！

・固体壁の表面と、それに接して流れている空気や水などの流体との間の伝熱作用を、対流熱伝達という。（平19問2）

この手の熱の問題は絶対ゲットしましょう。　　　　　　　　　　　　　　　　　　　【答：○】

・固体壁の表面とそれに接して流れる流体との間の伝熱作用を対流熱伝達という。（平26問2）

ポンプや送風機などは「強制対流熱伝達」、流体内の温度差による密度差から起きるものを「自然対流熱伝達」といいます。　　　　　　　　　　　　　　　　　　　　　　　　　【答：○】

・熱伝達とは、物体内を高温端から低温端に向かって、熱が移動する現象をいう。（平17問2）

大丈夫でしたか？　これは、熱伝導です。あなたの熱の基礎を試されます。バッチリ勉強して熱問題は、必ず GET！！　しましょう。　　　　　　　　　　　　　　　　　　　　【答：×】

Memo
・熱伝導とは、物体内を高温端か低温端に向かって、熱が移動する現象。
・熱伝達とは、固体壁の表面と、それに接して流れている空気や水などの流体との間の伝熱作用。

・固体壁表面での熱伝達による伝熱量は、伝熱面積と温度差に正比例する。（平19問2）

うむ。「$\Phi = \alpha(t_w - t_f) \cdot A = \alpha \cdot \Delta t \cdot A$」から読み解けます。式は覚えなくてもよいですが、式の意味を考えるべし。でも、この式は冷凍機試験だけではなくて、熱の基本式だから覚えておいても損はないですよ。　　　　　　　　　　　　　　　　　　　　　　　　【答：○】

・固体壁表面での熱伝達による伝熱量は、固体壁表面と流体との温度差と伝熱面積に正比例する。（平24問2）

うむ！「$\Phi = \alpha \cdot \Delta t \cdot A$」ですね。　　　　　　　　　　　　　　　　　　　【答：○】

・熱伝達による単位時間当たりの伝熱量は、伝熱面積、熱伝達率に正比例し、温度差に反比例する。（平26問2）

う～ん、いろいろ考えずに、温度差に反比例という時点で誤りとしていいんでない！
$\Phi = \alpha \cdot \Delta t \cdot A$　　　　　　　　　　　　　　　　　　　　　　　　　　【答：×】

・固体壁表面での熱伝達による単位時間当たりの伝熱量は、伝熱面積、熱伝達率に正比例し、固体壁面と流体との温度差に反比例する。（平30問2）

「固体壁表面での熱伝達による」とありますので、「$\Phi = \alpha(t_w - t_f) \cdot A = \alpha \cdot \Delta t \cdot A$」の式から正しい文章にしてみましょう。「固体壁表面での熱伝達による単位時間当たりの伝熱量は、伝熱面積、熱伝達率、固体壁面と流体との温度差に正比例する」ですね。

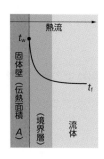

【答：×】

（b）　熱伝達率

過去問題にチャレンジ！

・固体壁表面での熱交換による伝熱量は、伝熱面積、固体壁表面の温度と周囲温度との温度差および比例係数の積で表されるが、この比例係数のことを熱伝導率という。（平22問2）

　ひ、引っ掛かりませんでしたか？　表面ですから、なんらかの流体と接しているはずです。熱伝達率です。「$\Phi = \alpha (t_w - t_f) \cdot A = \alpha \cdot \Delta t \cdot A$」の式は覚えなくてもよいですが、式の意味を問うている、と同時に、熱伝導率 λ と熱伝達率 α の違いも問うている、さらに同時に、慌て者かどうか問うていますよ。【答：×】

・固体壁と流体との熱交換による伝熱量は、固体壁表面と流体との温度差、伝熱面積および比例係数の積で表され、この比例係数を熱通過率という。（平29問2）

　平22問2と同類の問題です。「熱通過率」ではなく「熱伝達率」です。よく読まずに、「○」としないように気をつけてください！【答：×】

・固体壁表面での熱伝達による伝熱量は、伝熱面積と温度差に正比例する。流体と固体壁との間で熱が伝わる際の熱伝達率〔kW/(m²・K)〕の大きさは、流体の種類、状態、流速などによって変わる。（平23問2）

　熱伝達率の単位も頭に入れておきなさいということだね。【答：○】

・熱伝達率は、固体壁の表面とそれに接して流れている流体との間の熱の伝わりやすさを表している。（平25問2）

　その通り！【答：○】

・熱伝達による単位時間当たりの伝熱量は、伝熱面積、熱伝達率に正比例し、温度差に反比例する。（平26問2）

　温度差に反比例という時点で誤りとしてよいと思います。「単位時間当たり」とかは無視。「伝熱面積、熱伝達率に正比例」は正しいです。【答：×】

・熱伝達率の値は、固体面の形状、流体の種類、流速などによって変化する。（平28問2）

　全くその通り！【答：○】

（c）　熱伝達抵抗

過去問題にチャレンジ！

> ・熱伝達抵抗は、熱が固体表面から流体に伝わるときの熱の伝わりやすさを表す。
>
> （オリジナル）

「伝わりにくさを表す」ですね。　　　　　　　　　　　　　　　　　　　【答：×】

（3）固体壁を隔てた2流体間の熱交換
（a）　熱通過率

　熱通過率は、固体壁を隔てて流体の間を通過する熱の通りやすさを表し、固体壁の熱伝導率と厚さ、固体壁表面と流体との熱伝達率から導き出すことができます。

$$\Phi = K \cdot A \cdot \Delta t \quad 〔kW〕$$
$$\Delta t = \Delta t_1 + \Delta t_2 + \Delta t_3 \quad 〔K〕$$

$$\left(\begin{array}{l} K : \text{熱通過率（固体壁を隔てて流体の} \\ \text{熱が流れるときの通り抜けやすさ）} \end{array} \right)$$

　3冷では、Kの式は　無理に覚えなくてもよいでしょう。しかし、熱通過率を把握しておかないと、今後の装置等の熱交換の状態や異常に関する問題を解くのにとても困ってきますよ。

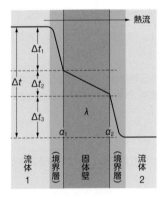

● 固体壁を隔てた2流体間の温度分布 ●

過去問題にチャレンジ！

> ・熱通過率は、高温流体から固体壁で隔てられた低温流体へ熱が流れるときの通り抜けやすさを表している。（平17問2）

ようく問題を読んでね。熱伝導率、熱伝達率、熱通過率の違いを勉強しましょう。初級テキストをじっくり読んで、過去問バリバリやれば自然とわかってくるはずです。　　　【答：○】

・熱伝達率と熱通過率の単位は、同じである。(平15問2)

　そうなんです。同じなんです。〔kW/(m^2・K)〕です。ちなみに、熱伝導率は〔kW/(m・K)〕です。熱伝達率と熱通過率はm^2（面積）、伝導率はm（壁の厚さ）です。　【答：○】

・固体壁で隔てられた流体間で熱が移動するとき、固体壁両面の熱伝達率と固体壁の熱伝導率が与えられれば、水あかの付着などを考慮しない場合の熱通過率の値を計算することができる。(平25問2)

　やばい、勉強してないことがバレるかも。問では「固体壁の厚さδ（デルタ）」が抜けています。水あかの付着などは考慮しないので、汚れ係数は考えないですよ。　【答：×】

・固体壁と流体との熱交換による伝熱量は、固体壁表面と流体との温度差、伝熱面積および比例係数の積で表され、この比例係数を熱通過率という。(平29問2)

　「熱通過率」ではなく「熱伝達率」です。これは「熱伝達率」の説明です。問題文はよく読みましょう。慌て者（読み違い）になりませんように。　【答：×】

(b)　固体壁を隔てた流体間の伝熱量

過去問題にチャレンジ！

・固体壁を通過する熱量は、その壁で隔てられた両側の流体間の温度差、伝熱面積および壁の熱通過率の値によって決まる。(平11問2)

　この式を覚えましょう。$\Phi = K \cdot A \cdot \Delta t$〔kW〕。固体壁を通過する熱量が$\Phi$、熱通過率が$K$、伝熱面積が$A$、両側の流体間の温度差が$\Delta t$、というわけですね。　【答：○】

・固体壁で隔てられた2流体間を伝わる熱量は、(伝熱面積)×(温度差)×(比熱)で表される。(平14問2)

　違います、違います。比熱じゃないですね。熱通過率です！
　$\Phi = K \cdot A \cdot \Delta t$　〔kW〕（熱通過率 × 伝熱面積 × 温度差）　【答：×】

・固体壁を通過する伝熱量は、その壁で隔てられた両側の流体間の温度差、伝熱面積および壁の熱伝導率の値によって決まる。(平21問2)

　違います、違います、違います。これも熱通過率ですね！！
　$\Phi = K \cdot A \cdot \Delta t$　〔kW〕（熱通過率 × 伝熱面積 × 温度差）　【答：×】

・冷蔵庫壁を通過する伝熱量は、その壁で隔てられた両側の流体間の温度差、冷蔵庫壁の面積、熱通過率に比例する。(平22問2)

　冷蔵庫でも同じことです。$\Phi = K \cdot A \cdot \Delta t$　〔kW〕（熱通過率 × 伝熱面積 × 温度差）を記憶しちゃいましょう。　【答：○】

・固体壁を隔てた流体間の伝熱量は、伝熱面積と流体間の温度差と熱通過率とを乗じたものである。(平27問2)

　うむ。イイネ！　$\Phi = K \cdot A \cdot \Delta t$　〔kW〕　【答：○】

5-3　算術平均温度差

　Δt_1 と Δt_2 の差が小さい場合、対数平均温度差の近似値として算術平均温度差 Δt_m を使い伝熱量を計算する、と書いてみたもののわからないかも知れないですね。とりあえず、Δt_m の式を記憶しておきましょう。図と式を落ち着いてじっとみて蒸発器をイメージすれば大丈夫でしょう。

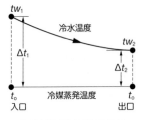

$$\Delta t_m = \frac{\Delta t_2 + \Delta t_1}{2}$$

$$= \frac{t_{w1} + t_{w2}}{2} - t_o$$

● 冷却管内冷水温度分布 ●

過去問題にチャレンジ！

・熱交換器における伝熱量を求めるには対数平均温度差を使用するが、近似的には算術平均温度差が使われる。(平 16 問 2)

　冷凍機の問題では対数平均温度差で伝熱量を求めると言うことは忘れてもよいです。誤差が算術平均温度差と数％ほどしかないので無視できます。　　　　　　　　　　【答：○】

・熱交換器における伝熱量の概算では、算術平均温度差を用いて計算してもよい。(平 17 問 2)

　平 16 問 2 と比べてみましょう。近似的には算術平均温度差とか伝熱量の概算ではとかは、初級テキストに書いてある言葉、こうやって似たような問題が出てきます。でも、初級テキストをじっくり読んでいるあなたは大丈夫のはずですね。　　　　　　　　　　　　　　　【答：○】

・水冷却器または水冷凝縮器の交換熱量の計算において、冷媒温度に対する入口水温との温度差を Δt_1、出口水温との温度差を Δt_2 とすると、冷媒と水との算術平均温度差 Δt_m は

　　$$\Delta t_m = \frac{\Delta t_2 - \Delta t_1}{2}$$

である。(平 16 問 2)

・水冷却器の交換熱量の計算において、冷却管の入口側の水と冷媒との温度差を Δt_1、出口側の温度差を Δt_2 とすると、冷媒と水との算術平均温度差 Δt_m は、$\Delta t_m = (\Delta t_1 - \Delta t_2)/2$ である。(平 23 問 2)

　出ました、式も覚えましょう。
　　$\Delta t_m = \Delta t_2 + \Delta t_1/2$　（マイナスではなくプラスです！）　　　　【答：どちらも×】

Memo

　凝縮器と蒸発器（冷却器）の算術平均温度差は下記の式がよく使われます。凝縮温度 t_k と、蒸発温度 t_o の位置に注目してくださいね。$\Delta t_2 + \Delta t_1/2$ は、省略してあります。

蒸発器

$$\Delta t_m = \left(\frac{t_{w1}+t_{w2}}{2}\right) - t_o$$

t_o：蒸発温度
t_{w1}：ブライン入口温度
t_{w2}：ブライン出口温度

凝縮器

$$\Delta t_m = t_k - \left(\frac{t_{w1}+t_{w2}}{2}\right)$$

t_k：凝縮温度
t_{w1}：冷却水入口温度
t_{w2}：冷却水出口温度

・冷凍装置の熱交換器の伝熱計算には、誤差が数％程度でよい場合、算術平均温度差が使われることが多い。(平26問2)

そうですね、としか言えないです。初級テキストには、「数％」があるが、ズバリの文章ではないので題意から読み解くしかないです。　　　　　　　　　　　　　　【答：○】

難易度：★★★★

6　凝縮器

伝熱と冷凍サイクルの学びがおろそかだと苦労するでしょう。★は4つです。

6-1　凝縮負荷

3つの式を記憶してください。計算問題のためではなく、式の理屈を把握しましょう。

$$\Phi_k = \Phi_o + P \; \text{〔kW〕}$$

　（Φ_k：凝縮負荷、Φ_o：冷凍能力）

$$P = P_{th}/\eta_c \cdot \eta_m$$

$\left(\begin{array}{l}P\text{：圧縮機駆動軸動力、} P_{th}\text{：理論断熱圧縮動力、} \eta_c\text{：断熱効率、} \\ \eta_m\text{：機械効率 } 1\,\text{kW} = 1\,\text{kJ/s} = 3600\,\text{kJ/h}\end{array}\right)$

過去問題にチャレンジ！

・凝縮負荷は冷凍能力に圧縮機駆動の軸動力を加えたものであるが、凝縮温度が高くなるほど凝縮負荷は大きくなる。（平23問6）

　　前半は「$\Phi_k = \Phi_o + P$」です。後半は、う〜ん。凝縮温度大（凝縮圧力大）→　圧縮圧力比大→　軸動力（P）大（凝縮温度が上がって圧縮機の動力も増加する）→　凝縮負荷（Φ_k）大と、いう感じですね。　　　　　　　　　　　　　　　　　　　　　　　　　　　【答：○】

・凝縮負荷は冷凍能力に圧縮機駆動の軸動力を加えて求めることができる。軸動力の毎時の熱量への換算は、1 kW＝3600 kJ/h である。（平26問6）

　　前半は「$\Phi_k = \Phi_o + P$」で OK です。さて、「1 kW ＝ 3600 kJ/h」は、「1 kW ＝ 1 kJ/s ＝ 3600 kJ/h」で、秒 s を時間 h に単位換算ということですね。　　　　　　【答：○】

6-2　水冷凝縮器

（1）水冷凝縮器の構造

　図は、シェルアンドチューブ凝縮器の概略図です。シェル（円筒胴）の中に、冷却水が通るチューブ（管）が配置されています。上部より圧縮機吐出しガスが入ると、冷却管で冷却され凝縮し、下部に液化した冷媒液が溜まります。最下部には数本の冷却管が液に浸され、過冷却を図るとともに、受液器の役目も持たせます。

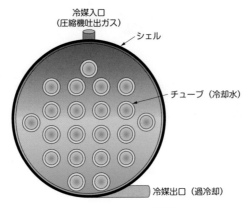

● シェルアンドチューブ凝縮器 ●

（a）水冷凝縮器に関する基本問題

過去問題にチャレンジ！

・受液器兼用の水冷凝縮器で凝縮器底部に溜められた冷媒液中に、一部の冷却管を配置するのは冷媒液を過冷却するためである。(平18問6)

図を参考にしてくださいね。 【答：○】

・水冷式シェルアンドチューブ凝縮器は円筒胴、管板、冷却管および水室カバーから構成され、高温高圧の冷媒ガスは冷却管内を流れる冷却水により冷却され、凝縮液化する。
(平23問6)

図を参考にしてください。「管内に水、管外にガス」を覚えておきましょう。 【答：○】

・水冷横形シェルアンドチューブ凝縮器では、冷却管内を冷媒が流れて冷媒が凝縮する。
(平27問6)

逆ですね。図を参考にしてください。水冷横形シェルアンドチューブ凝縮器では、冷却管内を冷却水が流れて冷却管外表面で冷媒が凝縮します。 【答：×】

（b）凝縮器の伝熱面積

過去問題にチャレンジ！

・シェルアンドチューブ水冷凝縮器の伝熱面積は、冷媒に接する冷却管外表面の合計面積で表す。(平21問6)

う〜ん、この問題は、勉強していないとわからないかも知れません。でも、なんとなく素直に「○」でもよいですね。 【答：○】

・シェルアンドチューブ凝縮器の伝熱面積は、冷媒に接する冷却管全体の内表面積の合計をいうのが一般的である。(平26問6)

今度は「×」です。外表面積ですね。 【答：×】

・一般的に、水冷横型シェルアンドチューブ凝縮器の伝熱面積は、冷媒に接する冷却管外表面の合計面積で表す。(平29問6)

初級テキストの文章と同じズバリ的なよい問題です。勉強している方にとっては楽勝ですね。 【答：○】

・水冷横形シェルアンドチューブ凝縮器の伝熱面積は、冷却管内表面積の合計とするのが一般的である。(平30問6)

同等の問題が続きます。「冷却管外表面積」ですね。 【答：×】

（c）二重管凝縮器

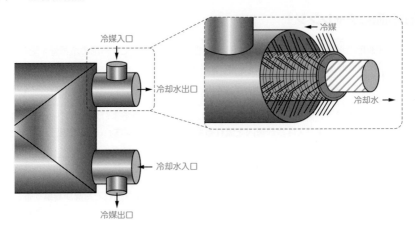

冷媒入口

冷却水出口

冷却水入口

冷媒出口

冷媒

冷却水

過去問題にチャレンジ！

・二重管凝縮器は、内管に冷却水を通し、冷媒を内管と外管との間で凝縮させる。（平25問7）

　　２冷では冷媒と冷却水の入口と出口の位置も問われます。今後は３冷も出題されるかも知れないです。　　　　　　　　　　　　　　　　　　　　　　　　　　　　　　　　　【答：○】

（2）水冷凝縮器の熱計算

　日本語は難しいと考えさせれられます。問題をよく読みましょう。初級テキストには計算式が並んでいますが、計算問題はないです。熱通過率 K を問う問題が多い気がします。

過去問題にチャレンジ！

・熱通過率の値は、水冷凝縮器のほうが空冷凝縮器よりも小さい。（平17問6）

　「熱通過率」は、「熱の通り抜けやすさ」だから大きい方が熱が通りやすいので、水と空気を比べると、やっぱし水の方が熱が通りやすいイメージがあるよね…。なので、熱通過率は

　　　　水冷のほうが空冷よりも値が大きい。○
　　　　水冷のほうが空冷よりも値が小さい。×
　　　　水冷よりも空冷のほうが値が大きい。×
　　　　水冷よりも空冷のほうが値が小さい。○

　　　　空冷のほうが水冷よりも値が大きい。×
　　　　空冷のほうが水冷よりも値が小さい。○
　　　　空冷よりも水冷のほうが値が大きい。○
　　　　空冷よりも水冷のほうが値が小さい。×

　といった具合、引っかからないように…、イメージ、イメージ。　　　　　　　　【答：×】

> ・水冷凝縮器と空冷凝縮器を比べると、熱通過率の値は水冷凝縮器のほうが大きい。
>
> （平24問６）

　　はい、もう迷いませんね。正しいです、正しいです！　　　　　　【答：○】

（3）ローフィンチューブの使用

　図は、ローフィンチューブの概略図です。むずかしく考えずに、イメージ的にとらえてほしいです。

● ローフィンチューブ ●

過去問題にチャレンジ！

> ・水冷凝縮器に使用するローフィンチューブのフィンは、冷媒側に設けられている。
>
> （平17問６）

　　冷媒側の熱伝達率が冷却水側の２分の１以上と小さいので、冷媒側（チューブの外側）にフィンをつけて表面積を大きくしています。　　　　　　　　　　　【答：○】

> ・横形シェルアンドチューブ凝縮器の冷却管としては、冷媒がアンモニアの場合には銅製の裸管を、また、フルオロカーボン冷媒の場合には銅製のローフィンチューブを使うことが多い。（平25問７）

　　冷媒がアンモニアの場合には、銅製は、使用不可です。　　　　　【答：×】

> ・シェルアンドチューブ水冷凝縮器は、鋼管製の円筒胴と伝熱管から構成されており、冷却水が円筒胴の内側と伝熱管の間の空間に送り込まれ、伝熱管の中を圧縮機吐出しガスが通るようになっている。（平22問６）

　　伝熱管とは初級テキストでいう冷却管のことで、問題文では冷却水とガスが逆になっています。この伝熱管（冷却管）はチューブともいって、ローフィンチューブのことです。ローフィンチューブの内側に冷却水が通り、外側は冷媒で満たされています。　　【答：×】

> ・銅製のローフィンチューブは、フルオロカーボン冷凍装置の空冷凝縮器の冷却管として多く用いられている。（平18問６）

　　なんと大胆な問題なのでしょう。「水冷凝縮器」ですヨ！　これを間違えた場合は、勉強不足かな…。　　　　　　　　　　　　　　　　　　　　　　　　　　【答：×】

> ・水冷凝縮器の伝熱管において、フルオロカーボン冷媒側の管表面における熱伝達率は水側

の熱伝達率より大きく、水側の管表面に溝をつけて表面積を大きくしている。（平27問6）

正しい文章にしておきましょう。「水冷凝縮器の伝熱管において、フルオロカーボン冷媒側の管表面における熱伝達率は水側の熱伝達率より（かなり）小さく、冷媒側の管表面に溝をつけて表面積を大きくしている」ですね。　　　　　　　　　　　　　　　　　　【答：×】

（4）冷却水の適正な水速

適正な水速 1 〜 3 m/s は、覚えるべし！　この先の空冷凝縮器の前面風速 1.5 〜 2.5 m/s と、混同しないように気をつけてください。

過去問題にチャレンジ！

・水冷凝縮器において、冷却水の冷却管内水速を大きくしても、冷却水ポンプの所要軸動力は変わらない。（平11問6）

冷却水量が増えるので、ポンプの所要軸動力は大きくなります。　　　　　　【答：×】

・冷却水の管内流速は、大きいほど熱通過率が大きくなるが、過大な流速による管内腐食も考え、通常 1 〜 3m/s が採用されている。（平13問6）

腐食の他に冷却管の振動、ポンプ動力の増大があります。いずれ出題されるかも知れません。　　　　　　　　　　　　　　　　　　　　　　　　　　　　　　　　　　　　【答：○】

・水冷凝縮器の熱通過率の値は、冷却管内水速が大きいほど小さくなる。（平16問6）

初級テキストには、「水速が小さ過ぎると、熱通過率が下がり」と、ありますので「×」です。「水速が大きいほど大きくなる」という表現でよいでしょう。　　　　　　【答：×】

（5）水あかの影響

出題数はこの「水あか」と、次項の「不凝縮ガス」が、断然多いです。図は、水あかの付着したローフィンチューブの概略図です。イメージ的にとらえてほしいです。

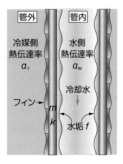

● 水あかの付着したローフィンチューブ ●

過去問題にチャレンジ！

・水冷凝縮器の冷却水側に水あかが厚く付着すると、水あかの熱伝導率が小さいので伝熱が

阻害され、凝縮圧力は高くなり、圧縮機動力は増加する。(平28問6)

素直なよい問題ですね。　　　　　　　　　　　　　　　　　　　　　【答：○】

・冷却管の内面に水あかが付着すると、水あかは熱伝導率が小さいので熱通過率の値は大きくなる。(平20問6)

水あか付着 → 熱伝導率が小さい（熱が流れにくい） → 熱通過率が小さくなる（熱が通り抜けにくくなる）。正しい文章は「冷却管の内面に水垢が付着すると、水あかは熱伝導率が小さいので熱通過率の値は小さくなる」です。　　　　　　　　　【答：×】

・冷却管の水あかの熱伝導抵抗を汚れ係数で表し、汚れ係数が大きいほど熱通過率が低下する。(平22問6)

汚れ係数が大きい → 熱伝導抵抗が大きくなる（熱伝導率が小さい） → 熱通過率低下する（熱が通り抜けにくくなる）。　　　　　　　　　　　　　　　　　【答：○】

・水あかは熱伝導率が大きく、熱の流れを妨げる。その結果、熱通過率が小さくなり、凝縮器能力が減少し、凝縮温度が上昇するので、圧縮機の軸動力は増加する。(平23問6)

水あかは熱伝導率がとっても小さいです！　　　　　　　　　　　　　【答：×】

・水冷凝縮器の冷却水側に水あかが厚く付着すると、水あかの熱伝導率が小さいので伝熱が阻害され、凝縮圧力は高くなり、圧縮機動力は増加する。(平28問6)

素直なよい問題ですね。　　　　　　　　　　　　　　　　　　　　　【答：○】

・水冷凝縮器に付着する水あかは、熱伝導率が大きく、熱の流れを妨げる。(平29問6)

素直なよい誤りの問題ですね。正しくは「熱伝導率が小さく」です。　　【答：×】

・水冷横形シェルアンドチューブ凝縮器の冷却管の内面に水あかが付着すると、水あかは熱伝導率が小さいので、熱通過率の値は大きくなる。(平30問6)

今までの文章にない「冷却管の内面に水あかが」で考えこまないようにしてください。「熱通過率の値は小さくなる」ですね。　　　　　　　　　　　　　　【答：×】

（6）不凝縮ガスの滞留とその影響

「不凝縮ガスは、主に空気である」この一文を記憶し、イメージをふくらませましょう。不凝縮ガスは問15あたりの「保守管理」の問題で再登場するので、ここで不凝縮ガスの基本的な影響など把握しておきたいですね。

過去問題にチャレンジ！

・凝縮器に不凝縮ガスがたまると、冷媒側伝達が悪くなるため、凝縮圧力が上昇し、圧縮機軸動力が大きくなる。(平12問6)

動力はどうなるかも問われます。圧力が上昇した分だけ圧縮機はその圧力まで仕事を多くし

なければならなくなる、ですね。 【答：○】

・凝縮器に不凝縮ガスが混入すると、凝縮圧力は高くなる。(平13問6)

凝縮温度、凝縮圧力はどうなるか把握しておきましょう。熱交換が悪くなって凝縮温度は上昇する、よって凝縮圧力も高くなる、ですね。 【答：○】

・水冷凝縮器内に不凝縮ガスが混入すると、冷媒側の熱伝達が不良となって、凝縮圧力が上昇し、不凝縮ガスの分圧相当分以上に凝縮圧力が高くなる。(平15問6)

その通り。「分圧相当分以上に」というのは、つまり、「不凝縮ガス分の圧力に相当する分より以上に」といった感じで理解できますね。 【答：○】

・冷凍装置内に空気が侵入しても、圧縮機の吐出し圧力と吐出しガス温度は変わらない。
(平18問6)

間違えた場合、勉強不足がバレバレになってしまう問題です。でも、ココまで過去問をこなしたあなたなら大丈夫ですね。 【答：×】

・凝縮器に不凝縮ガスが混入すると、冷媒側の熱伝達が悪くなって、凝縮圧力が上昇する。
(平20問6、平24問6)

なぜ凝縮圧力が上昇するか問われています。今後、熱伝導とかで惑わされないことですね。 【答：○】

・受液器兼用水冷横形シェルアンドチューブ凝縮器の底部にある冷媒液出口管は冷媒液中にある。そのため、凝縮器内に侵入した不凝縮ガスである空気は器外に排出されずに器内にたまる。(平28問6)

うむ。冷媒液出口管云々は「水冷凝縮器の構造」で学びましたね。空気とのイメージが思い浮かんでくればよいのですが。 【答：○】

・凝縮器への不凝縮ガスの混入は、冷媒側の熱伝達の不良や、凝縮圧力の上昇を招く。
(平30問6)

絶対間違わない問題ですね。 【答：○】

（7）冷媒の過充填の影響　▼初級テキスト8次 p.72「6.2.7 冷媒過充填の影響」

　冷媒過充填は、初級テキストの後方「冷凍装置の運転」の「冷凍装置の冷媒充填量」でも登場します。ここと合わせると、ポツリポツリと出題されています。

Memo

　6次改訂版66ページは「過充てん」。なぜ、7次改訂版では漢字にしたのだろう、不明です…。問題文も「過充填」になるのだろうか。

（追記）平成28年11月1日に法改正（号外経済産業省令第105号〔容器保安規則等の一部を改正する省令一・三条による改正〕）が行われ、充てんを充填に変更したようです。「填」は旧字体のようですが、充てんでは本来と違う意味になるような…うんぬん、ちょと調査不足でここで終了です。では。

過去問題にチャレンジ！

> ・冷凍装置に冷媒を過充てんすると、受液器を持たない空冷凝縮器では出口よりに冷媒液が溜まるので、凝縮温度の上昇と過冷却度の増大をもたらす。（平14問6、平19問6）

冷媒液が溜まった分だけ有効凝縮伝熱面積が減少し、凝縮温度と圧力が高くなり、出口液の過冷却度が大きくなります。しっかり頭の中でイメージしてみましょう。　　　　　　【答：○】

> ・受液器兼用凝縮器を使用した装置で、冷媒を過充てんすると液面が上昇し、冷却管の一部が液に浸されて、凝縮に有効な伝熱面積が減少し、凝縮温度は上昇するが液の過冷却度はほとんど変わらない。（平23問6）

過冷却度は大きくなりますね。　　　　　　　　　　　　　　　　　　　　　　【答：×】

> ・受液器兼用の水冷シェルアンドチューブ凝縮器をもつ冷凍装置では、冷媒を過充てんすると、圧縮機の吐出しガスの圧力と温度はともに高くなる。（平10問6）

その通り！　　　　　　　　　　　　　　　　　　　　　　　　　　　　　　　【答：○】

> ・受液器をもたない冷凍装置における冷媒の過充填により、凝縮器の凝縮に有効に用いられる伝熱面積は、水冷凝縮器では減少することがあるが、空冷凝縮器において減少することはない。（平28問6）

受液器のない空冷凝縮器も同様に、凝縮器の出口側に液が溜められるので伝熱面積が減少し、凝縮圧力の上昇、過冷却度が増大します。　　　　　　　　　　　　　　　　【答：×】

（8）冷却塔

「冷却塔」と「水冷凝縮器」を混同しないようにしましょう。

（a）冷却塔とその伝熱

過去問題にチャレンジ！

> ・冷却塔の性能は、水温、水量、風量および吸込み空気の湿球温度により決まる。（平15問6）

冷却塔と空冷凝縮器の違いを理解してください。空冷凝縮器は乾球温度です。　【答：○】

> ・冷却塔では、散水された水の一部が蒸発し、その蒸発潜熱で冷却水が冷却される。
> （平27問6）

うむ。知っていれば楽勝ですね。記憶しちゃいましょう。　　　　　　　　　　【答：○】

> ・冷却塔の出口水温と周囲空気の湿球温度との温度差をアプローチと呼び、その値は通常5K程度である。（令1問6）

この他に、冷却塔の出入口の冷却水の温度差をクーリングレンジと呼び、その値は同様に5Kです。温度差5Kは重要で、冷却塔が正常に動作しているかの判断基準になります。ここで学んだ温度差は、先輩に問われても、上司に問われても、お客様に問われても、あなたはきっと答えられるでしょう。　　　　　　　　　　　　　　　　　　　　　　　【答：○】

（b）冷却塔の補給と水質管理

過去問題にチャレンジ！

・開放形冷却塔では、冷却水の一部が蒸発して、その蒸発潜熱により冷却水が冷却されるために冷却水を補給する必要がある。（平 28 問 6）

　ここの問題は、ジャブ的な軽い問題でしょう。この先、ストレートやアッパーを食らうかもしれないですので、油断禁物です。　　　　　　　　　　　　　　　　　　　　【答：○】

6-3　空冷凝縮器

（1）空冷凝縮器の構造
（a）空冷凝縮器に関する基本問題

過去問題にチャレンジ！

・空冷凝縮器は、冷媒を冷却して凝縮させるのに、空気の顕熱を用いて冷却する凝縮器である。（平 20 問 6、平 26 問 6、平 29 問 6、平 30 問 6）

　「空冷凝縮器は空気の顕熱を用いる凝縮器」と記憶しちゃいましょう。　　　　【答：○】

・空冷凝縮器は、冷媒を冷却して凝縮させるのに、空気の顕熱を用いる。空冷凝縮器に入る空気の流速を前面風速といい、風速が大き過ぎると騒音が大きくなり、風速が小さ過ぎると熱交換の性能が低下する。（平 25 問 7）

　その通り！　素直なよい問題ですね。　　　　　　　　　　　　　　　　　　【答：○】

・一般に空冷凝縮器では、水冷凝縮器より冷媒の凝縮温度が高くなる。（平 27 問 6）

　うむ。これも楽勝のよい問題ですね。　　　　　　　　　　　　　　　　　　【答：○】

（b）　フィン

過去問題にチャレンジ！

・空冷凝縮器では、空気側熱伝達率が冷媒側熱伝達率よりも小さいので、冷却管外側にフィンを付けて表面積を増大する。（平19問6）

なぜフィンを付けるかよく考えて（イメージして）おきましょう。　【答：○】

・空冷凝縮器では、空気側熱伝達率が冷媒側伝熱率に比べて小さいので、内外の熱伝達抵抗を同程度にするために、冷却管の空気側の外面にフィンをつけて表面積を増大する。（平21問6）

うむ。初級テキストを読んでいれば素直に「○」とする問題ですね。　【答：○】

・プレートフィン空冷凝縮器は、薄板で作られたフィンに穴をあけて、そこに冷却管を通し、このフィンをある間隔で冷却管に圧着させた形をしており、フィンの材料・形状、冷却管の種類、前面風速、入口空気の乾球温度などによって、熱交換性能が変化する。（平22問6）

うむ、長文に惑わされないようにしてください。初級テキスト読んでいれば、たいした問題ではないですよ。　【答：○】

（2）空冷凝縮器の伝熱

過去問題にチャレンジ！

・空冷凝縮器の凝縮温度は、流入空気の風量と乾球温度により変化するが、湿球温度の影響を受けない。（平10問6）

空冷凝縮器は冷媒を冷却し凝縮させるのに、空気の顕熱を用いる凝縮器をいいます。

顕熱	物体の状態変化なしに温度のみを変化させる熱。送風空気の風量と乾球温度により冷却される、湿球温度の影響は受けない。
乾球温度	ようは大気を計る棒温度計の指示値
湿球温度	湿球温度計の指示値（大気中の水分が蒸発する温度）

【答：○】

・空冷凝縮器の通過風速を大きくすると、熱通過率が大きくなり凝縮温度が低くなる。（平14問6）

通過風速が大きくなると空気側の熱伝達率が大きくなり、熱通過率も大きくなります。また、増加した空気は凝縮熱を受け取る量が多くなり、凝縮温度は低くなります。　【答：○】

・空冷凝縮器では、凝縮温度は空気の湿球温度が関係する。（平15問6）

湿球温度は関係しないです。　【答：×】

・受液器をもたない冷凍装置における冷媒の過充塡により、凝縮器の凝縮に有効に用いられる伝熱面積は、水冷凝縮器では減少することがあるが、空冷凝縮器において減少することはない。(平28問6)

　　受液器のない空冷凝縮器も同様に、凝縮器の出口側に液が溜められるので伝熱面積が減少し、凝縮圧力の上昇、過冷却度が増大します。　　　　　　　　　　　　　　【答：×】

・蒸発式凝縮器と比較して、空冷凝縮器は凝縮温度を低く保つことができる凝縮器であり、主にアンモニア冷凍装置に使われている。(平29問6)

　　これは空冷凝縮器の問題に見えますが、初級テキスト的には「蒸発式凝縮器の伝熱」からの出題です。正しい文章は、「空冷凝縮器と比較して、蒸発式凝縮器は凝縮温度を低く保つことができる凝縮器であり、主にアンモニア冷凍装置に使われている」です。　　　【答：×】

6-4　蒸発式凝縮器

(1)　蒸発式凝縮器の構造

　蒸発式凝縮器の図を頭の中にイメージしましょう。

- ・主としてアンモニア冷凍装置に使用する。
- ・ポンプで冷却管の上部に散水する。
- ・管の中で冷媒は凝縮する。
- ・冷却管下部から液となって受液器へ。
- ・水の蒸発潜熱で冷却する。
- ・外気の湿球温度が低いほど凝縮温度が下がる。
- ・補給水が必要。
- ・水滴を飛散防止するエリミネーターがある。

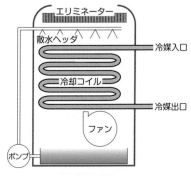

● 蒸発式凝縮器 ●

過去問題にチャレンジ！

・蒸発式凝縮器では、空気の湿球温度が高くなると、凝縮温度も高くなる。(平11問6)

　　初級テキストの「低」を「高」に変えて出題されています。惑わされないように！　湿球温度が高くなると凝縮のための冷却能力が減少し、凝縮温度（圧力）が高くなります。初級テキストでは「湿球温度が低いほど凝縮温度が下がる」とあります。　　　　　　　　【答：○】

・蒸発式凝縮器では、空気の湿球温度が低くなると凝縮温度は高くなる。(平24問6)

　　今度は「×」ですよ。大丈夫でしたか？　問題文をよく読みましょう。　　　　【答：×】

・蒸発式凝縮器は、水の蒸発潜熱を利用して冷却するので、凝縮圧力は外気の湿球温度と関係しない。(平13問6、平19問6)

潜熱は正しいです。外気の湿球温度が上がると冷却能力は悪くなり、凝縮温度（圧力）が高くなります。　　　　　　　　　　　　　　　　　　　　　　　　　　　　　　　【答：×】

> ・蒸発式凝縮器は、水冷凝縮器と同様に冷却水の顕熱によって冷却作用が行われている。
> （平18問6）

「潜熱によって」です。水が蒸発しているイメージを思い浮かべてください。顕熱と潜熱の違いを覚えましょう（イメージしましょう）。

● 顕熱と潜熱の違い ●

顕熱	物体の状態変化なしに温度のみを変化させる熱
潜熱	物体の状態が変化する場合に必要な熱量

【答：×】

（2）蒸発式凝縮器の伝熱　　▼初級テキスト「蒸発式凝縮器の伝熱」
他の凝縮器との凝縮温度の比較がポイントです。

過去問題にチャレンジ！

> ・蒸発式凝縮器は、冷却塔を使用する水冷凝縮器に比べて、凝縮温度を低く保つことができる。（平16問6）

これは水冷凝縮器との比較です。水冷凝縮器に比べて凝縮温度を低く保てます。　【答：○】

> ・蒸発式凝縮器は空冷凝縮器と比較して、凝縮温度を高く保つことができる凝縮器であり、主としてアンモニア冷凍装置に使われている。（平26問6）

問題文中の「蒸発式凝縮器」と「空冷凝縮器」の位置や「高く」、「低く」で惑わされますが、あなたは大丈夫でしょう。正しい文章は、「蒸発式凝縮器は空冷凝縮器と比較して、凝縮温度を低く保つことができる凝縮器であり、主としてアンモニア冷凍装置に使われている」です。　　　　　　　　　　　　　　　　　　　　　　　　　　　　　　　【答：×】

> ・蒸発式凝縮器と比較して、空冷凝縮器は凝縮温度を低く保つことができる凝縮器であり、主にアンモニア冷凍装置に使われている。（平29問6）

平26問6と同等の問題ですが、文章の違いをお楽しみください。正しい文章は、「空冷凝縮器と比較して、蒸発式凝縮器は凝縮温度を低く保つことができる凝縮器であり、主にアンモニア冷凍装置に使われている」ですね。　　　　　　　　　　　　　　　【答：×】

難易度：★★★★

7　蒸発器

とにかく蒸発器の種類を整理することが、はじめの一歩！　★は4つです。

7-1　蒸発器の種類と冷媒の蒸発形態

「蒸発器は冷却器とも呼ぶ」は、わりと重要ですので、意識していただきたいです。

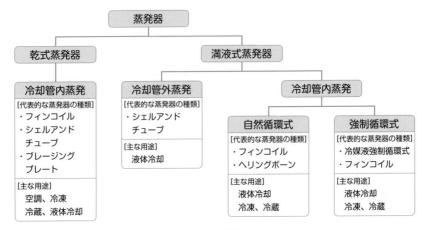

● 蒸発器の分類 ●

Memo　　7次改訂版まで蒸発器の分類は、「乾式」、「満液式」、「冷媒液強制循環式」に大別されていましたが、8次改訂版では「乾式」と「満液式」に大別され、満液式は構造形態などに細分化されました。また、冷媒液強制循環式は満液式内に組み込まれました。

過去問題にチャレンジ！

・蒸発器は冷媒の蒸発形態により乾式蒸発器、満液式蒸発器に大別される。乾式蒸発器の冷却管内蒸発には乾式のシェルアンドチューブ乾式蒸発器があり、満液式蒸発器の冷却管外蒸発にはシェルアンドチューブ満液式蒸発器がある。(オリジナル)

「シェルアンドチューブ乾式蒸発器」と「シェルアンドチューブ満液式蒸発器」、この2つのシェルアンドチューブ蒸発器を把握することは重要なポイントです。　　　　　【答：○】

7-2　乾式蒸発器

過去問題にチャレンジ！

・乾式蒸発器内では、冷媒はすべて乾き飽和蒸気の状態である。(平18問7)

膨張弁から流れ出た冷媒は、飽和液と乾き飽和蒸気が混ざり合った状態（点4）になっています。これらがこのまま蒸発器に入っていきますので「すべて乾き飽和蒸気」が間違いになります。

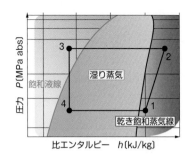

（補足）8次改訂版より「乾き飽和蒸気線」が、「飽和蒸気線（乾き飽和蒸気線）」に変更されました。　　　　　　　　　　　　　　　　　　　　　　　　　　　　　　【答：×】

・フルオロカーボン冷媒の場合、満液式蒸発器では油戻し装置が必要になるが、乾式蒸発器では冷却管内で分離された油は冷媒蒸気とともに圧縮機に吸い込ませるようにする。
（平29問7）

乾式、満液式を勉強している方にとっては素直なよい問題です。満液式…に関しては「満液式蒸発器」の油戻しを参考にしてください。　　　　　　　　　　　　　　　【答：○】

（1）乾式蒸発器の伝熱

過去問題にチャレンジ！

・空気冷却用蒸発器の風量を小さくし過ぎると、蒸発温度が低下する。（平14問7）

　　熱交換が悪くなって蒸発温度が低下し着霜や氷結することがあります。そうすると、さらに蒸発温度が低下し霜の成長が速まり蒸発圧力も異常低下します。　　　　　　【答：○】

・乾式プレートフィン蒸発器の伝熱計算に必要な伝熱面積は、冷媒に接する内表面を基準として表す。（平21問7）

　　乾式蒸発器で、この手の問題は初めてかな？　初級テキスト「乾式蒸発器の伝熱」を読んください。とにかく乾式は「フィン側空気接する外側基準」と覚えましょう。　【答：×】

・満液式蒸発器に比べ、乾式蒸発器では伝熱面に飽和冷媒液が接する部分の割合が少ない。
（平28問7）

　　その通りとしか言いようがないです。満液式は冷媒液にたっぷり配管が浸っている感じがしますよね。　　　　　　　　　　　　　　　　　　　　　　　　　　　　　【答：○】

（2）算術平均温度差　▼初級テキスト p.84「乾式蒸発器の伝熱」

$$\Delta t_{\mathrm{m}} = \frac{\Delta t_1 + \Delta t_2}{2} = \frac{(t_{a1} - t_0) + (t_{a2} - t_0)}{2}$$

（Δt_{m}：算術平均温度差〔K〕（冷蔵用：5 〜 10 K　空調用：15 〜 20 K））

$$\Phi_{\circ} = K \cdot A \cdot \Delta t_{m}$$
（$\Phi_{\circ}$：冷凍能力、K：熱通過率、A：伝熱面積）

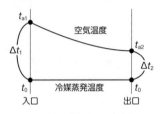

● 空気冷却用蒸発器の温度分布 ●

過去問題にチャレンジ！

・空調用の空気冷却器では、冷却される空気と冷媒との間の算術的温度差は、5〜10 K 程度にしている。（平16問7）

> 「冷蔵用5〜10 K、空調用15〜20 K」を覚えてください。よく読んでイメージしましょう！
> 【答：×】

・冷蔵用の空気冷却器では、算術平均温度差は通常5〜10 K 程度であるがこの温度差が大きすぎると、蒸発温度を高くしなければならないので圧縮機の軸動力は減少し、装置の成績係数が低下する。（平22問7）

> う〜ん、イメージが大切ですね。正しい文章にしてみましょう。「冷蔵用の空気冷却器では、算術平均温度差は通常5〜10 K 程度であるがこの温度差が大きすぎると、蒸発温度を低くしなければならないので圧縮機の軸動力は減少し、装置の成績係数が低下する」です。圧縮機軸動力うんぬんは、初級テキスト173ページ「圧縮機の吸込み蒸気の圧力」を読んでいただきたいです。【答：×】

・蒸発器における冷凍能力は、冷却される空気や水などと冷媒との間の平均温度差、熱通過率および伝熱面積に正比例する。（平27問7）

> なんとなく正解とわかる問題ですね。式「$\Phi_{\circ} = K \cdot A \cdot \Delta t_{m}$」を暗記しておけば（もちろん意味も）鬼に金棒です！【答：○】

・冷蔵用の空気冷却器の冷媒と空気の平均温度差は、通常5 K から10 K 程度である。庫内温度を保持したまま、この温度差を大きくすると、装置の成績係数は向上する。（平30問7）

> うむ。成績係数は低下するです。なぜそうなるかは、試験問題の問14あたりで出題されていますよ。この問7ではここまでの理解でよいでしょう。【答：×】

（3）ディストリビュータ

　毎年と言ってもよいぐらい出題数が多いです。図はディストリビュータを付けた蒸発器の概略図です。

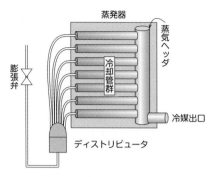

● ディストリビュータを付けた蒸発器 ●

過去問題にチャレンジ！

・乾式空気冷却器では、蒸発器入口の冷媒分配を均等にするためにディストリビュータを取り付けるが、圧力降下が大きいので外部均圧形温度自動膨張弁を用いるのがよい。

(平23問7)

　「ディストリビュータは圧力降下が大きいので、外部均圧形温度自動膨張弁を用いる」と、
　理屈を抜きにして覚えてもよいですよ。　　　　　　　　　　　　　　　　　　【答：○】

・大形の乾式蒸発器では、多数の伝熱管に均等に冷媒を分配させるためにディストリビュータを取り付けるが、ディストリビュータの圧力降下があるので、その分膨張弁の容量は小さくなる。(平24問7)

　うむ。まさに、この通りですね。　　　　　　　　　　　　　　　　　　　　【答：○】

・大きな容量の乾式蒸発器では、蒸発器の出口側にディストリビュータを取り付けるが、これは多数の伝熱管に冷媒を均等に分配するためである。(平26問7)

　　入口側ですね。取り付け位置の問題は、数年おきに出題されるのかな…。　【答：×】

・冷凍能力の大きな乾式プレートフィンチューブ蒸発器は、多数の伝熱管をもっている。このため、冷媒をこれらの管に均等に分配して送り込むディストリビュータ（分配器）を取り付ける。(平27問7)

　　ハイ！その通りです！　　　　　　　　　　　　　　　　　　　　　　　　【答：○】

・大きな容量の乾式プレートフィンチューブ蒸発器は多数の冷却管をもっており、これらの管に均等に冷媒を分配するために取り付けるものをディストリビュータ（分配器）という。

(平28問7)

　　ハイ。同じような問題で嫌になっちゃいますね。　　　　　　　　　　　　【答：○】

（4）送風の向きと冷媒の流れ方向

　冷媒の流れる方向と冷却空気の流れが同じ場合を「並流」と言います。並流は冷媒の過

熱に必要な管長が長くなってしまうので、必要な伝熱面積が大きくなってしまいます。そこで、冷媒の流れる方向と冷却空気の流れを逆にして（「向流」と言います）冷却すると、まだ冷却されていない空気があたるので冷媒との温度差が大きくなることから、過熱に必要な管長を短くできます。また、蒸発器全体の伝熱面積が小さくなるので、小形化することができます。

　初級テキスト 7 次改訂版（平成 25 年 12 月発行）では、「向流または対向流という」という一文が削除されました。さらに、平成 13 年度を最後に出題されていませんが、2 冷では出題されています。でも、初級テキストでは半ページほどの説明がありますので、油断しないほうがよいと思います。

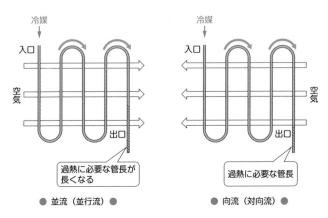

● 並流（並行流）●　　　● 向流（対向流）●

過去問題にチャレンジ！

・乾式空気冷却器では、空気の流れと冷媒の列方向の流れを向流にし、過熱部の長さが短くなるようにしている。（平 13 問 7）

　　向流（対向流ともいう）とは、蒸発器を通過する空気の流れ方向と、冷媒の列方向の流れの方向を、互いに逆方向になるようにします。また、過熱部の長さを短くできます。【答：○】

（5）フィンとフィンピッチ

　フィンピッチの冷凍・冷蔵用と空調用での違いを覚えましょう。霜の付きやすさを考えればよいです。

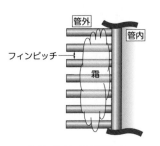

● フィンピッチと着霜 ●

過去問題にチャレンジ！

・フィンコイル蒸発器のフィンピッチは、冷凍用のほうが空調用よりも大きい。(平17問7)

　冷凍、冷蔵用の方がピッチが広い（霜ができにくい）です。「霜」が頭にイメージできるかがポイントだよね。　　　　　　　　　　　　　　　　　　　　　　　　　　　　　【答：○】

・冷凍・冷蔵用空気冷却器は、空調用冷却器よりもフィンピッチの細かい冷却管を使用する。(平15問7、平19問7)

　引っ掛かりませでしたか？　冷凍用と空冷用のフィンピッチを把握しておきましょう。
　　　　　　　　　　　　　　　　　　　　　　　　　　　　　　　　　　　　　【答：×】

（6）シェルアンドチューブ乾式蒸発器
　「乾式シェルアンドチューブ蒸発器」と「インナーフィンチューブ」の構造概略図です。

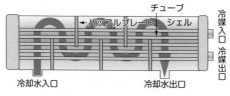

● 乾式シェルアンドチューブ蒸発器 ●

● インナーフィンチューブ ●

（a）基本問題

過去問題にチャレンジ！

・水やブラインなどの液体を冷却する乾式蒸発器は、一般にシェルアンドチューブ形が用いられる。(平20問7)

　「シェルアンドチューブ形満液式蒸発器」と姿形が似ているので混同しないこと。冷媒とブラインの出入口の位置を把握しておけばなんとなくわかるでしょう。　　　　　　【答：○】

・シェルアンドチューブ乾式蒸発器では、インナーフィンチューブを用いることが多い。
　　　　　　　　　　　　　　　　　　　　　　　　　　　　　　　　　　　(平15問7)

　チューブの内側（管内）に冷媒、外側（管外）にブラインです！　ブラインに比べて冷媒の方が熱伝達率が悪いため、インナーフィンチューブ（フィンが内側にある）を用いますよ。

【答：○】

> ・シェルアンドチューブ乾式水冷却器のチューブ内は、冷水が流れる。（平17問7）

　チューブ外側は冷水、内側は冷媒です。

【答：×】

（b）　バッフルプレート

　バッフルプレートは「じゃま板」とも言って、乾式シェルアンドチューブ蒸発器内に設置されています。ポツポツと出題されるようになりましたので、図をみてよく理解してください。流体（冷却水）があるところに、バッフルプレート（じゃま板）を置くと流体が急に曲がり、そのとき流速が上がります。流速が上がれば熱伝達率が向上します。

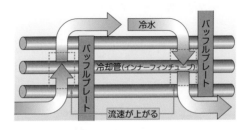

　上図から伝熱管（チューブ）に冷却水の流れが直角に近づくように、シェル内にバッフルプレートをいくつか設置すれば、熱伝達率が向上することがわかりますね。

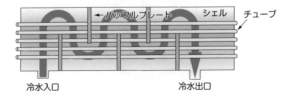

過去問題にチャレンジ！

> ・シェルアンドチューブ乾式蒸発器では、水側の熱伝達率を向上させるために、バッフルプレートを設置する。（平24問7、平30問7）

　その通りです。

【答：○】

> ・水やブラインなどの液体を冷却する乾式蒸発器は、一般にシェルアンドチューブ形が用いられる。液体は胴体と冷却管の間を通り、バッフルプレートによって液体側の熱伝達率を向上させている。（平26問7）

　うむ。イメージできたかな？

【答：○】

第2章　保安管理技術

⑦　蒸発器

7-3　満液式蒸発器

　乾式のシェルアンドチューブや、強制循環式と混同しないようにしましょう。結構出題数が多いですよ。

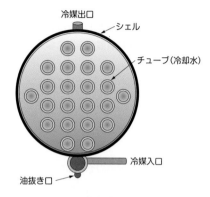

冷媒出口

シェル

チューブ（冷却水）

冷媒入口

油抜き口

● 満液式蒸発器 ●

（1）基本問題

過去問題にチャレンジ！

> ・蒸発器は冷媒の供給方式により乾式蒸発器、満液式蒸発器および冷媒液強制循環式蒸発器に分類され、シェル側に冷媒を供給し、冷却管内にブラインを流し冷却する蒸発器は乾式蒸発器である。（平23問7）

　「シェル側に冷媒を供給し、冷却管内にブラインを流し冷却する蒸発器」は、満液式です！「乾式シェル」と混同しないことですね。前半部分の分類については、初級テキスト8次改訂版より変わったためこの問題は無視してください。　　　　　　　　　　**【答：×】**

（2）油戻し

　冷媒液強制循環式蒸発器の「油抜き（油戻し）」と混同しないようにしましょう。

過去問題にチャレンジ！

> ・満液式シェルアンドチューブ蒸発器では、冷媒がフルオロカーボン冷媒の場合には油戻し装置は不要である。（平18問7）

　満液式は冷媒とともに圧縮機の油が蒸発器内に入り込んでしまいます。また潤滑油不足になるので油戻し装置を設けて圧縮機に返します。フルオロカーボン冷媒は液面近くに溜まった油を抜き取ります。とりあえず「満液式蒸発器には油戻し装置必要」と覚えちゃいましょう。　　　　**【答：×】**

・フルオロカーボン冷媒を使用する満液式蒸発器では、蒸発器に入った油の戻りが悪いので、油戻し装置が必要となる。(平20問7)

うむ。必ずゲットしましょう。　　　　　　　　　　　　　　　　　【答：○】

・シェルアンドチューブ形満液式蒸発器に入る冷媒は、大きな容器のシェルの中で蒸発して冷媒蒸気が圧縮機に吸い込まれ、冷媒液は滞留してシェル内の冷却管を浸している。蒸発器内に入った油の戻りが悪いので、油戻し装置が必要になる。(平22問7)

うむ。その通りですね。　　　　　　　　　　　　　　　　　　　【答：○】

（3）平均熱通過率

過去問題にチャレンジ！

・満液式蒸発器の平均熱通過率は、乾式蒸発器のそれよりも大きい。(平19問7)

熱通過率は冷媒ガスより冷媒液の方が大きく、満液式は乾式に比べ液冷媒に浸かっている部分が多いので、平均熱通過率は大きくなります。　　　　　　　　　　　　【答：○】

・満液式蒸発器には冷媒の過熱に必要な管部がないため、蒸発器冷媒側伝熱面における平均熱通過率は、乾式蒸発器の場合より大きい。(平21問7)

平19問7の問題に比べると、文が長いですね。心配症な人はどこか違うんじゃないかと思って右往左往はじめるかも知れません。ま、初級テキスト読んで一生懸命勉強するしかないです。　　　　　　　　　　　　　　　　　　　　　　　　　　　　【答：○】

・冷媒側伝熱面における平均熱通過率は、乾式蒸発器のほうが満液式蒸発器よりも大きい。
(平23問7)

今度は「×」ですよ。日本語は難しいですね。　　　　　　　　　【答：×】

・満液式蒸発器の冷媒側伝熱面における平均熱通過率は、乾式蒸発器のように冷媒の過熱に必要な管部がないため、乾式蒸発器の平均熱通過率よりも小さい。(平26問7)

「小さい」ではなく「大きい」です！　　　　　　　　　　　　　【答：×】

7-4　冷媒液強制循環式冷却装置

　冷媒液強制循環式蒸発器は、膨張弁から出た冷媒液を低圧受液器に溜め、蒸発器で蒸発する3〜5倍の冷媒液を液ポンプで強制的に冷却管内に送り込むものです。冷却管出口の乾き度は0.2〜0.3程度なので、冷却管内面は大部分が冷媒液で濡れていることになり、良好な熱伝達率が得られます。未蒸発の液は気化した蒸気とともに（湿り蒸気）低圧受液器に戻します。

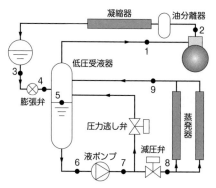

● 冷媒液強制循環式冷却構造 ●

（1）構造と比較

過去問題にチャレンジ！

・膨張弁から流出する冷媒をそのまま蒸発管に導き、飽和液が周囲から熱を取り込んで乾き飽和蒸気となり、さらに、いくらか過熱された状態で蒸発管から出て行くようにした蒸発器を、冷媒液強制循環式蒸発器という。（平22問7）

これは乾式蒸発器のことです。これを逃すようであれば、まだ勉強不足ですよ。 【答：×】

・冷媒液強制循環式蒸発器は、冷却管における冷媒側熱伝達率が大きく、一般的に小さな冷凍装置に用いられる。（平28問7）

設備が複雑になるため小さな冷凍装置には用いられないです。大規模の冷蔵庫に使われますよ。 【答：×】

（2）適正な冷媒流量

過去問題にチャレンジ！

・冷媒液強制循環式では、液ポンプによって低圧受液器から蒸発器に送る冷媒流量は、蒸発液量に等しい。（平12問7）

冷媒液強制循環式蒸発器は、膨張弁から出た冷媒液を低圧受液器に溜め、蒸発器で蒸発する3〜5倍の冷媒液を液ポンプで強制的に冷却管内に送り込むのです。 【答：×】

・液ポンプ方式の冷凍装置では、蒸発液量の3倍から5倍程度の冷媒液を強制循環させるため、蒸発器内に冷凍機油が滞留することはない。（令2問7）

多量の冷媒液によって蒸発器内の冷凍機油は洗い流されてしまいます。 【答：○】

・冷媒液強制循環式の蒸発器には、蒸発液量にほぼ等しい量の冷媒液が低圧受液器より液ポンプによって送られる。（平18問7）

冷媒液強制循環式と言ったらこれです。この問題は絶対ゲットしましょう。初級テキスト「冷却管内蒸発器」を一度でもいいから熟読すべし。損はないはずです。　【答：×】

・冷媒液強制循環式蒸発器において、液ポンプにより強制循環する冷媒液量は、蒸発器で蒸発する冷媒量だけで十分である。（平24問7）

　　ちゃう、ちゃう、3〜5倍でしょ。　【答：×】

（3）油抜き（油戻し）
「満液式蒸発器の油戻し」と混同しないように気をつけましょう。

過去問題にチャレンジ！

・アンモニア冷媒液強制循環式蒸発器内の潤滑油（鉱油）は、冷媒と共に低圧受液器に戻るため、低圧受液器から油抜きをする。（平13問7）

　　その通り！図を見ながら問題文を読めば、潤滑油と冷媒の流れがわかるようになるでしょう。

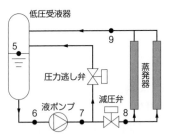

　　　　　　　　　　低圧受液器

　　　　5　　　　　　　　　9　　　　蒸発器

　　　　　　圧力逃し弁

　　　　6　液ポンプ　7　減圧弁　8

【答：○】

・冷媒液強制循環式蒸発器では、低圧受液器から蒸発液量の約3〜5倍の冷媒液を液ポンプで強制的に循環させるため、潤滑油も冷媒液とともに運び出され、蒸発器内に油が滞留することはない。（平21問7）

　　うむ。満液式蒸発器と、惑わされないように！　満液式蒸発器は、蒸発器（冷却器）に入った油の戻りが悪いので油抜きをします。　【答：○】

（4）液面制御

過去問題にチャレンジ！

・冷媒液強制循環式蒸発器の冷媒液ポンプは高圧受液器の液面より低く、低圧受液器の液面より高い位置に置き、低圧受液器からの飽和状態の冷媒液がポンプ入口までに気化することを防ぐ。（平29問7）

　　素直なよい「×」問題だと思います。正しい文章は「冷媒液強制循環式蒸発器の冷媒液ポンプは高圧受液器の液面より低く、低圧受液器の液面より充分下側に置き、低圧受液器からの飽和状態の冷媒液がポンプ入口までに気化することを防ぐ」ですね。　【答：×】

7-5　着霜、除霜及び凍結防止

　初級テキスト「着霜、除霜及び凍結防止」を熟読してください。霜に関しての出題数は多いです。蒸発器にとって霜は大敵なので、霜の影響と除霜の方法を把握しておきましょう。図はフィンに霜が着いている様子です。熱計算用なので色々文字が書かれていますが、イメージがつかめればよいでしょう。

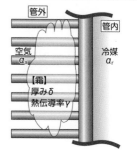

● フィンに霜が着いている様子 ●

（1）着霜と影響

過去問題にチャレンジ！

・プレートフィンコイル蒸発器のフィン表面に霜が厚く付着すると、空気の通路が狭くなって風量が減少し、蒸発圧力が上昇する。（平20問7）

　「霜が付いた時に蒸発圧力、蒸発温度が低下する」。この先、冷凍サイクルの奥深さがわかってくるとこの一文はあなたを悩ませるかも知れないです。着霜とその影響をメモ帳にでも書いて、いつも持ち歩くことをおすすめします。絶対、損はないはずですよ。　　【答：×】

> **Memo**

　　着霜とその影響
　　　　霜が厚く付着する → 空気の通路が狭くなる → 風量が減少する
　　　　　　↓
　　　　霜伝導率少ないので伝熱が悪い
　　　　　　↓
　　　　蒸発圧力低下 → 圧縮機能力低下 → 冷却不良
　　　　　　↓
　　　　冷凍能力低下（圧縮機軸動力よりも低下の割合が大きい）
　　　　　　↓
　　　　成績係数低下（$COP = \phi / P$）

・プレートフィンコイル蒸発器のフィン表面に霜が厚く付着すると、空気の通路が狭くなって風量が減少し、霜の熱伝導率が小さいため伝熱が妨げられ、蒸発圧力、蒸発温度が低下する。（平22問7）

　勉強していれば、難なく解けますね。　　【答：○】

・プレートフィンチューブ蒸発器に霜が厚く付着すると、風量が減少し、伝熱量が低下するため、除霜運転を行う必要がある。（平27問7）

　うむ。その通り！　なんだか素直すぎて不安になるような問題ですね。　　【答：○】

・乾式プレートフィンチューブ蒸発器のフィン表面に厚く付着した霜は、空気の通路を狭

第2章　保安管理技術

⑦　蒸発器

め、風量の減少や蒸発圧力の上昇を招く。(平30問7)

正しい文章にしてみましょう。「乾式プレートフィンチューブ蒸発器のフィン表面に厚く付着した霜は、空気の通路を狭め、風量の減少や蒸発圧力の低下を招く」です。　【答：×】

（2）散水除霜方式

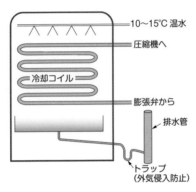

● 散水除霜方式 ●

Memo

『SIによる初級冷凍受験テキスト：日本冷凍空調学会』7次改訂版（平成25年12月発行）より「散水式除霜法の散水温度10 ～ 25℃」が「散水式除霜法の散水温度10 ～ 15℃」に変わっていますが、理由は不明です（25℃は熱すぎるのかな？）。

今後の出題は、ほとぼりが冷めるまで？　散水温度について具体的な数値は問われないだろうと思います。

過去問題にチャレンジ！

・デフロスト水の排水配管には、庫外にトラップを設けて庫内への外気の侵入を防止する。
(平25問7)

うむ。トラップ内にはデフロスト水が溜まっているので、排水配管からの外気侵入を防ぐことができます。　【答：○】

・散水除霜方式は、水を蒸発器に散布して霜を融解させる方法である水の温度が低すぎて霜を融かす能力が不足しないように、水温を適切に管理する。(平26問7)

そうだね、読めばごもっともなことが書かれています。低すぎても高すぎてもいけないのです。　【答：○】

・一般的な散水方式の除霜は、送風機を運転しながら水を冷却器に散水し、霜を融解させる方式である。(令2問7)

イメージしてください。送風機を停止しないと、上手に散水されませんね。　【答：×】

（3）ホットガス除霜方式
（a）ホットガス方式の原理など

過去問題にチャレンジ！

- ホットガスによる除霜方法は、圧縮機から吐き出される高温の冷媒ガスを蒸発器に送り込み、その顕熱と潜熱によって霜を融解させる。（平18問7）

除霜の様子を思い浮かべ、顕熱と潜熱をイメージできるようにしましょう。

顕熱	物体の状態変化なしに温度のみを変化させる熱
潜熱	物体の状態が変化する場合に必要な熱量

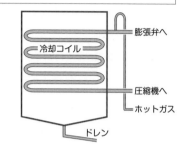

膨張弁へ
冷却コイル
圧縮機へ
ホットガス
ドレン

【答：○】

Memo

> **ホットガスによる除霜方法**
> ① 圧縮機の吐出しガスを取り出して蒸発器にホットガスを流して霜と溶かします。
> ② 吐き出された点から顕熱（物体の状態変化がなく温度のみが変化する）で飽和蒸気線まで除霜し、飽和蒸気線から飽和液線まで凝縮潜熱（温度変化なしに気体が液体に変化する）で除霜します。このとき、霜の変化ではなく、高圧高温の冷媒ガスの変化を考えてください。

- ホットガスによる除霜方法では、高温の冷媒ガスの顕熱のみで霜を融解させる。（平19問7）

高温の冷媒ガスの顕熱（ガスのまま霜へ熱が…）と凝縮潜熱（ガスから液体へ変化）は、冷たい霜が高温冷媒ガスから熱が移動してきて溶けていくみたいな…、イメージできてきましたか？　　【答：×】

- 除霜方法には、散水方式、ホットガス方式、オフサイクルデフロスト方式などがある。ホットガス方式では、高温の冷媒ガスの顕熱だけで霜を融解させる。（平27問7）

高温の冷媒ガスの顕熱（ガスのまま霜へ熱が…）と凝縮潜熱（ガスから液体へ変化）、除霜方法の種類と、ホットガス方式の顕熱潜熱とのコラボ問題ですね。　　【答：×】

- ホットガス除霜方式は圧縮機からの高温の冷媒ガスの顕熱のみによって除霜を行い、氷がたい積しないようにドレンパンおよび排水管をヒータなどで加熱する。（平29問7）

氷がたい積…云々で戸惑うかなぁ。え、戸惑わない！失礼しました。正しい文章は、「ホットガス除霜方式は圧縮機からの高温の冷媒ガスの顕熱と凝縮潜熱によって除霜を行い、氷がたい積しないようにドレンパンおよび排水管をヒータなどで加熱する」ですね。　【答：×】

（ｂ）ホットガス方式の除霜のタイミング

過去問題にチャレンジ！

> ・ホットガス除霜は、冷却管の内部から冷媒ガスの熱によって霜を均一に融解し、霜が厚くなっても有効に除霜ができる方法である。（平24問7）

　　初級テキストを読んでないことが、バレバレになるかも知れません。霜が厚くなってからでは遅く、早めに除霜します。　　　　　　　　　　　　　　　　　　　　　　【答：×】

> ・ホットガスデフロストは温かい冷媒ガスを蒸発器に送って霜を融解するので、散水デフロストよりも霜が厚く付いてから行う。（平25問7）

　　楽勝ですね。平24問7と同等の問題です。　　　　　　　　　　　　　　　　【答：×】

> ・ホットガス方式の除霜では、圧縮機から吐き出される高温の冷媒ガスを蒸発器に送り込むため、霜が厚く付いている場合に適している。（平28問7）

　　霜が厚くならないように早めにしないとならないので、適してないです。　　【答：×】

> ・ホットガス除霜は、冷却管の内部から冷媒ガスの熱によって霜を均一に融解する。この除霜方法は、特に厚い霜の除霜に適している。（平30問7）

　　同じような問題が続きます。もう完璧ですね！　　　　　　　　　　　　　　【答：×】

（４）その他の方法

過去問題にチャレンジ！

> ・庫内温度が5℃程度のユニットクーラの除霜には、蒸発器への冷媒の送り込みを止めて、庫内の空気の送風によって霜を融かす方式がある。（平25問7）

　　初級テキスト「（3）その他の方法」では、5℃という語句はあるが「ユニットクーラー」はひと言もないです。ユニットクーラーは庫内温度が5℃程度なのか？　なんてことを考え始めると、慎重派は困惑する少々嫌な問題ですね。　　　　　　　　　　　　　　【答：○】

（５）凍結防止

過去問題にチャレンジ！

> ・水やブラインを冷却する冷却器には、凍結防止のため蒸発圧力調整弁が用いられることがある。（平17問7）

　　ま、蒸発圧力調整弁は「自動制御機器」の問題で出題されるが、ここでは、「凍結防止に用いているんだよ、知ってる？」ってことを、問うています。だから、問題としては吸入圧力調整弁などに変えての引っ掛けは、この「蒸発器」問題では出ないはずです。そういう違いの問題は「自動制御機器」で嫌になるほど出てきます。ただ、つまりだ、初級テキストの「蒸発器（除霜）」のページにさりげなくこの問題の文章が書かれています。ま、ある意味、

引っ掛け問題なのかも知れないです。テキストを読んでいる貴方なら大丈夫のはず…。

【答：○】

・水冷却器内で水が凍結すると、その体積が約90％膨張する。（平17問7）

うわ〜、思いっきり引っ掛け、9％ですよ。ま、よく（冷静に？）読むと90％も体積が増えるわけないですね。サービス問題ともいえますね。　**【答：×】**

・水は0℃で凍結するので、凍結防止装置が必要であるが、ブラインは0℃で凍らないので、凍結防止装置は必要ない。（平25問8）

「○」かな？　とか、迷うかも…知れません。テキストには、0℃とか具体的な語句は書かれていないですが、「温度が下がりすぎたとき」に凍ると記されています。これは0℃以下なので、凍結防止装置は必要でしょう。　**【答：×】**

難易度：★★★

⑧　附属機器

取付場所と冷凍サイクルを結びつけられればOKです！　★3つ！

8-1　受液器

　初級テキストでの「受液器」は2ページにも満たないですが、毎年出題されると言ってよいです。美味しい問題であるから、逃さないようにGet! しましょう。「高圧受液器」と「低圧受液器」があるので違いを把握しておきましょう。

（1）高圧受液器

　図は簡単な冷凍サイクル図です。高圧受液器は、凝縮器の出口側にあります。「冷媒液量の変動を吸収する」、「冷媒の回収」の2つの役割を、押さえておきたいですね。

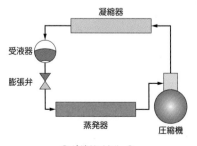

● 冷凍サイクル ●

過去問題にチャレンジ！

・高圧受液器は、冷凍装置の修理の際に、その受液器内容積の 100％までの冷媒液を回収してもよい。(平 15 問 9)

　修理の時なら、満タン（100％）にしてもいいでしょ！？　ダメです。という問題でした。
【答：×】

・始動時に蒸発器への冷媒供給量が不足しないように、運転停止中の高圧受液器を満液状態にした。(平 17 問 9)

　なんとなく「満液になんかダメでしょ」って思う問題です。満液状態は液封状態となってとても危険なのです。内容積の 80％以内、少なくとも 20％の蒸気空間を残したほうがよいです。
【答：×】

・高圧受液器を設置することにより、冷媒設備を修理する際に、大気に開放する装置部分の冷媒を回収することができる。(平 24 問 9)

　ようするに、修理でバラす部分の冷媒を回収できるから大気中に漏らすことなく作業ができるのです。**【答：○】**

・高圧受液器は、つねに冷媒液を確保して、液とともに冷媒蒸気が流れ出さないような構造である。(平 22 問 9)

　うむ。なんとなく「○」にしますでしょ。受液器では、ひねってある問題はほとんどないので助かります。無勉は別ですが…。**【答：○】**

・運転状態の変化があっても、冷媒液が凝縮器内にたまらないように、高圧受液器内には冷媒液をためないようにする。(平 26 問 9)

　蒸気が液とともに流れ出ないようにしています。冷媒液をためておかねばなりません。初級テキストにはズバリ書かれていませんが、読み解くしかないです。**【答：×】**

・高圧受液器内にはつねに冷媒液を確保するようにし、受液器出口では蒸気が液とともに流れ出ないような構造とする。(平 29 問 9)

　その通りですね！**【答：○】**

・高圧受液器は単に受液器と呼ばれることが多く、運転状態の変化があっても冷媒液が凝縮器に滞留しないように冷媒液量の変動を吸収する役割がある。(平 28 問 9)

　初級テキスト「高圧受液器」冒頭部分と「役割（1）」を、上手にまとめたよい文章の問題ですね。**【答：○】**

（2）低圧受液器

　ポツリポツリと出題されるので、よく把握しておきましょう。また、冷媒液強制循環式冷却装置に使われているので復習しておきましょうね。

過去問題にチャレンジ！

> ・低圧受液器は、冷媒液強制循環式冷凍装置において、冷凍負荷が変動しても液ポンプが蒸気を吸い込まないように、液面レベル確保と液面位置の制御を行う。（令2問9）

まさに、その通りです。

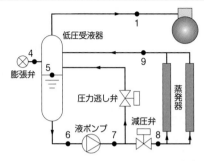

低圧受液器

膨張弁　4

5

圧力逃し弁

液ポンプ　6　7　8　減圧弁

蒸発器

1

9

【答：○】

> ・低圧受液器は、冷媒液強制循環式冷凍装置において、蒸発器に液を送り、かつ、蒸発器から戻る冷媒の気液分離と液だめの役割をもつ。（平21問9）

初級テキストでは「気液分離」とは書いていませんが、液ポンプが蒸気を吸い込まないよう…と書かれています。　【答：○】

> ・低圧受液器は、冷媒液強制循環式冷凍装置で使用され、冷凍負荷に応じて液面が変化するが、液面位置に制御は必要ない。（平20問9）

制御の必要があります。また液面レベルを確保します。高圧受液器と混同しないように…頭の中にイメージを作りましょう。　【答：×】

> ・冷媒液強制循環式冷凍装置で使用される低圧受液器では、液面位置の制御は必要ない。
> （平30問9）

なんと単刀直入なサービス問題ですね。液面位置制御は必要です。　【答：×】

（3）受液器まとめ

高圧受液器と低圧受液器の違いを試されますよ。できるかな？

過去問題にチャレンジ！

> ・冷凍装置に用いられる受液器には、大別して凝縮器の出口側に連結される高圧受液器と、冷媒液強制循環式で凝縮器の出口側に連結して用いられる低圧受液器とがある。（平24問9）

低圧受液器は、凝縮器ではなく蒸発器に連結して用いられます。「凝縮器の出口側」という言い方は図を見ると、パッとみると、低圧受液器が凝縮器の出口側にあるように勘違いするかも知れません。でも、膨張弁の後だから低圧側ですよね。兎に角、問題文はよく読みましょう。また初級テキストも、よく読みましょうね。

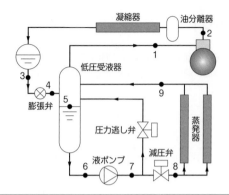

【答：×】

> ・冷凍装置に用いられる受液器には、大別して凝縮器の出口側に連結される高圧受液器と、
> 冷媒液強制循環式冷凍装置で蒸発器に連結して用いられる低圧受液器とがある。(平27問9)

　　今度は「○」です！まさにその通りですよ。平成27年度は平成24年度などと違って素直
な問題が多いです。　　　　　　　　　　　　　　　　　　　　　　　　　　　　【答：○】

8-2　油分離器（オイルセパレータ）

　　初級テキスト「油分離器（オイルセパレータ）」をよく読んで、頭のなかにイメージし
ましょう。出題者は、役割、フルオロとアンモニア冷凍装置の油分離、そして「液分離
器」との違いなどを把握していない「あなた？」を攻撃し、もて遊びます。

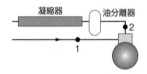

● 油分離器（オイルセパレータ） ●

（1）油分離器全般

　　「吐出し管」、「大形フルオロカーボン冷凍装置」、「アンモニア冷凍装置」あたりがポイ
ントかなと思います。

過去問題にチャレンジ！

> ・油分離器は、アンモニア冷凍装置および大形や低温用のフルオロカーボン冷凍装置に用い
> られることが多い。(平30問9)

　　その通～り。フルオロは大形・低温用に、アンモニアは必ず設けます。　　　【答：○】

> ・油分離器は、圧縮機の吐出し管に取り付け、冷媒と潤滑油を分離し、凝縮器や蒸発器に油
> が送られて、冷却管の伝熱を妨げるのを防止する。(平23問9)

うむ。文は長いが勉強している人にとっては素直なよい問題です。　**【答：○】**

・冷凍機油は凝縮器や蒸発器に送られると伝熱を妨げるので、圧縮機の吐出し管には必ず油分離器を設け、潤滑油を分離する。（平25問9）

う～む、どこが間違いなのか…。「油分離器は、フルオロカーボンは大形・低温用に、アンモニアは必ず設ける」を考えに置くと、「必ず油分離器を設け、」の「必ず」がダメのようですね。ちなみに、スクリュー圧縮機には「必ず」と初級テキストには記されていますよ。頑張れー。　**【答：×】**

・冷凍機油は凝縮器や蒸発器に送られると伝熱を妨げるので、油分離器を、圧縮機の吸込み蒸気配管に設ける。（平28問9）

うむ、素直な間違い問題ですね。吸込管に取り付ける「液分離器」と勘違いしないことです。油分離器は、圧縮機の吐出し管に設け、冷媒ガスと潤滑油を分離するのですね。　**【答：×】**

・油分離器にはいくつかの種類があるが、そのうちの一つに、大きな容器内にガスを入れることによりガス速度を大きくし、油滴を重力で落下させて分離するものがある。（令2問9）

ガス速度を小さくしないと油滴が落ちませんね。　**【答：×】**

・冷凍機油は凝縮器や蒸発器に送られると伝熱を妨げるので、油分離器を圧縮機の吸込み蒸気配管に設け、冷媒と分離する。（平30問9）

「吐出し配管」ですね。う～ん、同等の問題が続きますが、もう大丈夫ですね！　**【答：×】**

（2）分離した油は～（フルオロカーボン編）

　フルオロカーボン冷凍装置とアンモニア冷凍装置の油処理の違いに翻弄されませぬように気をつけてください。

過去問題にチャレンジ！

・フルオロカーボン冷凍装置では、油分離器で分離された油は圧縮機クランクケースに戻される。（平11問9）

・フルオロカーボン冷凍装置では、油分離器で分離された油は、自動返油弁により圧縮機に戻される。（平12問9）

題意の通りですね。ちなみにアンモニア冷凍装置では、油の温度が高く油が劣化するので自動返油せずに油だめに抜き取ります。　**【答：どちらも○】**

（3）分離した油は～（アンモニア編）

過去問題にチャレンジ！

・アンモニア冷凍装置では、油分離器で分離された鉱油は油分離器の下部に溜められ、自動

的に圧縮機に戻すようにしている。(平18問9)

うむ。アンモニア冷凍装置では、圧縮機の吐出しガス温度が高く油が劣化してしまうため圧縮機に自動返油はせず油だめ器に回収するのです。　　　　　　　　　　　【答：×】

・鉱油を使ったアンモニア冷凍装置では、油分離器からクランクケースへの返油は、油が劣化するので自動返油は行わない。(平15問9)

うむ。「アンモニア冷凍装置では、圧縮機吐出側に必ず油分離器を設ける。吐出しガス温度が高いため油が劣化するので油だめ器に送り抜き取る」ですね。　　　　　　　【答：○】

・油分離器は、アンモニア冷凍装置や低温用のフルオロカーボン冷凍装置に用いることが多いアンモニア冷凍装置の場合、分離された冷凍機油（鉱油）は劣化しにくく、一般に圧縮機クランクケース内に自動返油される。(平27問9)

今度は間違いです。ここまで解けば楽勝ですね。　　　　　　　　　　　　　　　【答：×】

8-3　液分離器（アキュムレータ）

「液分離器か、うむ、アキュムレータのことね」などと、カッコよく言ってみましょう。「油分離器」と混同しないように気をつけましょうね。そんなに難しくないから必ずゲットしましょう。

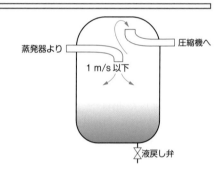

● 液分離器（アキュムレータ）●

過去問題にチャレンジ！

・液分離器の円筒内断面積は、流入した冷媒液が蒸気と分離しやすいように、蒸気速度が5m/s以上になるように決められる。(平19問9)

1 m/s 以下です。覚えておきましょう。5 m/s じゃ、液滴を落とすんだからなんか速すぎる気がするよね。　　　　　　　　　　　　　　　　　　　　　　　　　　　　【答：×】

・少容量の液分離器（アキュムレータ）は、小形のフルオロカーボン冷凍装置やヒートポンプ装置などに使用される。(平17問9)

「小容量」がポイントです。　　　　　　　　　　　　　　　　　　　　　　　【答：○】

・液分離器は、蒸発器と圧縮機との間の吸込み蒸気配管に取り付けて、蒸気と液を分離し、蒸気だけを圧縮機に吸い込ませて、液圧縮を防止する。(平23問9)

うん。位置・動作・目的と三拍子揃ったよい問題です。　　　　　　　　　　　【答：○】

・小形のフルオロカーボン冷凍装置やヒートポンプ装置に使用される小容量の液分離器では、内部のU字管下部に設けられた小穴から少量ずつ液を圧縮機に吸い込ませるものがある。(平24問9)

その通〜り。液分離器の内部にあるU字管の下部に小さな孔が空いています。その穴から分離された油が少しずつ圧縮機へ吸い込まれるということです。

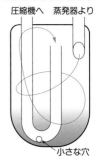

圧縮機へ　蒸発器より

小さな穴

【答：○】

・液分離器は、蒸発器と圧縮機との間の吸込み管に取り付け、吸込み蒸気中に混在した液を分離して、冷凍装置外部に排出する。(平26問9、令1問9)

外部になんて、排出しないよね。でも、勉強していないと迷うかも…。　　　　　【答：×】

・液分離器は、圧縮機の吐出し管に設け、冷媒蒸気中に冷媒液が混在したときに蒸気と液を分離するために用いる。(平27問9)

お、お、思いっきり！　サービス問題ですね。正しくは「蒸発器と圧縮機との間の吸込み管に取り付ける」ですね。　　　　　　　　　　　　　　　　　　　　　　　　　【答：×】

・液分離器は、蒸発器と圧縮機との間の吸込み蒸気配管に取り付け、冷媒蒸気中に混在した冷媒液を分離し、圧縮機を保護する役割をもつ。(平29問9)

素直なよい問題です。　　　　　　　　　　　　　　　　　　　　　　　　　【答：○】

8-4　液ガス熱交換器

初級テキストではたった半ページしかないんです。でも、突っ込みどころ満載の問題があなたを待っています。初級テキストを読んで、過去問をこなせば、恐れることはないですよ。さぁ、頑張りましょう。

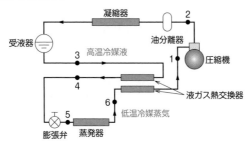

● 液ガス熱交換器 ●

Point

> ・凝縮器出口（→受液器）を出た高温（高圧）冷媒液は、液ガス熱交換器の液入口に入る。
> ・同時に液ガス熱交換器のガス入口には、蒸発器出口からの低温（低圧）冷媒ガスが入る。
> ・互いのガスは熱交換する。
> ・フラッシュガスの発生を防止するため、液を過冷却する。それと、湿り蒸気を吸い込んで液圧縮を防止するため吸込み蒸気を適度に過熱させる。
>
> ※注）アンモニア冷凍装置では、使用しない。

（1）取り付け位置と目的

過去問題にチャレンジ！

・フルオロカーボン冷凍装置に用いられる液ガス熱交換器は、圧縮機吐出しガスと膨張弁出口液冷媒との間で熱交換させるものである。（平10問9）

　膨張弁出口液冷媒ではなくて、蒸発器出口冷媒ガスが正解です。　　　　　　　【答：×】

・R22冷凍装置に用いる液ガス熱交換器の主な役割は、冷凍装置の成績係数の改善である。（平12問9）

　ちょっといやらしい問題ですね。適度な過冷却・過熱度が得られるため、成績係数（冷凍能力）は若干向上するが、主な役割はフラッシュガス発生の防止と吸込み蒸気の適度な過熱です。　　　　　　　　　　　　　　　　　　　　　　　　　　　　　　　　　【答：×】

・フルオロカーボン冷凍装置には液化ガス熱交換器を設けることがある。それの主な役割は、冷凍装置の成績係数を改善することである。（平18問9）

　そうだね。液ガス熱交換器は出題数が多いからよく勉強しておいてください。　【答：×】

（2）過冷却と過熱

過去問題にチャレンジ！

・液ガス熱交換器は、圧縮機吸込み蒸気を適度に過熱させる。（平20問9）

　うむ、その通りですね。　　　　　　　　　　　　　　　　　　　　　　　　【答：○】

・フルオロカーボン冷凍装置の液ガス熱交換器は、冷媒液を過冷却して液管内でのフラッシュガスの発生を防止し、圧縮機吸込み冷媒蒸気を適度に過熱するために用いる。（平27問9）

　うむ。素直なよい問題です。　　　　　　　　　　　　　　　　　　　　　　【答：○】

・フルオロカーボン冷凍装置では、液ガス熱交換器を設けることがある。その目的は、圧縮機に戻る冷媒蒸気を適度に冷却することと、凝縮器を出た冷媒液を過冷却することである。（平28問9）

　ココまできた、あなた！　笑っちゃいますね。簡単すぎ！　って。「＜略＞その目的は、圧縮

機に戻る冷媒蒸気を適度に過熱することと、凝縮器を出た冷媒液を過冷却することである」ですね。【答：×】

・液ガス熱交換器は、冷媒液を過冷却して液管内でのフラッシュガスの発生を防止し、冷媒蒸気の過熱度を小さくするために用いられる。（平30問9）

過熱度を小さくするためではないです。「適度に過熱させる」ですね。【答：×】

8-5　フィルタ、ドライヤ

（1）ドライヤ

過去問題にチャレンジ！

・フルオロカーボン冷凍装置の冷媒系統に水分が存在すると、装置の各部に悪影響を及ぼすので、冷媒液はドライヤを通して、水分を除去するようにしている。（平23問9）

その通り！　この問題は素直なよい問題です。【答：○】

・ドライヤの乾燥剤には、水分を吸着して化学変化を起こさないシリカゲル、ゼオライトをよく使用する。（平25問9）

近年の出題傾向には、「化学変化」にこだわりがあるようですね。【答：○】

・ドライヤは、一般に液管に取り付け、フルオロカーボン冷凍装置の冷媒系統の水分を除去する。（平26問9）

「一般に」が引っ掛かりますが…素直に「○」です。【答：○】

・フルオロカーボン冷凍装置の冷媒液配管に設けるドライヤのろ筒内部には、乾燥剤が収められている。乾燥剤には、水分を吸着しても化学変化を起こさない物質を用いる。（平28問9）

ハイ、素直なよい問題ですね。【答：○】

・フルオロカーボン冷凍装置の冷媒系統に水分が存在すると、装置の各部に悪影響を及ぼすため、ドライヤを設ける。ドライヤの乾燥剤として水分を吸着して化学変化を起こしやすいシリカゲルやゼオライトなどが用いられる。（平29問9）

正しい文章にしておきましょう。「フルオロカーボン冷凍装置の冷媒系統に水分が存在すると、装置の各部に悪影響を及ぼすため、ドライヤを設ける。ドライヤの乾燥剤として水分を吸着して化学変化を起こさないシリカゲルやゼオライトなどが用いられる」です。【答：×】

（2）リキッドフィルタ

リキッドフィルタの目的はゴミや異物を除去することです。

過去問題にチャレンジ！

・冷媒液内の冷凍機油を除去するためリキッドフィルタを使用する。（平14問9）

　　リキッドフィルタは、ゴミや異物を除去します。サクションストレーナの構造はリキッド
フィルタと同じですが、配管距離が長く、施工工事中に入るゴミを除去する場合に用い、運
転開始時にゴミを除去します。　　　　　　　　　　　　　　　　　　　　　　【答：×】

（3）フィルタドライヤ（ろ過乾燥器）

　これは、いつ出題されるか予測不能です。フィルタドライヤ（ろ過乾燥器）は水分を除
去しますが、ゴミも除去できます。

過去問題にチャレンジ！

・ろ過乾燥器（フィルタドライヤ）は、フルオロカーボン冷凍装置に用いられる。（平10問9）

　　フィルタドライヤは膨張弁手前の液配管に設け、フルオロカーボン冷媒に含まれている水分
を除去し、またゴミも除去できます。まれに、吸込み配管中に取り付ける場合もあります。
　　　　　　　　　　　　　　　　　　　　　　　　　　　　　　　　　　　　【答：○】

・フィルタドライヤの冷媒入口と出口がL形に配置されているものがあるが、これは配管を
外さずに乾燥剤の交換やフィルタの清掃を行うことを可能とするための構造である。
　　　　　　　　　　　　　　　　　　　　　　　　　　　　　　　　　　（平19問9）

　　テキストを一度でも読んでおけば、たぶん、正解できる問題です。　　　　　【答：○】

・フルオロカーボン冷凍装置のフィルタドライヤに使用される乾燥剤には、冷媒中の水分に
より化学変化を起こしやすい物質が使用される。（平19問9）

　　「起こしやすい」ではなく、「化学変化を起こさないこと！」ですよ。　　　　【答：×】

8-6　サイトグラス

　2冷では、平成29年度に出題されましたが3冷は令和2年度に初めて出題されました。
初級テキストを読み込んでおくべきでしょう。

過去問題にチャレンジ！

・サイトグラスは、のぞきガラスとその内側のモイスチャーインジケータからなる。のぞき
ガラスのないモイスチャーインジケータだけのものもある。（令2問9）

　　のぞきガラスがなければモイスチャーインジケータがみられません！　このサイトグラス
は、日々の点検で必ずのぞいて冷媒の状態をチェックします。　　　　　　　　【答：×】

難易度：★★★★

9　自動制御機器

覚えることが多いです。始めは苦労するかも知れないので、★4つです。

9-1　自動膨張弁について

（1）膨張弁の種類

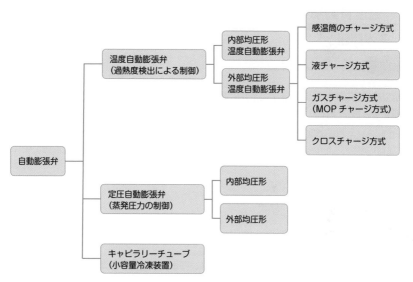

● 膨張弁の種類 ●

> **Point**
>
> 温度自動膨張弁に求められる要素
> ・所要の蒸発圧力への減圧送液（絞り膨張作用）
> ・蒸発熱負荷に比例した安定な冷媒液の送液
> ・蒸発器熱負荷の変動に追従した流量の調節

（2）温度自動膨張弁の役割

温度自動膨脹弁の「絞り膨脹作用」と「冷媒流量の調整」の2つの役割を覚えましょう。

過去問題にチャレンジ！

・温度自動膨張弁は、高圧の冷媒液を低圧部に絞り膨張させる機能と、冷凍負荷に応じて蒸発器への冷媒流量を調整し、冷凍装置を効率よく運転する役割をもっている。（平15問8）

うむ。「絞り膨張作用」と「冷媒流量の調整」のこの2つです！　　　　　　【答：○】

・温度自動膨張弁は、高圧の冷媒液を低圧部に絞り膨張させる機能と、過熱度により蒸発器への冷媒流量を調節して冷凍装置を効率よく運転する機能の、二つの機能をもっている。
（令1問8）

ハイ！　この一文はキッチリ覚えましょう。　　　　　　　　　　　　　【答：○】

9-2　温度自動膨張弁の動作

（1）基本問題

過去問題にチャレンジ！

・温度自動膨張弁は、蒸発器出口冷媒の過熱度が常にほぼ一定になるように、冷媒流量を調節する。（平21問8）

これ、温度自動膨張弁についての重要な一文です。「温度自動膨張弁の感温筒で蒸発器の熱負荷の変動により変化する過熱度変化を検出し、冷媒流量を調整し過熱度を適正値に保つ」と覚えておきましょう。　　　　　　　　　　　　　　　　　　　　　　【答：○】

（2）感温筒のチャージ方式

過去問題にチャレンジ！

・感温筒が液チャージ方式の温度自動膨張弁は、弁本体の温度が感温筒温度よりも低くなっても正常に作動する。（平28問8）

うむ。筒内の液と蒸気が常に混在しているからみたいだね。　　　　　　【答：○】

（3）内部均圧形と外部均圧形

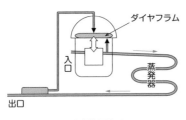

● 内部均圧形 ●

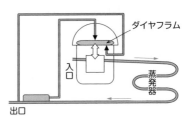

● 外部均圧形 ●

過去問題にチャレンジ！

・温度自動膨張弁から蒸発器出口までの圧力降下が大きい場合には、内部均圧形温度自動膨張弁を使用しなければならない。(平23問8)

　圧力降下の大きな蒸発器やデストリビュータを取り付けた蒸発器（乾式蒸発器）に内部均圧形を使用すると、圧力降下相当分だけ、過熱度の設定値がずれてしまいます。　　【答：×】

・外部均圧形温度自動膨張弁は、蒸発器やディストリビュータの圧力降下が大きな場合に利用されるが、蒸発器出口の圧力を外部均圧管で、膨張弁のダイヤフラム面に伝える構造になっている。(平24問8)

　う～ん、その通りなんだけれども、初級テキスト的にここにズバリ！がない問題です。圧力降下云々、ダイヤフラム云々など、全体的に図を見ながら読んでおかないとすんなり解答できないかも知れません。　　【答：○】

・一般に、膨張弁から蒸発器出口にいたるまでの圧力降下が大きい場合には、外部均圧形温度自動膨張弁を使用する。(平27問8)

　その通りです。勉強してれば超楽勝！　初級テキストの太字、ズバリの問題ですよ。【答：○】

9-3　温度自動膨張弁の感温筒と弁容量

（1）感温筒の取り付け位置

過去問題にチャレンジ！

・温度自動膨張弁は過熱度を制御するために、蒸発器出口冷媒の温度を膨張弁の感温筒で検出する。感温筒の取付け場所としては、冷却コイル出口ヘッダが適切である。(平24問8)

　取り付け場所が間違っています。液や油が溜まるヘッダや吸込み配管の溜まりやすい場所、また、周囲の温度や風の影響を受けやすい部分はダメです。　　【答：×】

・外部均圧形温度自動膨張弁の感温筒は、膨張弁の弁軸から弁出口の冷媒が漏れることがあるので、均圧管の下流側に取り付けるのがよい。(平26問8)

初級テキストには「外部均圧管は感温筒よりも圧縮機側からとる」と記されています。つまり、感温筒からみれば、「感温筒は外部均圧管よりも蒸発器側（上流側）に取り付ける」となります。あの、上流側、下流側はわかりますよね？　冷媒の流れを水（川）の流れにイメージすればよいです。正しい文章にしてみましょう。「外部均圧形温度自動膨張弁の感温筒は、膨張弁の弁軸から弁出口の冷媒が漏れることがあるので、均圧管の上流側に取り付けるのがよい」と言う事になりますね。

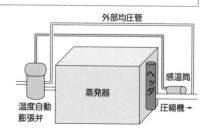

【答：×】

（2）感温筒が外れたとき

感温筒は「外れると開く」と覚えましょう。

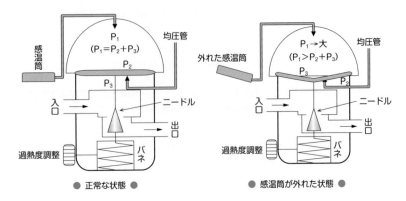

● 正常な状態 ●　　　　　　　● 感温筒が外れた状態 ●

過去問題にチャレンジ！

・温度自動膨張弁の感温筒が蒸発器出口管からはずれると、膨張弁が大きく開いて液戻りを
　生じる。（平16問8）

　　吸込み管からはずれた感温筒部は温度（圧力）が上昇し、冷媒量を増加する方向に働くので
　弁は開状態になります。　　　　　　　　　　　　　　　　　　　　　　　　　　　　　【答：○】

・温度自動膨張弁の感温筒が外れると、膨張弁が閉じて過熱度が高くなり、冷凍能力が小さ
　くなる。（平25問8）

　　正しい文章にしてみましょう。「温度自動膨張弁の感温筒が外れると、膨張弁が大きく開い
　て液戻りを生じ、冷凍能力が小さくなる」ですね。　　　　　　　　　　　　　　　　　【答：×】

・温度自動膨張弁の感温筒が吸込み管から外れると、膨張弁は閉じて冷凍装置が冷えなくな
　る。（平28問8）

　　「感温筒の温度上昇」→「弁開度大」→「冷媒量多」→「液戻り」です。正しい文章は「温
　度自動膨張弁の感温筒が吸込み管から外れると、膨張弁は大きく開いて冷凍装置が冷えなく
　なる」ですね。　　　　　　　　　　　　　　　　　　　　　　　　　　　　　　　　　【答：×】

（3）感温筒のガス漏れ

感温筒は「漏れると閉じる」と覚えましょう。

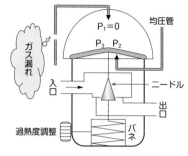

● 膨感温筒ガス漏れの状態 ●

過去問題にチャレンジ！

・温度自動膨張弁の感温筒内の冷媒が漏れると、膨張弁が開いて、冷えなくなる。（平13問8）

　　膨張弁が閉じて、冷えなくなるのです。　　　　　　　　　　　　　　　　【答：×】

・温度自動膨張弁の感温筒にチャージされている冷媒が漏れると、膨張弁は開いたままとなる。（平17問8）

　　感温筒が、外れたとき、チャージ冷媒が漏れたとき、などは絶対覚えてくださいね。とりあえず丸覚えだけでもよいので…、図を見ていると、なんとなくわかってきますよ。【答：×】

・温度自動膨張弁の感温筒にチャージされている冷媒が漏れると膨張弁が大きく開いて液戻りが生じる。（平29問8）

　　液戻りになるのは、外れたときですね。正しい文章は、「温度自動膨張弁の感温筒にチャージされている冷媒が漏れると膨張弁が閉じて、冷凍装置が冷えなくなる」ですね。【答：×】

（4）弁容量

過去問題にチャレンジ！

・膨張弁容量が蒸発器の容量に対して小さ過ぎる場合、ハンチングを生じやすくなり、熱負荷の大きなときに冷媒流量が不足する。（平30問8）

　　容量が小さいハンチング絡みの問いは、忘れた頃に出題されます。正しくは「膨張弁の容量が蒸発器の容量に対して小さ過ぎる場合、ハンチングは生じにくくなり、」です。うっかり「○」としないように気をつけてください。　　　　　　　　　　　　　　　　【答：×】

・温度自動膨張弁の容量は、弁開度と弁オリフィス口径が同じであっても、凝縮圧力と蒸発圧力との圧力差によって異なる。（平21問8）

　　なんとなく、その通り、という感じですよね。オリフィスと圧力差に関しての問題は意外にこの年度が初めての出題のようです。　　　　　　　　　　　　　　　　　　【答：○】

> ・蒸発器の熱負荷変動に対応して、蒸発器出口の冷媒過熱度を 5 K 前後に制御するために、最大熱負荷に対して 2 倍程度の定格容量の膨張弁を選定する必要がある。(平 24 問 8)

　　どこが間違いなのでしょうか。初級テキスト「自動膨張弁」では「過熱度を 3 ～ 10 K に」と記されているので、「5 K 前後に制御」は特に問題ないと思います。それで、2 倍程度がよいのか悪いのかなのだけれども、さて、はて？　初級テキストにはズバリ書かれていないです。そこで、最大熱負荷と同じでいいんじゃないの？　2 倍は大きいよね、みたいに考えるしかないです…。　　　　　　　　　　　　　　　　　　　　　　　　　　　　【答：×】

9-4　定圧自動膨張弁

　　定圧自動膨張弁の構造は温度自動膨張弁から感温筒を取り去ったものをイメージすればよいです。数年間隔でポツリと出題されるようです。

Point
- 蒸発圧力すなわち蒸発温度がほぼ一定になるように、冷媒流量を調節する。
- 蒸発器出口冷媒の過熱度は制御できない。
- 熱負荷変動の大きな装置には使用できない。
- 蒸発圧力が設定値より高くなると閉、低くなると開。
- 負荷変動の少ない小形冷凍装置に用いる。

過去問題にチャレンジ！

> ・定圧自動膨張弁は、蒸発圧力が設定値より低くなると閉じ、高くなると開いて、蒸発圧力をほぼ一定に保つ。(平 13 問 8)

　　定圧自動膨張弁は、蒸発圧力（温度）を一定に保つように冷媒流量を調整するためのもので、蒸発器出口冷媒の過熱度は制御できないため、熱負荷の変動の大きな装置では使えず、負荷変動の少ない小型で単一の冷凍装置に用います。蒸発圧力が設定値より低くなると開き、高くなると閉じます。　　　　　　　　　　　　　　　　　　　　　　　　　　　　【答：×】

> ・定圧自動膨張弁は、蒸発圧力が設定値よりも低くなると開き、設定値よりも高くなると閉じて、蒸発圧力をほぼ一定に保つ。(平 17 問 8)

　　初級テキストをよく読んでください。頭の中で、動きがイメージできるようになればしめたもんなんだけどね。　　　　　　　　　　　　　　　　　　　　　　　　　　【答：○】

> ・定圧自動膨張弁は蒸発圧力を一定に保ち、かつ蒸発器出口冷媒の過熱度も制御できる。(平 14 問 8)

　　蒸発器出口冷媒の過熱度は制御できません。　　　　　　　　　　　　　　　【答：×】

> ・定圧自動膨張弁は、蒸発圧力すなわち蒸発温度がほぼ一定になるように、冷媒流量を調節する蒸発圧力制御弁である。この弁では蒸発器出口冷媒の過熱度は制御できないので、一般に熱負荷変動の少ない小形冷凍装置に用いられる。(平 23 問 8)

　　文章は長いですが、勉強している人にとっては素直なよい問題ですね。　　　【答：○】

9-5　キャピラリチューブ

　家庭用の冷蔵庫などに使われているキャピラリチューブは簡単な構造だけれど、奥が深いのです。でも、3冷ではそんなに難しくないです。数年おきにポツリポツリと出題されるようなので、とにかく初級テキスト「キャピラリチューブ」をほんの数行なので一度じっくり読んでみましょう。

過去問題にチャレンジ！

・キャピラリチューブは、蒸発器出口冷媒の過熱度の制御ができる。（平16問8）

　　キャピラリチューブは、流量調整ができないので過熱度の制御もできません。熱負荷変動の少ない小容量の量産冷凍装置に用いられます。　【答：×】

・キャピラリチューブは固定絞りであり、チューブの口径と長さ、チューブ入口の冷媒液の圧力と過冷却度により流量がほぼ決まる。（平17問8）

　　キャピラリって奥が深いんですよね。家庭用の冷蔵庫には必ずあるから、けっこう出題が多いのかも？　初級テキストを意識しながら1回読むだけで、わりと、覚えていられ、ゲットしやすい問題なのですよ。　【答：○】

・キャピラリチューブは、細管を流れる冷媒の抵抗による圧力降下を利用して、冷媒の絞り膨張を行う機器である。（平25問8、平30問8）

　　「圧力降下を利用して、冷媒の絞り膨張を行う」と意味はともかく、記憶しちゃいましょう。　【答：○】

・小容量の冷凍装置には、キャピラリチューブが用いられている。キャピラリチューブは、冷媒の流動抵抗による圧力降下を利用して冷媒の絞り膨張を行うとともに、冷媒の流量を制御し、蒸発器出口冷媒の過熱度の制御を行う。（平27問8）

　　流量の制御ができないから、過熱度制御もできないですよね！　【答：×】

9-6　フロート弁とフロートスイッチ

（1）フロート弁

　フロート弁とは、冷媒流量を弁開度で調節するものです。

過去問題にチャレンジ！

・高圧側に使用されるフロート弁は、蒸発器の液面位置を制御すると同時に絞り膨張機能も持つ。（平14問8）

　　う〜ん、引っ掛けっぽいかな？　「高圧側に使用される」とあるので、蒸発器の液面位置じゃなくて、高圧側の液面位置ですね。絞り膨張機能は正しいです。　【答：×】

（2）フロートスイッチ

　フロートスイッチとは、冷媒液の液面位置を一定以内に保つために、電磁弁を開閉させるスイッチとして用いるものです。

過去問題にチャレンジ！

> ・フロートスイッチは冷媒液面の上下の変化をフロートにより検出し、これを電気信号に変換するもので、満液式蒸発器内などの冷媒液面の位置を一定範囲内に保つように電磁弁を開閉させるためのスイッチとして用いられる。（平29問8）

　勉強している方にとっては素直なよい問題です。初級テキストにズバリ的文章があります。読んでおくしかないですね。　　　　　　　　　　　　　　　　　　　　　　【答：○】

9-7　圧力調整弁

　圧力調整弁とは、その名の通り、冷凍装置の圧力を調整する弁です。

● 圧力調整弁の分類 ●

（1）蒸発圧力調整弁

　勉強していれば、美味しい問題ですよ。取り付け位置と蒸発圧力との関係がポイントですね。吸入圧力調整弁と引っ掛けてくるから注意スベし！

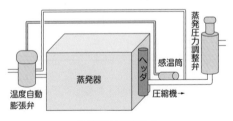

● 蒸発圧力調整弁 ●

（a）蒸発圧力調整弁の目的

過去問題にチャレンジ！

・蒸発圧力調整弁は、蒸発器の出口配管に取り付けて、蒸発器内の冷媒の蒸発圧力が所定の蒸発圧力よりも下がるのを防止する目的で用いる。（平22問8）

うむ！　素直でよい文章です。 　　　　　　　　　　　　　　　　　【答：○】

・蒸発圧力調整弁は、蒸発器出口に取り付けて、圧縮機吸込み圧力が一定値以下になるように調節する。（平18問8）

圧縮機吸込み圧力じゃなくて、蒸発器内の冷媒の蒸発圧力が、ですね。うーん、蒸発圧力調整弁と吸入圧力調整弁の違いです。 　　　　　　　　　　　　　　　【答：×】

・蒸発圧力調整弁は、蒸発器の出口配管に取り付けて、蒸発器内の冷媒の蒸発圧力が所定の蒸発圧力よりも高くなるのを防止する目的で用いられる。（平23問8）

今度は「×」です。慌てず問題をよく読みましょう。正しい文章にしてみましょう。「蒸発圧力調整弁は、蒸発器の出口配管に取り付けて、蒸発器内の冷媒の蒸発圧力が所定の蒸発圧力よりも下がるのを防止する目的で用いられる」ですね。 　　　　　　　　【答：×】

・蒸発圧力調整弁は、蒸発器の入口配管に取り付けて、冬季に蒸発圧力が低くなりすぎるのを防止する。（平28問8）

うむ。出口ですね。「冬季」の二文字から凝縮圧力調整弁と混同させようとした問題なのでしょう。 　　　　　　　　　　　　　　　　　　　　　　　　　　　　【答：×】

・蒸発圧力調整弁は蒸発器出口の冷媒配管に取り付けて、蒸発圧力が所定の蒸発圧力よりも高くなることを防止する。（平29問8）

平23問8と同等の問題です。正しい文章は「蒸発圧力調整弁は蒸発器出口の冷媒配管に取り付けて、蒸発圧力が所定の蒸発圧力よりも下がるのを防止する」ですね。 　【答：×】

（b）蒸発圧力調整弁と複数の蒸発器

過去問題にチャレンジ！

・蒸発圧力調整弁は、1台の圧縮機に対して、複数台の蒸発器のうち、蒸発温度の高い方の出口に取り付ける。（平9問8）

そうですね。1台の圧縮機に複数の蒸発器がある場合、温度（圧力）の高い蒸発器側に取り付け、温度（圧力）の低い蒸発器側の圧力にならないように設定し、蒸発温度の高い蒸発器の蒸発圧力が設定値より下がらないようにするのですね。

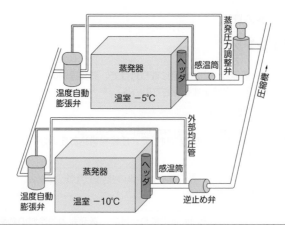

【答：○】

> ・蒸発器圧力調整弁は、1台の圧縮機に対して蒸発温度の異なる2台の蒸発器を運転する場合、蒸発温度が低いほうの蒸発器出口の吸込み管に取り付ける。(平16問8)

　　蒸発温度の高い方に取り付けます。　　　　　　　　　　　　　　　　　　　　　【答：×】

> ・2個以上の蒸発器を1台の圧縮機で運転する冷凍装置において、蒸発圧力調整弁により、それぞれの蒸発器を異なる蒸発温度に設定できる。(平19問8)

　　初級テキストをしっかり読んでおけば蒸発圧力調整弁の問題は美味しい問題になるはずです。　　　　　　　　　　　　　　　　　　　　　　　　　　　　　　　　　　　　【答：○】

（2）吸入圧力調整弁

● 蒸発圧力調整弁と吸入圧力調整弁の比較 ●

蒸発圧力調整弁	・蒸発器内の冷媒の蒸発圧力が所定の蒸発圧力以下に下がるのを防止する。 ・蒸発器の出口配管に取り付ける。 ・感温筒と均圧管より下流側に付ける。 ・2個以上の蒸発器を1台の圧縮機で運転する冷凍装置において、蒸発圧力調整弁によりそれぞれの蒸発器を異なる蒸発温度に設定できる。
吸入圧力調整弁	・圧縮機吸込み圧力を一定値（設定値）以上に上昇させない。 ・圧縮機吸込み配管に取り付ける。 ・電動機の過負荷防止。 ・調整弁の出口圧力が高くなると弁が閉じる。

過去問題にチャレンジ！

> ・吸入圧力調整弁は、圧縮機の吐出し配管に取り付けて、圧縮機吸込み圧力が設定値よりも上がらないように調整する。(平20問8)

　　おっと～！　引っ掛からなかったですか！？　「圧縮機の吸込み配管に取り付けて」ですよ。

【答：×】

・吸入圧力調整弁は、弁の出口側の圧縮機吸込み圧力が設定値よりも下がらないように調節し、圧縮機駆動用電動機の過負荷を防止している。(平21問8)

「設定値よりも上がらないように」が正しいです。吸入圧力調整弁は、このような問題しかでないと思います。必ずゲットしてください。　　　　　　　　　　　【答：×】

・吸入圧力調整弁は、圧縮機吸込み配管に取り付けて、圧縮機吸込み圧力が設定値よりも高くならないように調整できるばかりでなく、圧縮機の始動時や蒸発器の除霜などのときに、圧縮機駆動用電動機の過負荷も防止できる。(平23問8)

うむ。長い問題文でもビビってはいけないです。勉強していればサービス問題ですよ！さぁ、頑張りましょう。　　　　　　　　　　　　　　　　　　　　　　　【答：○】

（3）凝縮圧力調整弁

　機関銃ドリルのように解いてください。最後の方までこなせば凝縮圧力調整弁を同僚の方になんなく説明できるようになるでしょう。

過去問題にチャレンジ！

・凝縮圧力を所定の圧力以下に保持するために、空冷凝縮器入口に凝縮圧力調整弁を取り付ける。(平11問8)

空冷凝縮器の出口に取り付け、所定の圧力以上に保持します。　　　　　　　【答：×】

・凝縮圧力調整弁は、凝縮圧力が所定の圧力より下がらないように制御する。(平14問8)

空冷凝縮器で冬季に凝縮圧力が低下すると、弁が閉じ始め凝縮器内に冷媒液を滞留させ凝縮圧力が下がらないようにします。冷媒量に少し余裕を持たせなければならないので、受液器は必ず設けますよ。　　　　　　　　　　　　　　　　　　　　　　　　　【答：○】

・凝縮圧力調整弁は、空冷凝縮器の凝縮圧力が夏季に高くなり過ぎないように、凝縮器出口に取り付ける。(平15問8)

「空冷凝縮器の凝縮圧力が冬季に低くなり過ぎないように…云々」。凝縮圧力調整弁は空冷凝縮器において冬季運転時の凝縮圧力の異常低下を防ぎます。凝縮器の出口側に取り付けて、夏季は弁が全開となっています。冬季になると弁は閉じる方向に動作し、冷媒液を絞り、所定の凝縮圧力より低くならないように制御します。　　　　　　　　　　　　　　　【答：×】

・凝縮圧力調整弁は、凝縮圧力が設定圧力以下に低下すると、弁が開き、空冷凝縮器から滞

> 留した冷媒液が流出する。(平19問8)

「弁が閉じ、空冷凝縮器から流出する冷媒液を絞る」。凝縮圧力調整弁はイメージ的にわかりやすいと思います。吸入圧力調整弁とセットで覚えましょう。初級テキスト「凝縮圧力調整弁」をよく読んでおけば美味しい問題ですので、あなたならゲットできるはずですね。　【答：×】

> ・凝縮圧力調整弁は夏季に凝縮圧力が高くなり過ぎるのを防ぐために用いる。(平25問8)

正しい文章は「凝縮圧力調整弁は冬季に凝縮圧力が低くなり過ぎるのを防ぐために用いる」です。ここまで過去問こなせば楽勝ですね。　【答：×】

> ・凝縮圧力調整弁は、空冷凝縮器の出口配管に取り付けて、凝縮圧力を所定の圧力に保持する。(平20問8)
>
> ・空冷凝縮器の出口配管に取り付ける凝縮圧力調整弁は、凝縮圧力が所定の凝縮圧力よりも低くなることを防止する。(平29問8)
>
> ・凝縮圧力調整弁は、凝縮圧力が設定圧力以下にならないように、凝縮器から流出する冷媒液を絞る。(平30問8)

うむ。よい文章ですね。「凝縮圧力を所定の圧力に」、「所定の凝縮圧力より低く」、「凝縮圧力が設定値以下よりも」、色々な言い回しに慣れましょう。　【答：すべて○】

9-8　圧力スイッチ

（1）高圧遮断圧力スイッチ

高圧遮断圧力スイッチとは、圧力が高くなると接点が開くものです。

過去問題にチャレンジ！

> ・高圧遮断圧力スイッチは、一般に自動復帰式を用いる。(平10問8)

保安上、手動復帰式を用います。作動した原因を除去して復帰させます。　【答：×】

（2）低圧圧力スイッチ

低圧圧力スイッチとは、圧力が低くなると接点が開くものです。

過去問題にチャレンジ！

> ・圧縮機の吸込み側に取り付ける低圧圧力スイッチの「入」「切」の圧力差を極端に小さい値にとると、冷凍装置の故障の原因となる。(平10問11)

「入」「切」の圧力差を極端に小さい値にとると電動機の発停が頻繁になり、電動機焼損の原

因となります。初級テキスト「高圧圧力スイッチおよび低圧圧力スイッチ」のディファレンシャルの説明を読んでください。　【答：○】

> ・圧縮機に用いる低圧圧力スイッチの「開」と「閉」の作動の間の圧力差（ディファレンシャル）を小さくしすぎると、圧縮機の運転、停止が頻繁に起こり、圧縮機の電動機焼損の原因になることがある。（平28問8）

ディファレンシャルという語句は、ボイラーなど他の試験でもおなじみですね。　【答：○】

> ・低圧圧力スイッチは、設定値よりも圧力が下がると圧縮機が停止するので、過度の低圧運転を防止できる。（令2問8）

冬季など室内温度が低くなると、冷凍機が低負荷運転で苦しそうに泣き始め、自動制御が追いつかないと停止してしまいます。　【答：○】

（3）高低圧圧力スイッチ

高低圧圧力スイッチとは、高圧圧力スイッチと低圧圧力スイッチを1つにまとめたものです。

過去問題にチャレンジ！

> ・高低圧圧力スイッチは、高圧遮断用と低圧遮断用の圧力スイッチを組み合わせたものであり、電動機の過負荷防止に用いる。（平10問11）

過負荷防止の目的ではないです。安全装置として使用します。　【答：×】

> ・大形の冷凍装置に保安の目的で高低圧圧力スイッチを設ける場合、高圧側の圧力スイッチは自動復帰式を用いる。（平25問8）

高圧側は手動復帰です。自動復帰式は、低圧側の圧力スイッチです。　【答：×】

（4）油圧保護圧力スイッチ

給油ポンプを内蔵している圧縮機では、始動してから、または、運転中に何らかの原因によって、一定時間（約90秒）油圧を保持できなくなると、油圧保護圧力スイッチが作動して圧縮機を停止させます。このスイッチは手動復帰式です。

過去問題にチャレンジ！

> ・給油ポンプを内蔵した圧縮機は、運転中に定められた油圧を保持できなくなると油圧保護圧力スイッチが作動して、停止する。このスイッチは、一般的に自動復帰式である。
> （平30問8）

手動復帰です。▼初級テキスト「油圧保護圧力スイッチ」　【答：×】

9-9　電磁弁、冷却水調整弁、断水リレー

（1）電磁弁

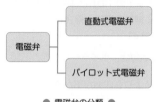

● 電磁弁の分類 ●

過去問題にチャレンジ！

・直動式電磁弁は、電磁コイルに通電すると磁場が作られてプランジャを吸引して弁を開き、電磁コイルの電源を切ると弁を閉じる。（平26問8）

　　その通り！　と、しか言いようがないです。電磁弁は、テキストを読むと、ひっかけ満載の問題ができそうですので、今後は注意されたいですね。　　　　　　【答：○】

・電磁弁には、直動式とパイロット式がある。直動式では、電磁コイルに通電すると、磁場が作られてプランジャに力が作用し、弁が閉じる。（令2問8）

　　通電OFFで閉じ、通電ONで開きます。イメージしやすいですね。　　　【答：×】

（2）冷却水調整弁

過去問題にチャレンジ！

・冷却水調整弁は、水冷凝縮器の冷却水出口側に取り付け、水冷凝縮器の負荷変動があっても、凝縮圧力を一定圧力に保持するように作動し、冷却水量を調整する。（平26問8）

　　「水冷凝縮器の冷却水出口側」、「凝縮圧力を一定圧力に保持」、「冷却水量を調整」がポイントです。　　　　　　　　　　　　　　　　　　　　　　　　　　　【答：○】

・冷却水調整弁は制水弁、節水弁とも呼ばれ、水冷凝縮器の負荷が変化したときに凝縮圧力を一定に保持できるように作動し、冷却水量を調節する。（平27問8）

　　うむ。素直なよい問題ですね。　　　　　　　　　　　　　　　　　　【答：○】

（3）断水リレー

過去問題にチャレンジ！

・断水リレーとは、水冷凝縮器や水冷却器で断水、または循環水量が大きく低下したとき、電気回路を遮断して圧縮機を停止させたり、警報を出したりする保護装置である。

（平12問8）

　　題意の通りです！　　　　　　　　　　　　　　　　　　　　　　　　【答：○】

・断水リレーとして使用されるフロースイッチは、水の流れを直接検出する機構をもっている。（平18問8）

うむ。図のように、配管内に水があっても水が流れていないとパドルは作用しません。冬季にポンプ故障などで水の流れが止まると、フロースイッチからの信号で凍結警報を出すなどして凍結防止対応ができます。

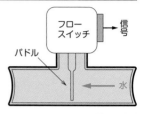

【答：○】

・断水リレーは、冷却水ポンプを停止させることによって装置を保護する安全スイッチであり、水冷凝縮器や水冷却器で断水または循環水量が低下したときに作動する。（平27問8）

ポンプは停止させないないです。ポンプが停止した時（断水）に動作すると考えてもよいです。正しい文章は「断水リレーは、圧縮機を停止させたり、警報を出したりして装置を保護する安全スイッチであり、水冷凝縮器や水冷却器で断水または循環水量が低下したときに作動する」です。

【答：×】

難易度：★★★★

⑩　冷媒配管

冷媒が通る配管を冷媒配管といいます。配管場所を常にイメージして解くことに注意してください。★は4つです！

● 冷凍サイクル内の4種類の配管区分 ●

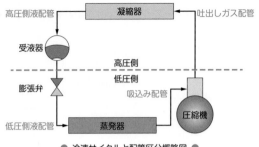

● 冷凍サイクルと配管区分概略図 ●

10-1　冷媒配管の区分

過去問題にチャレンジ！

・吸込み蒸気管は、圧縮機から凝縮器に至る配管である。（平13問10）

　　吸込み配管は、蒸発器から圧縮機に至る配管です。　　　　　　　　　　【答：×】

・吐出し管は、蒸発器から圧縮機に至る配管である。（平13問10）

　　吐出しガス配管は、圧縮機から凝縮器に至る配管です。　　　　　　　　【答：×】

・高圧側液配管とは、膨張弁から蒸発器に至る配管のことである。（平18問10）

　　高圧側液配管は、凝縮器から膨張弁までです。　　　　　　　　　　　　【答：×】

10-2　冷媒配管の基本的な留意事項

　初級テキストの「冷媒配管の基本的な留意事項」には（1）〜（13）の留意事項が記されています。さ、何番が出るかな？　逃しませんようゲットしてください。

過去問題にチャレンジ！

> ・冷媒蒸気の横走り配管は、冷媒の流れ方向に 1/150 ～ 1/250 の下がり勾配をつける。
> （平 11 問 10）

題意の通りです。▼初級テキスト「冷媒配管の基本的な留意事項」(8)　　【答：○】

> ・距離の長い配管では、大きな温度変化があっても、配管にループなどの特別な対策は必要
> としない。（平 15 問 10）

温度変化の伸縮をループで吸収します。▼初級テキスト「冷媒配管の基本的な留意事項」(11)
【答：×】

> ・冷凍装置内各部の冷媒配管は、冷媒の流れ抵抗を小さくするためにできるだけ太くし、油
> の戻りについては考慮しなくてもよい。（平 19 問 10）

この問題は、う～ん、これは難問？　でもないかな。初級テキスト的には全部かな。
・流れ抵抗を小さくする ←「○」 ▼初級テキスト「冷媒配管の基本的な留意事項」(4)
・できるだけ太くし、油の戻りについては考慮しなくてもよい。←「×」太ければいいっつ
うものではないです。初級テキストの「吐出しガス配管のサイズ」、「液管サイズ」、「吸い込
み配管サイズ」から読み取るしかないです。　　【答：×】

> ・横走り管の途中には U トラップを設け、冷媒液を保持するようにする。（平 20 問 10）

横走管にはトラップを設けず、冷媒液が溜まらないようにします。▼初級テキスト「冷媒配管
の基本的な留意事項」(9)　　【答：×】

> ・圧縮機の吐出し管も吸込み管も管の内径が大きいほど、冷媒の流れの抵抗は小さくなる。
> （平 24 問 10）

うむ！　常識的な感じで、素直に「○」！　初級テキスト的には、う～ん…、冷媒配管の章
には、最適な一文がないのです。強いて探し出すと、初級テキスト 8 次 7 ページの下から 9
行目「冷凍装置で重要な技術」に、「冷媒配管は細くして抵抗を大きくし過ぎない」とあり
ます。　　【答：○】

> ・冷媒配管では冷媒の流れ抵抗を極力小さくするように留意し、配管の曲がり部はできるだ
> け少なくし、曲がりの半径は大きくする。（平 28 問 10）

うむ。素直なよい問題ですね。感覚でわかります。▼初級テキスト「冷媒配管の基本的な留意
事項」(4)　　【答：○】

> ・横走り管は、原則として、冷媒の流れ方向に下り勾配を付け、不必要な U トラップ（U 字
> 状の配管）は付けない。（平 29 問 10）

素直な問題でしょう。初級テキストの「冷媒配管の基本的な留意事項」(8) と (9) からの
出題ですね。　　【答：○】

10-3　配管材料

冷媒の種類によって使用できない材料を把握しておきましょう。けっこう出題されます

が、簡単なので美味しい問題ですよ。初級テキスト「配管材料」(1)～(6) をよく読んでおきましょう。

(1) 配管材料の基本的な問題

過去問題にチャレンジ！

・フルオロカーボン冷媒、アンモニア冷媒用の配管には、銅および銅合金の配管がよく使用される。(令2問10)

　　アンモニアは胴を腐食させてしまいます。　　　　　　　　　　　　　　【答：×】

・アンモニア冷媒配管には、真ちゅう製のバルブを取り付ける。(平24問10)

　　真ちゅう（真鍮）という文字は、初級テキスト内に見当たらないです。真ちゅうが銅合金というのは常識なのでしょうか？　　　　　　　　　　　　　　　　　　【答：×】

・冷媒がフルオロカーボンの場合には、2% を超えるマグネシウムを含有したアルミニウム合金は使用できない。(平20問12)

　　配管材料以外の容器や機器でも使用できません。▼初級テキスト「配管材料」(2)　【答：○】

・冷媒配管に使用する材料は、冷媒と潤滑油の化学的作用によって劣化しないものを使用する。(平25問10、平30問10)

　　全くその通りです！　　▼初級テキスト「配管材料」(1)　　　　　　　　【答：○】

(2) 配管用炭素鋼鋼管（SGP）　▼初級テキスト「配管材料」(5) SGP

> **Memo**
>
> **SGP について**
> 　冷凍保安規則の技術的要件を具体的に示し（温度、長さ、重さ、容量、場所、位置、などなど）まとめてあるものが「冷凍保安規則関係例示基準」というもので、ここの「20. 冷媒設備に用いる材料」に詳細に書かれています。それによりますと、SGP（通称ガス管）は「設計圧力が 1 MPa を超える配管」、「設計温度が 100℃を超える配管」、「毒ガスに係る配管」に使えないとあります。

過去問題にチャレンジ！

・配管用炭素鋼鋼管（SGP）は、1 MPa 未満のアンモニアの冷媒配管に使用できる。

(平16問10)

　　アンモニアは「毒」なので使用できないです。　　　　　　　　　　　　【答：×】

・配管用炭素鋼鋼管（配管用炭素鋼管）（SGP）は、設計圧力が 1.6 MPa のフルオロカーボン冷媒配管に使用できる。(平21問10)

設計圧力が 1 MPa を超える部分に、SGP は使用できないので「×」です。　【答：×】

・配管用炭素鋼鋼管（SGP）は、アンモニアなどの毒性をもつ冷媒の配管には使用しない。

　　　　　　　　　　　　　　　　　　　　　　　　　　　　　　　　　　　（平 26 問 10）

うむ。単刀直入な素直な問題です。　【答：○】

・配管用炭素鋼鋼管（SGP）は、フルオロカーボン冷媒 R410A の高圧冷媒配管に使用できる。（平 27 問 10）

・配管用炭素鋼鋼管（SGP）は、一般に、冷媒 R410A の高圧冷媒配管に使用される。

　　　　　　　　　　　　　　　　　　　　　　　　　　　　　　　　　　　（令 1 問 10）

な、なぜ、どうして間違いなのか…。「フルオロカーボン冷媒 R410A の高圧配管」は、テキスト「配管材料」(5) の設計圧力が 1 MPa を超え、温度が 100 度を超える耐圧部分に該当するかどうかなのですが…。初級テキストの「冷媒の理論冷凍サイクル特性」や高圧部の「設計圧力」の表で冷媒を比較すると圧力が 1 MPa 未満のものはないと言ってもよいです。つまり、R410A にかかわらず、高圧冷媒配管には SGP は使用できないと考えればよいのではないでしょうか。温度に関しては、高圧部吐き出し配管では 100℃を超える事も考えられるので使用不可としてよいのでしょう。すっかり R401A に惑わされてしまいましたね。

　　　　　　　　　　　　　　　　　　　　　　　　　　　　　　　　　　　【答：×】

10-4　止め弁および管継ぎ手

過去問題にチャレンジ！

・フルオロカーボン冷凍装置に使用する銅配管の接続方式は、一般にフレア継手、ろう付け継手を用いることが多い。（平 27 問 10）

その通りです。こういう問題も出ます。初級テキスト読んで覚えておくしかないです。

　　　　　　　　　　　　　　　　　　　　　　　　　　　　　　　　　　　【答：○】

10-5　吐出しガス配管

　圧縮機の吐出し配管は、図の点線矢印部分で、圧縮機から凝縮器までです。後になって混同しないように、配管箇所を意識して問題を解きましょう。

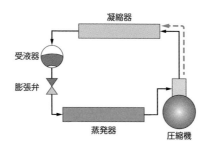

（1）圧縮機吐出し配管のサイズ

過去問題にチャレンジ！

> ・吐出し管の口径は、冷凍機油を確実に運ぶためのガス速度が確保できるようなサイズにする。（平14問10）

初級テキスト「吐出しガス配管のサイズ」の冒頭にズバリ記されています。

最小口径	・冷凍機油を確実に運ぶためのガス速度が確保できるようなサイズ
最小のガス速度	・横走り管　約3.5 m/s以上 ・立ち上がり管　約6 m/s以上
上限のガス速度	・一般に25 m/s以下（過大な圧力降下及び騒音を生じないガス速度）

【答：○】

> ・吐出し配管は、抵抗を小さくするためできるだけ太くするほうがよい。（平10問10）

吐出し管の口径は、冷凍機油を確実に運ぶためのガス速度が確保できるようなサイズにして、これを最小径とする。　　　　　　　　　　　　　　　　　　　　【答：×】

> ・吐出し管では、過大な圧力降下や騒音が生じないように、一般に冷媒ガス速度を25 m/s以下におさえる。（平17問10）

うむ。数値が出てきても平気ですね。「吐出し管では」ということを、頭に入れておきますように！　　　　　　　　　　　　　　　　　　　　　　　　　　　　【答：○】

> ・吐出しガス配管の管径は、冷媒ガス中に混在している油が確実に運ばれるガス速度が確保できるように決定する。（平29問10）

ここまできたあなたには、サービス問題ですね。　　　　　　　　　　　　　【答：○】

> ・スクリュー圧縮機の吐出し管の管径は、過大な圧力降下と異常な騒音を生じないガス速度のみで決定する。（平25問10）

「スクリュー圧縮機」という語句に惑わされないように！　この問題文には、「のみで決定する」とあり、油のことがひと言も書かれていないよね。　　　　　　　　【答：×】

> ・吐出しガス配管では、冷媒ガス中に混在している冷凍機油が確実に運ばれるだけのガス速度が必要である。ただし、摩擦損失による圧力降下は、20 kPaを超えないことが望ましい。（令2問10）

圧力降下の具体的数値「20 kPa」が問われました。心の片隅に残しましょう。　【答：○】

（2）圧縮機への逆流防止（勾配）

過去問題にチャレンジ！

> ・圧縮機の停止中に、配管内で凝縮した冷媒液や油が逆流しないようにすることは、圧縮機吐出し管の施工上、重要なことである。（令1問10）

この問題が「圧縮機への液と油の逆流防止」の基本文であります。　【答：○】

・凝縮器が圧縮機よりも高い位置にある場合には、吐出し配管は冷媒液や油が逆流しないように、いったん立ち上がりを設けてから下がり勾配をつけて配管する。(平11問10)

題意の通り。同じレベルにある場合でも同様です。　【答：○】

・圧縮機と凝縮器が同じレベル、あるいは凝縮器が圧縮機よりも高い位置にある場合には、圧縮機と凝縮器の間の配管は、いったん立ち上がりを設けてから、ゆるやかな上がり勾配をつける。(平14問10)

下がり勾配にして、圧縮機に冷媒液や油が逆流しないようにします。問題文をよく読みましょう。　【答：×】

・並列運転を行う圧縮機吐出し管に、停止している圧縮機や油分離器へ液や油が逆流しないように逆止め弁をつけた。(平15問10)

油分離器の凝縮器側につけます。もちろん両方の吐出し管にですよ。　【答：○】

10-6　高圧側配管

　誰が何を言おうともここでは「フラッシュガス」が重要です。高圧側配管は、いわゆる高圧液配管で、図の点線矢印部分となり、凝縮器から膨張弁までです。後になって、混同しないように配管箇所を意識して問題を解きましょう。また「高圧の液管」を、頭に入れて問題を解きましょう。つまり、その、ま、くどいと言わず、他の配管と混同しないように！　高圧ガスの吐出し管とか注意スベし！

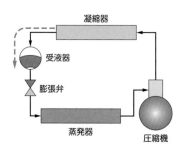

（1）高圧側配管の液管サイズ

過去問題にチャレンジ！

・高圧液配管は、冷媒液が気化するのを防ぐために、流速ができるだけ大きくなるような管径とする。(令2問10)

気化しないように、できるだけ小さくします。　【答：×】

（2）フラッシュガス

　フラッシュガスとは、高圧液配管において、冷媒液が温度上昇や圧力降下により、液が気化することです。

● フラッシュガスの原因とその影響 ●

原　因	・飽和温度以上に高圧液配管が温度上昇した場合。 ・液温に相当する飽和圧力よりも液の圧力が低下した場合。
影　響	・膨脹弁の冷媒流量が減少し、冷凍能力が減少する。 ・冷媒流量が変動し、安定した冷凍作用が得られない。

（a）フラッシュガス発生の原因

過去問題にチャレンジ！

・高圧液配管で長い立ち上がりがあっても、防熱施工が十分であればフラッシュガスを発生することはない。（平11問10）

　　長い立ち上がり配管では、上部で圧力が低下するため、フラッシュガス発生のおそれがあります。　　　　　　　　　　　　　　　　　　　　　　　　　　　　　　【答：×】

・飽和温度以上に高圧液管が温められると、高圧液管内にフラッシュガスが発生する恐れがある。（平13問10）

　　飽和温度以上になると、液が気化してフラッシュガスが発生する恐れがあります。【答：○】

・膨張弁前の液配管は、流れる冷媒液の温度より温かい場所を通すとフラッシュガスが発生することがある。（平10問10）

　　冷媒液が飽和温度以上になれば冷媒液が沸騰し、フラッシュガスが発生することがあります。　　　　　　　　　　　　　　　　　　　　　　　　　　　　　　　　【答：○】

・高圧液管に大きな立ち上がり部があり、その高さによる圧力降下で飽和圧力以下に凝縮液の圧力が低下する場合には、フラッシュガスは発生しない。（平25問10）

　　飽和圧力以下になる場合は、発生する！　勉強してないと考えこむかも知れません。初級テキスト「フラッシュガス発生の原因とその防止対策」を読むしかないです。　　【答：×】

・高圧液配管に立ち上がり部があると、その高さによらずにフラッシュガスが発生する。（平30問10）

　　う～ん。「その高さによらずに」という言い回しで惑わされますか？　嫌な問題ですね。立ち上がり配管が高い（長い、または、大きな立ち上がりがある）とフラッシュガスが発生しやすくなります。　　　　　　　　　　　　　　　　　　　　　　　　　　　　　【答：×】

（b）フラッシュガスが発生したときの流れの抵抗

過去問題にチャレンジ！

・冷媒液配管内にフラッシュガスが発生すると、配管内の流れの抵抗が小さくなる。（平17問10、平21問10）

・冷媒液配管内にフラッシュガスが発生すると、このガスの影響で液のみで流れるよりも配管内の流れの抵抗が小さくなる。（平26問10）

　　流れの抵抗は大きくなる！！　　　　　　　　　　　　　　　　　　【答：どちらも×】

・高圧冷媒液配管内にフラッシュガスが発生すると、配管内の冷媒の流れ抵抗が小さくなって、フラッシュガスの発生がより激しくなる。（平27問10）

　　高圧冷媒液配管内にフラッシュガスが発生すると、配管内の冷媒の流れ抵抗が大きくなって、フラッシュガスの発生がより激しくなります。　　　　　　　　　　【答：×】

（c）フラッシュガスが発生したときの冷媒流量

過去問題にチャレンジ！

・液管内にフラッシュガスが発生すると、膨張弁の冷媒流量を減少させる。（平12問10）

　　題意の通り、冷媒流量が減少し、不安定な冷凍能力となります。　　　　　【答：○】

（d）フラッシュガスが発生したときの冷凍能力

過去問題にチャレンジ！

・高圧冷媒液管内にフラッシュガスが発生すると、膨張弁の冷媒流量が減少して、冷凍能力が減少する。（平19問10、令1問10）

　　膨張弁を通る冷媒流量が減少し、冷凍能力が減少します。　　　　　　　　【答：○】

・冷媒液配管内にフラッシュガスが発生すると、膨張弁の冷媒流量が増加し、冷凍能力が増加する。（平22問10、平29問10）

　　うむ。簡単すぎて笑いが止まりませんね。正しくは、「膨張弁の冷媒流量が減少し、冷凍能力が減少する」です。　　　　　　　　　　　　　　　　　　　　　　【答：×】

・高圧液配管内で液の圧力が上昇すると、フラッシュガスが発生し、膨張弁の冷媒流量が減少して冷凍能力が減少する。（平28問10）

　　「圧力が上昇」ではなくて「圧力が低下」です。　　　　　　　　　　　　【答：×】

（3）凝縮器と受液器の接続配管

　　ここでのキーワードは「流下しやすく」、「管径は太く」、「均圧管」ですよ。

過去問題にチャレンジ！

・凝縮器と受液器を接続する液流下管で冷媒液を流下しやすくする方法の一つとして、凝縮器と受液器との間に均圧管を用いる方法がある。（平26問10）

素直な、よい問題ですね。図を見てイメージしましょう。

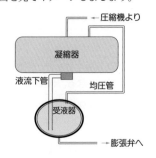

【答：○】

10-7　低圧側配管

　低圧側配管は、蒸発器出口から圧縮機までです。吸込み配管は、図の点線矢印部分で、蒸発器から圧縮機までです。混同、混乱、錯乱しないように配管箇所を意識して問題を解きましょう。

　なんといっても、油戻しや、液圧縮に関連した問題が多いです。トラップが出てきたりするので、自らトラップに落ち込み、凹まないようにしましょう。

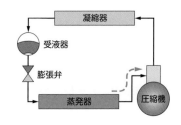

（1）吸込み配管のサイズ

　蒸気速度の具体的数値が登場するので覚えましょう。「横走り管　約3.5 m/s 以上」、「立ち上がり管　約6 m/s 以上」、です。

過去問題にチャレンジ！

・圧縮機吸込み管の管径は、冷媒蒸気中に混在している油を、最小負荷時にも圧縮機に戻せるような蒸気速度が保持でき、かつ、過大な圧力降下が生じない程度の蒸気速度を上限として決定する。（平16問10、平21問10）

　その通り！　コピペして問題を作るぐらい重要なことと言えます。　　　　【答：○】

・吸込み管の管径は、冷媒蒸気中に混在している油を、最小負荷時にも確実に圧縮機に戻せるような蒸気速度が保持できるように選定する。（平23問10）

　「配管」の問題とされていますが、吸込み管といえば圧縮機吸込み管と思ってよいです。なぜならば、初級テキストがそんな感じだからです。　　　　【答：○】

・フルオロカーボンは油と溶けあうので、吸込み配管での冷媒蒸気の流速にあまり注意しなくても、油は圧縮機に戻ってくる。（平12問10）

冷媒の流速を適切に保持しないと油は戻ってこないです。軽（最小）負荷時にも、重（最大）負荷時にも返油のために必要な最小蒸気速度を確保するために、二重立ち上がり管を設けるとよいです。 **【答：×】**

> ・フルオロカーボン冷凍装置の吸込み配管では 1 m/s 以下の流速にし、油が確実に圧縮機に戻るようにする。(平 20 問 10)

おっと〜、平成 20 年度は具体的な数値が出てきました。でも、しかし！あなたは「1 m/s 以下」という変な？　数値に惑わされないと思います。なぜならば、あなたは初級テキストを読んでいるからです。覚えている方はそれでよしだし、たとえ数値を覚えていなくても集中して熟読したあなたの記憶の奥底には「約 3.5 m/s 以上」、「約 6 m/s 以上」という数値がおぼろげにでも残っているはずです。頑張りましょうね。 **【答：×】**

> ・冷媒蒸気中に混在している冷凍機油を戻すために圧縮機の吸込み配管径を小さくして冷媒流速を大きくすると、吸込み圧力は低下する。(平 24 問 10)

チョと、この問題はいやらしいです。初級テキストにズバリ的な文章がないのです。吸込み圧力が低下するとか、ドコに書いてある？　全体的知識があるかまたは感覚的にすんなり解けるかも知れないです。とりあえず、初級テキスト「油戻しのための配管」を読むしかないかな。う〜ん、そうだねぇ、アンロード運転の記述の最後の方に「全負荷時には過大な管内蒸気速度となり、圧力降下や騒音が大きくなる」とありますから、蒸気速度が大きくなると、圧力降下が大きくなって、吸込み圧力は低下すると読み取れますね。 **【答：○】**

（2）吸込み配管の防熱と防湿

　断熱材が劣化してくると、運転中冷凍機の配管からボタボタと結露水がけっこうたれます。運悪く、トテも偉い人や来賓なんかくると見苦しいし、この問題が解けるような人だったら当然ツッコミが入るから、上司は（部下も）いろいろと大変ですよね。も、もちろん、性能的にまずいですからね。

過去問題にチャレンジ！

> ・圧縮機吸込み配管は、防熱が不十分であると、吸込み蒸気温度が上昇し、圧縮機吐出しガス温度が異常に高くなり、油を劣化させたり、冷凍能力を減少させることがある。
> (平 16 問 10)

吸込み蒸気温度が上昇すると過熱度が大きくなって吐出しガス温度が上昇します。**【答：○】**

> ・吸込み配管には、管表面の結露あるいは着霜を防止し、吸込み蒸気の温度上昇を防ぐために防熱を施す。(平 18 問 10、平 30 問 10)

吸込み配管は、なぜ防熱処理が必要なのか理解しましょう。 **【答：○】**

> ・吸込み蒸気配管には十分な防熱を施し、管表面における結露あるいは結霜を防止することによって吸込み蒸気温度の低下を防ぐ。(平 28 問 10)

「吸込み蒸気温度の上昇を防ぐ」ですね。▼初級テキスト「吸込み蒸気配管の防熱」 **【答：×】**

（3）吸込み配管の油戻し

　冷媒配管のトリは、これだ！　問題作成者は油戻しと液戻りで混乱させ、トラップや液圧縮で困惑させ、あなたを攻めたてるでしょう。初級テキストを一度でよいから熟読し、図もよく見てイメージを組み立てておきましょう。

（a）二重立ち上がり管

　ここでは油戻しと液戻り防止を絡める問題が多いです。全負荷時（通常）の吸込み蒸気は「L管」と「S管」の両方を通っています。軽負荷となって容量制御がかかると、蒸気速度が落ちて油を運びきれずに、トラップに油が溜まりますが、蒸気は「S管」を通るので容量制御運転に影響を及ぼしません。

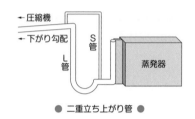

● 二重立ち上がり管 ●

過去問題にチャレンジ！

・圧縮機吸込み管の二重立ち上がり管は、冷媒液の戻り防止のために設置する。（平19問10）

　液戻り防止ではありません！　蒸気速度を適正にして、油戻しの可能な蒸気速度を確保するのです。　　　　　　　　　　　　　　　　　　　　　　　　　　　　　　【答：×】

・圧縮機吸込み管の二重立ち上がり管は、容量制御装置をもった圧縮機の吸込み管に、油戻しのために設置する。（平25問10）

　容量制御運転時に最小負荷と最大負荷の変化で、吸込管の適正な蒸気速度の追従が難しくなるため、それぞれに対応するよう二重立ち上がり管を施すのです。　　　　　【答：○】

・圧縮機吸込み管の二重立ち上がり管は、冷媒液の戻り防止のために使用される。
（平26問10、令1問10）

・圧縮機吸込み蒸気配管の二重立ち上がり管は、冷媒液の戻り防止のために使用される。
（平29問10）

　アハッ、違いますよね。油戻しです！　　　　　　　　　　　　　【答：どちらも×】

（b）Uトラップ

　Uトラップは初級テキストの「冷媒配管の基本（9）」と「油戻しのための配管（2）、（3）」からミックスされて出題される傾向がありますので、両方熟読してくださいね。

過去問題にチャレンジ！

・横走り吸込み配管にＵトラップがあると、軽負荷運転時や停止時に油や冷媒液が溜まり、圧縮機の再始動時に液圧縮の危険がある。(平21問10)

横走り管にＵトラップをつけては絶対にダメです。再始動時や軽負荷から全負荷に切り替わったときにトラップにたまった液が一気に圧縮機へ…。　【答：○】

・横走り管の途中にはＵトラップを設け、冷媒液を保持するようにする。(平20問10)

さりげない誤り問題です。無勉だと考え込むでしょう。横走管にはトラップを設けず、冷媒液が溜まらないようにします。　【答：×】

・横走り吸込み管にＵトラップ（Ｕ字状の配管）があると、軽負荷運転時や停止時に油や冷媒液がたまり、圧縮機の始動時やアンロードからフルロード運転に切り換わったときに液圧縮の危険がある。(平27問10)

初級テキストの「冷媒配管の基本（9）」と「油戻しのための配管（2）、（3）」からミックスされたコラボ問題です。少々長い問題文ですが素直なよい問題ですね。　【答：○】

・圧縮機の近くに吸込み蒸気の横走り管がある場合、横走り管中にＵトラップがあると、軽負荷運転時や停止時に油や冷媒液がたまり、圧縮機の再始動時に液圧縮の危険が生じる。(平28問10)

素直なよい問題ですね。▼初級テキスト「油戻しのための配管（2）」　【答：○】

（c）中間トラップ

過去問題にチャレンジ！

・吸込み立ち上がり管が10ｍを超すときは、油戻りを容易にするため、10ｍ毎に中間トラップを設けるようにした。(平15問10)

中間トラップは、吸込み立ち上がり管が「10ｍを超すとき」とか「非常に長いとき」とか出題されます。Ｕトラップと中間トラップを把握してください。

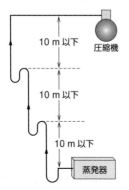

【答：○】

> ・圧縮機への吸込み管の立ち上がりが非常に長い場合には、約10 mごとに中間トラップを
> 設けることがあるが、これは油を圧縮機に吸い込ませないためである。(平22問10)

　　なぜ、どうして、なんのために、試験をうけるのか、ではなく、なぜ中間トラップを設ける
のか把握しておきましょう。圧縮機へ油が戻りやすくするためですよ！　　　　　　【答：×】

（d）吸込み主管への接続

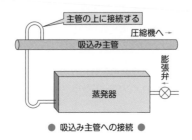

● 吸込み主管への接続 ●

過去問題にチャレンジ！

> ・蒸発器から吸込み主管に接続する管は、冷媒液や油が逆流しないように、主管の上側に接
> 続する。(平17問10)

　　「蒸発器が無負荷になったとき蒸発器に流れこまないようにする」と初級テキストにちゃん
と書いてありますからね。　　　　　　　　　　　　　　　　　　　　　　　　　　【答：○】

難易度：★★★★

11　圧力容器

　　圧力容器の前に、容器に使われる材料の学習が待っています。力学は問題数が少な
い…、どうだろう、出題されても凹まないように聞きなれない語句をメモなどして整理し
ながら勉強しておくしかないですね。★は4つ。

11-1　材料力学

（1）応力

過去問題にチャレンジ！

> ・圧力容器に発生する応力は、一般に引張応力である。(平14問12)

内部から外側に向かって圧力（応力）がかかる、外側から見て引っ張る力と考えてみればよいです。【答：○】

・圧力容器の耐圧強度で、問題になるのは一般に圧縮応力である。（平16問12）

圧縮応力ではなく、引張応力です。基礎に突っ込まれる問題ですね。【答：×】

・応力のうち、外力が材料を引っ張る方向に作用する場合を引張応力、圧縮する方向に作用する場合を圧縮応力といい、圧力容器で耐圧強度が問題となるのは、一般に圧縮応力である。（平30問12）

正しい文章にしてみましょう。「応力のうち、外力が材料を引っ張る方向に作用する場合を引張応力、圧縮する方向に作用する場合を圧縮応力といい、圧力容器で耐圧強度が問題となるのは、一般に引張応力である」ですね。【答：×】

（2）応力とひずみ

「応力−ひずみ線図」は一度じっくり見てください。忘れる頃に出題される感じです。

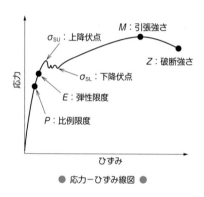

● 応力−ひずみ線図 ●

過去問題にチャレンジ！

・材料の弾性限度とは、引張の力を取り除くと、ひずみがゼロに戻る限界をいう。

（平16問12）

その通り！　弾性限度を超えて引っ張るともとの形（長さ）に戻らなくなります。【答：○】

・応力とひずみの関係が直線的で正比例する限界を比例限度といい、この限界での応力を引張強さという。（平15問12、平19問12）

引張強さは、比例限度のさらに上の（Mの点）です。「応力−ひずみ線図」を一度ノートに書いてみましょう。【答：×】

（3）許容引張応力

　一般に使用される鉄鋼材料は、日本工業規格（JIS）に定められています。この規格には引張り強さの最少値（最少引張り強さ）が規定されており、一般に、最少引張り強さの1/4を許容引張応力として、この許容引張応力以下になるように設計します。

　一例として一般の圧力容器には、JIS 鋼材である「SM400B」が使用されます。「400」が最少引張り強さ 400 N/mm^2 を表します。この許容引張応力は、400 N/mm^2 の 1/4 である 100 N/mm^2 となり、この SM400B に生じる引張応力が 100 N/mm^2 以下となるよう設計します。

過去問題にチャレンジ！

・圧力容器を設計するとき、許容引張応力として、その材料の引張強さと同じ値を用いる。

（平 18 問 12）

　同じではありません。引張強さの 1/4 の応力を許容引張応力とします。　　【答：×】

・圧力容器を設計するときに、一般的に材料の引張強さの 1/2 の応力を許容引張応力として、その値以下になるように設計する。（平 26 問 12）

　1/4 です。この問題は勉強しておかないと落とすかも知れませんね。　　【答：×】

・圧力容器では、使用する材料の応力－ひずみ線図における弾性限度以下の応力の値とするように設計する必要がある。（令 2 問 12）

　比例限度ですね。初級テキストを読み込んでいないと対処が難しいかも？　　【答：×】

11-2　材料について

　頻繁に出題される SM400B を把握しましょう。S は Steel（鋼）、M は Marline（船舶用に使われた）のことです。SM400 には、A、B、C の三種類があって、ABC の順に炭素含有量が少なくなり溶接性がよくなります。

> **Memo**
>
> 冷凍装置に主に使われる JIS 金属材料の種類と記号
> FC：ねずみ鋳鉄
> SS：一般構造用圧延鋼材
> SM：溶接構造用圧延鋼材
> SGP：配管用炭素鋼鋼管
> STPG：圧力配管用炭素鋼鋼管

（1）基本問題

過去問題にチャレンジ！

・溶接構造用圧延鋼材 SM400B 材の最小引張強さは 400 N/mm^2 であり、許容引張応力は 100 N/mm^2 である。（平 15 問 12）

許容引張応力は、応力ひずみ線図における比例限度以下の適切な応力値におさまるように設計し、その材料の JIS 規格に表されている最小引張強さ（記号の後の数字）の 1/4 の応力です。SM400B の場合は、400〔N/mm²〕× 1/4 ＝ 100〔N/mm²〕が、許容引張応力です。
【答：○】

> ・溶接構造用圧延鋼材 SM400B の許容引張応力は 400 N/mm² である。
> （平 25 問 12、平 30 問 12）

400〔N/mm²〕× 1/4 ＝ 100〔N/mm²〕ですね。
【答：×】

> ・JIS 規格の溶接構造用圧延鋼材 SM400B 材の許容引張応力は 400 N/mm² であり、最小引張強さは 100 N/mm² である。（平 28 問 12）

「許容引張応力」と「最小引張り強さ」が逆ですね。勉強してある人は楽勝、無勉はチンプンカンプンでしょう。
【答：×】

（2）低温脆性

低温脆性は「ていおんぜいせい」と読みます。初級テキストの「低温で使用する材料」に記されています。

過去問題にチャレンジ！

> ・低温脆性とは、鋼材が低温で脆くなる性質をいう。（平 11 問 12）

うむ。低温脆性（ていおんぜいせい）とは、鋼材が低温になると引張強さ、降伏点、堅さなどは増大しますが、伸び、絞り率、衝撃値などは低下し脆（もろ）くなることです。特に衝撃に対してはある温度以下では急激に低下します。
【答：○】

> ・一般の鋼材の低温脆性による破壊は、低温で切欠きなどの欠陥があり、引張応力がかかっている場合に、繰返し荷重が引き金になってゆっくりと発生する。（平 23 問 12）

ゆっくりではなく、突発的に極めて早く進行します。初級テキストを一度読んでおけば OK！
【答：×】

> ・一般の鋼材は低温で脆くなり、これを低温脆性という。この低温脆性による破壊は、衝撃荷重などが引き金になって、降伏点以下の低荷重のもとでも突発的に発生する。
> （平 28 問 12）

そうですね。問題文の通りです。
【答：○】

> ・一般の鋼材の低温脆性による破壊は、低温で切り欠きなどの欠陥があり、引張りまたはこれに似た応力がかかっている場合に、繰返し荷重が引き金になってゆっくりと発生する。
> （平 29 問 12）

平 28 問 12 の改良版の素直な誤りの問題ですね。「ゆっくり」ではなく「突発的」です。
【答：×】

11-3　冷凍装置の設計圧力と許容圧力

（1）区分について

過去問題にチャレンジ！

> ・二段圧縮の冷凍設備では、低圧段の圧縮機の吐出し圧力以上の圧力を受ける部分を高圧部とし、その他を低圧部として取り扱う。（平23問12、平25問12）

　　低圧段じゃなくて、高圧段の圧縮機の吐出圧力ですね。　　　　　　　　【答：×】

> ・二段圧縮冷凍設備における設計圧力は、高圧部、中圧部および低圧部の三つに区分され、高圧部では通常の運転状態で起こりうる最高の圧力を用いる。（平27問12）

　　「二段圧縮だから区分三つ」って、勉強しててもうっかり騙されるかも知れません。二段圧縮でも高圧部と低圧部だけです。中圧部などという区分はありませぬ（汗）。設計圧力に関しては正しいです。
　　　　　　　　　　　　　　　　　　　　　　　　　　　　　　　　　　【答：×】

（2）設計圧力と許容圧力について

過去問題にチャレンジ！

> ・設計圧力と許容圧力はゲージ圧力で示す。（平16問12）

　　うむ！　参考として…「絶対圧力〔MPa abs〕＝ゲージ圧力〔MPa g〕＋大気圧〔MPa abs〕（大気圧は 0.101 MPa）」。　　　　　　　　　　　　　　　　　　　【答：○】

> ・設計圧力は耐圧試験や気密試験の試験圧力の基準であり、許容圧力は安全装置の作動圧力の基準としている。（平17問12）

　　この通り！　「設計は試験」、「許容は作動（実際）」みたいに丸暗記しちゃってもよいと思います。でもね、初級テキスト読んでいると、イメージが湧いてくるはずですよ。　【答：○】

> ・許容圧力は、冷媒設備において現に許容しうる最高の圧力であって、設計圧力または腐れしろを除いた肉厚に対応する圧力のうち、低いほうの圧力をいう。（平30問12）

　　ま、この通りなのです。　　　　　　　　　　　　　　　　　　　　　【答：○】

> ・許容圧力は、対象とする設備が実際に許容できる圧力のことである。（平25問12）

　　うん。ズバリ問われる、さり気ない一行ですね。　　　　　　　　　　【答：○】

> ・許容圧力は、冷媒設備において現に許容しうる最高の圧力であって、設計圧力または腐れしろを除いた肉厚に対応する圧力のうち、いずれか高いほうの圧力をいう。（平28問12）

　　いずれか低いほうの圧力をいうのです。平30問12の間違いバージョンですね。【答：×】

> ・設計圧力とは、圧力容器の設計や耐圧試験圧力などの基準となるものであり、高圧部においては、一般に、通常の運転状態で起こりうる最高の圧力を設計圧力としている。
> 　　　　　　　　　　　　　　　　　　　　　　　　　　　　　　　（令2問12）

圧力容器の設計と試験圧力の基準、また高圧部の設計圧力についてきれいにまとめた問題文ですね。　　　　　　　　　　　　　　　　　　　　　　　　　　**【答：○】**

（３）冷凍装置の低圧部設計圧力

過去問題にチャレンジ！

> ・冷凍装置の低圧部の設計圧力は、定格運転中の蒸発圧力の 1.5 倍を基準としている。
> （平 13 問 12）

装置停止中の周囲温度 38 〜 40℃程度における冷媒ガスの飽和圧力を基準とします。初級テキスト 8 次改訂版（令和元年 11 月発行）より「周囲温度約 38℃として」と変更されました。　　　　　　　　　　　　　　　　　　　　　　　　　　　　**【答：×】**

> ・冷媒設備の低圧部の設計圧力は、通常の運転状態で起こりうる最高の蒸発圧力を基準に定められている。（平 12 問 12）

うわー、これは高圧部設計圧力のことですね。装置停止中の周囲温度約 38 〜 40℃における冷媒ガスの飽和圧力を基準とします。　　　　　　　　　　　　　**【答：×】**

（４）冷凍機の高圧部設計圧力

過去問題にチャレンジ！

> ・冷凍装置の高圧部の設計圧力は、冷媒の種類と基準凝縮温度とによって定められている。
> （平 9 問 9）

冷凍保安規則の例示基準で冷媒の種類と基準凝縮温度により定められています。　**【答：○】**

> ・高圧部設計圧力は、停止中に周囲温度の高い夏期に内部の冷媒が 38 〜 40℃程度まで上昇したときの冷媒の飽和圧力に基づいている。（平 24 問 12）

うわー、これは低圧部設計圧力のことです。初級テキスト 8 次改訂版より「周囲温度約38℃として」と変更されています。　　　　　　　　　　　　　　　　　　**【答：×】**

11-4　圧力容器の強さ

円筒胴応力をまとめた図です。何かしらヒントでもつかんでください。

P_a 〔MPa〕	最高使用圧力＝許容圧力	$P_a = \dfrac{2\sigma_a \cdot \eta\,(t_a - a)}{D_i + 1.2(t_a - a)}$
P 〔MPa〕	設計圧力	最高使用圧力 P_a と基準凝縮温度 t がわかれば、例示基準の表より、設計圧力がわかる。
		許容圧力（P_a）は設計圧力（P）以下。（表は P_a 以下の最も近い値を選ぶ）
P_t 〔MPa〕	最小必要試験圧力	設計圧力または許容圧力のいずれか低い方の 1.5 倍。 $P_t = 1.5P$　または　$P_t = 1.5P_a$
		設計通りに確認されたものは、設計圧力を許容圧力として良い。

● 円筒胴応力のまとめ ●

t_a 〔mm〕	必要厚さ	$t_a = \dfrac{P \cdot D_i}{2\sigma_a \cdot \eta - 1.2P} + a$
t 〔mm〕	最小厚さ	$t = \dfrac{P \cdot D_i}{2\sigma_a \cdot \eta - 1.2P}$
t 〔℃〕	基準凝縮温度	最高使用圧力 P_a から冷凍保安規則例示基準表の設計圧力 P を決定しそれに対応する温度
σ_a 〔N/mm^2〕	許容引張応力	100〔N/mm^2〕（SM400B 最小引張強さ 400 N/mm^2 の4分の1）
σ_t 〔N/mm^2〕	接線方向の引張応力	$\sigma_t = \dfrac{P \cdot D_i}{2t}$ σ_t は、円筒胴板に誘起される最大引張応力
σ_l 〔N/mm^2〕	長手方向の引張応力	$\sigma_l = \dfrac{P \cdot D_i}{4t}$
η	溶接継手の効率	
a 〔mm〕	腐れしろ	

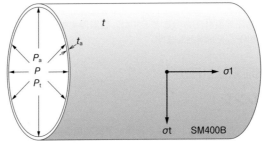

● 円筒胴応力のまとめ（つづき）●

（1）円筒胴の接線方向の応力
ここではこの公式を覚えれば完璧です！

 $\sigma_t = P \cdot D_i / 2 \cdot t$

過去問題にチャレンジ！

・薄肉円筒胴圧力容器の接線方向の応力は、内圧、内径および板厚から求められ、円筒胴の長さには無関係である。（平15問12）

　問題をじっくり読むことで、接線方向の応力「$\sigma_t = P \cdot D_i / 2 \cdot t$（式の意味）」を、思い出しましょう。　　　　　　　【答：○】

・圧力容器の円筒胴では、接線方向の引張応力は長手方向の2倍となる。（平27問12）

　「接線方向の応力　$\sigma_t = P \cdot D_i / 2 \cdot t$」、「長手方向の応力　$\sigma_l = P \cdot D_i / 4 \cdot t$」であるから「接

線方向の引張応力は長手方向の２倍」となります。式を記憶しなくてもよいので、この一文を暗記しましょう！　【答：○】

・円筒胴の圧力容器の胴板に生じる応力は、円筒胴の接線方向に作用する応力と長手方向に作用する応力を考えればよい。円筒胴の接線方向の引張応力は、長手方向の引張応力よりも大きい。(令１問12)

上手にまとめられたよい問題文ですね。　【答：○】

（２）円筒道の長手方向の応力

過去問題にチャレンジ！

・円筒胴圧力容器の胴板に発生する長手方向の引張応力は、円筒胴の長さが長くなるほど大きくなる。(平12問12)

「$\sigma_1 = P \cdot D / 4 \cdot t$」です。長さは関係ないです。内径（断面積）が大きくなるほど大きくなります。　【答：×】

・円筒胴圧力容器の胴板内部に発生する応力は、円筒胴の接線方向に作用する応力と、円筒胴の長手方向に作用する応力のみを考えればよく、圧力と内径に比例し、板厚に反比例する。(令２問12)

式「$\sigma_t = PD_1/2t$」と「$\sigma_1 = PD_1/4t$」が浮かばなくとも、なんとかイメージで対処できますよね。　【答：○】

11-5　板厚と溶接継手と腐れしろ

（１）板厚

板厚 t を求める式は覚えたほうがよいです。最低でも、比例するもの（P、D_i）、反比例するもの（σ_a、η）を把握しておきましょう。さ、やってみましょう。

$$t = \frac{PD_i}{2\sigma_a\eta - 1.2P} + \alpha$$

$\left(\begin{array}{l} P：設計圧力〔MPa〕、D_i：内径〔mm〕、\\ \sigma_a：材料の許容引張応力〔N/mm^2〕、\\ \eta：溶接継ぎ手の効率、\alpha：腐れしろ〔mm〕、\\ -1.2P：応力計算時の板厚の影響補正 \end{array} \right.$

過去問題にチャレンジ！

・円筒胴の直径が大きく、内圧が高いほど、円筒胴の必要とする板厚は厚くなる。

(平22問12)

うむ！　P と D_i に比例する。P は内圧と考えてよいでしょう。　【答：○】

・円筒胴にかかる内圧が一定の場合、円筒胴の直径が大きいほど、円筒胴に必要な板厚は厚くなる。（平26問12）

　お！「内圧が一定の場合」とかに、惑わされないようにしましょう。惑わされることもないか…。【答：○】

・円筒胴圧力容器の板厚を計算する場合、設計圧力、容器の内径、材料の許容引張り応力、溶接継手の効率、腐れしろを考慮する。（平20問12）

　うむ。式をジーっと見て読み取るしかないので、このまま覚えてしまいましょう。【答：○】

・圧力容器の円筒胴の設計板厚は、設計圧力、円筒胴内径、材料の許容引張応力、溶接継手の効率および腐れしろから求めることができる。（平23問12）

　はい。【答：○】

・円筒胴の直径が小さいほど、また、円筒胴の内側にかかっている内圧が高いほど、円筒胴の必要とする板厚は厚くなる。（平29問12）

　初級テキスト145ページの下2行目がズバリです。正しい文章は、「円筒胴の直径が大きいほど、また、円筒胴の内側にかかっている内圧が高いほど、円筒胴の必要とする板厚は厚くなる」です。【答：×】

（2）溶接継手

過去問題にチャレンジ！

・圧力容器は、溶接継手の種類に応じて溶接継手の効率が、また、使用材料の種類に応じて腐れしろの値が、冷凍保安規則関係例示基準に定められている。（平17問12）

　継ぎ手の種類で効率が、材料の種類で腐れしろが定められる〜ってことです。【答：○】

・冷凍保安規則関係例示基準によれば、溶接継手の効率は、溶接継手の種類により決められており、更に溶接部の全長に対する放射線透過試験を行った部分の長さの割合によって決められているものもある。（平24問12）

　（＞。＜;）「更に」放射線透過試験とか覚えろってか。うーん、隅々まで勉強しなさいということでしょう。【答：○】

・溶接継手の効率は、溶接継手の種類に依存せず、溶接部の全長に対する放射線透過試験を行った部分の長さの割合によって決められている。（令2問12）

　溶接継手の効率、種類とイメージすれば、「依存せず」ではなく「より決められており」と浮かんできますね！【答：×】

（3）腐れしろ

　腐れしろは、長年使用される間に腐食が進行されるため、肉厚が薄くなり、許容圧力が小さくなります。設計時に材料に応じた腐れしろαをプラスして板厚tを決めます。計算式は覚えなくてもよいですが、なんとなく腐れしろのイメージを掴みましょう。

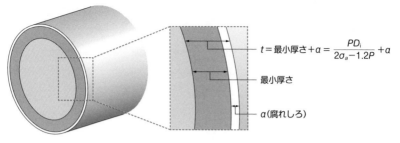

t＝最小厚さ＋a＝$\dfrac{PD_{\mathrm{i}}}{2\sigma_a-1.2P}+a$

最小厚さ

a(腐れしろ)

● 圧力容器の最小厚さと腐れしろ ●

過去問題にチャレンジ！

・圧力容器が耐食処理を施してあれば、腐れしろは必要としない。(平15問12)

　冷凍保安規則関係例示基準では「必要」と決められています。　【答：×】

・圧力容器の材料に銅合金を使用したときは、腐れしろを考慮しなくてもよい。(平18問12)

　そんなこたぁ～ないと、なんとなくわかる問題です。初級テキスト「容器腐れしろ」の表によれば「胴、銅合金、スレンレス鋼、アルミニウム、アルミニウム合金、チタン」は腐れしろが 0.2 mm と記されています。　【答：×】

・圧力容器の腐れしろは、鋼材は 1 mm とし、銅、銅合金およびステンレス鋼は 0 mm とする。(平20問12)

　初級テキストの表によれば、腐れしろ 0 mm はないです。0.2、0.5、1 mm の3種類です。まあ、腐れしろが 0 mm ってことはないよね。ある意味サービス問題かもですね。【答：×】

・圧力容器の必要とする腐れしろの大きさは、材質、使用条件にかかわらず、一定値である。(平22問12)

　サービス問題！　だいたい「×」にすると思います。　【答：×】

・ステンレス鋼の圧力容器には、腐れしろを設ける。(平26問12)

　この問題は、ポツリポツリと、春のしぐれ時の雨露のように出題されますね。　【答：○】

・圧力容器に使用する鋼材の腐れしろは、材質、使用条件によって異なる。(平27問12)

　うむ。ここまでこなせば「腐れしろ」は大丈夫でしょう。　【答：○】

11-6　鏡板と応力集中

（1）鏡板の形状と板厚

　「さら形」→「半だ円形」→「半球形」の順に必要板厚を薄くできます。

平形鏡板　　　　さら形鏡板　　　　半だ円形鏡板　　　　半球形鏡板

● 鏡板の形状 ●

過去問題にチャレンジ！

・圧力容器の鏡板の必要厚さは、鏡板の形状には関係ない。(平17問12)

　んな、こた〜ない。何という大胆な誤り問題でしょうね。　　　　【答：×】

・同じ設計圧力の圧力容器の鏡板は、さら形より半球形の形状のほうが板厚を薄くできる。
(平18問12)

　「さら形」→「半だ円形」→「半球形」の順に必要板厚を薄くできます。　【答：○】

・さら形鏡板は、半球形鏡板よりも板厚を薄くすることができる。(平21問12)

　「半球形の場合が最も薄くできる」と覚えちゃいましょう。　　　　【答：×】

・さら形鏡板は、半球形鏡板よりも板厚を薄くすることができる。(平22問12)

　「さら形鏡板」→「半だ円鏡板」→「半球形鏡板」と薄くできます。イメージできましたか？
【答：×】

・圧力容器の鏡板の必要厚さは鏡板の形状に関係し、同じ設計圧力、同じ円筒胴の内径、同じ材質であれば、半球形、半だ円形、さら形の順に必要な板厚を薄くでき、さら形鏡板が最も薄くできる。(平28問12)

　うむ。逆ですね。正しい文章は「<略>さら形、半だ円形、半球形の順に必要な板厚を薄くでき、半球形鏡板が最も薄くできる」ですね。　　　　　　　【答：×】

（2）応力集中

過去問題にチャレンジ！

・応力集中は、形状や板厚が急変する部分やくさび形のくびれの先端部に発生しやすい。
(平11問12、平19問12)

　うむ。形が急に変わるところや、くさびの部分は、応力が集中するんだね。　【答：○】

・応力集中は、形状や板厚が急変する部分に発生しやすい。(平21問12)

　うむ。応力集中は、絶対逃さないようにしましょう。　　　　　　【答：○】

・応力集中が小さい形状であると、より安全な圧力容器といえる。（平22問12）

> まったく、その通りです！　福島原発の圧力容器や格納容器も、これが基本にあるんだろうね。　　　　　　　　　　　　　　　　　　　　　　　　　　　　　　　　【答：○】

・応力集中は、容器の形状や板厚が急変する部分やくさび形のくびれの先端部に発生しやすいため、鏡板の板厚はさら形よりも半球形を用いたほうが薄くできる。（平23問12）

> う〜ん、初級テキストをジックリ読んでおくしかないですね。あるいはイメージで。
> 【答：○】

・圧力容器に用いる板厚が一定のさら形鏡板に応力集中は起こらない。（平27問12）

> 過去問をこなしてあれば、んなこたーない！　と、叫ぶでしょう。正しい文章は「圧力容器に用いる板厚が一定の半球形鏡板に応力集中は起こらない」ですね。　　　【答：×】

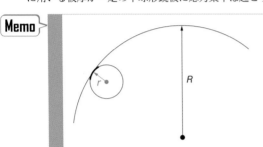

Memo

・r が小さいほど応力集中が大きくなる。
・r の部分は板を厚くする。
・半球形は、r が存在しない。

難易度：★★★

12　保安（安全装置）

　保安のためには、法規上の保安基準を満たすことが必要です。法規上の保安基準とは、高圧ガス保安法、同施行令、冷凍保安規則、冷凍保安規則関係例示基準、冷凍空調装置の施設基準があります。例示基準には安全装置として「許容圧力以下に戻すことができる安全装置」と定義されています。この安全装置には「高圧遮断装置」、「安全弁」、「破裂板」、「溶栓または圧力逃がし装置」が定められており、これらの設定圧力は許容圧力を基準として定められています。これらを把握しているかの試験問題が出題されます。これを踏え、頭を整理しながら集中できれば、★は３つです！

12-1 安全弁

● 安全弁のまとめ ●

作動圧力	吹始め圧力と吹出し圧力のこと
吹き始め圧力	微量のガスが吹き始めるときの設定された圧力
吹き出し圧力	吹始め圧力よりさらに圧力が上昇し所定量のガスを噴出するときの圧力
圧縮機用	吹出し圧力は許容圧力の 1.2 倍以下、吹始め圧力の 1.15 倍以下で、なおかつ、吐出しガス圧力を直接受ける容器の許容圧力の 1.2 倍以下。
容器・配管用	内容積 500 リットル以上取付義務。 （高圧部）　吹出し圧力は許容圧力の 1.15 倍以下 （低圧部）　吹出し圧力は許容圧力の 1.10 倍以下

● 圧縮機と容器のそれぞれに取り付ける安全弁の口径 ●

圧縮機に取り付ける安全弁の口径	
$d = C\sqrt{V}$	d：安全弁の最小口径〔mm〕 C：冷媒の種類による定数 V：標準回転数におけるピストン押しのけ量〔m³/h〕
容器に取り付ける安全弁の口径	
$d = C\sqrt{D \cdot L}$	d：安全弁の最小口径〔mm〕 C：冷媒の種類による定数（高圧部・低圧部） D：容器の外径〔m〕 L：容器の長さ〔m〕

（1）安全弁に関する問題

過去問題にチャレンジ！

・安全弁に要求される最小口径を求める式は、圧縮機用と圧力容器用とでは異なる。

（平 25 問 11）

こんな、サービス問題が出ました。　　　　　　　　　　　　　　　【答：○】

・所定の内容積以上のフルオロカーボン冷媒用の圧力容器には、安全弁を取り付けなければならない。（平 26 問 11）

なんだか、素直すぎの問題で怖いです。あえて書き加えるならば、「フルオロカーボン冷媒用の」です。これは、惑わされずに無視しましょう。　　　　　　　　【答：○】

（2）圧縮機の安全弁口径

とにかく、「$d = C\sqrt{V}$」を覚えましょう。

過去問題にチャレンジ！

・圧縮機に取り付ける安全弁の最小口径は、冷媒の種類に関係なく圧縮機のピストン押しのけ量によって定まる。（平 18 問 11）

冷媒の種類に関係なくではありません。　　　　　　　　　　　　　【答：×】

・圧縮機に取り付ける安全弁の最小口径は、冷媒の種類に応じて決まるが、圧縮機のピストン押しのけ量の平方根に比例する。（令2問11）

「$d = C\sqrt{V}$」を覚えておけば大丈夫です。　　　　　　　　　　【答：○】

・すべての圧縮機には安全弁の取付けが義務づけられているが、その口径は冷凍装置の冷凍能力に応じて定められている。（平23問11）

「すべて」と「冷凍能力」が間違いです。冷凍保安規則関係例示基準で「冷凍能力20トン以上の圧縮機」に義務付けられており、口径は冷凍能力では定められておらず、ピストン押しのけ量に応じるのですね。　　　　　　　　　　　　　　　　　　　　【答：×】

・圧縮機に取り付けるべき安全弁の最小口径は、ピストン押しのけ量の平方根を冷媒の種類により定められた定数で除して求められる。（平24問11）

（＞o＜;）「$d = C\sqrt{V}$」だから、「冷媒の種類により定められた定数を乗じて求められる」です。　　　　　　　　　　　　　　　　　　　　　　　　　　　　　　　　【答：×】

（3）圧力容器の安全弁口径

今度はこの式「$d = C\sqrt{D \cdot L}$」です。高圧部と低圧部に分けられていることを頭の片隅に覚えましょう。

過去問題にチャレンジ！

・内容積600リットルの圧力容器に、安全弁を取り付けた。（平17問11）

基本的なことを、チクリと出題されます。500リットル以上に義務付けています。【答：○】

・容器に取り付ける安全弁の口径は、容器の外径、容器の長さおよび冷媒の種類ごとに高圧部、低圧部に分けて定められた定数によって決まる。（平23問11）

うむ。式は「$d = C\sqrt{D \cdot L}$」です。容器の外径 D と長さ L の平方根と、冷媒の種類ごとに高圧部、低圧部に分けて定められた定数 C の積で決まります。　　　　　　【答：○】

・圧力容器に取り付ける安全弁の最小口径は、同じ大きさの圧力容器であっても高圧部と低圧部によって異なり、多くの冷媒では高圧部のほうが大きい。（平25問11）

間違いです。低圧部のほうが大きいのです。　　　　　　　　　　【答：×】

・圧力容器に取り付ける安全弁の最小口径は、容器の内径と長さの積の平方根と、冷媒の種類ごとに高圧部、低圧部に分けて定められた定数の積で決まる。（平28問11、令1問11）

容器の外径です！　軽いジャブ的なチョロい引っ掛け問題ですね。式は「$d = C\sqrt{D \cdot L}$」です。容器の外径 D と長さ L の平方根と、冷媒の種類ごとに高圧部、低圧部に分けて定められた定数 C の積で決まります。　　　　　　　　　　【答：×】

・圧力容器に取り付ける安全弁の最小口径は、容器の外径、容器の長さおよび高圧部、低圧

部に分けて定められた定数によって決まり、冷媒の種類に依存しない。(平30問11)

　楽勝ですね！　正しい文章にしてみましょう。「圧力容器に取り付ける安全弁の最小口径は、容器の外径、容器の長さおよび冷媒の種類ごとに高圧部、低圧部に分けて定められた定数によって決まる」で、よいでしょう。　　　　　　　　　　　　　　　　【答：×】

（4）吹始め圧力と吹出し圧力

過去問題にチャレンジ！

・冷凍保安規則関係例示基準では、冷凍装置の安全弁の作動圧力とは吹始め圧力と吹出し圧力のことである。(平19問11)

　この一文は覚えましょう。じっくり作動圧力、吹始め圧力、吹出し圧力を把握しておきましょう。

Memo

作動圧力	吹始め圧力と吹出し圧力のこと
吹き始め圧力	微量のガスが吹き始めるときの設定された圧力
吹き出し圧力	吹始め圧力よりさらに圧力が上昇し所定量のガスを噴出するときの圧力

【答：○】

・冷凍装置の安全弁の作動圧力は、吹始め圧力ではなく、吹出し圧力のことである。
(平25問11)

　今度は「×」です。さりげなく「×」の問題ですけど、勉強してないと考えこむかも知れませんが、あなたなら大丈夫ですね。　　　　　　　　　　　　　　　　【答：×】

・冷凍装置の安全弁の作動圧力とは、吹始め圧力と吹出し圧力のことである。この圧力は耐圧試験圧力を基準として定める。(平29問11、令2問11)

　作動圧力と基準圧力の両方を問うコラボ問題です。正しい文章は「冷凍装置の安全弁の作動圧力とは、吹始め圧力と吹出し圧力のことである。この圧力は許容圧力を基準として定める」ですね。　　　　　　　　　　　　　　　　　　　　　　　　　【答：×】

（5）保安上の措置　▼初級テキスト「保安上の措置」

過去問題にチャレンジ！

・安全弁の保守管理に関しては、危害予防規程などで規定されており、冷凍施設の保安上の検査基準では、1年以内ごとに作動の検査を行い、検査記録を残しておく必要がある。
(平17問11)

　題意の通りです。「1年以内ごとに」がポイントかな。　　　　　　　　　【答：○】

・安全弁の放出管は、一般に安全弁の口径以上の内径とする。なお、アンモニア用の安全弁

の放出管には、除害設備を設ける。(平 20 問 11)

　除害設備とはアンモニアを水で薄めるなどの方法を用いて大気中に放出しないような設備のことです。　　　　　　　　　　　　　　　　　　　　　　　　　　　　　　【答：○】

・圧力容器に取り付ける安全弁には、検査のために止め弁を設けるが、この止め弁には「常時開」の表示をするなど、止め弁の操作に間違いのないようにしなければならない。
　　　　　　　　　　　　　　　　　　　　　　　　　　　　　　　　　　(平 21 問 11)

　なんとなくわかる問題です。　　　　　　　　　　　　　　　　　　　【答：○】

・安全弁にはそれの検査のために止め弁を設けることができるが、検査時を除き止め弁を開にしておき「常時開」の表示をする。(平 22 問 11)

　うむ。「検査時を除き」でつまづく方がおられるかな？　そうでもないか。素直な問題です。
　　　　　　　　　　　　　　　　　　　　　　　　　　　　　　　　　【答：○】

・圧力容器などに取り付ける安全弁には、止め弁を設ける。これは、安全弁が作動したときに冷媒が漏れ続けないようにするためである。(平 26 問 11)

　止めちゃったらまずいですよね。これを間違うようじゃ、勉強不足です。検査や修理等のために設け、止め弁には「常時間」の表示をし、誤操作を防止するのです。　【答：×】

・安全弁の各部のガス通路面積は、安全弁の口径面積より小さくしてはならない。また、作動圧力を設定した後、封印できる構造であることが必要である。(平 27 問 11)

　口径より小さくしないという事は感覚的に正しいですね。封印もしかりです。　【答：○】

12-2　溶栓

　溶栓は出題数が多いですので、破裂板との違いに注意してください。さぁ、やってみましょう。

溶栓	・内容積 500 L 未満のフルオロカーボン用シェル型凝縮器、受液器、蒸発器に使用。 ・可燃性または毒性ガスを使用した冷凍装置には取り付けてはならない。 ・温度を感知して圧力の異常上昇を防ぐ。 ・溶解温度は 75 度以下。 ・高温の圧縮機吐出しガスで過熱される部分、冷却水で冷却される部分など正しく温度感知ができない箇所は取り付け不可。
溶栓の口径	・圧力容器に取り付けるべき安全弁の口径の 1/2 以上でなければならない。

（1）内容積・溶融温度など

過去問題にチャレンジ！

・溶栓は、温度によって作動する安全装置であり、内容積 500 L 未満のアンモニア冷媒の圧力容器に取り付けることができる。(平 18 問 11)

　内容積ばかりに気を取られないように。アンモニアには使用できません！　この問題は絶対ゲットしましょう。また「内容積 500 L 未満」という数値も覚えておきましょう。【答：×】

・フルオロカーボン冷凍装置に使用される溶栓は、75℃以下の溶融温度となっている。

(平11問11)

その通りです。「75℃以下」を絶対忘れないように！　　　　　　　　　　【答：○】

・内容積 500 リットル未満のフルオロカーボン冷媒用受液器に使用する溶栓は、原則として 125℃で溶融することとなっている。(平20問11)

125 という数値はどこかでみたような聞いたような…？　惑わされないように。溶栓は「500 L 未満」、「75℃以下」と覚えているあなたにとっては楽勝のサービス問題でしたね。

【答：×】

・溶栓付きのフルオロカーボン冷媒用シェルアンドチューブ凝縮器において、溶栓が100℃の高温吐出しガスにさらされても、問題なく運転を継続できる。(平24問11)

「75℃以下」を絶対に忘れなければ楽勝ですね。　　　　　　　　　　　【答：×】

（2）取り付け位置など

過去問題にチャレンジ！

・液封事故の起こるおそれのある部分に、圧力逃がし装置として溶栓を取り付けた。

(平19問11)

溶栓は温度を感知して圧力の異常上昇を防ぐもので、圧力感知として液封防止には使えないのです。　　　　　　　　　　　　　　　　　　　　　　　　　　　　　　【答：×】

・溶栓はシェル形凝縮器の高温の圧縮機吐出しガスで加熱される部分に取り付け、この温度を感知して、圧力の異常な上昇を防ぐように作動する。(平23問11)

高温ガスで加熱する部分は取り付け不可です。　　　　　　　　　　　　【答：×】

・溶栓は温度によって溶融するものであるから、圧縮機吐出しガスで加熱される部分に取り付けてはならない。(平27問11)

そうだね、その通りですね！　　　　　　　　　　　　　　　　　　　　【答：○】

・溶栓は温度によって溶栓中央の金属が溶融するものであるから、圧縮機の吐出しガスで加熱される部分、あるいは、水冷凝縮器の冷却水で冷却される部分などに取り付けてはならない。(平28問11)

そうだ、全くその通りだ！　よい問題ですね。　　　　　　　　　　　　【答：○】

（3）溶栓いろいろ

過去問題にチャレンジ！

・溶栓はアンモニア冷媒を使用した冷凍装置でも使用できる。(平16問11)

アンモニアは「可燃性ガス又は毒性ガス」であるから、ダメです。　　　【答：×】

・溶栓は温度を検知して圧力の異常な上昇を防ぐので、すべての冷凍装置に使用できる。

（平21問11）

すべてでは、ないでしょう。これは、サービス問題なのか？　引っ掛けなのか？　冷凍試験独特のよくわからない問題です。「可燃性ガスまたは毒性ガスを冷媒とした冷凍装置」は使用不可です。　　　　　　　　　　　　　　　　　　　　　　　　　　　　　　　　【答：×】

・溶栓は、温度の上昇を検知して冷媒を放出し、過大な圧力上昇を防ぎ、温度の低下とともに閉止して冷媒の放出を止める。（平22問11）

これは、高度な？引っ掛け問題です。溶栓は内部が大気圧と同じになるまで噴出し続けます。「温度の低下とともに閉止して」ということはないです。　　　　　　　　【答：×】

・溶栓が作動すると内部の冷媒が大気圧になるまで放出するので、可燃性または毒性ガスを冷媒とした冷凍装置には溶栓を使用してはならない。（平30問11）

その通り！　としか言いようがないですね。　　　　　　　　　　　　　　【答：○】

・許容圧力以下に戻す安全装置の一つに溶栓がある。溶栓の口径は、取り付ける容器の外径と長さの積の平方根と、冷媒毎に定められた定数の積で求められた値の1/2以下としなくてはならない。（令2問11）

3冷で口径を問われるのは初めてです。式「$d_3 = C_3\sqrt{DL}$」を覚えてなくても、「1/2以上」を思い出せば大丈夫ですよ。　　　　　　　　　　　　　　　　　　　　　【答：×】

12-3　破裂板

「溶栓」とセットで勉強して、つまずかないようにしましょう。

過去問題にチャレンジ！

・破裂板の作動圧力は、安全弁の作動圧力よりも高く、耐圧試験圧力以下に設定する。

（平18問11）

安全弁と同じで直接圧力を感知して破裂します。その作動圧力は安全弁より高く、耐圧試験圧力以下に設定します。よく考えれば常識的ですよ。　　　　　　　　　【答：○】

・破裂板は圧力を感知して冷媒を放出するため、可燃性や毒性を有する冷媒を用いた装置では使用できない。（平21問11）

破裂板は溶栓同様に、内部の冷媒が大気圧と同じになるまで噴出し続けるため、可燃性ガスまたは毒性ガスを冷媒とした冷凍装置への使用は許されないです。テキストには「許されない」とキツく書いてあります。　　　　　　　　　　　　　　　　　　　　　【答：○】

・破裂板は、圧力の上昇を検知して冷媒を放出し、過大な圧力上昇を防ぎ、圧力の低下とともに閉止して冷媒の放出を止める。（平22問11）

溶栓と同じく、閉止にならず内部が大気圧力になるまで放出します。イメージできますよね。　　　　　　　　　　　　　　　　　　　　　　　　　　　　　　　　　【答：×】

> ・破裂板は、圧力を感知して冷媒を放出するが、可燃性や毒性を有する冷媒を用いた装置では使用できない。（平28問11）

　　うむ。この手の問題はけっこう多く出題されていますね。　　　　　　【答：○】

12-4　高圧遮断装置

　　ここでは「目的」、「作動圧力」、「復帰」などを把握しましょう。

過去問題にチャレンジ！

> ・高圧遮断装置は、一般に高圧圧力スイッチのことで、異常な高圧圧力を検知して圧縮機を停止させ、圧力が異常に上昇するのを防止する。（平19問11）

　　初級テキストを読んで、過去問をガンガンすれば美味しい問題になりますね。　【答：○】

> ・高圧遮断装置の作動圧力は、高圧部に取り付けられた安全弁の吹始め圧力の最低値以下の圧力であって、かつ、高圧部の許容圧力以下に設定しなければならない。
> （平20問11、平24問11）

　　うむ。一番最初に作動するイメージでいいですね。　　　　　　　　　【答：○】

> ・高圧遮断装置の作動圧力は、圧縮機に取り付ける安全弁の作動圧力と同時に設定する。
> （平22問11）

　　同時じゃないでしょ！　安全弁噴出前に遮断するのです。　　　　　　【答：×】

> ・高圧遮断装置は、高圧側の圧力の異常な上昇を検知して作動し、圧縮機を駆動している電動機の電源を切って圧縮機を停止させる。（令1問11）

　　イイネ！　素直なよい問題文ですね。　　　　　　　　　　　　　　　【答：○】

> ・高圧遮断装置は原則として手動復帰式にし、安全弁噴出以前に圧縮機を停止させ、高圧側圧力の異常な上昇を防止する。（平29問11）
>
> ・高圧遮断装置は、安全弁噴出の前に圧縮機を停止させ、高圧側圧力の異常な上昇を防止するために取り付けられ、原則として手動復帰式である。（平30問11）

　　高圧遮断装置の「手動復帰式、安全弁との関係、高圧側圧力異常上昇防止」の、文言が前後していますが、端的にまとめたよい文章ですね。もう大丈夫ですね！　【答：どちらも○】

12-5　液封防止のための安全装置

　　液封とは、液配管や液ヘッダにおいて、満液状態で出入口の両端が電磁弁や止め弁で封鎖された状態です。液封の状態で周囲から熱が侵入することにより液が熱膨張し、著しく高圧となって、弁や配管に亀裂、破壊したり、破裂することがあります。液封事故を防ぐ

には、溶栓以外の安全弁、破裂板または圧力逃し装置で防止します。過去問を一通りこなせば「液封防止のための安全装置」は攻略できるでしょう！

過去問題にチャレンジ！

・液封による事故を防止するために、液封の起こるおそれのある部分には、溶栓、安全弁、破裂板または圧力逃がし装置を取り付ける必要がある。(平24問11)

　液封の起こるおそれのある部分には、溶栓以外の安全弁、破裂板または圧力逃し装置を取り付けます。　　　　　　　　　　　　　　　　　　　　　　　　　　　　【答：×】

・液封による事故は運転中に高温高圧になる液配管で発生することが多く、弁操作ミスなどが原因になることが多い。(平27問11)

　低温低圧の液配管が密封され停止中に温度が上昇することによりおこり、運転中の高温高圧になる液配管では発生しません！　勉強してないとつまずくかもです。　　　【答：×】

・フルオロカーボン冷凍装置では、液封事故を防止するために、液封の起こるおそれのある部分には、破裂板以外の安全弁または圧力逃がし装置を取り付ける必要がある。

(平28問11)

　うむ。液封の起こるおそれのある部分には、溶栓以外の安全弁、破裂板または圧力逃し装置を取り付けます。　　　　　　　　　　　　　　　　　　　　　　　　　　　【答：×】

・銅管および外径26 mm未満の鋼管を除く液封の起こるおそれのある部分には、液封による事故を防止するために、溶栓、安全弁、破裂板または圧力逃がし装置を取り付ける必要がある。(平29問11)

　おっと、「銅管および外径26 mm未満の鋼管を除く」に心奪われ無駄に時間を費やさないようにしてください。正しい文章は、「銅管および外径26 mm未満の鋼管を除く液封の起こるおそれのある部分には、液封による事故を防止するために、溶栓以外の安全弁、破裂板または圧力逃がし装置を取り付ける必要がある」ですよ。　　　　　　　　　【答：×】

・液封による配管や弁の破壊、破裂などの事故は、低圧液配管において発生することが多い。(平30問11)

　単刀直入なサービス問題です！　初級テキスト8次改訂版(令和元年11月発行)では、「低圧配管」という語句は削除され、「二段圧縮冷凍装置の過冷却された液配管」や「冷媒液強制循環式冷凍装置の低圧受液器周りの液配管」という具体的な箇所に変更されました。今後、留意されたいですね。　　　　　　　　　　　　　　　　　　　　　　　　　　　【答：○】

12-6　ガス漏えい検知警報設備

過去問題にチャレンジ！

・アンモニア冷凍装置では、機械換気装置、安全弁の放出管が設けてあれば、ガス漏えい検

知警報設備を設ける必要はない。(平15問11)

> これは「ガス漏れまたは酸素濃度検知警報設備」と混同させる問題でしょう。可燃性ガスまたは毒性ガスの製造施設には、当該施設から漏えいするガスが滞留するおそれのある場所には「ガス漏洩検知警報設備」を設けなければならないのです。【答：×】

・アンモニアガスの漏えい検知警報設備のランプ点灯による警報設定値は、50 ppm 以下である。(平13問11)

> 古い過去問ですが…、具体的な数値が登場しています。点灯は 50 ppm 以下、警告音は屋外 100 ppm 屋内 200 ppm 以下。「50、100、200」程度に記憶しておけばよいのかなぁ…予測不能です。【答：○】

・冷媒設備の冷媒ガスが室内に漏えいしたときに、その濃度において人間が失神や重大な障害を受けることなく、緊急の処置をとったうえで、自らも避難できる程度の濃度を基準とした限界濃度が規定されている。(平25問11)

> 何となく「○」にする問題です。初級テキストの文章とズバリ同じです。テキストを読んであれば確信を持って「○」ですね。【答：○】

・ガス漏えい検知警報設備は、冷媒の種類や機械換気装置の有無にかかわらず、酸欠事故を防止するために必ず設置しなければならない。(令1問11)

> 思わず「○」にしたいのですが…。可燃性ガス、毒性ガスまたは特定不活性ガスの製造施設では、ガス漏えい検知警報設備の設置が冷凍保安規則により義務付けられています。フルオロカーボン冷媒は、所定の機械換気装置または安全弁の放出管が必要であってそれらを取り付けられない場合は、酸欠事故防止のためのガス漏えい検知警報設備の設置を自主基準として冷凍空調装置の施設基準により求められています。つまり、冷媒の種類によっては「必ず設置」する必要がないということで「×」です。【答：×】

・可燃性ガス冷媒の冷凍装置では、漏えいしたガスが滞留して限界濃度を超えるおそれがある場合でもガス漏えい検知警報設備は設ける必要はない。(平26問11)

> はぁ？　そんなこたぁ、ないでしょ！　と、思う問題ですね。可燃性ガスまたは毒性ガスの製造施設には、当該施設から漏えいするガスが滞留するおそれのある場所には「ガス漏洩検知警報設備」を設けなければならないのです。【答：×】

難易度：★★★

⑬　据付けと試験

　耐圧試験の前には、据付けの勉強が必要らしいです。2011 年（平成 24 年）の東北地震以降、防振の問題が多いのは偶然でしょうか？　一通り問題をこなせば大丈夫！　★は3つ。

13-1　据付け

過去問題にチャレンジ！

・圧縮機を防振支持したときは、配管を通じて他に振動が伝わることを防止するために、可とう管を挿入する。(平17問13)

「可とう管」は自由に曲がる管で、振動防止で使われます。圧縮機以外でも多種多用されていますよ。ネット画像検索すればイメージがわかります。　　　　　　　　　　　【答：○】

・圧縮機の据付けで防振支持を行うと、圧縮機の振動が配管に伝わり、配管を損傷したり、配管を通じて他に振動が伝わったりするが、これを防止するため、圧縮機の吸込み管や吐出し管にフレキシブルチューブを挿入する方法がある。(平24問13)

うむ。「可とう管」と「フレキシブルチューブ」は同意語です。現場では、フレキなどと言います。　　　　　　　　　　　　　　　　　　　　　　　　　　　　　　　【答：○】

・圧縮機を防振支持したときは、配管を通じて他に振動が伝わることを防止するために、吸込み管と吐出し管に可とう管を挿入する。(平26問13)

むむ！　そうだね、吸込みにも、吐出しにも、可とう管を挿入します。　　　　　【答：○】

・圧縮機を防振支持し、吸込み蒸気配管に可とう管（フレキシブルチューブ）を用いる場合、可とう管表面が氷結し破損するおそれのあるときは、可とう管をゴムで被覆することがある。(平28問13、令2問13)

う〜ん、初級テキストを上手にまとめたよい問題ですね。▼初級テキスト「防振支持」

【答：○】

・圧縮機の防振支持を行った場合、配管を通じた振動の伝播を防止するために可とう管（フレキシブルチューブ）を用いる。(平30問13)

楽勝ですね。　　　　　　　　　　　　　　　　　　　　　　　　　　　　　　【答：○】

13-2　耐圧試験

　冷凍保安規則により、配管以外の部分、「圧縮機」、「圧力容器」、「冷媒ポンプ」などは気密試験の前に耐圧試験を行わなければならないのです。

（1）耐圧試験を行う部分について

　ここでは「配管以外」がキーポイントです。

過去問題にチャレンジ！

・耐圧試験は、圧縮機、圧力容器、冷媒液ポンプ、潤滑油ポンプなどについて行う。

(平19問13、平26問13)

配管が含まれていないことに注意してください。う〜む、この手の問題はツボを押さえておかないと、意外に悩んでしまうかも知れませんね。 【答：○】

・耐圧試験は、気密試験の前に冷凍装置のすべての部分について行わなければならない。

(平23問13)

「冷凍装置すべての部分」が「×」、すべてじゃないです。つまり、耐圧試験は機器や容器等の配管以外の部分に行います。耐圧試験終了後の機器や容器を組み立て配管を含めた装置全体に気密試験を実施します。 【答：×】

・耐圧試験は、気密試験の前に行い、圧縮機、圧力容器および配管について行わなければならない。(平29問13)

「気密試験の前」は正しいです。正しい文章は、「耐圧試験は、気密試験の前に行い、圧縮機、圧力容器および配管以外の部分について行わなければならない」です。 【答：×】

（2）試験の順番

なにはなくとも耐圧試験が一番先に行う試験です。問題文をよく読みましょう。

過去問題にチャレンジ！

・圧力容器について実施する耐圧試験は、気密試験の前に行う。(平17問13)

はい、その通りです。 【答：○】

・圧力容器の耐圧試験を、気密試験の後に実施した。(平21問13)

「○」にしませんでしたか？　前とか、後とか、問題をよく読みましょう。 【答：×】

・耐圧試験は気密試験を実施した後に行う。(平22問13)

短文の優良ズバリ間違いの問題文ですね。 【答：×】

・冷凍装置の圧力試験は、始めに気密試験を行い、漏がないことを確認した後に、耐圧試験を実施する。(平27問13)

違いますよね！　これも素直な誤りの文章ですね。耐圧試験が先ですよ！ 【答：×】

（3）耐圧試験の方法　▼初級テキスト「耐圧試験」(4)、(6)

過去問題にチャレンジ！

・耐圧試験は、一般に水や油等を用いて液圧で行う。(平10問13)

あくまでも一般に、であって、ある条件を満足すれば気密試験と同様の気体（空気、窒素）で試験ができます。▼初級テキスト「耐圧試験」(4) 【答：○】

・圧力容器の耐圧試験は水、油などの液の圧力で行う液圧試験であるが、昇圧の時空気が残っていても差し支えない。(平9問11、平11問13)

　空気が入ると耐圧圧力が正しく加わらないので、空気を完全に排除した後、液圧を徐々に昇圧します。▼初級テキスト「耐圧試験」(6)　　　　　　　　　　　　　　　【答：×】

（4）耐圧試験圧力について　▼初級テキスト「耐圧試験」(5)
ここでは、「1.5」と「1.25」という数字がキーポイントです。

過去問題にチャレンジ！

・液体を使用した圧縮機の耐圧試験は、設計圧力または許容圧力のいずれか低いほうの圧力の1.25倍の試験圧力で行う。(平16問13)

　液体は、1.5倍です！　耐圧試験は一般に、比較的高圧を得られやすく危険度の少ない水や油、揮発性のない液体で行います。やむを得ない場合は、空気、窒素のガスを使用します。気体の場合の、1.25倍と混同しないように気をつけましょう。　　　　　【答：×】

・耐圧試験を気体で行う場合は、耐圧試験圧力を設計圧力または許容圧力のいずれか低い圧力の1.25倍以上とする。(平22問13)

　うむ！　気体は、1.25倍ですね。　　　　　　　　　　　　　　　　　　【答：○】

・液体で行う耐圧試験の圧力は、設計圧力または許容圧力のいずれか低いほうの圧力以上とする。(平24問13)

　今度は、液体です。1.5倍以上が抜けていますね。　　　　　　　　　　　【答：×】

（5）耐圧試験の圧力計　▼初級テキスト「耐圧試験圧力」(8)、(9)、(10)

過去問題にチャレンジ！

・圧力容器の耐圧試験を気体で行う際、圧力計の文字板の大きさが75mmのものを使用した。(平21問13)

　圧力計の大きさの規制は液体と気体では違います。液体は75mm以上、気体は100mm以上、圧力計は2個以上です。気密試験の場合もこの手の問題が出るので惑わされないように把握しておきましょう。　　　　　　　　　　　　　　　　　　　　　　　【答：×】

・耐圧試験と気密試験に使用する圧力計の最高目盛は、試験圧力の1.25倍以上、2倍以下とする。(平22問13)

　その通り！　「75mm」、「100mm」、「1.25倍」、「2倍」、「2個以上」をおぼろげにでも覚えておけばなんとかなるでしょう。　　　　　　　　　　　　　　　　　　　【答：○】

13-3　気密試験

　気密試験と耐圧試験の違い、なおかつ真空試験との違い、試験する箇所、試験の順番を
きちんと把握したいですね。

（1）気密試験について

過去問題にチャレンジ！

・気密試験は、冷媒の充てん実施後に行う。（平 12 問 13）

　　冷媒充てん前に実施して、漏れがないか検査をします。　　　　　　　　【答：×】

・気密試験には、耐圧試験で耐圧強度が確認された配管以外のものについて行うものと、配
管で接続された後にすべての冷媒系統について行うものがある。（平 28 問 13）

　　「耐圧試験で耐圧強度が確認された配管以外のものについて行うもの」というのは、機器（組
立品）のこと、例えば圧縮機、圧力容器、冷媒液ポンプなどのことです。そして、「配管で
接続された後にすべての冷媒系統について行うもの」というのは、前述の機器を冷媒配管で
接続組み立て施工した冷媒設備全体のことなのです。　　　　　　　　　　【答：○】

（2）気密試験に使用するガス

　ここでは「酸素」と「二酸化炭素」がキーポイントですよ。

過去問題にチャレンジ！

・気密試験に使用するガスは、酸素や二酸化炭素などである。（平 15 問 13）

　　酸素は（空気ではない！）支燃性ガスなので使用不可です。二酸化炭素はアンモニア装置で
は不可です。　　　　　　　　　　　　　　　　　　　　　　　　　　　【答：×】

・アンモニア装置の気密試験に、二酸化炭素（炭酸ガス）を使用した。（平 16 問 13）

　　アンモニア装置の気密試験といえばこの問題！　試験後に炭酸ガスとアンモニアが反応し、
炭酸アンモニウムという粉末ができてしまい冷凍装置内に支障をきたします。　【答：×】

・アンモニア冷凍装置の気密試験には、乾燥空気、窒素ガスまたは炭酸ガスが使用できる。
（平 22 問 13）

　　うむ。理解度を試すには、よい問題ですね。　　　　　　　　　　　　【答：×】

・気密試験に圧縮空気を使用する場合は、空気温度は 140℃以下とする。（平 17 問 13）

　　「140℃以下」を覚えておいてね。　　　　　　　　　　　　　　　　　【答：○】

・気密試験に空気圧縮機を使用して圧縮空気を供給する場合は、冷凍機油の劣化などに配慮
して空気温度は 140℃以下とする。（平 26 問 13）

　　そうだね。　　　　　　　　　　　　　　　　　　　　　　　　　　　【答：○】

> ・アンモニア冷凍装置の気密試験には、乾燥空気、窒素ガス、炭酸ガスなどが使用される。
> （平28問13）

　　アンモニア冷凍装置は、炭酸ガスはダメです。　　　　　　　　　　　　【答：×】

> ・アンモニア冷凍装置の気密試験には、乾燥空気、窒素ガスまたは酸素を使用できるが、炭酸ガスを使用してはならない。（平29問13、令1問13）

　　「酸素」は引っ掛け問題になります。平15問13以来の久々の出題です。酸素は（空気ではない！）支燃性ガスなので使用不可なのです。　　　　　　　　　【答：×】

（3）気密試験の方法

過去問題にチャレンジ！

> ・気密試験は、設計圧力、または許容圧力のいずれか低いほうの圧力よりも低い圧力で行う。（平13問13）

　　勉強してないと思わず「○」にするかも知れませんね。「気密試験は、設計圧力、または許容圧力のいずれか低いほうの圧力以上の圧力で行う」ですね。　　　　【答：×】

> ・冷凍装置全体の気密試験は、低圧部と高圧部の区別なく、低圧部に対して規定されている試験圧力で試験を行えばよい。（平18問13）

　　ま、たいがい区別するって感じがするけどね。高圧部も規定の圧力で検査します。【答：×】

> ・冷凍装置の気密試験を実施したとき、加圧終了時刻の外気温度（周囲温度）を記録した。
> （平21問13）

　　装置の気密試験は一昼夜に及びます。温度が下がると圧力も下がるので、漏れていると勘違いしないようにしましょう。　　　　　　　　　　　　　　　　　　【答：○】

> ・気密試験は、気密の性能を確かめるために行い、圧力のかかった状態で、つち打ちしたり、衝撃を与えたりして行う。（平25問13）

　　打ったり、衝撃はダメです。　　　　　　　　　　　　　　　　　　　【答：×】

> ・気密の性能を確かめるための気密試験は、内部に圧力のかかった状態でつち打ちをして行う。この時に、溶接補修などの熱を加えてはいけない。（平30問13）

　　正しい文章にしてみましょう。「気密の性能を確かめるための気密試験は、内部に圧力のかかった状態でつち打ちをしたり、溶接補修（漏れ箇所を特定するため）などの熱を加えてはいけない」ですね。　　　　　　　　　　　　　　　　　　　　　　　　　【答：×】

（4）気密試験の合格基準

過去問題にチャレンジ！

> ・気密試験は、被試験品内のガス圧力を気密試験圧力に保った後に、水中に入れるか、外部

に発泡液を塗布して、泡の発生がないことなどを確認して合格とする。(平27問13)

　　その通りです！　気密試験は漏れ箇所が発見できます。　　　　　　　　【答：○】

（5）気密試験の圧力計

過去問題にチャレンジ！

・圧力試験に使用される圧力計の文字板の大きさは、耐圧試験では定められているが、気密試験では定められていない。(平19問13)

　　んなこたーないよね。と、なんとなくわかる問題です。文字板の大きさは75 mm以上です。
　　ちなみに、耐圧試験は液体で行う場合は75 mm以上、気体は100 mm以上です。【答：×】

13-4　真空試験

（1）真空試験の目的

真空試験	真空放置試験（真空試験）は法には定められていないが、水分を嫌うフルオロカーボン冷凍装置や冷凍設備内の微量の漏れの発見のために気密試験の後に行う。
	漏れ箇所の発見はできない。
	水分を除去する（油分はできない）。

過去問題にチャレンジ！

・真空試験では、微少の漏れが発見でき、かつ、漏れの箇所も発見しやすい。(平15問13)

　　漏れ箇所の発見はできない！　これがポイントです。　　　　　　　　　【答：×】

・冷凍装置全体の気密試験を行った後に、装置の気密の最終確認をするために真空放置試験を実施した。(平18問13)

　　真空試験は、気密試験後の気密（漏れ）最終確認ですよ。　　　　　　　【答：○】

・真空試験は、気密試験と同様に微少な漏えい箇所を発見するために行う。(平23問13)

　　引っ掛からないように。どこかで漏れがあるとわかっても、漏洩箇所の発見はできないです。
　　　　　　　　　　　　　　　　　　　　　　　　　　　　　　　　　　【答：×】

・真空試験は、冷凍装置の最終確認として微少な漏れ箇所の特定のために行う。(平27問13)

・微量の漏れを嫌うフルオロカーボン冷凍装置の真空試験は、微量の漏れや漏れの箇所を特定することができる。(平30問13)

　　うむ。漏れ箇所の特定はできませぬ。「特定」とかの語句に惑わされ…ないか。
　　　　　　　　　　　　　　　　　　　　　　　　　　　　【答：どちらも×】

・真空試験は、気密試験の後に行い、微少な漏れの確認および装置内の水分と油分の除去を目的に行われる。（平28問13、令2問13）

> おっと、問題をよく読むように。油分の除去はできないです。他に気密試験で使用した窒素や空気を除去します。2冷以上の知識として参考までに…。真空ポンプ停止時に油分が逆流させない注意が必要です。　【答：×】

（2）真空試験の方法

過去問題にチャレンジ！

・冷凍装置の真空放置試験を、内圧8kPa（絶対圧力）で実施した。（平21問13）

> 具体的な数値が出たのはこの年度が初めてかな。でも初級テキストには一番先の項目にあります。ま、覚えましょう。　【答：○】

・真空放置試験を実施する場合には、圧縮機軸受が過熱しないように注意して行えば、冷凍装置の圧縮機を用いて実施してもよい。（平18問13）

> ダメ！　なんとなく、わかっちゃう問題です。真空ポンプを使用します。　【答：×】

・真空試験を行う場合は、気密試験後に行う。（平23問13）

> なんというサービス問題ですね。ありがとう。　【答：○】

・圧縮機など配管以外の部分について耐圧強度を確認してからそれらを配管で接続して、すべての冷媒系統について必ず真空試験を行ってから気密試験を行う。（平24問13）

> 真空試験と気密試験が逆ですね。他は正しいです。これを逃すようでは勉強不足！【答：×】

・真空放置試験では、冷凍装置内部の乾燥のため、必要に応じて水分の残留しやすい場所を加熱するとよい。（平19問13）

> 過去問や勉強していないと惑わされる問題です。その場所を中心に120度以下で加熱してあげるとよいです。　【答：○】

・真空放置時間は、数時間から一昼夜程度の長い時間を必要とする。（平25問13）

> そうだね。　【答：○】

・真空試験では、装置内に残留水分があると真空になりにくいので、乾燥のために水分の残留しやすい場所を、120℃を超えない範囲で加熱するとよい。（令1問13）

> ついに「120℃」が出ました。設問では「120℃を超えない範囲」とありますが、初級テキストでは「120℃以下」となっています。今後、120℃以上、120℃未満、などと惑わされるのかな？　【答：○】

（3）真空試験の〇〇計

ここでは、「連成計（負と正のゲージ圧を測定する圧力計）」がキーポイントになります。

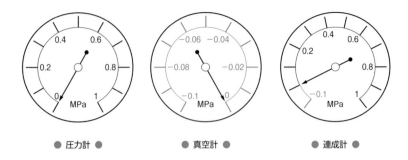

● 圧力計 ●　　　　　　● 真空計 ●　　　　　　● 連成計 ●

過去問題にチャレンジ！

・真空放置試験では、連成計が用いられている。（平10問13）

・真空乾燥を行うときは、連成計を用いて圧力を測定し、真空状態を数時間以上保つことが必要である。（平11問13）

・真空放置試験では、真空圧力の測定には連成計が用いられている。（平14問13、平26問13）

・真空試験（真空放置試験）では、真空圧力の測定には連成計が用いられる。（平20問13）

　　連成計では正確な真空度が読み取れないので必ず真空計を用います。「連成計」の問題は、忘れたころに出題されるんです。　　　　　　　　　　　　　　　　　　【答：すべて×】

13-5　試運転

　「試運転」に関する問題では、真空乾燥が終わったあとの、冷凍機油、冷媒を充てんするときに注意することを問われます。

（1）試運転前の水分混入について
　ここでは「水分はよろしくない」と覚えましょう。

過去問題にチャレンジ！

・潤滑油および冷媒を充てんするときには、水分を冷媒系統内に入れてはならない。
　　　　　　　　　　　　　　　　　　　　　　　　　　　　　　　　　（平12問13）

　　水分があると加水分解が生じ、酸が金属を腐食させたり、膨張弁部が凍結する恐れがあります。　　　　　　　　　　　　　　　　　　　　　　　　　　　　　　　【答：○】

・冷凍機油（潤滑油）および冷媒を充てんするときは、水分が冷媒系統内に入らないように注意しなければならない。（平15問13）

うむ。サービス問題！？   【答：○】

> ・冷凍機油および冷媒を充てんするときには、冷凍装置内への水分混入を避けなければならない。(平20問13)

むむ。特に気をつけないといけないことですね。   【答：○】

（2）試運転前の油の充填

過去問題にチャレンジ！

> ・高速回転で軸受荷重の小さい圧縮機を用いる場合には、一般に、粘度の低い冷凍機油を用いる。(平23問13)

> ・高速回転で軸受荷重の小さい圧縮機を用いる場合には、一般に、メーカが指定する粘度の低い冷凍機油を用いる。(平29問13)

うむ。低温用には流動点の低いものを選定します。   【答：どちらも○】

Memo
　　凝固点が低く、ろう分が少ないこと。冷凍機油が凝固するのは、温度が下がると粘度が高くなり流動しなくなる、温度が下がるとろう分が固化して析出する2つがあります。低温用には流動点が低く、高速回転圧縮機で軸受荷重の比較的小さいものは粘度の低い油を使用します。

過去問題にチャレンジ！

> ・真空乾燥の終わった冷凍装置には、冷凍機油を充てんする。使用する冷凍機油は、圧縮機の種類、冷媒の種類、運転温度条件などによって異なるので、一般には、メーカの指定した冷凍機油を使用する。(平30問13)

楽勝問題、余裕で「○」にするよね。   【答：○】

（3）試運転前の冷媒の充填

過去問題にチャレンジ！

> ・試運転準備で受液器を設けた冷凍装置に冷媒を充てんするときは、受液器の冷媒液出口弁を閉じ、その先の冷媒チャージ弁から圧縮機を運転しながら液状の冷媒を入れる。
> (平25問13、令1問13)

中大形の装置の場合ですね。初級テキストをよく読んでおくしかないです。   【答：○】

> ・非共沸混合冷媒を冷凍装置に充てんする場合には、必ず冷媒液を充てんする。(平29問13)

その通りです。この問題は2冷以上では多く出題されます。ま、初級テキストに2行も！？

第2章　保安管理技術

⑬　据付けと試験

記されているので今後も出題されるでしょう。　　　　　　　　　　【答：○】

（4）始動試験

過去問題にチャレンジ！

> ・真空乾燥の後に水分が混入しないように配慮しながら冷凍装置に冷凍機油と冷媒を充てん
> し、電力・制御系統、冷却水系統などを十分に点検してから始動試験を行う。
>
> 　　　　　　　　　　　　　　　　　　　　　　　　　　（平 24 問 13、令 2 問 13）

素直なよい問題ですね。　　　　　　　　　　　　　　　　　　　【答：○】

難易度：★★★★★

⑭　運転と点検

　冷凍設備を無駄なく能率的に安全に運転するのは、優れた設備と知識ある人間の共同作業です。冷凍設備の心を知りましょう。今まで学んだ冷凍サイクルの知識が試されます。★ 5 つ！

14-1　運転開始から停止まで

　初級テキスト「冷凍装置の運転」は 3 ページほどありますが一通り読んでおいてください。ポツリポツリとまんべんなく出題される感じです。

（1）運転準備

　初級テキスト「運転準備」では、運転の開始前には 1）〜 9）を勉強しなさい、とあります。

過去問題にチャレンジ！

> ・冷凍装置を運転開始するときは、凝縮器の冷却水出入口弁が閉じていることを確認する。
>
> 　　　　　　　　　　　　　　　　　　　　　　　　　（平 20 問 14、平 28 問 14）

　初級テキストを読まなくとも感覚的にわかるような（サービス）問題です。冷却水出入口弁を開いていることを確認しなければなりませんね。▼初級テキスト「運転準備」2）　【答：×】

> ・冷凍装置を運転開始するときは、受液器の液出口弁が閉止していることを確認する。
>
> 　　　　　　　　　　　　　　　　　　　　　　　　　　　　　（平 17 問 14）

うむ、開いていないとおかしいですよね。初級テキスト的には…「運転準備」3）かな。運転中に開いておくべき弁は全部開きなさいと記されています。 【答：×】

・冷凍装置の運転開始前に行う点検確認項目の中に、圧縮機クランクケースの油面の高さの点検、凝縮器と油冷却器の冷却水出入口弁が開いていることの確認がある。（平25問14）

うむ。初級テキスト「運転準備」1）と2）です！ 【答：○】

・冷凍装置の運転開始前にはクランクケースヒータの通電を確認するが、これは起動時のオイルフォーミングを防止するために油温を周囲温度以上に維持する必要があるからである。（平26問14）

全くその通りとしか言いようがないです。通電確認は「運転準備」8）、オイルフォーミング防止のため云々は、「圧縮機の構造、性能と装置の実際の成績係数」の「圧縮機及び保守」の「オイルフォーミング」を読むべし！ 【答：○】

・毎日運転する冷凍装置の運転開始前の準備では、配管中にある電磁弁の作動、操作回路の絶縁低下、電動機の始動状態の確認を省略できる場合がある。（令1問14）

そうなんです！ 毎日の運転の場合は、開始前に省略できるものがあるのです。初級テキストには、4）電磁弁の作動 、6）絶縁、7）各電動機の始動状態は、省略できるとされています。 【答：○】

（2）運転開始

過去問題にチャレンジ！

・冷凍装置の運転開始前には、多気筒圧縮機の吸込み止め弁を全開とし、吐出し止め弁を全閉として圧縮機を始動する。（平23問14）

正しい文章にしてみましょう。「冷凍装置の運転開始前には、多気筒圧縮機の吐出し止め弁の全開を確認してから圧縮機を始動し、吸込み止め弁を徐々に全開になるまで開く」です。初級テキスト「運転開始」5）から読み解きましょう。 【答：×】

・冷凍装置の運転開始後には、液管にサイトグラスがある場合に、それにより気泡が発生していないことを確認する。（平23問14）

その通りです。▼テキスト「運転開始」10） 【答：○】

Memo 初級テキスト7次改訂版（平成25年12月発行）では、「附属機器」に画像入りで「サイトグラス」が追加されました。今後はサイトグラスの問題が「附属機器」でも出題されるかも知れないです。

・より一層省エネルギーの運転をするには、蒸発温度をより高い温度に維持する必要がある。このため、過熱度にかかわらず膨張弁の開度を大きくすればよい。（平26問14）

正しい文章にしてみましょう。「より一層省エネルギーの運転をするには、蒸発温度をより高い温度に維持する必要がある。このため、適切な過熱度を維持できるように膨張弁の開度を調節する」です。▼初級テキスト「運転開始」11） 【答：×】

（3）運転停止（ていし）

わざわざ「ていし」と書いたのは、「休止」の問題と惑わされないようにするためです。

過去問題にチャレンジ！

> ・冷凍装置の運転を手動停止する場合、受液器の液出口弁を閉じてしばらく運転して、液封が生じないようにしてから圧縮機を停止する。（平 16 問 14）

装置内の液冷媒をできるだけ回収して停止します。▼初級テキスト「運転の停止」1)【答：○】

> ・冷凍装置を手動で停止するときは、圧縮機を停止してから液封が生じないように受液器液出口弁を閉じて、その直後に圧縮機吸込み側止め弁を閉じる。（平 24 問 14）

今度は「×」です。正しい文章は「冷凍装置を手動で停止するときは、受液器液出口弁を閉じて、液封が生じないようにしばらく運転してから、圧縮機を停止する。その直後に圧縮機吸込み側止め弁を閉じる」ですね。▼初級テキスト「運転の停止」1)　【答：×】

> ・冷凍装置の停止時には、多気筒圧縮機の停止直後に吸込み止め弁を全閉とし、吸込み圧力を大気圧以下とする。（平 23 問 14）

初級テキスト「運転の停止」1) をジックリ読んでおきたいです。正しくは「冷凍装置の停止時には、多気筒圧縮機の停止直後に吸込み止め弁を全閉とし、吸込み圧力を大気圧以下としない」ですね。空気の侵入を防ぐため低圧部を大気圧以下（真空状態）にしないですし、休止中も空気が侵入しないように大気圧以下にはしないです。　【答：×】

> ・冷凍装置の停止時には、油分離器の返油弁を全閉とし、油分離器内の冷媒が圧縮機へ流入しないようにする。（平 23 問 14）

そだね〜、その通りですね。▼初級テキスト「運転の停止」2)　【答：○】

（4）運転休止（きゅうし）

「停止」と「休止」は、混同しないと思いますが、ま、注意注意！

過去問題にチャレンジ！

> ・冷凍装置を長期間休止させる場合、低圧側の冷媒を受液器に回収し、空気の侵入を防止するために、低圧側と圧縮機内には、ゲージ圧力で 10 kPa 程度のガス圧力を保持した。
> （平 17 問 14）

休止の場合の問題は、やっぱし、これしかない！？　10 kPa の具体的な数値も覚えておきましょう。忘れた頃に出題されるかも？　【答：○】

> ・冷凍装置を長期間休止させる場合には、低圧側の冷媒を受液器に回収するが、装置に漏れがあったとき装置内に空気を吸い込まないように、低圧側と圧縮機内には大気圧より少し高いガス圧力を残しておく。（平 30 問 14）

うむ。空気の侵入阻止ですね。 　　　　　　　　　　　　　　　　【答：○】

> ・冷凍装置を長期間休止させる場合には、ポンプダウンして低圧側の冷媒を受液器に回収し、低圧側と圧縮機内を大気圧よりも低い圧力に保持しておく。(平29問14)

「ポンプダウン」の入った文章にもなれておきましょう。正しい文章は、「冷凍装置を長期間休止させる場合には、ポンプダウンして低圧側の冷媒を受液器に回収し、低圧側と圧縮機内を大気圧よりも高い圧力に保持しておく」です。 　　　　　　　　　　【答：×】

> ・冷凍装置を長期間休止させる場合には、安全弁の元弁および各部の止め弁を閉じ、弁にグランド部があるものは締めておく。(平30問14)

初級テキスト「運転の停止」では「安全弁の元弁」とか一切記されていないです。「安全弁」で修理のとき以外は「開」と学んだことを思い出すしかないですね。 　　　【答：×】

14-2　運転状態の変化

　運転状態は、負荷の増減で冷凍サイクルがどのように変化するのか…、今までの全知識が問われます。

（1）冷蔵庫負荷の増加

　初級テキスト「冷蔵庫の冷凍負荷が増加したとき」を熟読しましょう。蒸発器と冷媒と冷やすもの（負荷）のイメージをつくり上げることです。

　図は、サバを冷凍しているところで、熱が移動し、R22が蒸発しているところです。サバが1匹から10匹になると（冷凍負荷が増加）、どうなるか、そういうイメージですよ！

過去問題にチャレンジ！

> ・冷凍負荷が増大すると、蒸発温度が上昇し、膨張弁の冷媒流量は減少する。(平15問14)

冷凍負荷が増大する、例えば冷蔵庫に、ほかほかの肉マンを大量に入れたとすると、蒸発器は肉マンから熱を奪い蒸発温度（圧力）はどんどん上昇していきます。蒸発器出口温度つまり過熱度も高くなりますので、温度自動膨張弁の弁開度は開く方向に動作し、冷媒量を増加させます。 　　　　　　　　　　　　　　　　　　　　　　　　　　　　　　　【答：×】

> ・冷蔵庫に高い温度の品物が入って、蒸発器の負荷が増大すると、温度自動膨張弁の冷媒流量は増大し、蒸発圧力は上昇する。(平18問14)

その通りなんだ！　冷蔵の負荷が増大したときどうなるのか、、冷凍サイクルが頭の中でイメージできるようにしましょう。 　　　　　　　　　　　　　　　　　　　【答：○】

> ・冷蔵庫に高温の品物が入り庫内温度が上昇すると、蒸発器における出入口空気の温度差は増加し、また、凝縮圧力も上昇する。(平19問14)

その通り！　なんだね。凝縮圧力も上昇するから冷凍サイクルはお互いにつり合おうとして頑張り始めるわけなのです。　　　　　　　　　　　　　　　　　　　　　【答：○】

・冷蔵庫の負荷が大きく増加したとき、冷蔵庫の庫内温度と蒸発温度が上昇し、温度自動膨張弁の冷媒流量が増加するが、蒸発器における空気の出入口の温度差は変化しない。
　　　　　　　　　　　　　　　　　　　　　　　　　　　　　　　　　　　（令2問14）

令和になって「増加」が「大きく増加」と記されるようになりました。温度差は変化しますよ。　　　　　　　　　　　　　　　　　　　　　　　　　　　　　　　　【答：×】

・冷蔵庫の負荷が増加すると、冷蔵庫の庫内温度が上昇し、蒸発温度が上昇し、温度自動膨張弁の冷媒流量が増加し、圧縮機の吸込み圧力が上昇する。（平25問14）

まんべんなく各状態を問うよい問題です。過去問をこなした方には、ですが…　【答：○】

・冷蔵庫に高い温度の品物が入ると、庫内温度が上昇するので、冷媒の蒸発温度が上昇し、冷媒循環量が増加して冷凍装置の冷却能力は増加する。（平27問14）

ま、わかると思いますが「冷蔵庫に高い温度の品物が入る」というのは負荷が増加したということなのです。そうすると、冷却能力は増加し、冷蔵庫の庫内温度の上昇を抑えるように、運転状態は変化します。冷凍サイクルは素晴らしいですね。　　　　　　【答：○】

・温度自動膨張弁を用いた冷凍設備では、冷却負荷が大きく増加すると、膨張弁を流れる冷媒流量は増加するが、蒸発圧力は一定に保たれる。（平28問14）

正しくは「冷蔵庫に高い温度の品物が入って、蒸発器の負荷が増大すると、温度自動膨張弁の冷媒流量は増大し、蒸発圧力は上昇する」です。　　　　　　　　　　　【答：×】

・冷蔵庫に高い温度の品物が大量に入ると、庫内温度が上昇するので、冷媒の蒸発温度が上昇し、冷媒循環量が増加して冷凍装置の冷凍能力は増加する。（平29問14）

ここまで一通り問題をこなしたあなたは大丈夫でしょう。　　　　　　　　　【答：○】

（2）冷蔵庫負荷の減少

過去問題にチャレンジ！

・冷凍負荷が減少すると、圧縮機の吸込み圧力は低下する。（平15問14）

冷凍負荷が減少するというのは、例えば冷蔵室に入っているほかほかの肉まんが冷えてきて蒸発器が奪う熱が減少してきた状態です。奪う熱が減少するので蒸発温度（圧力）は低下するので吸込み圧力も低下します。なので圧縮機駆動の動力は小さくてよいのです。【答：○】

・冷蔵庫内の品物が冷えて、蒸発器の負荷が減少すると蒸発圧力が低下し、凝縮負荷は大きくなって凝縮圧力は上昇する。（平18問14）

「<略>蒸発圧力が低下し、凝縮負荷は小さくなって凝縮圧力は低下する」のです。【答：×】

> **Memo**

「冷蔵庫内の品物が冷えて、蒸発器の負荷が減少する」← なんとなくイメージできますね。「蒸発器の負荷が減少すると蒸発圧力が低下」← これはいいですか？ わかります？ 大きな冷凍庫の中に小さな mini アイスクリームが、一個だけ置いてあってビンビンに冷えている状態をイメージしながら p-h 線図をみましょう。そうすると、「膨張弁が絞られて冷媒循環量は減る、蒸発圧力は低下して圧縮機に吸い込まれる圧力も低下する、高温高圧のガスも減少する、と、凝縮負荷は小さくなって凝縮圧力は低下する」って、わかったかな？

次に冷凍サイクルをイメージしてみましょう。「**このように変化して、新しい運転状態で各機器の能力が負荷とつり合い、平衡する。**」← これイメージするのに大切な一文です。（注：7 次改訂版（平成 25 年 12 月発行）では、この一文は「<略>運転状態は変化する」と、そっけない文章に変えられてしまった。）

冷凍サイクルのイメージが浮かぶようになれば、この試験全体の問題を解くのが楽になってくるはずです。頑張りましょう。

・冷蔵庫の冷凍負荷が減少すると、蒸発温度は低下し、圧縮機の吸込み圧力は低下する。

(平 20 問 14)

素直に「○」です！ 初級テキスト「冷蔵庫の負荷が減少したとき」をよく読み、よく考えるしかないですね。　　　　　　　　　　　　　　　　　　　　　　　**【答：○】**

（3）冷蔵庫蒸発器への着霜

過去問題にチャレンジ！

・温度自動膨張弁を使用した冷蔵庫の蒸発器に厚く霜が付くと、冷媒の蒸発温度は低下する。（平 13 問 14）

熱通過率が悪くなって、蒸発圧力、蒸発温度が低下します。　　　　　　　　**【答：○】**

> 「蒸発温度が低下するのに、アイスクリームがなぜ溶けるのか」と、考えないように。「蒸発温度」と「庫内温度」とは、違う。次のプチ解説を読んでみて！
>
> **【プチ解説】蒸発温度が低下するのにアイスクリームがなぜ溶ける**
>
> う～ん、イメージしてください。
> ・蒸発器内の冷媒量が減少して圧力が下がっているイメージ。
> ・少ない冷媒は、厚い霜の向こうにあるアイスクリームを一生懸命に冷やそうとしているイメージ。
> ・けなげにアイスを守るため、身を挺してドンドン蒸発しているイメージ。
> ・どんどん蒸発して冷媒の蒸発温度は低下していくが、着霜のため庫内温度はあざ笑うかのように上昇し、アイスクリームは溶けていくイメージ。

・冷蔵庫のユニットクーラーに霜が厚く着くと、圧縮機の吸込み圧力は低くなる。

(平15問14)

　霜が付くと熱通過率が悪くなるので、肉まんから熱を奪いにくくなります。つまり、冷凍負荷が減少したのと同じで蒸発温度（圧力）は下がり、圧縮機吸い込み圧力が低下します。

【答：○】

・蒸発器に厚く着霜しても、熱通過率は変わらない。(平17問14)

　なんとなくわかるサービス問題です。 【答：×】

・冷蔵庫の蒸発器に厚く着霜すると、霜付きによる熱伝導抵抗が増加し、蒸発器の熱通過率が小さくなる。(平18問14)

　なんとなくわかる問題ですね。 【答：○】

・冷蔵庫の蒸発器に厚く着霜すると、蒸発圧力が低下し、膨張弁の冷媒流量が減少するので、蒸発器の冷却能力は減少する。(平18問14)

　膨張弁　→　蒸発器。冷凍サイクルをイメージ、イメージ。 【答：○】

・冷蔵庫の蒸発器に厚く着霜すると空気の流れの抵抗が増加するので、風量が減少し、熱通過率は大きくなるが、冷却能力は低下する。(平25問14)

　うむ。熱通過率は小さくなり、冷却能力は低下するのですね。 【答：×】

14-3　運転状態の点検と不具合

　圧力や温度の変化で冷凍機の状態がわかるようになれば、実務での点検記録業務に役立つことでしょう。

（1）冷却水の量や温度による変化

過去問題にチャレンジ！

・水冷凝縮器の冷却水量が減少したり、冷却水温が上昇したりすることによって凝縮圧力が上昇すると、圧縮機吐出しガス圧力と温度が上昇するので、圧縮機シリンダが過熱し、潤滑油を劣化させ、シリンダやピストンを傷める。(平24問14)

　まさにこの通りです。初級テキスト「圧縮機吐出しガスの圧力と温度」を読むしかありません。 【答：○】

・水冷凝縮器の冷却水量が減少すると、凝縮圧力の低下、圧縮機吐出し温度の上昇、装置の冷凍能力の低下が起こる。(平27問14)

　凝縮圧力低下じゃなくて、上昇ですね。 【答：×】

・水冷凝縮器の冷却水温度が一定の場合、冷却水量が減少すると、凝縮圧力の上昇、圧縮機吐出ガス温度の上昇などが起こる。(平29問14)

　素直で楽勝の問題です。　　　　　　　　　　　　　　　　　　　【答：○】

（2）吐出しガス圧力や温度による変化

過去問題にチャレンジ！

・蒸発圧力が一定で圧縮機の吐出しガス圧力が高くなると、体積効率は低下し、軸動力は増加するが、冷凍能力は変化しない。(平25問14)

　冷凍能力は低下し、成績係数は小さくなります。　　　　　　　　【答：×】

・アンモニア冷媒の場合は、蒸発と凝縮のそれぞれの温度が同じ運転状態でも、フルオロカーボン冷媒に比べて圧縮機の吐出しガス温度が高くなる。(令2問14)

　テキストの改訂により「吐出ガス温度が数十℃高くなる」が「吐出ガス温度がかなり高くなる」に変更になりました。「かなり高くなる」でも正しいです。　　【答：○】

・蒸発圧力が一定のもとで、圧縮機の吐出しガス圧力が高くなると圧力比は大きくなるので、圧縮機の体積効率が増大し、圧縮機駆動の軸動力が増加する。(平28問14)

　もう楽勝ですね。体積効率が低下し…ですね。　　　　　　　　　【答：×】

・圧縮機の吐出しガス圧力が高くなると、蒸発圧力が一定ならば、圧縮機の体積効率が低下し、圧縮機駆動の軸動力は増加するが、装置の冷凍能力は変化しない。(平29問14)

　楽勝ですね！　正しい文章は、「圧縮機の吐出しガス圧力が高くなると、蒸発圧力が一定ならば、圧縮機の体積効率が低下し、圧縮機駆動の軸動力は増加し、装置の冷凍能力は低下する」です。　　　　　　　　　　　　　　　　　【答：×】

・往復圧縮機を用いた冷凍装置では、同じ運転条件において、アンモニア冷媒を用いた場合に比べ、フルオロカーボン冷媒を用いた場合の吐出しガス温度のほうが低くなる。(平28問14)

　サービス問題！？　楽勝ですね。「往復圧縮機を用いた」は、惑わし用かな？　気にせず華麗にスルーしましょう。　　　　　　　　　　　　　　　　　【答：○】

・蒸発圧力が一定のもとでは、圧縮機の吐出しガス圧力が上昇すれば、圧縮機の体積効率および装置の冷凍能力が低下するが、圧縮機駆動の軸動力は増加する。(平30問14)

　よい問題です。　　　　　　　　　　　　　　　　　　　　　　　【答：○】

14-4　圧縮機吸込み蒸気の圧力と温度

　圧縮機の吸込み蒸気圧力が低下すると、一定凝縮圧力のもとでは圧縮比は大きくなり、冷凍能力は低下します。

Point

- 圧力比（圧縮比）＝吐出しガスの絶対圧力÷吸込み蒸気の絶対圧力であるから、圧力比は大きくなり、圧縮機体積効率が低下する。
- 吸込み蒸気の低下により蒸気の比体積が大きくなる（薄くなる）ので、冷媒循環量は減少し、冷凍能力と圧縮機軸動力は減少する。
- 圧縮機吸込み蒸気圧力低下による圧縮機の軸動力の減少割合よりも、冷凍能力の減少割合のほうが大きいので、成績係数は低下する。（$COP＝φ_o/P$）初級テキスト8次改訂版では、「…低下により、冷凍効果は減少し圧縮仕事は増加するので…」と変更された。

過去問題にチャレンジ！

- 圧縮機の吸込み圧力が低下すると、吸込み蒸気の比体積が大きくなるので、圧縮機駆動の軸動力は大きくなる。（平15問14）

　低圧圧力が低下すると、冷媒はあまり蒸発する必要がないので、比体積は大きくなります。吸込み蒸気の比体積が大きくなるのは蒸気が薄くなるということです。よって、圧縮機駆動軸動力は小さくてよいのです。何となく理解できました！？　　　　　　　　　　【答：×】

- 蒸発温度が低くなるほど、圧縮機の吸込み蒸気の比体積は大きくなる。（平21問14）

　蒸発温度が低い ＝ 蒸発圧力が低い ＝ 吸込み蒸気圧力低下 ＝ 比体積は大きくなる（蒸気が薄くなる）≒ なんか弱々しいイメージ。　　　　　　　　　　　　　　【答：○】

- 蒸発温度が低くなるほど、冷凍装置の成績係数は大きくなる。（平19問14）

　小さくなります。Pointを参照してください。　　　　　　　　　　　　　　【答：×】

- 凝縮圧力が一定の場合、蒸発温度が低くなるほど冷媒循環量が減少し、圧縮機の軸動力の減少割合よりも、冷凍能力の減少割合のほうが大きい。（平22問14）

　つまり、「蒸発温度は高めのほうが省エネになりますよ」ということです。なので、蒸発温度（圧力）の保守管理は大切です。8次改訂版より今後は「冷凍効果は減少し、圧縮仕事は増加する」と変わるでしょう。　　　　　　　　　　　　　　　　　　【答：○】

- 圧縮機の吸込み蒸気の圧力は、蒸発器や吸込み配管内の抵抗により、蒸発器内の冷媒の蒸発圧力よりもいくらか低い圧力になる。（平24問14）

　イメージしてよく考えるとすんなり正解の気がします。初級テキスト「圧縮機の吸込み蒸気の圧力」の冒頭にズバリ記されています。　　　　　　　　　　　【答：○】

- 凝縮圧力が一定のもとでは、圧縮機の吸込み蒸気圧力の低下により、圧縮機の体積効率、装置の冷凍能力および圧縮機駆動の軸動力は、いずれも低下する。（平30問14）

　短的にまとめられたよい問題ですね。　　　　　　　　　　　　　　　　　【答：○】

14-5　運転時の凝縮温度と蒸発温度の目安

　運転時の蒸発温度の場合について、いろいろな被冷却物（食品、室内、水など）との温度差はそれぞれに設定されているので、試験問題としては具体的な数値を持って出題されないと思います（問題を作りにくい）。ただし、テキストには一例として「冷蔵倉庫の乾式蒸発器の蒸発温度は庫内温度よりも 5 〜 12 K 程度低くする」と記されていますので注意してくださいね。

Point

● 運転時の凝縮温度のまとめ ●

凝縮器種類	温度変化の要素	冷却水、外気の凝縮温度との温度差
水冷凝縮器	冷媒の種類、冷却水温度、水量	冷却水の出入口温度差は 4 〜 6 K で、凝縮温度は冷却水出口温度よりも 3 〜 5K 高い。
空冷凝縮器	冷媒の種類、外気乾球温度、風量	凝縮温度は外気乾球温度よりも 12 〜 20 K 高い。
蒸発式凝縮器	冷媒の種類、外気湿球温度、風量	凝縮温度は外気湿球温度よりもアンモニア約 8 K、フルオロカーボン約 10 K 高い。

過去問題にチャレンジ！

・空冷凝縮器では、凝縮温度は外気温よりも 12 〜 20 K 高いのが普通である。（平 11 問 15）

　Point を参照してください。　　　　　　　　　　　　　　　　　　　　　　【答：○】

・蒸発式凝縮器の凝縮温度は、アンモニア冷媒の場合外気湿球温度より約 8℃ 高い状態で運転される。（平 9 問 14）

　主としてアンモニア用に使われている凝縮器で、水の蒸発潜熱で冷却するので外気の湿球温度が低いほど凝縮温度が下がります。　　　　　　　　　　　　　　　　　　【答：○】

・凝縮器の凝縮温度は、冷却媒体（外気又は冷却水）の温度が同じであれば、空冷式でも水冷式でもほとんど同じになる。（平 13 問 14）

　んな、こたぁあない、と、無勉でも思う問題ですね。凝縮器の凝縮温度は、冷却媒体（外気又は冷却水）の温度が同じであれば、水冷式より空冷式の方が高い感じですよね。【答：×】

・横型シェルアンドチューブ凝縮器（開放形冷却塔使用）の運転状態が、冷却水の出入り口温度差は 4 〜 6 K で、凝縮温度は冷却水出口温度よりも 3 〜 5 K 高い温度であったので、正常であると判定した。（平 21 問 14）

　う〜ん、勉強しているか、実務をしている方なら楽勝でしょう。　　　　　　　【答：○】

Memo

　　余談ですが、実際の設備管理の仕事で、開放形冷却塔使用の空調用ターボ冷凍機の点検では冷却水の出入りの温度を記録しその差をみます。そして、凝縮圧力から凝縮温度を求め（たいがい冷凍機本体に表示されている）冷却水との温度差をみて熱交換がうまくいっているか判断します。

　　これは、冷凍試験の勉強をした方なら、「冷却塔や冷却水の具合はどうかな？」などと、先輩や上司から尋ねられても納得する報告ができることでしょう。家庭用のエアコンしかり、工場の冷凍設備しかり、自動でポンの世の中ですが、このような勉強が実務に活かせるのです。

14-6　運転上重要な不具合現象

過去問題にチャレンジ！

・冷却塔のファンが停止すると、高圧圧力は上がる。(平12問14)

　　初級テキスト表「冷凍装置の不具合減少」のA異常高圧の3.です。「凝縮器の冷媒から熱を奪い温度上昇した冷却水を、冷却塔で冷却水温度を下げ凝縮器へ戻す。冷却塔は水温、水量、風量及び湿球温度により性能（熱交換）が左右される。ファンが停止すると冷却水温度が下がらず高圧圧力が上昇する」と記されています。　　　　　　　　　　　　　【答：○】

・冷却水ストレーナが詰まると、高圧圧力は下がる。(平12問14)

　　初級テキスト表「冷凍装置の不具合減少」のA異常高圧の3.から読み取るしかないかなぁ。「冷却水量が減少するため、冷却塔の熱交換が悪くなり冷却水温度が下がらなくなるため高圧圧力は上昇する」のです。　　　　　　　　　　　　　　　　　　　　　【答：×】

・水冷凝縮器の冷却水量が減少すると、凝縮圧力の低下、圧縮機吐出しガス温度の上昇、冷凍装置の冷凍能力の低下が起こる。(令1問14、令2問14)

　　初級テキスト表「圧縮機吐出しガスの異常高圧」の1.から読み取ってください。冷却水量が減少すると凝縮圧力は上昇します！　他は正しいです。　　　　　　　　【答：×】

難易度：★★★

⑮　運転管理

　　優れた冷凍設備でも、折々に発生する不具合に対応できるように日々の保守や点検は冷凍保安において重要です。スイッチポンで自動運転されるようになった今日でも適切合理的な運転状態を把握できるように知識を習得したいものです。これまでの学びが活きていれば★3つです。

15-1　水分侵入

　フルオロカーボン冷凍装置とアンモニア冷凍装置での水分混入による影響の違いを把握しましょう。美味しい問題が多いですが、引っ掛けっぽいのもあります。悔いを残さないように、絶対ゲットしてやりましょう。

（1）フルオロカーボン冷凍装置への水分侵入

過去問題にチャレンジ！

> ・フルオロカーボン冷媒に水分が混入すると、冷媒の加水分解により酸が生成し、金属腐食の原因になる。（平18問15）

　まったくその通りです。フルオロと水分といえば、この問題ですね。【答：○】

> ・フルオロカーボン冷凍装置に水分が侵入すると、0℃以下の低温の運転では膨張弁部に水分が氷結して冷媒が流れなくなるおそれがある。そのため、修理工事後の冷媒の充てんには水分が侵入しないように細心の注意が必要である。しかし、潤滑油の充てんには油と水は相容れない性質があることを考えると、水分への配慮は必要ない。（平25問15）

　な、長い（笑）。膨張弁の氷結、修理後の冷媒充填、潤滑油の充填と3つも問うという3冷においては貴重な問題だ。冷凍機油は外気に触れて水分が混入しないように注意しなければなりません。【答：×】

> ・フルオロカーボン冷凍装置では、装置の新設や修理時に残った水分、気密試験の空気中の水分、冷凍機油中の水分などが冷媒系統に浸入するので、防止対策が必要である。（平27問15）

　その通りです！　端的なよい問題ですね。【答：○】

> ・フルオロカーボン冷凍装置に水分が混入すると、低温の運転では膨張弁に氷結して、冷媒が流れなくなることがある。（平29問15）

　フルオロカーボン冷凍装置は水分は大敵！　フルオロと水分はアンモニアのように溶け合わないから低温部分では水分が氷結したり、金属の腐食の原因ともなります。【答：○】

（2）アンモニア冷凍装置への水分侵入

　アンモニアと水の問題は少々多めにしてみます。水分が「多量」、「微量」、「わずか」、「少量」といった語句に注意して問題文をよく読みましょう。

過去問題にチャレンジ！

> ・アンモニア装置の冷媒系統に水分が多量に侵入しても、アンモニアは水分をよく溶解してアンモニア水になるので、運転に大きな支障をきたすことがない。（平16問14）

　うわわ～、引っ掛け問題です。アンモニア「水分が多量」にと問われたら、運転に支障をき

たすと考えます。微量（少量）とか、またフルオロの場合との違いを覚えましょう。

【答：×】

・アンモニア冷凍装置の冷媒系統に水分が侵入しても、微量であれば装置に障害を起こすことはない。（平17問15）

この問題、結構出ます。必ずGETしましょう。　　　　　　　　　　　【答：○】

・アンモニア冷凍装置にわずかな水分が浸入しても、フルオロカーボン冷凍装置と同様に、膨張弁部に氷結し冷媒が流れなくなる。（平26問15）

うむ。「わずか」ですから、氷結しないんですよね！　勉強していないと戸惑うかも知れません。　　　　　　　　　　　　　　　　　　　　　　　　　　　　　【答：×】

・アンモニア冷凍装置への多量の水分浸入は、アンモニア冷媒の蒸発圧力の低下、圧縮機の潤滑性能の低下などをもたらすので、十分に注意が必要である。（平27問14）

アンモニア冷凍装置は水分が「多量」、「微量」、「わずか」、「少量」といった語句に注意して問題文を読み解くことですね。　　　　　　　　　　　　　　　　　　【答：○】

・アンモニア冷凍装置の冷媒系統に水分が浸入すると、低温の運転では、わずかな水分量であっても膨張弁部に氷結して、冷媒が流れなくなる。（平28問15）

ココまで読み解いたあなたにとっては、平26問15と同等のチョロい問題ですね。

【答：×】

・アンモニア冷凍装置の冷媒系統に水分が浸入すると、アンモニアがアンモニア水になるので、少量の水分の浸入であっても、冷凍装置内でのアンモニア冷媒の蒸発圧力の低下、冷凍機油の乳化による潤滑性能の低下などを引き起こし、運転に重大な支障をきたす。

（令1問15）

今までの知識が試され、しかも「○」にしたくなる上手な長文問題です。正しい文章にしてみましょう。「<略>少量の水分の浸入であれば、装置に障害を引き起こすことはない。しかし、多量の水分が侵入すると、冷凍装置内での<略>」ですね。　　　　　　【答：×】

15-2　装置内の異物　▼初級テキスト「装置内の異物」

ポツリと出題される感じで常識的な問題なので初級テキストを読んでおけば大丈夫ですよ！

過去問題にチャレンジ！

・冷媒系統中にごみなどの異物が混入すると、圧縮機のシリンダ、ピストン、軸受などの摩耗を速めることがある。（平14問15）

題意の通りです。リキッドフィルタを膨張弁手前に取り付けます。フィルタドライヤも水分と同時にゴミを除去してくれますよ。　　　　　　　　　　　　　　　　　【答：○】

・冷媒系統内に異物が混入すると、圧縮機のシリンダ、ピストン、軸受けなどの摩耗を速めることがあるが、シャフトシールには影響がない。(平20問15)

　　そんなこたぁない。サービス問題ですね。　　　　　　　　　　　　　【答：×】

・シャフトシールに汚れた潤滑油が入ると、シール面を傷つけて冷媒漏れを起こすことがある。(平24問15)

　　うむ。シャフトシールはデリケートな感じです。　　　　　　　　　【答：○】

・冷媒系統中に異物が混入すると、それが装置内を循環して、膨張弁やその他の狭い通路に詰まり、安定した運転ができなくなることがある。(平28問15)

　　うむ！　常識的なよいサービス問題でしょう。　　　　　　　　　　【答：○】

15-3　不凝縮ガスの侵入

　不凝縮ガスとは、侵入、混入した空気のことです。不具合、判定、対応と習得した知識は実務でも役立つでしょう。

（1）不凝縮ガス侵入時の状態

Point

　　不凝縮ガスは装置内に残留、侵入（混入）、生成した空気がほとんどであり、凝縮器で液化されないため不凝縮ガスと呼ばれます（冷媒と潤滑油で分解生成されたガスもあります）。
　　不凝縮ガスが冷媒に混入すると、冷媒側の熱伝達が悪くなり冷却管の熱通過率が小さくなります。その結果、凝縮温度が上昇し上昇分に相当する凝縮圧力の上昇に加え不凝縮ガスの分圧相当分だけの圧力がさらに高くなります。

過去問題にチャレンジ！

・不凝縮ガスが冷凍装置内に存在すると、圧縮機吐出しガスの圧力と温度がともに上昇する。(令2問15)

　　単に「高圧圧力が上昇する」と平成16年度に出題されたこともあります。もちろん正解ですよ。　　　　　　　　　　　　　　　　　　　　　　　　　　　　　【答：○】

・冷凍装置の冷媒系統に空気が侵入しても、凝縮圧力は変わらない。(平17問15)

　　高圧圧力、凝縮圧力は同じ意としてよいでしょう。　　　　　　　　【答：×】

・冷媒系統内に空気が侵入しても、凝縮圧力は変わらないが、凝縮温度が上昇する。
　　　　　　　　　　　　　　　　　　　　　　　　(平20問15、平29問15)

　　おもいっきり、誤り！　ですよね。凝縮圧力、凝縮温度ともに上昇します。　【答：×】

（2）不凝縮ガス侵入の判定

過去問題にチャレンジ！

・冷凍装置内に不凝縮ガスが存在している場合、圧縮機を停止し、水冷凝縮器の冷却水を20 ～ 30 分通水しておくと、高圧圧力は冷却水温度に相当する飽和圧力より低くなる。
(平 13 問 15)

　　圧縮機を停止し、水冷凝縮器の冷却水を 20 ～ 30 分通水後に、凝縮器圧力計の指示値が冷却水温度に相当する冷媒の飽和圧力より高ければ不凝縮ガスが存在しています。　**【答：×】**

・不凝縮ガスがフルオロカーボン冷凍装置内に侵入しているかどうかを確かめるため、圧縮機の運転を停止し、凝縮器の冷媒出入口弁を閉め、凝縮器冷却水を十分流したままで、凝縮器圧力を測定する。そのとき、不凝縮ガスが含まれていると冷却水温における冷媒の飽和圧力よりも測定圧力が低くなる。(平 25 問 15)

　　「＜略＞飽和圧力よりも測定圧力が高くなる」ですね。　**【答：×】**

・水冷凝縮器内の不凝縮ガスを確認するためには、圧縮機を停止し、凝縮器に冷却水を通水し、凝縮温度が周囲の大気温度より高いことから判断する。(平 27 問 14)

　　もう全然誤ってますよね。温度で判定するのではなくて圧力です。　**【答：×】**

（3）除害について

　勉強していなくても感覚的にわかるかと思います。初級テキストにはフルオロカーボン冷媒の場合の除害設備に関しては特に記されていません。

過去問題にチャレンジ！

・不凝縮ガスを除去するのにガスパージャが使用されるが、処理された不凝縮ガス中には冷媒は含まれないので、アンモニア冷媒のときでもそのまま大気放出してもよい。
(平 18 問 15)

　　今どきそんなことしたらダメっ！　ですよね、サービス問題です。水に溶かして、除害設備で処理します。　**【答：×】**

・不凝縮ガスがアンモニア冷凍装置内に存在すると高圧圧力が上昇する。不凝縮ガスを除去する場合、不凝縮ガスには冷媒は含まれないのでそのまま大気に放出してもよい。
(平 22 問 15)

　　これはダメですよねぇ。除害設備が必要です。　**【答：×】**

・アンモニア冷凍装置内に空気が侵入したときは、凝縮器上部の弁を開いて直接大気中に空気を抜くようにする。(平 28 問 15)

　　ハイ、ダメ！　除害設備が必要です。　**【答：×】**

15-4　潤滑と油の処置　▼初級テキスト　表「圧縮機の冷凍機油及び潤滑装置の不具合現象」

（1）基本問題

過去問題にチャレンジ！

・アンモニア圧縮機の吐出しガス温度は、フルオロカーボン圧縮機の吐出しガス温度よりも低いため、冷凍機油は劣化しにくい。（平21問15）

　んな、こたぁぁない。「アンモニア圧縮機の吐出しガス温度は、フルオロカーボン圧縮機の吐出しガス温度よりも高いため、冷凍機油は劣化しやすい」ですよ。　【答：×】

・同じ運転条件でも、アンモニア圧縮機の吐出しガス温度はフルオロカーボン圧縮機の場合よりも高く、通常は100℃を超えることが多い。（平22問15）

　うん。「100℃を超える」（結構熱いですよ）は覚えておきたいです。　【答：〇】

・冷媒が冷凍機油中に溶け込むと、油の粘度が高くなり、潤滑性能が低下する。（平23問15）

・冷媒が冷凍機油中に溶け込むと、油の粘度が高くなり、潤滑性能が下がる。（平27問15）

・冷媒と冷凍機油が混ざると、油の粘度が高くなり、潤滑性能が低下する。（平30問15）

　微妙な違いをお楽しみください。「冷媒が冷凍機油中に溶け込むと、油の粘度が低くなり、潤滑性能が低下する」です。▼初級テキスト表「冷媒による希釈」　【答：すべて×】

・冷媒サイクル内に水分が混入すると、遊離した水分は油を乳化させ、潤滑を阻害することがある。（平23問15）

　乳化は、油が牛乳のように白くなります。▼初級テキスト表「水分の混入」　【答：〇】

・圧縮機において潤滑油量の不足や油ポンプの故障などで油圧が不足すると、潤滑作用が阻害される。（平24問15）

　勉強しなくても、わかる！？　サービス問題です。▼初級テキスト表「油圧の過小」【答：〇】

・圧縮機のシリンダの温度が過熱運転により上昇すると、潤滑油が炭化し分解して不凝縮ガスを生成することがある。（平24問15）

　初級テキストの表「圧縮機の過熱運転」を参照してください。どうも、表からまんべんなく出題されそうですね…。　【答：〇】

・圧縮機が過熱運転となると、冷凍機油の温度が上昇し、冷凍機油の粘度が下がるため、油膜切れを起こすおそれがある。（令2問15）

　油膜切れを起こして潤滑性能が低下してしまいます。　【答：〇】

（2）オイルフォーミング

　「②圧縮機　2-10 オイルフォーミング」でも出題されます。

過去問題にチャレンジ！

> ・オイルフォーミングは、冷媒液に冷凍機油が混ざり、油が急激に蒸発する現象である。
>
> （平26問15）

　初級テキストの表「冷媒による稀釈」から読み解くしかないでしょう。　　【答：×】

> ・オイルフォーミングは、冷媒と冷凍機油が混ざり、冷凍機油が急激に蒸発する現象である。（平30問15）

　正しくは「オイルフォーミングは、冷媒と冷凍機油が混ざり、冷媒が急激に蒸発（沸騰）する現象」です。　　【答：×】

15-5　冷媒充填量

（1）冷媒不足

　初級テキスト「冷媒充てん量の不足」は半ページにも満たないですが、出題数は断然多いです。

過去問題にチャレンジ！

> ・冷凍装置の冷媒充てん量がかなり不足すると、蒸発圧力は低下し、吸込み蒸気の過熱度は大きくなり、吐出しガス温度が低下する。（平19問15）

　「<略>吐出しガス圧力が低下するが、吐出しガス温度は上昇する」ですよ。勉強不足、過去問攻略不足だと、たぶん感でしか答えがわからないかも知れません。初級テキストの最初から勉強の積み重ねがここに集積されてきています。　　【答：×】

> ・冷媒充てん量が大きく不足していると、圧縮機の吸込み蒸気の過熱度が大きくなり、圧縮機吐出しガスの圧力と温度がともに上昇する。（令2問15）

　ともに上昇しません。吐出しガス圧力は低下してしまいます。　　【答：×】

> ・装置内の冷媒充てん量がかなり不足していると、装置は冷却不良の状態で、蒸発圧力が低下し、吐出しガス温度が上昇するために、冷凍機油が劣化するおそれがある。（平28問15）

　冷凍機油が劣化するおそれがある、は、初めてかな？　でも、初級テキストからズバリ的な問題なのですよ。　　【答：○】

> ・密閉形フルオロカーボン往復圧縮機では、冷媒充てん量が不足していると、吸込み蒸気による電動機の冷却が不十分になり、電動機を焼損するおそれがある。冷媒充てん量の不足は、運転中の受液器の冷媒液面の低下によって確認できる。（令1問15）

　焼損の問題は多数出題されます。「冷媒充てん量の不足は、運転中の受液器の冷媒液面の低下によって確認できる」については、初級テキストに記されています。ちなみに、著者が点検していた冷凍機は、直径3センチほどの「のぞき窓」があって、冷媒の液面を目視し、点検用紙にレ点をしていました。　　【答：○】

（2）冷媒過充填

　冷媒の過充填は、初級テキスト水冷凝縮器と、この運転管理の2箇所に記されています。試験では問6と問15あたりで出題されます。概略図などは「⑥凝縮器」を参照してください。

過去問題にチャレンジ！

・受液器をもたない冷凍装置では、装置内の冷媒量が多すぎると圧縮機駆動用電動機の消費電力量が増加する。(平14問15)

　過充填すると余分な冷媒液が凝縮器内に滞留し伝熱面積が減少してしまいます。よって、熱交換が悪くなり凝縮温度（圧力）は高くなります。圧縮機の圧力比が増大、圧縮機駆動の軸動力は増加し消費電力が増加するのです。　　　　　　　　　　　　　　　　　【答：○】

・凝縮液が水冷凝縮器の多数の冷却管を浸すほどに冷媒が過充てんされている場合には、凝縮圧力が高くなる。(平22問15)

　過充填による冷却管への影響も把握しておきましょう。　　　　　　　　　【答：○】

Memo　（補足）初級テキストの運転管理の過充填は3行のみです。ここには受液器のことは記されておらず、受液器絡みの問題は水冷凝縮器の問6で出題されています。しかし、平14問15のような問題が出題されることに留意されたいです。

15-6　液戻り、液圧縮

　圧縮機が湿り蒸気を吸い込むと、圧縮機の吐出しガス温度が低下し、オイルフォーミングを生じて給油ポンプの油圧が下がり、潤滑不良になりやすいです。

（1）液戻りとオイルフォーミング

　我が身が、プールでおぼれている感じを想像してみましょう。圧縮機も苦しそうです。

過去問題にチャレンジ！

・圧縮機に連続的に液戻りが起きても、クランクケース内でオイルフォーミングを生じることはない。(平16問15)

　んなこたーない。クランクケース内の潤滑油に冷媒液が混入しオイルフォーミングしまくりです。　　　　　　　　　　　　　　　　　　　　　　　　　　　　　　　　【答：×】

・運転中に往復圧縮機が湿り蒸気を吸い込むと、圧縮機の吐出しガス温度が低下するが、液戻りがさらに続いてもクランクケース内でオイルフォーミングを生じることはない。
　　　　　　　　　　　　　　　　　　　　　　　　　　　　(平22問15、平29問15)

　うむ。　　　　　　　　　　　　　　　　　　　　　　　　　　　　　　　【答：×】

・圧縮機が湿り蒸気を吸い込むと、圧縮機の吐出しガス温度が低下し、オイルフォーミングを生じて給油ポンプの油圧が下がり、潤滑不良になりやすい。(平20問15)

> 全く、その通りです。液戻り、液圧縮に関しては、くどいですが、初級テキスト「液戻りと液圧縮」を熟読すべし！ 　　　　　　　　　　　　　　　　　　　　【答：○】

（2）液戻りと液圧縮

過去問題にチャレンジ！

・容積式圧縮機で液圧縮が起こると、シリンダ内圧力が急激に上昇するので、保安上十分な注意が必要である。(平23問15)

> 液圧縮は怖い。 　　　　　　　　　　　　　　　　　　　　　　　　　　　【答：○】

・往復圧縮機で液圧縮が起こると、シリンダ内圧力は急激に上昇し、圧縮機の破壊につながるため、保安上十分に注意が必要である。(平27問15)

> その通りです。特に問題ないですね。 　　　　　　　　　　　　　　　　　【答：○】

（3）液戻りや液圧縮の起こる原因

　初級テキスト「液戻りと液圧縮」に「液戻りや液圧縮の起こる原因」として（1）～（6）が記されています。その項目に関して出題された問題をまとめました。

過去問題にチャレンジ！

・冷凍負荷が急激に増大すると、蒸発器での冷媒の沸騰が激しくなり、蒸気とともに液滴が圧縮機に吸い込まれ、液戻り運転となることがある。(平27問15、令2問15)

> 「液戻り運転」は、初級テキストにない語句ですが、ま、気にせず進んでみましょう！（「液戻りの運転」ならありますが…。）▼初級テキスト「液戻りや液圧縮の起こる原因」1）【答：○】

・吸込み配管の途中に大きなUトラップがあり、運転停止中に凝縮した冷媒液や油が溜まっていても、圧縮機始動時に液戻りを発生することはない。(平19問15)

> 吸込み配管の途中に大きなUトラップがあり、運転停止中に凝縮した冷媒液や油が溜まっていると、圧縮機始動時に液戻りが発生します。液戻りの問題は、絶対ゲットしてくださいね。▼初級テキスト「液戻りや液圧縮の起こる原因」2）　　　　　　　　【答：×】

・吸込み管の途中の大きなUトラップに冷媒液や油がたまっていると、圧縮機の始動時やアンロードからロード運転に切り替わったときに、液戻りが生じる。(平26問15)

> ハイ！　今度は「○」です！ 　　　　　　　　　　　　　　　　　　　　　【答：○】

・運転停止中に、蒸発器に冷媒液が多量に滞留していると、圧縮機を始動したときに液戻りを生じることがある。(平19問15)

うむ！　▼初級テキスト「液戻りや液圧縮の起こる原因」4）　　　　【答：○】

> ・運転停止時に、蒸発器に冷媒液が過度に滞留していた場合には、圧縮機を再始動したとき
> に液戻りを生じやすい。（平21問15）

うむ、その通り。液戻りの問題は、一通り過去問をこなせばサービス問題となります。頑張
りましょう。▼初級テキスト「液戻りや液圧縮の起こる原因」4）　　　　【答：○】

15-7　液封

「液戻り」と混同しないように！　液封関係は、たいがい毎年出題されます。過去問を
こなしておけばサービス問題となりますよ。「⑫保安（安全装置）」でも出題されます。

過去問題にチャレンジ！

> ・液封による事故の発生しやすい箇所は、低圧レシーバ周りの冷媒液配管である。
> 　　　　　　　　　　　　　　　　　　　　　　　　　　　　　　　　　（平10問15）

液封とは、液配管や液ヘッダなどで、液が充満した状態で、出入口の両端が封鎖された状態
を言います。液封された液体が周囲の温度で熱膨張すると、著しく高圧となって弁や配管に
亀裂、破壊を発生する大きな事故となります。特に低圧（低温）部の配管には注意を要しま
す。　　　　　　　　　　　　　　　　　　　　　　　　　　　　　　　　　【答：○】

> ・液封事故の発生しやすい箇所は、低温の液配管である。（平21問15）

うむ、その通りです。　　　　　　　　　　　　　　　　　　　　　　　　　【答：○】

> ・液封された管が外部から温められても管や止め弁の破損は起こらない。（平11問1）

液封された液体が周囲の温度で熱膨張し、著しく高圧となって弁や配管に亀裂、破壊を発生
する大きな事故となります。　　　　　　　　　　　　　　　　　　　　　　【答：×】

> ・液封された配管が外部から温められても、配管や止め弁が破損する事故の起きる危険性は
> ない。（平17問15）

んな、こたぁ～ない。液封された液体の温度が上昇し、著しく高圧になります。　【答：×】

> ・液封事故の発生箇所は温度の低い冷媒液配管に多く、その防止のため、圧力逃がし装置を
> 取り付ける。（平18問15）

液封の問題は、落とすともったいないからゲットしてくださいね。　　　　　　【答：○】

> ・アンモニア冷凍装置の液封事故を防ぐため、液封が起こりそうな箇所には安全弁や破裂板
> を取り付ける。（平25問14、平30問15）

うわぁ～、引っ掛かってしまった…。アンモニア冷凍装置には、破裂板は取付禁止！　だっ
たですね。　　　　　　　　　　　　　　　　　　　　　　　　　　　　　　【答：×】

・液封事故の発生しやすい箇所は、運転中に周囲温度より温度の低い冷媒液の配管に多い。

(平 29 問 15)

その通り！　としか言いようがないです。　　　　　　　　　【答：○】

お疲れ様でした。このページで、保安の過去問攻略は終了です。エコーランドプラス（https://www.echoland-plus.com）では、「腕試し」ができる過去問ページを用意してあります。本書で一通り問題を解いた後に、ぜひ試してみてください。

めも

付　録

付録1　各年度の「例による事業所」(平成14～20年度)

平成14年度

問7及び問8の問題は、次の例による冷凍事業所に関するものである。

> ［例］　冷凍のため、次ぎに掲げる高圧ガスの製造施設を有する事業所
>
> 製造設備の種類　　：　定置式製造設備（一つの製造設備であって、屋内に設置してあるもの）
> 冷媒ガスの種類　　：　アンモニア
> 冷媒設備の圧縮機　：　1台
> 1日の冷凍能力　　：　75トン

問9から問20までの問題は、次の例による冷凍事業所に関するものである。

> ［例］　冷凍のため、次ぎに掲げる高圧ガスの製造施設を有する事業所であって、認定完成検査実施者及び認定保安検査実施者でないもの
> 製造設備の種類　　：　定置式製造設備（冷媒設備及び圧縮機用原動機が一つの架台上に一体に組み立てられていないもの及び認定指定設備でないもの）
> 冷媒ガスの種類　　：　フルオロカーボン134a
> 冷媒設備の圧縮機　：　遠心式　1台
> 1日の冷凍能力　　：　90トン

平成15年度

問8から問18までの問題は、次の例による事業所に関するものである。

> ［例］　冷凍のため、次ぎに掲げる高圧ガスの製造施設を有する事業所
> なお、この事業所は認定完成検査実施者及び認定保安検査実施者ではない。
> 製造設備の種類　　：　定置式製造設備　1基
> 　　　　　　　　　　　（冷媒設備及び圧縮機用原動機が一の架台上に一体に組み立てられていないものであり、かつ、認定指定設備でないもの）
> 冷媒ガスの種類　　：　フルオロカーボン134a
> 冷媒設備の圧縮機　：　遠心式
> 1日の冷凍能力　　：　90トン

問19及び問20の問題は、次の例による事業所に関するものである。

> ［例］　冷凍のため、次に掲げる高圧ガスの製造施設を有する事業所
> 製造設備の種類　　：　定置式製造設備（一つの製造設備であるもの）
> 冷媒ガスの種類　　：　アンモニア
> 冷媒設備の圧縮機　：　容積圧縮機（往復動式）
> 1日の冷凍能力　　：　200トン

平成 16 年度

問 8 及び問 9 の問題は、次の例による事業所に関するものである。

[例]　冷凍のため、次に掲げる高圧ガスの製造施設を有する事業所

製造設備の種類	：	定置式製造設備(一の製造設備であって、専用機械室に設置してあるもの)
冷媒ガスの種類	：	アンモニア
冷媒設備の圧縮機	：	往復動式　2 台
1 日の冷凍能力	：	60 トン

問 10 から問 20 までの問題は、次の例による事業所に関するものである。

[例]　冷凍のため、次ぎに掲げる高圧ガスの製造施設を有する事業所
　この事業所は認定完成検査実施者及び認定保安検査実施者ではない。

製造設備の種類	：	定置式製造設備　1 基 (一の製造設備であって、冷媒設備が一つの架台上に一体に組み立てられていないものであり、認定指定設備でないもの)
冷媒ガスの種類	：	フルオロカーボン 134a
冷凍設備の圧縮機	：	遠心式
1 日の冷凍能力	：	90 トン
受液器の内容積	：	500 リットル

平成 17 年度

問 10 から問 20 までの問題は、次の例による事業所に関するものである。

[例]　冷凍のため、次に掲げる高圧ガスの製造施設を有する事業所
　この事業者は認定完成検査実施者及び認定保安検査実施者ではない。

製造設備の種類	：	定置式製造設備 A　1 基 (圧縮機用原動機が 1 つの架台上に一体に組み立てられていないものであって、かつ、認定指定設備でないもの) 定置式製造設備 B　1 基 (認定指定設備であるもの) これら A、B の 2 基はブラインを共通としている。
冷媒ガスの種類	：	A、B とも、フルオロカーボン 134a
1 日の冷凍の力	：	A：90 トン、B：90 トン
冷凍設備の圧縮機	：	A、B とも、遠心式
凝縮器	：	横置円筒形で胴部の長さが 4 メートルのもの

平成18年度
問9から問20までの問題は、次の例による事業所に関するものである。

> ［例］　冷凍のため、次に掲げる高圧ガスの製造施設を有する事業所
> 　この事業者は、認定完成検査実施者及び認定保安検査実施者ではない。
> 　　製造施設の種類　：　定置式製造設備A　1基（冷媒設備及び圧縮機用原動機がつの架台上に一体に組み立てられていないものであり、認定指定設備でないもの）
> 　　　　　　　　　　：　定置式製造設備B　1基（認定指定設備であるもの）
> 　　　　　　　　　　　　これら2基はブラインを共通に使用し、同一の専用機械室に設置してある。
> 　　冷媒ガスの種類　：　製造設備A及びBとも、フルオロカーボン134a
> 　　1日の冷凍能力　：　製造設備A：90トン、B：90トン
> 　　冷凍設備の圧縮機　：　製造設備A及びBとも、遠心式
> 　　主な設備　　　　：　受液器（製造設備Aに係るものであり、内容積が500リットルのもの）

平成19年度
問10から問20までの問題は、次の例による事業所に関するものである。

> ［例］　冷凍のため、次に掲げる高圧ガスの製造施設を有する事業所
> 　この事業所は認定完成検査実施者及び認定保安検査実施者ではない
> 　　製造設備の種類　：　定置式製造設備A　1基
> 　　　　　　　　　　：　定置式製造設備B　（認定指定設備）1基
> 　　　　　　　　　　　　（設備Aは、圧縮機用原動機が1つの架台上に一体に組み立てられていないものであり、かつ、認定指定設備でないもの）これら2基はブラインを共用し、同一の専用機械室に設置してある。
> 　　冷媒ガスの種類　：　設置A及び設置Bとも、フルオロカーボン134a
> 　　冷凍設備の圧縮機　：　設置A及びB、遠心式
> 　　1日の冷凍能力　：　180トン（設備A：80トン、設備B：100トン）
> 　　主な設備　　　　：　凝縮器（設備A：縦置円筒形で胴部の長さが3メートルのもの）
> 　　　　　　　　　　：　受液器（設備A：内容積が2,000リットルのもの）

平成20年度
問7から問12までの問題は、次の例による事業所に関するものである。

> ［例］　冷凍のため、次に掲げる高圧ガスの製造設備を有する事業所
> 　この事業所は認定完成検査実施者及び認定検査実施者でない。
> 　　製造設備の種類　：　定置式製造設備（1つの製造設備であって、専用機械室に設置してあるもの。）
> 　　冷媒ガスの種類　：　アンモニア
> 　　冷媒設備の圧縮機　：　容積圧縮式（往復動式）2台
> 　　1日の冷凍能力　：　90トン
> 　　主な冷媒設備　　：　凝縮器（横置円筒形で胴部の長さが3メートルのもの）
> 　　　　　　　　　　：　受液器（内容積が3,000リットルのもの）

問 13 から問 20 までの問題は、次の例による事業所に関するものである。

　［例］　冷凍のため、次に掲げる高圧ガスの製造施設を有する事業所

　　この事業所は認定完成検査実施者及び認定保安検査実施ではない。

製造設備の種類	：	定置式製造設備 A（冷媒設備及び圧縮機用原動機が 1 つの架台上に一体に組み立てられていないものであり、かつ、認定指定設備でないもの。）1 基
	：	定置式製造設備 B（認定指定設備であるもの）1 基
		これら 2 基はブラインを共有し、同一の専用機械室に設置してある。
冷媒ガスの種類	：	設備 A 及び B とも、フルオロカーボン 134a
冷媒設備の圧縮機	：	設備 A 及び B とも、遠心式
1 日の冷凍能力	：	180 トン（設備 A：80 トン、設備 B：100 トン）
主な冷媒設備	：	凝縮器（設備 A：横置円筒形で胴部の長さが 3 メートルのもの）
	：	受液器（設備 A：内容積が 2,000 リットルのもの）

平成 21 年度〜令和 2 年度

例題問題なし

付録2　よくでる法令文

解説文の中の説明で記されている条令文です。条令文はweb上サイト「電子政府の総合窓口（e-Gov法令検索）」から必要な部分を抜粋しました。

1.　高圧ガス保安法

施行日：令和元年九月十四日（令和元年法律第三十七号による改正）

法第1条

（目的）

第一条　この法律は、高圧ガスによる災害を防止するため、高圧ガスの製造、貯蔵、販売、移動その他の取扱及び消費並びに容器の製造及び取扱を規制するとともに、民間事業者及び高圧ガス保安協会による高圧ガスの保安に関する自主的な活動を促進し、もつて公共の安全を確保することを目的とする。

法第2条

（定義）

第二条　この法律で「高圧ガス」とは、次の各号のいずれかに該当するものをいう。

一　常用の温度において圧力（ゲージ圧力をいう。以下同じ。）が一メガパスカル以上となる圧縮ガスであつて現にその圧力が一メガパスカル以上であるもの又は温度三十五度において圧力が一メガパスカル以上となる圧縮ガス（圧縮アセチレンガスを除く。）

二　常用の温度において圧力が〇・二メガパスカル以上となる圧縮アセチレンガスであつて現にその圧力が〇・二メガパスカル以上であるもの又は温度十五度において圧力が〇・二メガパスカル以上となる圧縮アセチレンガス

三　常用の温度において圧力が〇・二メガパスカル以上となる液化ガスであつて現にその圧力が〇・二メガパスカル以上であるもの又は圧力が〇・二メガパスカルとなる場合の温度が三十五度以下である液化ガス

四　前号に掲げるものを除くほか、温度三十五度において圧力零パスカルを超える液化ガスのうち、液化シアン化水素、液化ブロムメチル又はその他の液化ガスであつて、政令で定めるもの

法第3条

（適用除外）

第三条　この法律の規定は、次の各号に掲げる高圧ガスについては、適用しない。

＜一～七　略＞

八　その他災害の発生のおそれがない高圧ガスであつて、政令で定めるもの

2　第四十条から第五十六条の二の二まで及び第六十条から第六十三条までの規定は、内容積一デシリットル以下の容器及び密閉しないで用いられる容器については、適用しない。

法第5条

（製造の許可等）

第五条　次の各号の一に該当する者は、事業所ごとに、都道府県知事の許可を受けなければならない。

一　圧縮、液化その他の方法で処理することができるガスの容積（温度零度、圧力零パスカルの状態に換

算した容積をいう。以下同じ。）が一日百立方メートル（当該ガスが政令で定めるガスの種類に該当するものである場合にあつては、当該政令で定めるガスの種類ごとに百立方メートルを超える政令で定める値）以上である設備（第五十六条の七第二項の認定を受けた設備を除く。）を使用して高圧ガスの製造（容器に充てんすることを含む。以下同じ。）をしようとする者（冷凍（冷凍設備を使用してする暖房を含む。以下同じ。）のため高圧ガスの製造をしようとする者及び液化石油ガスの保安の確保及び取引の適正化に関する法律（昭和四十二年法律第百四十九号。以下「液化石油ガス法」という。）第二条第四項 の供給設備に同条第一項 の液化石油ガスを充てんしようとする者を除く。）

二　冷凍のためガスを圧縮し、又は液化して高圧ガスの製造をする設備でその一日の冷凍能力が二十トン（当該ガスが政令で定めるガスの種類に該当するものである場合にあつては、当該政令で定めるガスの種類ごとに二十トンを超える政令で定める値）以上のもの（第五十六条の七第二項の認定を受けた設備を除く。）を使用して高圧ガスの製造をしようとする者

2　次の各号の一に該当する者は、事業所ごとに、当該各号に定める日の二十日前までに、製造をする高圧ガスの種類、製造のための施設の位置、構造及び設備並びに製造の方法を記載した書面を添えて、その旨を都道府県知事に届け出なければならない。

一　高圧ガスの製造の事業を行う者（前項第一号に掲げる者及び冷凍のため高圧ガスの製造をする者並びに液化石油ガス法第二条第四項 の供給設備に同条第一項 の液化石油ガスを充てんする者を除く。）　事業開始の日

二　冷凍のためガスを圧縮し、又は液化して高圧ガスの製造をする設備でその一日の冷凍能力が三トン（当該ガスが前項第二号の政令で定めるガスの種類に該当するものである場合にあつては、当該政令で定めるガスの種類ごとに三トンを超える政令で定める値）以上のものを使用して高圧ガスの製造をする者（同号に掲げる者を除く。）　製造開始の日

3　第一項第二号及び前項第二号の冷凍能力は、経済産業省令で定める基準に従つて算定するものとする。

法第8条

（許可の基準）

第八条　都道府県知事は、第五条第一項の許可の申請があつた場合には、その申請を審査し、次の各号のいずれにも適合していると認めるときは、許可を与えなければならない。

一　製造（製造に係る貯蔵及び導管による輸送を含む。以下この条、次条、第十一条、第十四条第一項、第二十条第一項から第三項まで、第二十条の二、第二十条の三、第二十一条第一項、第二十七条の二第四項、第二十七条の三第一項、第二十七条の四第一項、第三十二条第十項、第三十五条第一項、第三十五条の二、第三十六条第一項、第三十八条第一項、第三十九条第一号及び第二号、第三十九条の六、第三十九条の十一第一項、第三十九条の十二第一項第四号、第六十条第一項、第八十条第二号及び第三号並びに第八十一条第二号において同じ。）のための施設の位置、構造及び設備が経済産業省令で定める技術上の基準に適合するものであること。

二　製造の方法が経済産業省令で定める技術上の基準に適合するものであること。

三　その他製造が公共の安全の維持又は災害の発生の防止に支障を及ぼすおそれがないものであること。

法第10条

（承継）

第十条　第一種製造者について相続、合併又は分割（当該第一種製造者のその許可に係る事業所を承継させるものに限る。）があつた場合において、相続人（相続人が二人以上ある場合において、その全員の同意により承継すべき相続人を選定したときは、その者）、合併後存続する法人若しくは合併により設立した法人又は分割によりその事業所を承継した法人は、第一種製造者の地位を承継する。

2　前項の規定により第一種製造者の地位を承継した者は、遅滞なく、その事実を証する書面を添えて、その旨を都道府県知事に届け出なければならない。

法第10条の2

（承継）

第十条の二　第五条第二項各号に掲げる者（以下「第二種製造者」という。）がその事業の全部を譲り渡し、又は第二種製造者について相続、合併若しくは分割（その事業の全部を承継させるものに限る。）があつたときは、その事業の全部を譲り受けた者又は相続人（相続人が二人以上ある場合において、その全員の同意により承継すべき相続人を選定したときは、その者）、合併後存続する法人若しくは合併により設立した法人若しくは分割によりその事業の全部を承継した法人は、第二種製造者のこの法律の規定による地位を承継する。

2　前項の規定により第二種製造者の地位を承継した者は、遅滞なく、その事実を証する書面を添えて、その旨を都道府県知事に届け出なければならない。

法第11条

（製造のための施設及び製造の方法）

第十一条　第一種製造者は、製造のための施設を、その位置、構造及び設備が第八条第一号の技術上の基準に適合するように維持しなければならない。

2　第一種製造者は、第八条第二号の技術上の基準に従つて高圧ガスの製造をしなければならない。

3　都道府県知事は、第一種製造者の製造のための施設又は製造の方法が第八条第一号又は第二号の技術上の基準に適合していないと認めるときは、その技術上の基準に適合するように製造のための施設を修理し、改造し、若しくは移転し、又はその技術上の基準に従つて高圧ガスの製造をすべきことを命ずることができる。

法第12条

第十二条　第二種製造者は、製造のための施設を、その位置、構造及び設備が経済産業省令で定める技術上の基準に適合するように維持しなければならない。

2　第二種製造者は、経済産業省令で定める技術上の基準に従つて高圧ガスの製造をしなければならない。

3　都道府県知事は、第二種製造者の製造のための施設又は製造の方法が前二項の技術上の基準に適合していないと認めるときは、その技術上の基準に適合するように製造のための施設を修理し、改造し、若しくは移転し、又はその技術上の基準に従つて高圧ガスの製造をすべきことを命ずることができる。

法第13条

第十三条　前二条に定めるもののほか、高圧ガスの製造は、経済産業省令で定める技術上の基準に従つてしなければならない。

 前二条というのは、第一種製造者と第二種製造者は技術上の基準に従って…云々。

法第14条

（製造のための施設等の変更）

第十四条　第一種製造者は、製造のための施設の位置、構造若しくは設備の変更の工事をし、又は製造をする高圧ガスの種類若しくは製造の方法を変更しようとするときは、都道府県知事の許可を受けなければならない。ただし、製造のための施設の位置、構造又は設備について経済産業省令で定める軽微な変更の工事をしようとするときは、この限りでない。

2　第一種製造者は、前項ただし書の軽微な変更の工事をしたときは、その完成後遅滞なく、その旨を都道府県知事に届け出なければならない。

3　第八条の規定は、第一項の許可に準用する。

4　第二種製造者は、製造のための施設の位置、構造若しくは設備の変更の工事をし、又は製造をする高圧ガスの種類若しくは製造の方法を変更しようとするときは、あらかじめ、都道府県知事に届け出なければならない。ただし、製造のための施設の位置、構造又は設備について経済産業省令で定める軽微な変更の工事をしようとするときは、この限りでない。

法第 15 条

（貯蔵）

第十五条　高圧ガスの貯蔵は、経済産業省令で定める技術上の基準に従つてしなければならない。ただし、第一種製造者が第五条第一項の許可を受けたところに従つて貯蔵する高圧ガス若しくは液化石油ガス法第六条の液化石油ガス販売事業者が液化石油ガス法第二条第四項の供給設備若しくは液化石油ガス法第三条第二項第三号の貯蔵施設において貯蔵する液化石油ガス法第二条第一項の液化石油ガス又は経済産業省令で定める容積以下の高圧ガスについては、この限りでない。

2　都道府県知事は、次条第一項又は第十七条の二第一項に規定する貯蔵所の所有者又は占有者が当該貯蔵所においてする高圧ガスの貯蔵が前項の技術上の基準に適合していないと認めるときは、その者に対し、その技術上の基準に従つて高圧ガスを貯蔵すべきことを命ずることができる

法第 20 条

（完成検査）

第二十条　第五条第一項又は第十六条第一項の許可を受けた者は、高圧ガスの製造のための施設又は第一種貯蔵所の設置の工事を完成したときは、製造のための施設又は第一種貯蔵所につき、都道府県知事が行う完成検査を受け、これらが第八条第一号又は第十六条第二項の技術上の基準に適合していると認められた後でなければ、これを使用してはならない。ただし、高圧ガスの製造のための施設又は第一種貯蔵所につき、経済産業省令で定めるところにより高圧ガス保安協会（以下「協会」という。）又は経済産業大臣が指定する者（以下「指定完成検査機関」という。）が行う完成検査を受け、これらが第八条第一号又は第十六条第二項の技術上の基準に適合していると認められ、その旨を都道府県知事に届け出た場合は、この限りでない。

2　第一種製造者からその製造のための施設の全部又は一部の引渡しを受け、第五条第一項の許可を受けた者は、その第一種製造者が当該製造のための施設につき既に完成検査を受け、第八条第一号の技術上の基準に適合していると認められ、又は次項第二号の規定による検査の記録の届出をした場合にあつては、当該施設を使用することができる。

3　第十四条第一項又は前条第一項の許可を受けた者は、高圧ガスの製造のための施設又は第一種貯蔵所の位置、構造若しくは設備の変更の工事（経済産業省令で定めるものを除く。以下「特定変更工事」という。）を完成したときは、製造のための施設又は第一種貯蔵所につき、都道府県知事が行う完成検査を受け、これらが第八条第一号又は第十六条第二項の技術上の基準に適合していると認められた後でなければ、これを使用してはならない。ただし、次に掲げる場合は、この限りでない。

一　高圧ガスの製造のための施設又は第一種貯蔵所につき、経済産業省令で定めるところにより協会又は指定完成検査機関が行う完成検査を受け、これらが第八条第一号又は第十六条第二項の技術上の基準に適合していると認められ、その旨を都道府県知事に届け出た場合

二　自ら特定変更工事に係る完成検査を行うことができる者として経済産業大臣の認定を受けている者（以下「認定完成検査実施者」という。）が、第三十九条の十一第一項の規定により検査の記録を都道府県知事に届け出た場合

4　協会又は指定完成検査機関は、第一項ただし書又は前項第一号の完成検査を行つたときは、遅滞なく、その結果を都道府県知事に報告しなければならない。

5　第一項及び第三項の都道府県知事、協会及び指定完成検査機関が行う完成検査の方法は、経済産業省令で定める。

法第20条の4

（販売事業の届出）

第二十条の四　高圧ガスの販売の事業（液化石油ガス法第二条第三項の液化石油ガス販売事業を除く。）を営もうとする者は、販売所ごとに、事業開始の日の二十日前までに、販売をする高圧ガスの種類を記載した書面その他経済産業省令で定める書類を添えて、その旨を都道府県知事に届け出なければならない。ただし、次に掲げる場合は、この限りでない。

一　第一種製造者であつて、第五条第一項第一号に規定する者がその製造をした高圧ガスをその事業所において販売するとき。

二　医療用の圧縮酸素その他の政令で定める高圧ガスの販売の事業を営む者が貯蔵数量が常時容積五立方メートル未満の販売所において販売するとき。

法第21条

（製造等の廃止等の届出）

第二十一条　第一種製造者は、高圧ガスの製造を開始し、又は廃止したときは、遅滞なく、その旨を都道府県知事に届け出なければならない。

2　第二種製造者であつて、第五条第二項第一号に掲げるものは、高圧ガスの製造の事業を廃止したときは、遅滞なく、その旨を都道府県知事に届け出なければならない。

3　第二種製造者であつて、第五条第二項第二号に掲げるものは、高圧ガスの製造を廃止したときは、遅滞なく、その旨を都道府県知事に届け出なければならない。

4　第一種貯蔵所又は第二種貯蔵所の所有者又は占有者は、第一種貯蔵所又は第二種貯蔵所の用途を廃止したときは、遅滞なく、その旨を都道府県知事に届け出なければならない。

5　販売業者は、高圧ガスの販売の事業を廃止したときは、遅滞なく、その旨を都道府県知事に届け出なければならない。

法第22条

（輸入検査）

第二十二条　高圧ガスの輸入をした者は、輸入をした高圧ガス及びその容器につき、都道府県知事が行う輸入検査を受け、これらが経済産業省令で定める技術上の基準（以下この条において「輸入検査技術基準」という。）に適合していると認められた後でなければ、これを移動してはならない。ただし、次に掲げる場合は、この限りでない。

一　輸入をした高圧ガス及びその容器につき、経済産業省令で定めるところにより協会又は経済産業大臣が指定する者（以下「指定輸入検査機関」という。）が行う輸入検査を受け、これらが輸入検査技術基準に適合していると認められ、その旨を都道府県知事に届け出た場合

二　船舶から導管により陸揚げして高圧ガスの輸入をする場合

三　経済産業省令で定める緩衝装置内における高圧ガスの輸入をする場合

四　前二号に掲げるもののほか、公共の安全の維持又は災害の発生の防止に支障を及ぼすおそれがないものとして経済産業省令で定める場合

2　協会又は指定輸入検査機関は、前項の輸入検査を行つたときは、遅滞なく、その結果を都道府県知事に報告しなければならない。

3　都道府県知事は、輸入された高圧ガス又はその容器が輸入検査技術基準に適合していないと認めるときは、当該高圧ガスの輸入をした者に対し、その高圧ガス及びその容器の廃棄その他の必要な措置をとるべきことを命ずることができる。

4　第一項の都道府県知事、協会又は指定輸入検査機関が行う輸入検査の方法は、経済産業省令で定める。

法第 23 条

（移動）

第二十三条　高圧ガスを移動するには、その容器について、経済産業省令で定める保安上必要な措置を講じなければならない。

2　車両（道路運送車両法（昭和二十六年法律第百八十五号）第二条第一項に規定する道路運送車両をいう。）により高圧ガスを移動するには、その積載方法及び移動方法について経済産業省令で定める技術上の基準に従つてしなければならない。

3　導管により高圧ガスを輸送するには、経済産業省令で定める技術上の基準に従つてその導管を設置し、及び維持しなければならない。ただし、第一種製造者が第五条第一項の許可を受けたところに従つて導管により高圧ガスを輸送するときは、この限りでない。

法第 24 条の 5

（消費）

第二十四条の五　前三条に定めるものの外、経済産業省令で定める高圧ガスの消費は、消費の場所、数量その他消費の方法について経済産業省令で定める技術上の基準に従つてしなければならない。

Point　前三条というのは、第二十四条の四、第二十四条の三、第二十四条の二、のこと。

法第 25 条

（廃棄）

第二十五条　経済産業省令で定める高圧ガスの廃棄は、廃棄の場所、数量その他廃棄の方法について経済産業省令で定める技術上の基準に従つてしなければならない。

法第 26 条

（危害予防規程）

第二十六条　第一種製造者は、経済産業省令で定める事項について記載した危害予防規程を定め、経済産業省令で定めるところにより、都道府県知事に届け出なければならない。これを変更したときも、同様とする。

2　都道府県知事は、公共の安全の維持又は災害の発生の防止のため必要があると認めるときは、危害予防規程の変更を命ずることができる。

3　第一種製造者及びその従業者は、危害予防規程を守らなければならない。

4　都道府県知事は、第一種製造者又はその従業者が危害予防規程を守つていない場合において、公共の安全の維持又は災害の発生の防止のため必要があると認めるときは、第一種製造者に対し、当該危害予防規程を守るべきこと又はその従業者に当該危害予防規程を守らせるため必要な措置をとるべきことを命じ、又は勧告することができる。

法第 27 条

（保安教育）

第二十七条　第一種製造者は、その従業者に対する保安教育計画を定めなければならない。

2　都道府県知事は、公共の安全の維持又は災害の発生の防止上十分でないと認めるときは、前項の保安教育計画の変更を命ずることができる。

3　第一種製造者は、保安教育計画を忠実に実行しなければならない。

4　第二種製造者、第一種貯蔵所若しくは第二種貯蔵所の所有者若しくは占有者、販売業者又は特定高圧ガス消費者（次項において「第二種製造者等」という。）は、その従業者に保安教育を施さなければならない。

5　都道府県知事は、第一種製造者が保安教育計画を忠実に実行していない場合において公共の安全の維持若しくは災害の発生の防止のため必要があると認めるとき、又は第二種製造者等がその従業者に施す保安教育が公共の安全の維持若しくは災害の発生の防止上十分でないと認めるときは、第一種製造者又は第二種製造者等に対し、それぞれ、当該保安教育計画を忠実に実行し、又はその従業者に保安教育を施し、若しくはその内容若しくは方法を改善すべきことを勧告することができる。
6　協会は、高圧ガスによる災害の防止に資するため、高圧ガスの種類ごとに、第一項の保安教育計画を定め、又は第四項の保安教育を施すに当たつて基準となるべき事項を作成し、これを公表しなければならない。

法第 27 条の 2

（保安統括者、保安技術管理者及び保安係員）
第二十七条の二　次に掲げる者は、事業所ごとに、経済産業省令で定めるところにより、高圧ガス製造保安統括者（以下「保安統括者」という。）を選任し、第三十二条第一項に規定する職務を行わせなければならない。
一　第一種製造者であつて、第五条第一項第一号に規定する者（経済産業省令で定める者を除く。）
二　第二種製造者であつて、第五条第二項第一号に規定する者（一日に製造をする高圧ガスの容積が経済産業省令で定めるガスの種類ごとに経済産業省令で定める容積以下である者その他経済産業省令で定める者を除く。）
2　保安統括者は、当該事業所においてその事業の実施を統括管理する者をもつて充てなければならない。
3　第一項第一号又は第二号に掲げる者は、事業所ごとに、経済産業省令で定めるところにより、高圧ガス製造保安責任者免状（以下「製造保安責任者免状」という。）の交付を受けている者であつて、経済産業省令で定める高圧ガスの製造に関する経験を有する者のうちから、高圧ガス製造保安技術管理者（以下「保安技術管理者」という。）を選任し、第三十二条第二項に規定する職務を行わせなければならない。ただし、保安統括者に経済産業省令で定める事業所の区分に従い経済産業省令で定める種類の製造保安責任者免状の交付を受けている者であつて、経済産業省令で定める高圧ガスの製造に関する経験を有する者を選任している場合その他経済産業省令で定める場合は、この限りでない。
4　第一項第一号又は第二号に掲げる者は、経済産業省令で定める製造のための施設の区分ごとに、経済産業省令で定めるところにより、製造保安責任者免状の交付を受けている者であつて、経済産業省令で定める高圧ガスの製造に関する経験を有する者のうちから、高圧ガス製造保安係員（以下「保安係員」という。）を選任し、第三十二条第三項に規定する職務を行わせなければならない。
5　第一項第一号又は第二号に掲げる者は、同項の規定により保安統括者を選任したときは、遅滞なく、経済産業省令で定めるところにより、その旨を都道府県知事に届け出なければならない。これを解任したときも、同様とする。
6　第一項第一号又は第二号に掲げる者は、第三項又は第四項の規定による保安技術管理者又は保安係員の選任又はその解任について、経済産業省令で定めるところにより、都道府県知事に届け出なければならない。
7　第一項第一号又は第二号に掲げる者は、経済産業省令で定めるところにより、保安係員に協会又は第三十一条第三項の指定講習機関が行う高圧ガスによる災害の防止に関する講習を受けさせなければならない。

第 27 条の 4

（冷凍保安責任者）
第二十七条の四　次に掲げる者は、事業所ごとに、経済産業省令で定めるところにより、製造保安責任者免状の交付を受けている者であつて、経済産業省令で定める高圧ガスの製造に関する経験を有する者のうちから、冷凍保安責任者を選任し、第三十二条第六項に規定する職務を行わせなければならない。
一　第一種製造者であつて、第五条第一項第二号に規定する者（製造のための施設が経済産業省令で定める施設である者その他経済産業省令で定める者を除く。）

二　第二種製造者であつて、第五条第二項第二号に規定する者（一日の冷凍能力が経済産業省令で定める値以下の者及び製造のための施設が経済産業省令で定める施設である者その他経済産業省令で定める者を除く。）

2　第二十七条の二第五項の規定は、冷凍保安責任者の選任又は解任について準用する。

法第29条

（製造保安責任者免状及び販売主任者免状）

第二十九条　製造保安責任者免状の種類は、甲種化学責任者免状、乙種化学責任者免状、丙種化学責任者免状、甲種機械責任者免状、乙種機械責任者免状、第一種冷凍機械責任者免状、第二種冷凍機械責任者免状及び第三種冷凍機械責任者免状とし、販売主任者免状の種類は、第一種販売主任者免状及び第二種販売主任者免状とする。

2　製造保安責任者免状又は販売主任者免状の交付を受けている者が高圧ガスの製造又は販売に係る保安について職務を行うことができる範囲は、前項に掲げる製造保安責任者免状又は販売主任者免状の種類に応じて経済産業省令で定める。

3　製造保安責任者免状又は販売主任者免状は、高圧ガス製造保安責任者試験（以下「製造保安責任者試験」という。）又は高圧ガス販売主任者試験（以下「販売主任者試験」という。）に合格した者でなければ、その交付を受けることができない。

4　経済産業大臣又は都道府県知事は、次の各号の一に該当する者に対しては、製造保安責任者免状又は販売主任者免状の交付を行わないことができる。

一　製造保安責任者免状又は販売主任者免状の返納を命ぜられ、その日から二年を経過しない者

二　この法律若しくは液化石油ガス法又はこれらの法律に基く命令の規定に違反し、罰金以上の刑に処せられ、その執行を終り、又は執行を受けることがなくなつた日から二年を経過しない者

5　製造保安責任者免状又は販売主任者免状の交付に関する手続的事項は、経済産業省令で定める。

法第32条

（保安統括者等の職務等）

第三十二条　保安統括者は、高圧ガスの製造に係る保安に関する業務を統括管理する。

2　保安技術管理者は、保安統括者を補佐して、高圧ガスの製造に係る保安に関する技術的な事項を管理する。

3　保安係員は、製造のための施設の維持、製造の方法の監視その他高圧ガスの製造に係る保安に関する技術的な事項で経済産業省令で定めるものを管理する。

4　保安主任者は、保安技術管理者（保安技術管理者が選任されない事業所においては、高圧ガスの製造に係る保安に関する技術的な事項に関し保安統括者）を補佐して、保安係員を指揮する。

5　保安企画推進員は、危害予防規程の立案及び整備、保安教育計画の立案及び推進その他高圧ガスの製造に係る保安に関する業務で経済産業省令で定めるものに関し、保安統括者を補佐する。

6　冷凍保安責任者は、高圧ガスの製造に係る保安に関する業務を管理する。

7　販売主任者は、高圧ガスの販売に係る保安に関する業務を管理する。

8　取扱主任者は、特定高圧ガスの消費に係る保安に関する業務を管理する。

9　保安統括者、保安技術管理者、保安係員、保安主任者、保安企画推進員若しくは冷凍保安責任者若しくは販売主任者又は取扱主任者は、誠実にその職務を行わなければならない。

10　高圧ガスの製造若しくは販売又は特定高圧ガスの消費に従事する者は、保安統括者、保安技術管理者、保安係員、保安主任者若しくは冷凍保安責任者若しくは販売主任者又は取扱主任者がこの法律若しくはこの法律に基づく命令又は危害予防規程の実施を確保するためにする指示に従わなければならない。

法第 33 条

（保安統括者等の代理者）

第三十三条　第二十七条の二第一項第一号若しくは第二号又は第二十七条の四第一項第一号若しくは第二号に掲げる者は、経済産業省令で定めるところにより、あらかじめ、保安統括者、保安技術管理者、保安係員、保安主任者若しくは保安企画推進員又は冷凍保安責任者（以下「保安統括者等」と総称する。）の代理者を選任し、保安統括者等が旅行、疾病その他の事故によつてその職務を行うことができない場合に、その職務を代行させなければならない。この場合において、保安技術管理者、保安係員、保安主任者又は冷凍保安責任者の代理者については経済産業省令で定めるところにより製造保安責任者免状の交付を受けている者であつて、経済産業省令で定める高圧ガスの製造に関する経験を有する者のうちから、保安企画推進員の代理者については第二十七条の三第二項の経済産業省令で定める高圧ガスの製造に係る保安に関する知識経験を有する者のうちから、選任しなければならない。

2　前項の代理者は、保安統括者等の職務を代行する場合は、この法律の規定の適用については、保安統括者等とみなす。

3　第二十七条の二第五項の規定は、第一項の保安統括者又は冷凍保安責任者の代理者の選任又は解任について準用する。

法第 35 条

（保安検査）

第三十五条　第一種製造者は、高圧ガスの爆発その他災害が発生するおそれがある製造のための施設（経済産業省令で定めるものに限る。以下「特定施設」という。）について、経済産業省令で定めるところにより、定期に、都道府県知事が行う保安検査を受けなければならない。ただし、次に掲げる場合は、この限りでない。

一　特定施設のうち経済産業省令で定めるものについて、経済産業省令で定めるところにより協会又は経済産業大臣の指定する者（以下「指定保安検査機関」という。）が行う保安検査を受け、その旨を都道府県知事に届け出た場合

二　自ら特定施設に係る保安検査を行うことができる者として経済産業大臣の認定を受けている者（以下「認定保安検査実施者」という。）が、その認定に係る特定施設について、第三十九条の十一第二項の規定により検査の記録を都道府県知事に届け出た場合

2　前項の保安検査は、特定施設が第八条第一号の技術上の基準に適合しているかどうかについて行う。

3　協会又は指定保安検査機関は、第一項第一号の保安検査を行つたときは、遅滞なく、その結果を都道府県知事に報告しなければならない。

4　第一項の都道府県知事、協会又は指定保安検査機関が行う保安検査の方法は、経済産業省令で定める。

法第 35 条の 2

（定期自主検査）

第三十五条の二　第一種製造者、第五十六条の七第二項の認定を受けた設備を使用する第二種製造者若しくは第二種製造者であつて一日に製造する高圧ガスの容積が経済産業省令で定めるガスの種類ごとに経済産業省令で定める量（第五条第二項第二号に規定する者にあつては、一日の冷凍能力が経済産業省令で定める値）以上である者又は特定高圧ガス消費者は、製造又は消費のための施設であつて経済産業省令で定めるものについて、経済産業省令で定めるところにより、定期に、保安のための自主検査を行い、その検査記録を作成し、これを保存しなければならない。

法第 36 条

（危険時の措置及び届出）

第三十六条　高圧ガスの製造のための施設、貯蔵所、販売のための施設、特定高圧ガスの消費のための施設

又は高圧ガスを充てんした容器が危険な状態となつたときは、高圧ガスの製造のための施設、貯蔵所、販売のための施設、特定高圧ガスの消費のための施設又は高圧ガスを充てんした容器の所有者又は占有者は、直ちに、経済産業省令で定める災害の発生の防止のための応急の措置を講じなければならない。

2　前項の事態を発見した者は、直ちに、その旨を都道府県知事又は警察官、消防吏員若しくは消防団員若しくは海上保安官に届け出なければならない。

法第37条

（火気等の制限）

第三十七条　何人も、第五条第一項若しくは第二項の事業所、第一種貯蔵所若しくは第二種貯蔵所、第二十条の四の販売所（同条第二号の販売所を除く。）若しくは第二十四条の二第一項の事業所又は液化石油ガス法第三条第二項第二号の販売所においては、第一種製造者、第二種製造者、第一種貯蔵所若しくは第二種貯蔵所の所有者若しくは占有者、販売業者若しくは特定高圧ガス消費者又は液化石油ガス法第六条の液化石油ガス販売事業者が指定する場所で火気を取り扱つてはならない。

2　何人も、第一種製造者、第二種製造者、第一種貯蔵所若しくは第二種貯蔵所の所有者若しくは占有者、販売業者若しくは特定高圧ガス消費者又は液化石油ガス法第六条の液化石油ガス販売事業者の承諾を得ないで、発火しやすい物を携帯して、前項に規定する場所に立ち入つてはならない。

法第45条

（刻印等）

第四十五条　経済産業大臣、協会又は指定容器検査機関は、容器が容器検査に合格した場合において、その容器が刻印をすることが困難なものとして経済産業省令で定める容器以外のものであるときは、速やかに、経済産業省令で定めるところにより、その容器に、刻印をしなければならない。

2　経済産業大臣、協会又は指定容器検査機関は、容器が容器検査に合格した場合において、その容器が前項の経済産業省令で定める容器であるときは、速やかに、経済産業省令で定めるところにより、その容器に、標章を掲示しなければならない。

3　何人も、前二項、第四十九条の二十五第一項（第四十九条の三十三第二項において準用する場合を含む。次条第一項第三号において同じ。）若しくは第四十九条の二十五第二項（第四十九条の三十三第二項において準用する場合を含む。次条第一項第三号において同じ。）又は第五十四条第二項に規定する場合のほか、容器に、第一項の刻印若しくは前項の標章の掲示（以下「刻印等」という。）又はこれらと紛らわしい刻印等をしてはならない。

法第46条

（表示）

第四十六条　容器の所有者は、次に掲げるときは、遅滞なく、経済産業省令で定めるところにより、その容器に、表示をしなければならない。その表示が滅失したときも、同様とする。

一　容器に刻印等がされたとき。

二　容器に第四十九条の二十五第一項の刻印又は同条第二項の標章の掲示をしたとき。

三　第四十九条の二十五第一項の刻印又は同条第二項の標章の掲示（以下「自主検査刻印等」という。）がされている容器を輸入したとき。

2　容器（高圧ガスを充てんしたものに限り、経済産業省令で定めるものを除く。）の輸入をした者は、容器が第二十二条第一項の検査に合格したときは、遅滞なく、経済産業省令で定めるところにより、その容器に、表示をしなければならない。その表示が滅失したときも、同様とする。

3　何人も、前二項又は第五十四条第三項に規定する場合のほか、容器に、前二項の表示又はこれと紛らわしい表示をしてはならない。

法第 48 条

（充てん）

第四十八条　高圧ガスを容器（再充てん禁止容器を除く。以下この項において同じ。）に充てんする場合は、その容器は、次の各号のいずれにも該当するものでなければならない。

一　刻印等又は自主検査刻印等がされているものであること。

二　第四十六条第一項の表示をしてあること。

三　バルブ（経済産業省令で定める容器にあつては、バルブ及び経済産業省令で定める附属品。以下この号において同じ。）を装置してあること。この場合において、そのバルブが第四十九条の二第一項の経済産業省令で定める附属品に該当するときは、そのバルブが附属品検査を受け、これに合格し、かつ、第四十九条の三第一項又は第四十九条の二十五第三項（第四十九条の三十三第二項において準用する場合を含む。以下この項、次項、第四項及び第四十九条の三第二項において同じ。）の刻印がされているもの（附属品検査若しくは附属品再検査を受けた後又は第四十九条の二十五第三項の刻印がされた後経済産業省令で定める期間を経過したもの又は損傷を受けたものである場合にあつては、附属品再検査を受け、これに合格し、かつ、第四十九条の四第三項の刻印がされているもの）であること。

四　溶接その他第四十四条第四項の容器の規格に適合することを困難にするおそれがある方法で加工をした容器にあつては、その加工が経済産業省令で定める技術上の基準に従つてなされたものであること。

五　容器検査若しくは容器再検査を受けた後又は自主検査刻印等がされた後経済産業省令で定める期間を経過した容器又は損傷を受けた容器にあつては、容器再検査を受け、これに合格し、かつ、次条第三項の刻印又は同条第四項の標章の掲示がされているものであること。

2　高圧ガスを再充てん禁止容器に充てんする場合は、その再充てん禁止容器は、次の各号のいずれにも該当するものでなければならない。

一　刻印等又は自主検査刻印等がされているものであること。

二　第四十六条第一項の表示をしてあること。

三　バルブ（経済産業省令で定める再充てん禁止容器にあつては、バルブ及び経済産業省令で定める附属品。以下この号において同じ。）を装置してあること。この場合において、そのバルブが第四十九条の二第一項の経済産業省令で定める附属品に該当するときは、そのバルブが附属品検査を受け、これに合格し、かつ、第四十九条の三第一項又は第四十九条の二十五第三項の刻印がされているものであること。

四　容器検査に合格した後又は自主検査刻印等がされた後加工されていないものであること。

3　高圧ガスを充てんした再充てん禁止容器及び高圧ガスを充てんして輸入された再充てん禁止容器には、再度高圧ガスを充てんしてはならない。

4　容器に充てんする高圧ガスは、次の各号のいずれにも該当するものでなければならない。

一　刻印等又は自主検査刻印等において示された種類の高圧ガスであり、かつ、圧縮ガスにあつてはその刻印等又は自主検査刻印等において示された圧力以下のものであり、液化ガスにあつては経済産業省令で定める方法によりその刻印等又は自主検査刻印等において示された内容積に応じて計算した質量以下のものであること。

二　その容器に装置されているバルブ（第一項第三号の経済産業省令で定める容器にあつてはバルブ及び同号の経済産業省令で定める附属品、第二項第三号の経済産業省令で定める再充てん禁止容器にあつてはバルブ及び同号の経済産業省令で定める附属品）が第四十九条の二第一項の経済産業省令で定める附属品に該当するときは、第四十九条の三第一項又は第四十九条の二十五第三項の刻印において示された種類の高圧ガスであり、かつ、圧縮ガスにあつてはその刻印において示された圧力以下のものであり、液化ガスにあつては経済産業省令で定める方法によりその刻印において示された圧力に応じて計算した質量以下のものであること。

5　経済産業大臣が危険のおそれがないと認め、条件を付して許可した場合において、その条件に従つて高圧ガスを充てんするときは、第一項、第二項及び第四項の規定は、適用しない。

法第 49 条

（容器再検査）

第四十九条　容器再検査は、経済産業大臣、協会、指定容器検査機関又は経済産業大臣が行う容器検査所の登録を受けた者が経済産業省令で定める方法により行う。

2　容器再検査においては、その容器が経済産業省令で定める高圧ガスの種類及び圧力の大きさ別の規格に適合しているときは、これを合格とする。

3　経済産業大臣、協会、指定容器検査機関又は容器検査所の登録を受けた者は、容器が容器再検査に合格した場合において、その容器が第四十五条第一項の経済産業省令で定める容器以外のものであるときは、速やかに、経済産業省令で定めるところにより、その容器に、刻印をしなければならない。

4　経済産業大臣、協会、指定容器検査機関又は容器検査所の登録を受けた者は、容器が容器再検査に合格した場合において、その容器が第四十五条第一項の経済産業省令で定める容器であるときは、速やかに、経済産業省令で定めるところにより、その容器に、標章を掲示しなければならない。

5　何人も、前二項に規定する場合のほか、容器に、第三項の刻印若しくは前項の標章の掲示又はこれらと紛らわしい刻印若しくは標章の掲示をしてはならない。

6　容器検査所の登録を受けた者が容器再検査を行うべき場所は、その登録を受けた容器検査所とする。

法第 49 条の 3

（刻印）

第四十九条の三　経済産業大臣、協会又は指定容器検査機関は、附属品が附属品検査に合格したときは、速やかに、経済産業省令で定めるところにより、その附属品に、刻印をしなければならない。

2　何人も、前項及び第四十九条の二十五第三項に規定する場合のほか、附属品に、これらの刻印又はこれらと紛らわしい刻印をしてはならない。

法第 49 の 4

（附属品再検査）

第四十九条の四　附属品再検査は、経済産業大臣、協会、指定容器検査機関又は容器検査所の登録を受けた者が経済産業省令で定める方法により行う。

2　附属品再検査においては、その附属品が経済産業省令で定める高圧ガスの種類及び圧力の大きさ別の附属品の規格に適合しているときは、これを合格とする。

3　経済産業大臣、協会、指定容器検査機関又は容器検査所の登録を受けた者は、附属品が附属品再検査に合格したときは、速やかに、経済産業省令で定めるところにより、その附属品に、刻印をしなければならない。

4　何人も、前項に規定する場合のほか、附属品に、同項の刻印又はこれと紛らわしい刻印をしてはならない。

5　第四十九条第六項の規定は、附属品再検査を行うべき場所に準用する。

法第 49 条の 25

（刻印等）

第四十九条の二十五　第四十九条の二十一第一項の承認を受けた登録容器製造業者は、当該承認に係る型式の容器を製造した場合であつて、当該容器が第四十五条第一項の経済産業省令で定める容器以外のものであるときは、経済産業省令で定めるところにより、その容器に、刻印をすることができる。

2　第四十九条の二十一第一項の承認を受けた登録容器製造業者は、当該承認に係る型式の容器を製造した場合であつて、当該容器が第四十五条第一項の経済産業省令で定める容器であるときは、経済産業省令で定めるところにより、その容器に、標章の掲示をすることができる。

3　第四十九条の二十一第一項の承認を受けた登録附属品製造業者は、当該承認に係る型式の附属品を製造

したときは、経済産業省令で定めるところにより、その附属品に、刻印をすることができる。

法第56条

（くず化その他の処分）

第五十六条　経済産業大臣は、容器検査に合格しなかつた容器がこれに充てんする高圧ガスの種類又は圧力を変更しても第四十四条第四項の規格に適合しないと認めるときは、その所有者に対し、これをくず化し、その他容器として使用することができないように処分すべきことを命ずることができる。

2　協会又は指定容器検査機関は、その行う容器検査に合格しなかつた容器がこれに充てんする高圧ガスの種類又は圧力を変更しても第四十四条第四項の規格に適合しないと認めるときは、遅滞なく、その旨を経済産業大臣に報告しなければならない。

3　容器の所有者は、容器再検査に合格しなかつた容器について三月以内に第五十四条第二項の規定による刻印等がされなかつたときは、遅滞なく、これをくず化し、その他容器として使用することができないように処分しなければならない。

4　前三項の規定は、附属品検査又は附属品再検査に合格しなかつた附属品について準用する。この場合において、第一項及び第二項中「これに」とあるのは「その附属品が装置される容器に」と、「第四十四条第四項」とあるのは「第四十九条の二第四項」と、前項中「について三月以内に第五十四条第二項の規定による刻印等がされなかつたとき」とあるのは「について」と読み替えるものとする。

5　容器又は附属品の廃棄をする者は、くず化し、その他容器又は附属品として使用することができないように処分しなければならない。

法第56条の7

（指定設備の認定）

第五十六条の七　高圧ガスの製造（製造に係る貯蔵を含む。）のための設備のうち公共の安全の維持又は災害の発生の防止に支障を及ぼすおそれがないものとして政令で定める設備（以下「指定設備」という。）の製造をする者、指定設備の輸入をした者及び外国において本邦に輸出される指定設備の製造をする者は、経済産業省令で定めるところにより、その指定設備について、経済産業大臣、協会又は経済産業大臣が指定する者（以下「指定設備認定機関」という。）が行う認定を受けることができる。

2　前項の指定設備の認定の申請が行われた場合において、経済産業大臣、協会又は指定設備認定機関は、当該指定設備が経済産業省令で定める技術上の基準に適合するときは、認定を行うものとする。

法第57条

（冷凍設備に用いる機器の製造）

第五十七条　もつぱら冷凍設備に用いる機器であつて、経済産業省令で定めるものの製造の事業を行う者（以下「機器製造業者」という。）は、その機器を用いた設備が第八条第一号又は第十二条第一項の技術上の基準に適合することを確保するように経済産業省令で定める技術上の基準に従つてその機器の製造をしなければならない。

法第60条

（帳簿）

第六十条　第一種製造者、第一種貯蔵所又は第二種貯蔵所の所有者又は占有者、販売業者、容器製造業者及び容器検査所の登録を受けた者は、経済産業省令で定めるところにより、帳簿を備え、高圧ガス若しくは容器の製造、販売若しくは出納又は容器再検査若しくは附属品再検査について、経済産業省令で定める事項を記載し、これを保存しなければならない。

2　指定試験機関、指定完成検査機関、指定輸入検査機関、指定保安検査機関、指定容器検査機関、指定特定設備検査機関、指定設備認定機関及び検査組織等調査機関は、経済産業省令で定めるところにより、帳

簿を備え、完成検査、輸入検査、試験事務、保安検査、検査組織等調査、容器検査等、特定設備検査又は指定設備の認定について、経済産業省令で定める事項を記載し、これを保存しなければならない。

2.　冷凍保安規則

施行日：令和二年六月二十六日（令和二年経済産業省令第六十号による改正）

冷規第2条

（用語の定義）

第二条　この規則において次の各号に掲げる用語の意義は、それぞれ当該各号に定めるところによる。

一　可燃性ガス　アンモニア、イソブタン、エタン、エチレン、クロルメチル、水素、ノルマルブタン、プロパン、プロピレン及びその他のガスであつて次のイ又はロに該当するもの（フルオロオレフィン千二百三十四yf及びフルオロオレフィン千二百三十四zeを除く。）

　イ　爆発限界（空気と混合した場合の爆発限界をいう。ロにおいて同じ。）の下限が十パーセント以下のもの

　ロ　爆発限界の上限と下限の差が二十パーセント以上のもの

二　毒性ガス　アンモニア、クロルメチル及びその他のガスであつて毒物及び劇物取締法（昭和二十五年法律第三百三号）第二条第一項に規定する毒物

三　不活性ガス　ヘリウム、二酸化炭素又はフルオロカーボン（可燃性ガスを除く。）

三の二　特定不活性ガス　不活性ガスのうち、次に掲げるもの

　イ　フルオロオレフィン千二百三十四yf

　ロ　フルオロオレフィン千二百三十四ze

　ハ　フルオロカーボン三十二

四　移動式製造設備　製造のための設備（以下「製造設備」という。）であつて、地盤面に対して移動することができるもの

五　定置式製造設備　製造設備であつて、移動式製造設備以外のもの

六　冷媒設備　冷凍設備のうち、冷媒ガスが通る部分

七　最小引張強さ　同じ種類の材料から作られた複数の材料引張試験片の材料引張試験により得られた引張強さのうち最も小さい値であつて、材料引張試験について十分な知見を有する者が定めたもの

2　前項に規定するもののほか、この規則において使用する用語は、法において使用する用語の例によるものとする。

冷規第5条

（冷凍能力の算定基準）

第五条　法第五条第三項の経済産業省令で定める基準は、次の各号に掲げるものとする。

一　遠心式圧縮機を使用する製造設備にあつては、当該圧縮機の原動機の定格出力一・二キロワットをもつて一日の冷凍能力一トンとする。

二　吸収式冷凍設備にあつては、発生器を加熱する一時間の入熱量二万七千八百キロジュールをもつて一日の冷凍能力一トンとする。

三　自然環流式冷凍設備及び自然循環式冷凍設備にあつては、次の算式によるものをもつて一日の冷凍能力とする。

　　$R = QA$

　　備考　この式において、R、Q及びAは、それぞれ次の数値を表すものとする。

　　R　一日の冷凍能力（単位　トン）の数値

　　Q冷媒ガスの種類に応じて、それぞれ次の表の該当欄に掲げる数値

　　　———

　　　<表、略>

　　　———

　　　A　蒸発部又は蒸発器の冷媒ガスに接する側の表面積（単位　平方メートル）の数値
四　前三号に掲げる製造設備以外の製造設備にあつては、次の算式によるものをもつて一日の冷凍能力とする。

　　　R＝V／C

　　　この式において、R、V及びCは、それぞれ次の数値を表すものとする。

　　　R　一日の冷凍能力（単位　トン）の数値

　　　V　多段圧縮方式又は多元冷凍方式による製造設備にあつては次のイの算式により得られた数値、回転ピストン型圧縮機を使用する製造設備にあつては次のロの算式により得られた数値、その他の製造設備にあつては圧縮機の標準回転速度における一時間のピストン押しのけ量（単位　立方メートル）の数値

　　イ　VH＋0.08VL

　　ロ　60×0.785tn（D2－d2）

　　　これらの式において、VH、VL、t、n、D及びdは、それぞれ次の数値を表すものとする。

　　　VH　圧縮機の標準回転速度における最終段又は最終元の気筒の一時間のピストン押しのけ量（単位　立方メートル）の数値

　　　VL　圧縮機の標準回転速度における最終段又は最終元の前の気筒の一時間のピストン押しのけ量（単位　立方メートル）の数値

　　　t　回転ピストンのガス圧縮部分の厚さ（単位　メートル）の数値

　　　n　回転ピストンの一分間の標準回転数の数値

　　　D　気筒の内径（単位　メートル）の数値

　　　d　ピストンの外径（単位　メートル）の数値

　　　C　冷媒ガスの種類に応じて、それぞれ次の表の該当欄に掲げる数値又は算式により得られた数値
　　　これらの算式において、VA、hA及びhBは、それぞれ次の数値を表すものとする。

　　　VA　温度零下十五度における冷媒ガスの乾き飽和蒸気（非共沸混合冷媒ガスにあつては、気液平衡状態の蒸気）の比体積（単位　立方メートル毎キログラム）の数値

　　　hA　温度零下十五度における冷媒ガスの乾き飽和蒸気（非共沸混合冷媒ガスにあつては、気液平衡状態の蒸気）のエンタルピー（単位　キロジュール毎キログラム）の数値

　　　hB　凝縮完了温度三十度、過冷却五度のときの冷媒ガスの過冷却液（非共沸混合冷媒ガスにあつては、温度二十五度の気液平衡状態の液）のエンタルピー（単位　キロジュール毎キログラム）の数値

　　　———

　　　<表、略>

　　　———

五　前号に掲げる製造設備により、第三号に掲げる自然循環式冷凍設備の冷媒ガスを冷凍する製造設備にあつては、前号に掲げる算式によるものをもつて一日の冷凍能力とする。

冷規第7条

（定置式製造設備に係る技術上の基準）

第七条　製造のための施設（以下「製造施設」という。）であつて、その製造設備が定置式製造設備（認定指定設備を除く。）であるものにおける法第八条第一号の経済産業省令で定める技術上の基準は、次の各号に掲げるものとする。

一　圧縮機、油分離器、凝縮器及び受液器並びにこれらの間の配管は、引火性又は発火性の物（作業に必要なものを除く。）をたい積した場所及び火気（当該製造設備内のものを除く。）の付近にないこと。ただし、当該火気に対して安全な措置を講じた場合は、この限りでない。

二　製造施設には、当該施設の外部から見やすいように警戒標を掲げること。

三　圧縮機、油分離器、凝縮器若しくは受液器又はこれらの間の配管（可燃性ガス、毒性ガス又は特定不活性ガスの製造設備のものに限る。）を設置する室は、冷媒ガスが漏えいしたとき滞留しないような構造とすること。

四　製造設備は、振動、衝撃、腐食等により冷媒ガスが漏れないものであること。

五　凝縮器（縦置円筒形で胴部の長さが五メートル以上のものに限る。以下この号において同じ。）、受液器（内容積が五千リットル以上のものに限る。以下この号において同じ。）及び配管（冷媒設備に係る地盤面上の配管（外径四十五ミリメートル以上のものに限る。）であつて、内容積が三立方メートル以上のもの又は凝縮器及び受液器に接続されているもの）並びにこれらの支持構造物及び基礎（以下「耐震設計構造物」という。）は、経済産業大臣が定める耐震に関する性能を有すること。

六　冷媒設備は、許容圧力以上の圧力で行う気密試験及び配管以外の部分について許容圧力の一・五倍以上の圧力で水その他の安全な液体を使用して行う耐圧試験（液体を使用することが困難であると認められるときは、許容圧力の一・二五倍以上の圧力で空気、窒素等の気体を使用して行う耐圧試験）又は経済産業大臣がこれらと同等以上のものと認めた高圧ガス保安協会（以下「協会」という。）が行う試験に合格するものであること。

七　冷媒設備（圧縮機（当該圧縮機が強制潤滑方式であつて、潤滑油圧力に対する保護装置を有するものは除く。）の油圧系統を含む。）には、圧力計を設けること。

八　冷媒設備には、当該設備内の冷媒ガスの圧力が許容圧力を超えた場合に直ちに許容圧力以下に戻すことができる安全装置を設けること。

九　前号の規定により設けた安全装置（当該冷媒設備から大気に冷媒ガスを放出することのないもの及び不活性ガスを冷媒ガスとする冷媒設備に設けたもの並びに吸収式アンモニア冷凍機（次号に定める基準に適合するものに限る。以下この条において同じ。）に設けたものを除く。）のうち安全弁又は破裂板には、放出管を設けること。この場合において、放出管の開口部の位置は、放出する冷媒ガスの性質に応じた適切な位置であること。

九の二　前号に規定する吸収式アンモニア冷凍機は、次に掲げる基準に適合するものであること。

イ　屋外に設置するものであつて、アンモニア充填量は、一台当たり二十五キログラム以下のものであること。

ロ　冷媒設備及び発生器の加熱装置を一つの架台上に一体に組立てたものであること。

ハ　運転中は、冷凍設備内の空気を常時吸引排気し、冷媒が漏えいした場合に危険性のない状態に拡散できる構造であること。

ニ　冷媒配管が屋内に敷設されないものであつて、かつ、ブラインが直接空気又は被冷却目的物に接触しない構造のものであること。

ホ　冷媒設備の材料は、振動、衝撃、腐食等により冷媒ガスが漏れないものであること。

ヘ　冷媒設備に係る配管、管継手及びバルブの接合は、溶接により行われているものであること。ただし、溶接によることが適当でない場合は、保安上必要な強度を有するフランジ接合により行われるものであること。

ト　安全弁は、冷凍設備の内部に設けられ、かつ、その吹出し口は、吸引排気の容易な位置に設けられていること。

チ　発生器には、適切な高温遮断装置が設けられていること。

リ　発生器の加熱装置は、屋内において作動を停止できる構造であり、かつ、立ち消え等の異常時に対応できる安全装置が設けられていること。

十　可燃性ガス又は毒性ガスを冷媒ガスとする冷媒設備に係る受液器に設ける液面計には、丸形ガラス管液面計以外のものを使用すること。

十一　受液器にガラス管液面計を設ける場合には、当該ガラス管液面計にはその破損を防止するための措置を講じ、当該受液器（可燃性ガス又は毒性ガスを冷媒ガスとする冷媒設備に係るものに限る。）と当該ガラス管液面計とを接続する配管には、当該ガラス管液面計の破損による漏えいを防止するための措置を講ずること。

十二　可燃性ガスの製造施設には、その規模に応じて、適切な消火設備を適切な箇所に設けること。

十三　毒性ガスを冷媒ガスとする冷媒設備に係る受液器であつて、その内容積が一万リットル以上のものの周囲には、液状の当該ガスが漏えいした場合にその流出を防止するための措置を講ずること。

十四　可燃性ガス（アンモニアを除く。）を冷媒ガスとする冷媒設備に係る電気設備は、その設置場所及び当該ガスの種類に応じた防爆性能を有する構造のものであること。

十五　可燃性ガス、毒性ガス又は特定不活性ガスの製造施設には、当該施設から漏えいするガスが滞留するおそれのある場所に、当該ガスの漏えいを検知し、かつ、警報するための設備を設けること。ただし、吸収式アンモニア冷凍機に係る施設については、この限りでない。

十六　毒性ガスの製造設備には、当該ガスが漏えいしたときに安全に、かつ、速やかに除害するための措置を講ずること。ただし、吸収式アンモニア冷凍機については、この限りでない。

十七　製造設備に設けたバルブ又はコック（操作ボタン等により当該バルブ又はコックを開閉する場合にあつては、当該操作ボタン等とし、操作ボタン等を使用することなく自動制御で開閉されるバルブ又はコックを除く。以下同じ。）には、作業員が当該バルブ又はコックを適切に操作することができるような措置を講ずること。

2　製造設備が定置式製造設備であつて、かつ、認定指定設備である製造施設における法第八条第一号の経済産業省令で定める技術上の基準は、前項第一号から第四号まで、第六号から第八号まで、第十一号（可燃性ガス又は毒性ガスを冷媒ガスとする冷凍設備に係るものを除く。）、第十五号及び第十七号の基準とする。

冷規第9条

（製造の方法に係る技術上の基準）

第九条　法第八条第二号の経済産業省令で定める技術上の基準は、次の各号に掲げるものとする。

一　安全弁に付帯して設けた止め弁は、常に全開しておくこと。ただし、安全弁の修理又は清掃（以下「修理等」という。）のため特に必要な場合は、この限りでない。

二　高圧ガスの製造は、製造する高圧ガスの種類及び製造設備の態様に応じ、一日に一回以上当該製造設備の属する製造施設の異常の有無を点検し、異常のあるときは、当該設備の補修その他の危険を防止する措置を講じてすること。

三　冷媒設備の修理等及びその修理等をした後の高圧ガスの製造は、次に掲げる基準により保安上支障のない状態で行うこと。

イ　修理等をするときは、あらかじめ、修理等の作業計画及び当該作業の責任者を定め、修理等は、当該作業計画に従い、かつ、当該責任者の監視の下に行うこと又は異常があつたときに直ちにその旨を当該責任者に通報するための措置を講じて行うこと。

ロ　可燃性ガス又は毒性ガスを冷媒ガスとする冷媒設備の修理等をするときは、危険を防止するための措置を講ずること。

ハ　冷媒設備を開放して修理等をするときは、当該冷媒設備のうち開放する部分に他の部分からガスが漏えいすることを防止するための措置を講ずること。

ニ　修理等が終了したときは、当該冷媒設備が正常に作動することを確認した後でなければ製造をしないこと。

四　製造設備に設けたバルブを操作する場合には、バルブの材質、構造及び状態を勘案して過大な力を加えないよう必要な措置を講ずること。

> **Point**　冒頭の「法第八条第二号」とは、『二製造の方法が経済産業省令で定める技術上の基準に適合するものであること。』ということです。

冷規第14条

（第二種製造者に係る技術上の基準）

第十四条　法第十二条第二項の経済産業省令で定める技術上の基準は、次の各号に掲げるものとする。

一　製造設備の設置又は変更の工事を完成したときは、酸素以外のガスを使用する試運転又は許容圧力以上の圧力で行う気密試験（空気を使用するときは、あらかじめ、冷媒設備中にある可燃性ガスを排除した後に行うものに限る。）を行つた後でなければ製造をしないこと。

二　第九条第一号から第四号までの基準（製造設備が認定指定設備の場合は、第九条第三号ロを除く。）に適合すること。

Point ▷ 二の『第九条第一号から第四号までの基準』というのは（製造の方法に係る技術上の基準）のことで、修理や点検の規定です。

冷規第 15 条

（その他製造に係る技術上の基準）

第十五条　法第十三条の経済産業省令で定める技術上の基準は、次の各号に掲げるものとする。
一　前条第一号の基準に適合すること。
二　特定不活性ガスを冷媒ガスとする冷凍設備にあつては、冷媒ガスが漏えいしたとき燃焼を防止するための適切な措置を講ずること。

冷規第 17 条

（第一種製造者に係る軽微な変更の工事等）

第十七条　法第十四条第一項ただし書の経済産業省令で定める軽微な変更の工事は、次の各号に掲げるものとする。
一　独立した製造設備の撤去の工事
二　製造設備（第七条第一項第五号に規定する耐震設計構造物として適用を受ける製造設備を除く。）の取替え（可燃性ガス及び毒性ガスを冷媒とする冷媒設備の取替えを除く。）の工事（冷媒設備に係る切断、溶接を伴う工事を除く。）であつて、当該設備の冷凍能力の変更を伴わないもの
三　製造設備以外の製造施設に係る設備の取替え工事
四　認定指定設備の設置の工事
五　第六十二条第一項ただし書の規定により指定設備認定証が無効とならない認定指定設備に係る変更の工事
六　試験研究施設における冷凍能力の変更を伴わない変更の工事であつて、経済産業大臣が軽微なものと認めたもの
2　法第十四条第二項の規定により届出をしようとする第一種製造者は、様式第五の高圧ガス製造施設軽微変更届書に当該変更の概要を記載した書面（前項第四号及び第五号に該当する工事をした旨を届け出ようとする者にあつては、指定設備認定証の写し）を添えて、事業所の所在地を管轄する都道府県知事に提出しなければならない。

冷規第 19 条

（第二種製造者に係る軽微な変更の工事）

第十九条　法第十四条第四項ただし書の経済産業省令で定める軽微な変更の工事は、次の各号に掲げるものとする。
一　独立した製造設備（認定指定設備を除く。）の撤去の工事
二　製造設備の取替え（可燃性ガス及び毒性ガスを冷媒とする冷媒設備の取替えを除く。）の工事（冷媒設備に係る切断、溶接を伴う工事を除く。）であつて、当該設備の冷凍能力の変更を伴わないもの
三　製造設備以外の製造施設に係る設備の取替え工事
四　第六十二条第一項ただし書の規定により指定設備認定証が無効とならない認定指定設備に係る変更の工事
五　試験研究施設における冷凍能力の変更を伴わない変更の工事であつて、経済産業大臣が軽微なものと認めたもの

冷規第 23 条

（完成検査を要しない変更の工事の範囲）
第二十三条　法第二十条第三項の経済産業省令で定めるものは、製造設備（第七条第一項第五号に規定する
耐震設計構造物として適用を受ける製造設備を除く。）の取替え（可燃性ガス及び毒性ガスを冷媒とする
冷媒設備を除く。）の工事（冷媒設備に係る切断、溶接を伴う工事を除く。）であつて、当該設備の冷凍能
力の変更が告示で定める範囲であるものとする。

Point ▶ 条文の「告示で定める範囲」というのは、以下の告示（通商産業省告示第二百九十一号）に書
かれています。

（製造施設の位置、構造及び設備並びに製造の方法等に関する技術基準の細目を定める告示）
　　第十二条の十四　＜第1項　第2項　省略＞
　　　　3　冷凍保安規則第二十三条の経済産業大臣が定める範囲は、変更前の当該製造設備の冷
　　　　　凍能力の二十パーセント以内の範囲とする。

冷規第 33 条

（廃棄に係る技術上の基準に従うべき高圧ガスの指定）
第三十三条　法第二十五条の経済産業省令で定める高圧ガスは、可燃性ガス、毒性ガス及び特定不活性ガス
とする。

冷規第 34 条

（廃棄に係る技術上の基準）
第三十四条　法第二十五条の経済産業省令で定める技術上の基準は、次の各号に掲げるものとする。
　一　可燃性ガス及び特性不活性ガスの廃棄は、火気を取り扱う場所又は引火性若しくは発火性の物をたい
　　　積した場所及びその付近を避け、かつ、大気中に放出して廃棄するときは、通風の良い場所で少量ずつ
　　　放出すること。
　二　毒性ガスを大気中に放出して廃棄するときは、危険又は損害を他に及ぼすおそれのない場所で少量ず
　　　つすること。

冷規第 35 条

（危害予防規程の届出等）
第三十五条　法第二十六条第一項の規定により届出をしようとする第一種製造者は、様式第二十の危害予防
規程届出書に危害予防規程（変更のときは、変更の明細を記載した書面）を添えて、事業所の所在地を管轄
する都道府県知事に提出しなければならない。
2　法第二十六条第一項の経済産業省令で定める事項は、次の各号に掲げる事項の細目とする。
　一　法第八条第一号の経済産業省令で定める技術上の基準及び同条第二号の経済産業省令で定める技術上
　　　の基準に関すること。
　二　保安管理体制及び冷凍保安責任者の行うべき職務の範囲に関すること。
　三　製造設備の安全な運転及び操作に関すること（第一号に掲げるものを除く。）。
　四　製造施設の保安に係る巡視及び点検に関すること（第一号に掲げるものを除く。）。
　五　製造施設の増設に係る工事及び修理作業の管理に関すること（第一号に掲げるものを除く。）。
　六　製造施設が危険な状態となつたときの措置及びその訓練方法に関すること。
　七　大規模な地震に係る防災及び減災対策に関すること。
　八　協力会社の作業の管理に関すること。

九　従業者に対する当該危害予防規程の周知方法及び当該危害予防規程に違反した者に対する措置に関すること。

十　保安に係る記録に関すること。

十一　危害予防規程の作成及び変更の手続に関すること。

十二　前各号に掲げるもののほか災害の発生の防止のために必要な事項に関すること。

＜3項以下　略＞

冷規第36条

（冷凍保安責任者の選任等）

第三十六条　法第二十七条の四第一項の規定により、同項第一号又は第二号に掲げる者（以下この条、次条及び第三十九条において「第一種製造者等」という。）は、次の表の上欄に掲げる製造施設の区分（認定指定設備を設置している第一種製造者等にあつては、同表の上欄各号に掲げる冷凍能力から当該認定指定設備の冷凍能力を除く。）に応じ、製造施設ごとに、それぞれ同表の中欄に掲げる製造保安責任者免状の交付を受けている者であつて、同表の下欄に掲げる高圧ガスの製造に関する経験を有する者のうちから、冷凍保安責任者を選任しなければならない。この場合において、二以上の製造施設が、設備の配置等からみて一体として管理されるものとして設計されたものであり、かつ、同一の計器室において制御されているときは、当該二以上の製造施設を同一の製造施設とみなし、これらの製造施設のうち冷凍能力（認定指定設備を設置している場合にあつては、当該認定指定設備の冷凍能力を除く。）が最大である製造施設の冷凍能力を同表の上欄に掲げる冷凍能力として、冷凍保安責任者を選任することができるものとする。

製造施設の区分	製造保安責任者免状の交付を受けている者	高圧ガスの製造に関する経験
一　一日の冷凍能力が三百トン以上のもの	第一種冷凍機械責任者免状	一日の冷凍能力が百トン以上の製造施設を使用してする高圧ガスの製造に関する一年以上の経験
二　一日の冷凍能力が百トン以上三百トン未満のもの	第一種冷凍機械責任者免状又は第二種冷凍機械責任者免状	一日の冷凍能力が二十トン以上の製造施設を使用してする高圧ガスの製造に関する一年以上の経験
三　一日の冷凍能力が百トン未満のもの	第一種冷凍機械責任者免状、第二種冷凍機械責任者免状又は第三種冷凍機械責任者免状	一日の冷凍能力が三トン以上の製造施設を使用してする高圧ガスの製造に関する一年以上の経験

2　法第二十七条の四第一項第一号の経済産業省令で定める施設は、次の各号に掲げるものとする。

　一　製造設備が可燃性ガス及び毒性ガス（アンモニアを除く。）以外のガスを冷媒ガスとするものである製造施設であって、次のイからチまでに掲げる要件を満たすもの（アンモニアを冷媒ガスとする製造設備により、二酸化炭素を冷媒ガスとする自然循環式冷凍設備の冷媒ガスを冷凍する製造施設にあつては、アンモニアを冷媒ガスとする製造設備の部分に限る。）

　　イ　機器製造業者の事業所において次の（1）から（5）までに掲げる事項が行われるものであること。

　　　（1）　冷媒設備及び圧縮機用原動機を一の架台上に一体に組立てること。

　　　（2）　製造設備がアンモニアを冷媒ガスとするものである製造施設（設置場所が専用の室（以下「専用機械室」という。）である場合を除く。）にあつては、冷媒設備及び圧縮機用原動機をケーシング内に収納すること。

　　　（3）　製造設備がアンモニアを冷媒ガスとするものである製造施設（空冷凝縮器を使用するものに限る。）にあつては、当該凝縮器に散水するための散水口を設けること。

　　　（4）　冷媒ガスの配管の取付けを完了し気密試験を実施すること。

　　　（5）　冷媒ガスを封入し、試運転を行つて保安の状況を確認すること。

　　ロ　製造設備がアンモニアを冷媒ガスとするものである製造施設にあつては、当該製造設備が被冷却物

をブライン又は二酸化炭素を冷媒ガスとする自然循環式冷凍設備の冷媒ガスにより冷凍する製造設備であること。

ハ　圧縮機の高圧側の圧力が許容圧力を超えたときに圧縮機の運転を停止する高圧遮断装置のほか、次の（1）から（7）までに掲げるところにより必要な自動制御装置を設けるものであること。

（1）　開放型圧縮機には、低圧側の圧力が常用の圧力より著しく低下したときに圧縮機の運転を停止する低圧遮断装置を設けること。

（2）　強制潤滑装置を有する開放型圧縮機には、潤滑油圧力が運転に支障をきたす状態に至る圧力まで低下したときに圧縮機を停止する装置を設けること。ただし、作用する油圧が〇・一メガパスカル以下である場合には、省略することができる。

（3）　圧縮機を駆動する動力装置には、過負荷保護装置を設けること。

（4）　液体冷却器には、液体の凍結防止装置を設けること。

（5）　水冷式凝縮器には、冷却水断水保護装置（冷却水ポンプが運転されなければ圧縮機が稼動しない機械的又は電気的連動機構を有する装置を含む。）を設けること。

（6）　空冷式凝縮器及び蒸発式凝縮器には、当該凝縮器用送風機が運転されなければ圧縮機が稼動しないことを確保する装置を設けること。ただし、当該凝縮器が許容圧力以下の安定的な状態を維持する凝縮温度制御機構を有する場合であつて、当該凝縮器用送風機が運転されることにより凝縮温度を適切に維持することができないときには、当該装置を解除することができる。

（7）　暖房用電熱器を内蔵するエアコンディショナ又はこれに類する電熱器を内蔵する冷凍設備には、過熱防止装置を設けること。

ニ　製造設備がアンモニアを冷媒ガスとするものである製造施設にあつては、ハに掲げるところによるほか、次の（1）から（3）までに掲げる自動制御装置を設けるとともに、次の（4）から（8）までに掲げるところにより必要な自動制御装置を設けるものであること。

（1）　ガス漏えい検知警報設備と連動して作動し、かつ、専用機械室又はケーシング外において遠隔から手動により操作できるスクラバー式又は散水式の除害設備を設けること。

（2）　感震器と連動して作動し、かつ、手動により復帰する緊急停止装置を設けること。

（3）　ガス漏えい検知警報設備が通電されなければ冷凍設備が稼動しないことを確保する装置（停電時には、当該検知警報設備の電源を自動的に蓄電池又は発電機等の非常用電源に切り替えることができる機構を有するものに限る。）を設けること。

（4）　専用機械室又はケーシング内の漏えいしたガスが滞留しやすい場所に、検出端部と連動して作動するガス漏えい検知警報設備を設けること。

（5）　圧縮機又は発生器に、ガス漏えい検知警報設備と連動して作動し、かつ、専用機械室又はケーシング外において遠隔から手動により操作できる緊急停止装置を設けること。

（6）　受液器又は凝縮器の出口配管の当該受液器又は凝縮器のいずれか一方の近傍に、ガス漏えい検知警報設備と連動して作動し、かつ、専用機械室又はケーシング外において遠隔から手動により操作できる緊急遮断装置を設けること。

（7）　容積圧縮式圧縮機には、吐出される冷媒ガス温度が設定温度以上になつた場合に当該圧縮機の運転を停止する高温遮断装置を設けること。

（8）　吸収式冷凍設備であつて直焚式発生器を有するものには、発生器内の溶液が設定温度以上になつた場合に当該発生器の運転を停止する溶液高温遮断装置を設けること。

ホ　製造設備がアンモニアを冷媒ガスとするものである製造施設にあつては、当該製造設備の一日の冷凍能力が六十トン未満であること。

ヘ　冷凍設備の使用に当たり、冷媒ガスの止め弁の操作を必要としないものであること。

ト　製造設備が使用場所に分割して搬入される製造施設にあつては、冷媒設備に溶接又は切断を伴う工事を施すことなしに再組立てをすることができ、かつ、直ちに冷凍の用に供することができるものであること。

チ　製造設備に変更の工事が施される製造施設にあつては、当該製造設備の設置台数、取付位置、外形寸法及び冷凍能力が機器製造時と同一であるとともに、当該製造設備の部品の種類が、機器製造時と同等のものであること。

二　R百十四の製造設備に係る製造施設

3　法第二十七条の四第一項第二号に規定する冷凍保安責任者を選任する必要のない第二種製造者は、次の各号のいずれかに掲げるものとする。

一　冷凍のためガスを圧縮し、又は液化して高圧ガスの製造をする設備でその一日の冷凍能力が三トン以上（二酸化炭素又はフルオロカーボン（可燃性ガスを除く。）にあつては、二十トン以上。アンモニア又はフルオロカーボン（可燃性ガスに限る。）にあつては、五トン以上二十トン未満。）のものを使用して高圧ガスを製造する者

二　前項第一号の製造施設（アンモニアを冷媒ガスとするものに限る。）であつて、その製造設備の一日の冷凍能力が二十トン以上五十トン未満のものを使用して高圧ガスを製造する者

冷規第 38 条

（製造保安責任者免状の交付を受けている者の職務の範囲）

第三十八条　法第二十九条第二項の経済産業省令で定める製造保安責任者免状の交付を受けている者が高圧ガスの製造に係る保安について職務を行うことができる範囲は、次の表の上欄に掲げる製造保安責任者免状の種類に応じ、それぞれ同表の下欄に掲げるものとする。

製造保安責任者免状の種類	職務を行うことができる範囲
第一種冷凍機械責任者免状	製造施設における製造に係る保安
第二種冷凍機械責任者免状	一日の冷凍能力が三百トン未満の製造施設における製造に係る保安
第三種冷凍機械責任者免状	一日の冷凍能力が百トン未満の製造施設における製造に係る保安

冷規第 39 条

（冷凍保安責任者の代理者の選任等）

第三十九条　法第三十三条第一項の規定により、第一種製造者等は、第三十六条の表の上欄に掲げる製造施設の区分（認定指定設備を設置している第一種製造者等にあつては、同表の上欄各号に掲げる冷凍能力から当該認定指定設備の冷凍能力を除く。）に応じ、それぞれ同表の中欄に掲げる製造保安責任者免状の交付を受けている者であつて、同表の下欄に掲げる高圧ガスの製造に関する経験を有する者のうちから、冷凍保安責任者の代理者を選任しなければならない。

2　法第三十三条第三項において準用する法第二十七条の二第五項の規定により届出をしようとする第一種製造者等は、様式第二十二の冷凍保安責任者代理者届書に、当該代理者が交付を受けた製造保安責任者免状の写しを添えて、事業所の所在地を管轄する都道府県知事に提出しなければならない。ただし、解任の場合にあつては、当該写しの添付を省略することができる。

冷規第 40 条

（特定施設の範囲等）

第四十条　法第三十五条第一項本文の経済産業省令で定めるものは、次の各号に掲げるものを除く製造施設（以下「特定施設」という。）とする。

一　ヘリウム、R二十一又はR百十四を冷媒ガスとする製造施設

二　製造施設のうち認定指定設備の部分

2　法第三十五条第一項本文の都道府県知事若しくは指定都市の長が行う保安検査又は同項第二号の認定保安検査実施者が自ら行う保安検査は、三年に一回受け、又は自ら行わなければならない。ただし、災害その他やむを得ない事由によりその回数で保安検査を受け、又は自ら行うことが困難であるときは、当該事由を勘案して経済産業大臣が定める期間に一回受け、又は自ら行わなければならない。

3　法第三十五条第一項本文の規定により、前項の保安検査を受けようとする第一種製造者は、第二十一条

第二項の規定により製造施設完成検査証の交付を受けた日又は前回の保安検査について次項の規定により保安検査証の交付を受けた日から二年十一月を超えない日までに、様式第二十三の保安検査申請書を事業所の所在地を管轄する都道府県知事に提出しなければならない。

4　都道府県知事又は指定都市の長は、法第三十五条第一項本文の保安検査において、特定施設が法第八条第一号の経済産業省令で定める技術上の基準に適合していると認めるときは、様式第二十四の保安検査証を交付するものとする。

冷規第 43 条

（保安検査の方法）

第四十三条　法第三十五条第四項の経済産業省令で定める保安検査の方法は、開放、分解その他の各部の損傷、変形及び異常の発生状況を確認するために十分な方法並びに作動検査その他の機能及び作動の状況を確認するために十分な方法でなければならない。

2　前項の保安検査の方法は告示で定める。ただし、次の各号に掲げる場合はこの限りでない。

一　法第三十五条第一項第二号の規定により経済産業大臣の認定を受けている者の行う保安検査の方法であつて、同号の認定に当たり経済産業大臣が認めたものを用いる場合。

二　第六十九条の規定により経済産業大臣が認めた基準に係る保安検査の方法であつて、当該基準に応じて適切であると経済産業大臣が認めたものを用いる場合。

三　製造設備が定置式製造設備（第七条第一項第三号及び第十五号に掲げる基準（特定不活性ガスに係るものに限る。）に係るものに限る。）及び移動式製造設備（第八条第二号で準用する第七条第一項第三号に掲げる基準（特定不活性ガスに係るものに限る。）に係るものに限る。）である製造施設において、別表第二に定める方法を用いる場合。

冷規第 44 条

（定期自主検査を行う製造施設等）

第四十四条　法第三十五条の二の一日の冷凍能力が経済産業省令で定める値は、アンモニア又はフルオロカーボン（不活性のものを除く。）を冷媒ガスとするものにあつては、二十トンとする。

2　法第三十五条の二の経済産業省令で定めるものは、製造施設（第三十六条第二項第一号に掲げる製造施設（アンモニアを冷媒ガスとするものに限る。）であつて、その製造設備の一日の冷凍能力が二十トン以上五十トン未満のものを除く。）とする。

3　法第三十五条の二の規定により自主検査は、第一種製造者の製造施設にあつては法第八条第一号の経済産業省令で定める技術上の基準（耐圧試験に係るものを除く。）に適合しているか、又は第二種製造者の製造施設にあつては法第十二条第一項の経済産業省令で定める技術上の基準（耐圧試験に係るものを除く。）に適合しているかどうかについて、一年に一回以上行わなければならない。ただし、災害その他やむを得ない事由によりその回数で自主検査を行うことが困難であるときは、当該事由を勘案して経済産業大臣が定める期間に一回以上行わなければならない。

4　法第三十五条の二の規定により、第一種製造者（製造施設が第三十六条第二項各号に掲げるものである者及び第六十九条の規定に基づき経済産業大臣が冷凍保安責任者の選任を不要とした者を除く。）又は第二種製造者（製造施設が第三十六条第三項各号に掲げるものである者及び第六十九条の規定に基づき経済産業大臣が冷凍保安責任者の選任を不要とした者を除く。）は、同条の自主検査を行うときは、その選任した冷凍保安責任者に当該自主検査の実施について監督を行わせなければならない。

5　法第三十五条の二の規定により、第一種製造者及び第二種製造者は、検査記録に次の各号に掲げる事項を記載しなければならない。

一　検査をした製造施設

二　検査をした製造施設の設備ごとの検査方法及び結果

三　検査年月日

四　検査の実施について監督を行つた者の氏名

冷規第44条の2

（電磁的方法による保存）

第四十四条の二　法第三十五条の二に規定する検査記録は、前条第五項各号に掲げる事項を電磁的方法（電子的方法、磁気的方法その他の人の知覚によつて認識することができない方法をいう。）により記録することにより作成し、保存することができる。

2　前項の規定による保存をする場合には、同項の検査記録が必要に応じ電子計算機その他の機器を用いて直ちに表示されることができるようにしておかなければならない。

3　第一項の規定による保存をする場合には、経済産業大臣が定める基準を確保するよう努めなければならない。

冷規第45条

（危険時の措置）

第四十五条　法第三十六条第一項の経済産業省令で定める災害の発生の防止のための応急の措置は、次の各号に掲げるものとする。

一　製造施設が危険な状態になつたときは、直ちに、応急の措置を行うとともに製造の作業を中止し、冷媒設備内のガスを安全な場所に移し、又は大気中に安全に放出し、この作業に特に必要な作業員のほかは退避させること。

二　前号に掲げる措置を講ずることができないときは、従業者又は必要に応じ付近の住民に退避するよう警告すること。

冷規第57条

（指定設備に係る技術上の基準）

第五十七条　法第五十六条の七第二項の経済産業省令で定める技術上の基準は、次の各号に掲げるものとする。

一　指定設備は、当該設備の製造業者の事業所（以下この条において「事業所」という。）において、第一種製造者が設置するものにあつては第七条第二項（同条第一項第一号から第三号まで、第六号及び第十五号を除く。）、第二種製造者が設置するものにあつては第十二条第二項（第七条第一項第一号から第三号まで、第六号及び第十五号を除く。）の基準に適合することを確保するように製造されていること。

二　指定設備は、ブラインを共通に使用する以外には、他の設備と共通に使用する部分がないこと。

三　指定設備の冷媒設備は、事業所において脚上又は一つの架台上に組み立てられていること。

四　指定設備の冷媒設備は、事業所で行う第七条第一項第六号に規定する試験に合格するものであること。

五　指定設備の冷媒設備は、事業所において試運転を行い、使用場所に分割されずに搬入されるものであること。

六　指定設備の冷媒設備のうち直接風雨にさらされる部分及び外表面に結露のおそれのある部分には、銅、銅合金、ステンレス鋼その他耐腐食性材料を使用し、又は耐腐食処理を施しているものであること。

七　指定設備の冷媒設備に係る配管、管継手及びバルブの接合は、溶接又はろう付けによること。ただし、溶接又はろう付けによることが適当でない場合は、保安上必要な強度を有するフランジ接合又はねじ接合継手による接合をもつて代えることができる。

八　凝縮器が縦置き円筒形の場合は、胴部の長さが五メートル未満であること。

九　受液器は、その内容積が五千リットル未満であること。

十　指定設備の冷媒設備には、第七条第八号の安全装置として、破裂板を使用しないこと。ただし、安全弁と破裂板を直列に使用する場合は、この限りでない。

十一　液状の冷媒ガスが充填され、かつ、冷媒設備の他の部分から隔離されることのある容器であつて、内容積三百リットル以上のものには、同一の切り換え弁に接続された二つ以上の安全弁を設けること。

　十二　冷凍のための指定設備の日常の運転操作に必要となる冷媒ガスの止め弁には、手動式のものを使用しないこと。

　十三　冷凍のための指定設備には、自動制御装置を設けること。

　十四　容積圧縮式圧縮機には、吐出冷媒ガス温度が設定温度以上になつた場合に圧縮機の運転を停止する装置が設けられていること。

冷規第 62 条

（指定設備認定証が無効となる設備の変更の工事等）

第六十二条　認定指定設備に変更の工事を施したとき、又は認定指定設備の移設等（転用を除く。以下この条及び次条において同じ。）を行つたときは、当該認定指定設備に係る指定設備認定証は無効とする。ただし、次に掲げる場合にあつては、この限りでない。

　一　当該変更の工事が同等の部品への交換のみである場合

　二　認定指定設備の移設等を行つた場合であつて、当該認定指定設備の指定設備認定証を交付した指定設備認定機関等により調査を受け、認定指定設備技術基準適合書の交付を受けた場合

2　認定指定設備を設置した者は、その認定指定設備に変更の工事を施したとき、又は認定指定設備の移設等を行つたときは、前項ただし書の場合を除き、前条の規定により当該認定指定設備に係る指定設備認定証を返納しなければならない。

3　第一項ただし書の場合において、認定指定設備の変更の工事を行つた者又は認定指定設備の移設等を行つた者は、当該認定指定設備に係る指定設備認定証に、変更の工事の内容及び変更の工事を行つた年月日又は移設等を行つた年月日を記載しなければならない。

冷規第 63 条

（冷凍設備に用いる機器の指定）

第六十三条　法第五十七条の経済産業省令で定めるものは、もつぱら冷凍設備に用いる機器（以下単に「機器」という。）であつて、一日の冷凍能力が三トン以上（二酸化炭素及びフルオロカーボン（可燃性ガスを除く。）にあつては、五トン以上。）の冷凍機とする。

冷規第 64 条

（機器の製造に係る技術上の基準）

第六十四条　法第五十七条の経済産業省令で定める技術上の基準は、次に掲げるものとする。

　一　機器の冷媒設備（一日の冷凍能力が二十トン未満のものを除く。）に係る経済産業大臣が定める容器（ポンプ又は圧縮機に係るものを除く。以下この号において同じ。）は、次に適合すること。

　　イ　材料は、当該容器の設計圧力（当該容器を使用することができる最高の圧力として設計された適切な圧力をいう。以下この条において同じ。）、設計温度（当該容器を使用することができる最高又は最低の温度として設定された適切な温度をいう。以下この号において同じ。）、製造する高圧ガスの種類等に応じ、適切なものであること。

　　ロ　容器は、設計圧力又は設計温度において発生する最大の応力に対し安全な強度を有しなければならない。

　　ハ　容器の板の厚さ、断面積等は、形状、寸法、設計圧力、設計温度における材料の許容応力、溶接継手の効率等に応じ、適切であること。

　　ニ　溶接は、継手の種類に応じ適切な種類及び方法により行うこと。

　　ホ　溶接部（溶着金属部分及び溶接による熱影響により材質に変化を受ける母材の部分をいう。以下同じ。）は、母材の最小引張強さ（母材が異なる場合は、最も小さい値）以上の強度を有するものでなければならない。ただし、アルミニウム及びアルミニウム合金、銅及び銅合金、チタン及びチタン合金又は九パーセントニッケル鋼を母材とする場合であつて、許容引張応力の値以下で使用するときは、当該許容引張応力の値の四倍の値以上の強度を有する場合は、この限りでない。

　　ヘ　溶接部については、応力除去のため必要な措置を講ずること。ただし、応力除去を行う必要がない
　　　と認められるときは、この限りでない。
　　ト　構造は、その設計に対し適切な形状及び寸法でなければならない。
　　チ　材料の切断、成形その他の加工（溶接を除く。）は、ロ及びハの規定によるほか、次の（1）から
　　　（4）までに掲げる規定によらなければならない。
　　（1）　材料の表面に使用上有害な傷、打こん、腐食等の欠陥がないこと。
　　（2）　材料の機械的性質を損なわないこと。
　　（3）　公差が適切であること。
　　（4）　使用上有害な歪みがないこと。
　　リ　突合せ溶接による溶接部は、同一の溶接条件ごとに適切な機械試験に合格するものであること。た
　　　だし、経済産業大臣がこれと同等以上のものと認めた協会が行う試験に合格した場合は、この限りで
　　　ない。
　　ヌ　突合せ溶接による溶接部は、その内部に使用上有害な欠陥がないことを確認するため、高圧ガスの
　　　種類等に応じ、放射線透過試験その他の内部の欠陥の有無を検査する適切な非破壊試験に合格するも
　　　のであること。ただし、非破壊試験を行うことが困難であるとき、又は非破壊試験を行う必要がない
　　　と認められるときは、この限りでない。
　　ル　低合金鋼を母材とする容器の溶接部その他安全上重要な溶接部は、その表面に使用上有害な欠陥が
　　　ないことを確認するため、磁粉探傷試験その他の表面の欠陥の有無を検査する適切な非破壊試験に合
　　　格するものであること。ただし、非破壊試験を行うことが困難であるとき、又は非破壊試験を行う必
　　　要がないと認められるときは、この限りでない。
　二　機器は、冷媒設備について設計圧力以上の圧力で行う適切な気密試験及び配管以外の部分について設
　　計圧力の一・五倍以上の圧力で水その他の安全な液体を使用して行う適切な耐圧試験（液体を使用する
　　ことが困難であると認められるときは、設計圧力の一・二五倍以上の圧力で空気、窒素等の気体を使用
　　して行う耐圧試験）に合格するものであること。ただし、経済産業大臣がこれらと同等以上のものと認
　　めた協会が行う試験に合格した場合は、この限りでない。
　三　機器の冷媒設備は、振動、衝撃、腐食等により冷媒ガスが漏れないものであること。
　四　機器（第一号に掲げる容器を除く。）の材料及び構造は、当該機器が前二号の基準に適合することと
　　なるものであること。

冷規第65条

（帳簿）
第六十五条　法第六十条第一項の規定により、第一種製造者は、事業所ごとに、製造施設に異常があつた年
　月日及びそれに対してとつた措置を記載した帳簿を備え、記載の日から十年間保存しなければならない。

3.　容器保安規則

施行日：令和二年四月十日（令和二年経済産業省令第三十七号による改正）

容器第8条

（刻印等の方式）
第八条　法第四十五条第一項の規定により、刻印をしようとする者は、容器の厚肉の部分の見やすい箇所
　に、明瞭に、かつ、消えないように次の各号に掲げる事項をその順序で刻印しなければならない。
　一　検査実施者の名称の符号
　二　容器製造業者（検査を受けた者が容器製造業者と異なる場合にあつては、容器製造業者及び検査を受
　　けた者）の名称又はその符号（国際圧縮水素自動車燃料装置用容器及び圧縮水素二輪自動車燃料装置用
　　容器にあつては、名称に限る。）

三　充填すべき高圧ガスの種類（ＰＧ容器にあつてはＰＧ、ＳＧ容器にあつてはＳＧ、ＦＣ一類容器にあつてはＦＣ１、ＦＣ二類容器にあつてはＦＣ２、ＦＣ三類容器にあつてはＦＣ３、圧縮天然ガス自動車燃料装置用容器にあつてはＣＮＧ、圧縮水素自動車燃料装置用容器、国際圧縮水素自動車燃料装置用容器、圧縮水素二輪自動車燃料装置用容器及び圧縮水素運送自動車用容器にあつてはＣＨＧ、液化天然ガス自動車燃料装置用容器にあつてはＬＮＧ、その他の容器にあつては高圧ガスの名称、略称又は分子式）

＜四～四の二の五　略＞

四の三　圧縮水素運送自動車用容器にあつては、第三号に掲げる事項に続けて、次に掲げる圧縮水素運送自動車用容器の区分

　イ　ライナーの最小破裂圧力が最高充填圧力の百二十五パーセント以上の圧力である金属ライナー製圧縮水素運送自動車用容器（記号　ＴＨ２）

　ロ　ライナーの最小破裂圧力が最高充填圧力の百二十五パーセント未満の圧力である金属ライナー製圧縮水素運送自動車用容器（記号　ＴＨ３）

四の四　液化天然ガス自動車燃料装置用容器にあつては、第三号に掲げる事項に続けて、その旨の表示（記号　ＶＬ）

四の五　アルミニウム合金製スクーバ用継目なし容器にあつては、第三号に掲げる事項に続けて、その旨の表示（記号　ＳＣＵＢＡ）

五　容器の記号（液化石油ガスを充填する容器にあつては、三文字以下のものに限る。）及び番号（液化石油ガスを充填する容器にあつては、五けた以下のものに限る。）

六　内容積（記号　Ｖ、単位　リットル）

＜七～八　略＞

九　容器検査に合格した年月（内容積が四千リットル以上の容器、高圧ガス運送自動車用容器、圧縮天然ガス自動車燃料装置用容器、圧縮水素自動車燃料装置用容器及び液化天然ガス自動車燃料装置用容器にあつては、容器検査に合格した年月日）

＜十　略＞

十一　超低温容器、圧縮天然ガス自動車燃料装置用容器、圧縮水素自動車燃料装置用容器、国際圧縮水素自動車燃料装置用容器、圧縮水素二輪自動車燃料装置用容器、液化天然ガス自動車燃料装置用容器及び圧縮水素運送自動車用容器以外の容器にあつては、耐圧試験における圧力（記号　ＴＰ、単位　メガパスカル）及びＭ

十二　圧縮ガスを充填する容器、超低温容器及び液化天然ガス自動車燃料装置用容器にあつては、最高充填圧力（記号　ＦＰ、単位　メガパスカル）及びＭ

＜以下4項まで略＞

容器第10条

（表示の方式）

第十条　法第四十六条第一項の規定により表示をしようとする者（容器を譲渡することがあらかじめ明らかな場合において当該容器の製造又は輸入をした者を除く。）は、次の各号に掲げるところに従つて行わなければならない。

一　次の表の上欄に掲げる高圧ガスの種類に応じて、それぞれ同表の下欄に掲げる塗色をその容器の外面（断熱材で被覆してある容器にあつては、その断熱材の外面。次号及び第三号において同じ。）の見やすい箇所に、容器の表面積の二分の一以上について行うものとする。ただし、同表中で規定する水素ガスを充填する容器のうち圧縮水素自動車燃料装置用容器、国際圧縮水素自動車燃料装置用容器及び圧縮水素二輪自動車燃料装置用容器並びにその他の種類の高圧ガスを充填する容器のうち着色加工していないアルミニウム製、アルミニウム合金製及びステンレス鋼製の容器、液化石油ガスを充填するための容器並びに圧縮天然ガス自動車燃料装置用容器にあつては、この限りでない。

高圧ガスの種類	塗色の区分
酸素ガス	黒色
水素ガス	赤色
液化炭酸ガス	緑色
液化アンモニア	白色
液化塩素	黄色
アセチレンガス	かつ色
その他の種類の高圧ガス	ねずみ色

二　容器の外面に次に掲げる事項を明示するものとする。
　イ　充填することができる高圧ガスの名称
　ロ　充填することができる高圧ガスが可燃性ガス及び毒性ガスの場合にあつては、当該高圧ガスの性質を示す文字（可燃性ガスにあつては「燃」、毒性ガスにあつては「毒」）
三　容器の外面に容器の所有者（当該容器の管理業務を委託している場合にあつては容器の所有者又は当該管理業務受託者）の氏名又は名称、住所及び電話番号（以下この条において「氏名等」という。）を告示で定めるところに従つて明示するものとする。ただし、次のイ及びロに掲げる容器にあつてはこの限りでない。
＜以下　略＞

容器第18条

（附属品検査の刻印）

第十八条　法第四十九条の三第一項の規定により、刻印をしようとする者は、附属品の厚肉の部分の見やすい箇所に、明瞭に、かつ、消えないように次の各号（アセチレン容器に用いる溶栓式安全弁にあつては第一号から第四号まで及び第七号）に掲げる事項をその順序で刻印しなければならない。ただし、刻印することが適当でない附属品については、他の薄板に刻印したものを取れないように附属品の見やすい箇所に溶接をし、はんだ付けをし、又はろう付けをしたものをもつてこれに代えることができる。

一　附属品検査に合格した年月日（国際圧縮水素自動車燃料装置用容器及び圧縮水素二輪自動車燃料装置用容器に装置されるべき附属品にあつては、年月）
二　検査実施者の名称の符号
三　附属品製造業者（検査を受けた者が附属品製造業者と異なる場合にあつては、附属品製造業者及び検査を受けた者）の名称又はその符号
四　附属品の記号及び番号
五　附属品（液化石油ガス自動車燃料装置用容器（自動車に装置された状態で液化石油ガスを充填するものに限る。）、超低温容器、圧縮天然ガス自動車燃料装置用容器、圧縮水素自動車燃料装置用容器、国際圧縮水素自動車燃料装置用容器、液化天然ガス自動車燃料装置用容器及び圧縮水素運送自動車用容器に装置されるべき附属品以外の附属品に限る。）の質量（記号　W、単位　キログラム）
六　耐圧試験における圧力（記号　TP、単位　メガパスカル）及びM
七　次に掲げる附属品が装置されるべき容器の種類
　イ　圧縮アセチレンガスを充填する容器（記号　AG）
　ロ　圧縮天然ガス自動車燃料装置用容器（記号　CNGV）
　ハ　圧縮水素自動車燃料装置用容器（記号　CHGV）
　ニ　国際圧縮水素自動車燃料装置用容器（記号　CHGGV）
　ホ　圧縮水素二輪自動車燃料装置用容器（記号　CHGTV）
　ヘ　圧縮水素運送自動車用容器（記号　CHGT）
　ト　圧縮ガスを充填する容器（イからヘまでを除く。）（記号　PG）

　チ　液化ガスを充填する容器（リからルまでを除く。）（記号　ＬＧ）
　リ　液化石油ガスを充填する容器（ヌを除く。）（記号　ＬＰＧ）
　ヌ　超低温容器及び低温容器（記号　ＬＴ）
　ル　液化天然ガス自動車燃料装置用容器（記号　ＬＮＧＶ）

容器第22条

（液化ガスの質量の計算の方法）
第二十二条　法第四十八条第四項各号の経済産業省令で定める方法は、次の算式によるものとする。
　$G = V / C$
この式においてG、V及びCは、それぞれ次の数値を表わすものとする。
　G　液化ガスの質量（単位　キログラム）の数値
　V　容器の内容積（単位　リットル）の数値
　C　低温容器、超低温容器及び液化天然ガス自動車燃料装置用容器に充填する液化ガスにあつては当該容器の常用の温度のうち最高のものにおける当該液化ガスの比重（単位　キログラム毎リットル）の数値に十分の九を乗じて得た数値の逆数（液化水素運送自動車用容器にあつては、当該容器に充填すべき液化水素の大気圧における沸点下の比重（単位　キログラム毎リットル）の数値に十分の九を乗じて得た数値の逆数。）、第二条第二十六号の表上欄に掲げるその他のガスであつて、耐圧試験圧力が二十四・五メガパスカルの同表Aに該当する容器に充填する液化ガスにあつては温度四十八度における圧力、同表Bに該当する容器に充填する液化ガスにあつては温度五十五度における圧力がそれぞれ十四・七メガパスカル以下となる当該液化ガス一キログラムの占める容積（単位　リットル）の数値、その他のものにあつては次の表の上欄に掲げる液化ガスの種類に応じて、それぞれ同表の下欄に掲げる定数
　　＜表は略＞

容器第24条

（容器再検査の期間）
第二十四条　法第四十八条第一項第五号の経済産業省令で定める期間は、容器再検査を受けたことのないものについては刻印等において示された月（以下「容器検査合格月」という。）の前月の末日（内容積が四千リットル以上の容器、圧縮天然ガス自動車燃料装置用容器、圧縮水素自動車燃料装置用容器、圧縮水素二輪自動車燃料装置用容器、液化天然ガス自動車燃料装置用容器及び高圧ガス運送自動車用容器にあつては刻印等において示された月日の前日）、容器再検査を受けたことのあるものについては前回の容器再検査合格時における第三十七条第一項第一号に基づく刻印又は同条第二項第一号に基づく標章において示された月（以下「容器再検査合格月」という。）の前月の末日（内容積が四千リットル以上の容器、高圧ガス運送自動車用容器、圧縮天然ガス自動車燃料装置用容器、圧縮水素自動車燃料装置用容器及び液化天然ガス自動車燃料装置用容器にあつては刻印等において示された月日の前日）から起算して、それぞれ次の各号に掲げる期間とする。
　一　溶接容器、超低温容器及びろう付け容器（次号及び第七十一条において「溶接容器等」といい、次号の溶接容器等及び第八号の液化石油ガス自動車燃料装置用容器を除く。）については、製造した後の経過年数（以下この条、第二十七条及び第七十一条において「経過年数」という。）二十年未満のものは五年、経過年数二十年以上のものは二年
　二　耐圧試験圧力が三・〇メガパスカル以下であり、かつ、内容積が二十五リットル以下の溶接容器等（シアン化水素、アンモニア又は塩素を充填するためのものを除く。）であつて、昭和三十年七月以降において法第四十四条第一項に規定する容器検査又は第三十六条第一項に規定する放射線検査に合格したものについては、経過年数二十年未満のものは六年、経過年数二十年以上のものは二年
　三　一般継目なし容器については、五年
　四　一般複合容器については、三年
　　＜以下　略＞

容器第 37 条

（容器再検査に合格した容器の刻印等）

第三十七条　法第四十九条第三項の規定により、刻印しようとする者は、次に掲げる方式に従つて行わなければならない。

一　第八条第一項又は第六十二条の刻印の下又は右に次に掲げる事項を刻印するものとする。ただし、圧縮天然ガス自動車燃料装置用容器、圧縮水素自動車燃料装置用容器（次号に掲げるものを除く。）、国際圧縮水素自動車燃料装置用容器、圧縮水素二輪自動車燃料装置用容器又は液化天然ガス自動車燃料装置用容器であつて、自動車又は二輪自動車に装置された状態で刻印をすることが困難な場合は、次項第五号に規定する方式に従つて行う標章の掲示をもつて、又は圧縮水素運送自動車用容器であつて、自動車に装置された状態で刻印をすることが困難な場合は、次項第六号に規定する方式に従つて行う標章の掲示をもつて法第四十九条第三項の刻印に代えることができる。

イ　検査実施者の名称の符号

ロ　容器再検査の年月（内容積四千リットル以上の容器、高圧ガス運送自動車用容器、圧縮天然ガス自動車燃料装置用容器、圧縮水素自動車燃料装置用容器及び液化天然ガス自動車燃料装置用容器にあつては年月日）

ハ　半導体製造用継目なし容器にあつては、ロに掲げる事項に続けてその旨の表示（記号　UT）

ニ　半導体製造用継目なし容器であつて第二十五条第一項の告示で定める方法により附属品を取り外してバルブ取付け部ねじについて外観検査を行つたものにあつては、ハに掲げる事項に続けてその旨の表示（記号　VC）

ホ　アルミニウム合金製スクーバ用継目なし容器にあつてはロに掲げる事項に続けて、第二十六条第一項第一号及び第三号に掲げるところにより容器再検査を行つた場合にあつてはその旨の表示（記号　L）、同項ただし書の規定により容器再検査を行つた場合にあつてはその旨の表示（記号　S）

＜以下　略＞

容器第 38 条

（附属品再検査に合格した附属品の刻印）

第三十八条　法第四十九条の四第三項の規定により、刻印をしようとする者は、検査実施者の名称の符号及び附属品再検査の年月日（国際圧縮水素自動車燃料装置用容器及び圧縮水素二輪自動車燃料装置用容器に装置されるべき附属品にあつては、年月）を第十八条第一項又は第六十八条の刻印の下又は右に刻印する方式に従つて刻印をしなければならない。ただし、刻印することが適当でない附属品については、告示に定める方式をもつてこれに代えることができる。

4.　一般高圧ガス保安規則

施行日：令和二年八月七日（令和二年経済産業省令第六十六号による改正）

一般第 6 条第 1 項第 42 号（第 6 条内より抜粋）

（定置式製造設備に係る技術上の基準）

＜略＞

四二　容器置場並びに充填容器及び残ガス容器（以下「充填容器等」という。）は、次に掲げる基準に適合すること。

イ　容器置場は、明示され、かつ、その外部から見やすいように警戒標を掲げたものであること。

ロ　可燃性ガス及び酸素の容器置場（充填容器等が断熱材で被覆してあるもの及びシリンダーキャビネットに収納されているものを除く。）は、一階建とする。ただし、圧縮水素（充填圧力が二十メガパスカルを超える充填容器等を除く。）のみ又は酸素のみを貯蔵する容器置場（不活性ガスを同時に

貯蔵するものを含む。）にあつては、二階建以下とする。
　ハ　容器置場（貯蔵設備であるものを除く。）であつて、次の表に掲げるもの以外のものは、その外面から、第一種保安物件に対し第一種置場距離以上の距離を、第二種保安物件に対し第二種置場距離以上の距離を有すること。
＜ハ以下にある表とニ～ヌは略＞

一般第6条第2項第8号（第6条内より抜粋）

（定置式製造設備に係る技術上の基準）
＜略＞
　八　容器置場及び充塡容器等は、次に掲げる基準に適合すること。
　　イ　充塡容器等は、充塡容器及び残ガス容器にそれぞれ区分して容器置場に置くこと。
　　ロ　可燃性ガス、毒性ガス、特定不活性ガス及び酸素の充塡容器等は、それぞれ区分して容器置場に置くこと。
　　ハ　容器置場には、計量器等作業に必要な物以外の物を置かないこと。
　　ニ　容器置場（不活性ガス（特定不活性ガスを除く。）及び空気のものを除く。）の周囲二メートル以内においては、火気の使用を禁じ、かつ、引火性又は発火性の物を置かないこと。ただし、容器と火気又は引火性若しくは発火性の物の間を有効に遮る措置を講じた場合は、この限りでない。
　　ホ　充塡容器等（圧縮水素運送自動車用容器を除く。）は、常に温度四十度（容器保安規則第二条第三号に掲げる超低温容器（以下「超低温容器」という。）又は同条第四号に掲げる低温容器（以下「低温容器」という。）にあつては、容器内のガスの常用の温度のうち最高のもの。以下第四十条第一項第四号ハ、第四十九条第一項第四号、第五十条第二号及び第六十条第七号において同じ。）以下に保つこと。
　　ヘ　圧縮水素運送自動車用容器は、常に温度六十五度以下に保つこと。
　　ト　充塡容器等（内容積が五リットル以下のものを除く。）には、転落、転倒等による衝撃及びバルブの損傷を防止する措置を講じ、かつ、粗暴な取扱いをしないこと。
　　チ　可燃性ガスの容器置場には、携帯電燈以外の燈火を携えて立ち入らないこと。

一般第18条

（貯蔵の方法に係る技術上の基準）
第十八条　法第十五条第一項の経済産業省令で定める技術上の基準は、次の各号に掲げるものとする。
　一　貯槽により貯蔵する場合にあつては、次に掲げる基準に適合すること。
　　イ　可燃性ガス又は毒性ガスの貯蔵は、通風の良い場所に設置された貯槽によりすること。
　　ロ　貯槽（不活性ガス（特定不活性ガスを除く。）及び空気のものを除く。）の周囲二メートル以内においては、火気の使用を禁じ、かつ、引火性又は発火性の物を置かないこと。ただし、貯槽と火気若しくは引火性若しくは発火性の物との間に当該貯槽から漏えいしたガスに係る流動防止措置又はガスが漏えいしたときに連動装置により直ちに使用中の火気を消すための措置を講じた場合は、この限りでない。
　　ハ　液化ガスの貯蔵は、液化ガスの容量が当該貯槽の常用の温度においてその内容積の九十パーセントを超えないようにすること。
　　ニ　貯槽の修理又は清掃（以下ニにおいて「修理等」という。）及びその後の貯蔵は、次に掲げる基準によることにより保安上支障のない状態で行うこと。
　　　（イ）　修理等をするときは、あらかじめ、修理等の作業計画及び当該作業の責任者を定め、修理等は、当該作業計画に従い、かつ、当該責任者の監視の下に行うこと又は異常があつたときに直ちにその旨を当該責任者に通報するための措置を講じて行うこと。
　　　（ロ）　可燃性ガス、毒性ガス、特定不活性ガス又は酸素の貯槽の修理等をするときは、危険を防止するための措置を講ずること。
　　　（ハ）　修理等のため作業員が貯槽を開放し、又は貯槽内に入るときは、危険を防止するための措置を講ずること。

　　（ニ）　貯槽を開放して修理等をするときは、当該貯槽に他の部分から当該ガスが漏えいすることを防止するための措置を講ずること。
　　（ホ）　修理等が終了したときは、当該貯槽に漏えいのないことを確認した後でなければ貯蔵をしないこと。
　ホ　貯槽（貯蔵能力が百立方メートル又は一トン以上のものに限る。）には、その沈下状況を測定するための措置を講じ、経済産業大臣が定めるところにより沈下状況を測定すること。この測定の結果、沈下していたものにあつては、その沈下の程度に応じ適切な措置を講ずること。
　ヘ　貯槽又はこれに取り付けた配管のバルブを操作する場合にバルブの材質、構造及び状態を勘案して過大な力を加えないよう必要な措置を講ずること。
　ト　三フッ化窒素の貯槽のバルブは、静かに開閉すること。
二　容器（高圧ガスを燃料として使用する車両に固定した燃料装置用容器を除く。）により貯蔵する場合にあつては、次に掲げる基準に適合すること。
　イ　可燃性ガス又は毒性ガスの充填容器等の貯蔵する場合は、通風の良い場所であること。
　ロ　第六条第二項第八号の基準に適合すること。ただし、第一種貯蔵所及び第二種貯蔵所以外の場所で充填容器等により特定不活性ガスを貯蔵する場合には、同号ロ及びニの基準に適合することを要しない。
　ハ　シアン化水素を貯蔵するときは、充填容器等について一日に一回以上当該ガスの漏えいのないことを確認すること。
　ニ　シアン化水素の貯蔵は、容器に充填した後六十日を超えないものをすること。ただし、純度九十八パーセント以上で、かつ、着色していないものについては、この限りでない。
　ホ　貯蔵は、船、車両若しくは鉄道車両に固定し、又は積載した容器（消火の用に供する不活性ガス及び消防自動車、救急自動車、救助工作車その他緊急事態が発生した場合に使用する車両に搭載した緊急時に使用する高圧ガスを充填してあるものを除く。）によりしないこと。ただし、法第十六条第一項の許可を受け、又は法第十七条の二第一項の届出を行つたところに従つて貯蔵するときは、この限りでない。
＜以下　略＞

一般第19条

（貯蔵の規制を受けない容積）
第十九条　法第十五条第一項ただし書の経済産業省令で定める容積は、〇・一五立方メートルとする。
2　前項の場合において、貯蔵する高圧ガスが液化ガスであるときは、質量十キログラムをもつて容積一立方メートルとみなす。

一般第49条

（車両に固定した容器による移動に係る技術上の基準等）
第四十九条　車両に固定した容器（高圧ガスを燃料として使用する車両に固定した燃料装置用容器を除く。）により高圧ガスを移動する場合における法第二十三条第一項の経済産業省令で定める保安上必要な措置及び同条第二項の経済産業省令で定める技術上の基準は、次の各号に掲げるものとする。
一　車両の見やすい箇所に警戒標を掲げること。
＜二～二十まで略＞
二十一　可燃性ガス、毒性ガス、特定不活性ガス又は酸素の高圧ガスを移動するときは、当該高圧ガスの名称、性状及び移動中の災害防止のために必要な注意事項を記載した書面を運転者に交付し、移動中携帯させ、これを遵守させること。
＜以下　略＞

一般第50条

（その他の場合における移動に係る技術上の基準等）

第五十条　前条に規定する場合以外の場合における法第二十三条第一項の経済産業省令で定める保安上必要な措置及び同条第二項の経済産業省令で定める技術上の基準は、次の各号に掲げるものとする。

一　充填容器等を車両に積載して移動するとき（容器の内容積が二十五リットル以下である充填容器等（毒性ガスに係るものを除く。）のみを積載した車両であつて、当該積載容器の内容積の合計が五十リットル以下である場合を除く。）は、当該車両の見やすい箇所に警戒標を掲げること。ただし、次に掲げるもののみを積載した車両にあつては、この限りでない。

イ　消防自動車、救急自動車、レスキュー車、警備車その他の緊急事態が発生した場合に使用する車両において、緊急時に使用するための充填容器等

ロ　冷凍車、活魚運搬車等において移動中に消費を行うための充填容器等

ハ　タイヤの加圧のために当該車両の装備品として積載する充填容器等（フルオロカーボン、炭酸ガスその他の不活性ガスを充填したものに限る。）

ニ　当該車両の装備品として積載する消火器

二　充填容器等は、その温度（ガスの温度を計測できる充填容器等にあつては、ガスの温度）を常に四十度以下に保つこと。

＜三、四　略＞

五　充填容器等（内容積が五リットル以下のものを除く。）には、転落、転倒等による衝撃及びバルブの損傷を防止する措置を講じ、かつ、粗暴な取扱いをしないこと。

六　次に掲げるものは、同一の車両に積載して移動しないこと。

イ　充填容器等と消防法（昭和二十三年法律第百八十六号）第二条第七項に規定する危険物（圧縮天然ガス又は不活性ガスの充填容器等（内容積百二十リットル未満のものに限る。）と同法別表に掲げる第四類の危険物との場合及びアセチレン又は酸素の充填容器等（内容積が百二十リットル未満のものに限る。）と別表に掲げる第四類の第三石油類又は第四石油類の危険物との場合を除く。）

ロ　塩素の充填容器等とアセチレン、アンモニア又は水素の充填容器等

七　可燃性ガスの充填容器等と酸素の充填容器等とを同一の車両に積載して移動するときは、これらの充填容器等のバルブが相互に向き合わないようにすること。

八　毒性ガスの充填容器等には、木枠又はパッキンを施すこと。

九　可燃性ガス、特定不活性ガス、酸素又は三フッ化窒素の充填容器等を車両に積載して移動するときは、消火設備並びに災害発生防止のための応急措置に必要な資材及び工具等を携行すること。ただし、容器の内容積が二十五リットル以下である充填容器等のみを積載した車両であつて、当該積載容器の内容積の合計が五十リットル以下である場合にあつては、この限りでない。

十　毒性ガスの充填容器等を車両に積載して移動するときは、当該毒性ガスの種類に応じた防毒マスク、手袋その他の保護具並びに災害発生防止のための応急措置に必要な資材、薬剤及び工具等を携行すること。

十一　アルシン又はセレン化水素を移動する車両には、当該ガスが漏えいしたときの除害の措置を講ずること。

十二　充填容器等を車両に積載して移動する場合において、駐車するときは、当該充填容器等の積み卸しを行うときを除き、第一種保安物件の近辺及び第二種保安物件が密集する地域を避けるとともに、交通量が少ない安全な場所を選び、かつ、移動監視者又は運転者は食事その他やむを得ない場合を除き、当該車両を離れないこと。ただし、容器の内容積が二十五リットル以下である充填容器等（毒性ガスに係るものを除く。）のみを積載した車両であつて、当該積載容器の内容積の合計が五十リットル以下である場合にあつては、この限りでない。

十三　前条第一項第十七号に掲げる高圧ガスを移動するとき（当該ガスの充填容器等を車両に積載して移動するときに限る。）は、同項第十七号から第二十号までの基準を準用する。この場合において、同項第二十号ロ中「容器を固定した車両」とあるのは「当該ガスの充填容器等を積載した車両」と読み替えるものとする。

十四　前条第一項第二十一号に規定する高圧ガスを移動するとき（当該ガスの充填容器等を車両に積載し

て移動するときに限る。）は、同号の基準を準用する。ただし、容器の内容積が二十五リットル以下である充填容器等（毒性ガスに係るものを除き、高圧ガス移動時の注意事項を示したラベルが貼付されているものに限る。）のみを積載した車両であつて、当該積載容器の内容積の合計が五十リットル以下である場合にあつては、この限りでない。

一般第 59 条

（その他消費に係る技術上の基準に従うべき高圧ガスの指定）

第五十九条　法第二十四条の五の消費の技術上の基準に従うべき高圧ガスは、可燃性ガス（高圧ガスを燃料として使用する車両において、当該車両の燃料の用のみに消費される高圧ガスを除く。）、毒性ガス、酸素及び空気とする。

一般第 62 条

（廃棄に係る技術上の基準）

第六十二条　法第二十五条の経済産業省令で定める技術上の基準は、次の各号に掲げるものとする。

　一　廃棄は、容器とともに行わないこと。

　二　可燃性ガス又は特定不活性ガスの廃棄は、火気を取り扱う場所又は引火性若しくは発火性の物をたい積した場所及びその付近を避け、かつ、大気中に放出して廃棄するときは、通風の良い場所で少量ずつ放出すること。

　三　毒性ガスを大気中に放出して廃棄するときは、危険又は損害を他に及ぼすおそれのない場所で少量ずつすること。

　四　可燃性ガス、毒性ガス又は特定不活性ガスを継続かつ反復して廃棄するときは、当該ガスの滞留を検知するための措置を講じてすること。

　五　酸素又は三フッ化窒素の廃棄は、バルブ及び廃棄に使用する器具の石油類、油脂類その他の可燃性の物を除去した後にすること。

　六　廃棄した後は、バルブを閉じ、容器の転倒及びバルブの損傷を防止する措置を講ずること。

　七　充填容器等のバルブは、静かに開閉すること。

　八　充填容器等、バルブ又は配管を加熱するときは、次に掲げるいずれかの方法により行うこと。

　　イ　熱湿布を使用すること。

　　ロ　温度四十度以下の温湯その他の液体（可燃性のもの及び充填容器等、バルブ又は充填用枝管に有害な影響を及ぼすおそれのあるものを除く。）を使用すること。

　　ハ　空気調和設備（空気の温度を四十度以下に調節する自動制御装置を設けたものであつて、火気で直接空気を加熱する構造のもの及び可燃性ガスを冷媒とするもの以外のものに限る。）を使用すること。

一般第 84 条

（危険時の措置）

第八十四条　法第三十六条第一項の経済産業省令で定める災害の発生の防止のための応急の措置は、次の各号に掲げるものとする。

　一　製造施設又は消費施設が危険な状態になつたときは、直ちに、応急の措置を行うとともに、製造又は消費の作業を中止し、製造設備若しくは消費設備内のガスを安全な場所に移し、又は大気中に安全に放出し、この作業に特に必要な作業員のほかは退避させること。

　二　第一種貯蔵所、第二種貯蔵所又は充填容器等が危険な状態になつたときは、直ちに、応急の措置を行うとともに、充填容器等を安全な場所に移し、この作業に特に必要な作業員のほかは退避させること。

　三　前二号に掲げる措置を講ずることができないときは、従業者又は必要に応じ付近の住民に退避するよう警告すること。

　四　充填容器等が外傷又は火災を受けたときは、充填されている高圧ガスを第六十二条第二号から第五号までに規定する方法により放出し、又はその充填容器等とともに損害を他に及ぼすおそれのない水中に沈め、若しくは地中に埋めること。

5.　高圧ガス保安法施行令

施行日：平成三十年四月一日（平成二十九年政令第百九十八号による改正）

政令第2条

（適用除外）

第二条　法第三条第一項第四号の政令で定める設備は、ガスを圧縮、液化その他の方法で処理する設備とする。

2　法第三条第一項第六号の政令で定める電気工作物は、発電、変電又は送電のために設置する電気工作物並びに電気の使用のために設置する変圧器、リアクトル、開閉器及び自動しゃ断器であって、ガスを圧縮、液化その他の方法で処理するものとする。

3　法第三条第一項第八号の政令で定める高圧ガスは、次のとおりとする。

　一　圧縮装置（空気分離装置に用いられているものを除く。次号において同じ。）内における圧縮空気であって、温度三十五度において圧力（ゲージ圧力をいう。以下同じ。）五メガパスカル以下のもの

　二　経済産業大臣が定める方法により設置されている圧縮装置内における圧縮ガス（次条の表第一の項上欄に規定する第一種ガス（空気を除く。）を圧縮したものに限る。）であって、温度三十五度において圧力五メガパスカル以下のもの

　三　冷凍能力（法第五条第三項の経済産業省令で定める基準に従って算定した一日の冷凍能力をいう。以下同じ。）が三トン未満の冷凍設備内における高圧ガス

　四　冷凍能力が三トン以上五トン未満の冷凍設備内における高圧ガスである二酸化炭素及びフルオロカーボン（不活性のものに限る。）

　　＜以下　略＞

政令第4条

（政令で定めるガスの種類等）

第四条　法第五条第一項第二号の政令で定めるガスの種類は、一の事業所において次の表の上欄に掲げるガスに係る高圧ガスの製造をしようとする場合における同欄に掲げるガスとし、同号及び同条第二項第二号の政令で定める値は、同欄に掲げるガスの種類に応じ、それぞれ同表の中欄及び下欄に掲げるとおりとする。

ガスの種類	法第五条第一項第二号の政令で定める値	法第五条第二項第二号の政令で定める値
一　二酸化炭素及びフルオロカーボン（不活性のものに限る。）	五十トン	二十トン
二　フルオロカーボン（不活性のものを除く。）及びアンモニア	五十トン	五トン

政令第15条

（指定設備）

第十五条　法第五十六条の七第一項の政令で定める設備は、次のとおりとする。

　一　窒素を製造するため空気を液化して高圧ガスの製造をする設備でユニット形のもののうち、経済産業大臣が定めるもの

　二　冷凍のため不活性ガスを圧縮し、又は液化して高圧ガスの製造をする設備でユニット形のもののうち、経済産業大臣が定めるもの

付録3　高圧ガスの製造に係る規制のまとめ

● 冷媒ガス別の高圧ガスの製造に係る規制 ●

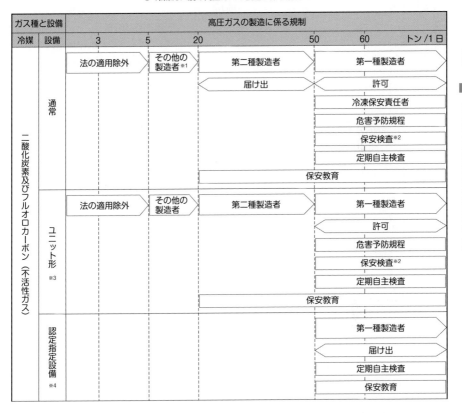

付録3　高圧ガスの製造に係る規制のまとめ

● 冷媒ガス別の高圧ガスの製造に係る規制（つづき） ●

ガス種と設備		高圧ガスの製造に係る規制						
冷媒	設備	3	5	20		50	60	トン／1日
アンモニア、フルオロカーボン（不活性ガス以外）	通常	法の適用除外 ＞ その他の製造者 ＞		第二種製造者			第一種製造者	
				届け出			許可	
					冷凍保安責任者			
						危害予防規程		
						保安検査※2		
					定期自主検査			
			保安教育					
アンモニア	ユニット形	法の適用除外 ＞ その他の製造者 ＞		第二種製造者			第一種製造者	
				届け出			許可	
						保安検査	アンモニアのユニット形は60トン未満	
						定期自主検査		
その他ガス（ヘリウム、プロパン）		法の適用除外 ＞ 第二種製造者 ＞		第一種製造者				
			届け出		許可			
					冷凍保安責任者※5			
					危害予防規程			
					保安検査※6			
					定期自主検査			
			保安教育					

※1　「その他製造者」は、許可や届け出は不要であるが技術上の基準を遵守する必要がある。

※2　R21、R114は除く。

※3　「ユニット形」は政令第15条に表記されている。規制緩和により冷凍保安責任者が不要とされる製造設備で、「政令関係告示第6条第2項」と「冷規第57条」に設備基準が定められている。

※4　認定指定設備の条件は下記の通りです。

　　　　［政令関係告示第6条第2項］

　　　　　・定置式製造設備であること

　　　　　・冷媒がフルオロカーボン（不活性のもの）であること。

　　　　　・冷媒ガス充填量が3000キログラム未満であること。

　　　　　・一日の冷凍能力が50トン以上であること。

　　　　他、冷規第57条に規定されている。

※5　ユニット形は除く。

※6　ヘリウムは除く

参考文献

1）「年度版　冷凍機械責任者（1・2・3冷）　試験問題と解答例」，日本冷凍空調学会．
2）「高圧ガス保安法に基づく　冷凍関係法規集」，第58次改訂版，日本冷凍空調学会（2017）．
3）セーフティ・マネージメント・サービス，神奈川県高圧ガス協会 編「イラストで学ぶ高圧ガス保安法入門」，改訂新版改訂版，セーフティ・マネージメント・サービス，神奈川県高圧ガス協会（2007）．
4）セーフティ・マネージメント・サービス 編，「イラストで学ぶ冷凍空調入門」，改訂2版，セーフティ・マネージメント・サービス（2015）．
5）高圧ガス保安協会 編，「高圧ガス保安法概要　第一種・第二種・第三種冷凍機械編」，改訂版，高圧ガス保安協会（2020）．
6）日本冷凍空調学会 編，「初級冷凍受験テキスト」，第8次改訂，日本冷凍空調学会（2019）．
7）日本冷凍空調学会 編，「上級冷凍受験テキスト」，第8次改訂，日本冷凍空調学会（2015）．

索　引

さ 行

た行

な行

〈著者略歴〉

柴　政則（しば　まさのり）

電気工事，設備管理などの実務経験を経て，
現在は冷凍機械責任者試験の受験支援サイト
エコーランドプラス（https://www.echoland-plus.com）を運営.

［取得資格］

　第一種冷凍機械責任者，第一種電気工事士，一級ボイラー技士，消
　防設備士甲種第4類，危険物取扱者乙種第4類，第二級アマチュア
　無線技士など

イラスト（カバー・本文）：岩田将尚（Studio CUBE.）

超入門 第3種冷凍機械責任者試験 精選問題集

2021年3月25日　　第1版第1刷発行

著　　者　柴　政則
発 行 者　村上和夫
発 行 所　株式会社 オーム社
　　　　　郵便番号　101-8460
　　　　　東京都千代田区神田錦町3-1
　　　　　電話　03(3233)0641(代表)
　　　　　URL　https://www.ohmsha.co.jp/

© 柴　政則 2021

印刷・製本　三美印刷
ISBN978-4-274-22660-1　Printed in Japan

本書の感想募集　https://www.ohmsha.co.jp/kansou/

本書をお読みになった感想を上記サイトまでお寄せください．
お寄せいただいた方には，抽選でプレゼントを差し上げます．